技工院校实训基地人才培养一体化模块教材

装配钳工实训
（高级模块）

人力资源和社会保障部教材办公室组织编写

中国劳动社会保障出版社

简　介

本书主要内容有：装配零件加工、机械装配、设备安装与调试以及职业技能鉴定装配钳工高级考核模拟试卷。

图书在版编目(CIP)数据

装配钳工实训：高级模块/恽孝震主编. —北京：中国劳动社会保障出版社，2017
技工院校实训基地人才培养一体化模块教材
ISBN 978-7-5167-2981-6

Ⅰ.①装…　Ⅱ.①恽…　Ⅲ.①安装钳工-技工学校-教材　Ⅳ.①TG946

中国版本图书馆 CIP 数据核字(2017)第 102122 号

中国劳动社会保障出版社出版发行
（北京市惠新东街 1 号　邮政编码：100029）
*
北京北苑印刷有限责任公司印刷装订　　新华书店经销
787 毫米×1092 毫米　16 开本　19.25 印张　431 千字
2017 年 5 月第 1 版　　2017 年 5 月第 1 次印刷
定价：36.00 元

读者服务部电话：(010) 64929211/64921644/84626437
营销部电话：(010) 64961894
出版社网址：http://www.class.com.cn
http://zyjy.class.com.cn

技工院校实训基地人才培养一体化模块
教材编委会名单

编审委员会（以姓氏笔画排序）

王国海　冯跃虹　吕成鹰　刘海光　孙大俊
冷耀明　张　林　胡恒庆　龚　安

编审人员

本书主编：恽孝震
本书参编：朱小琴　相良飞　王　锐　戴国东
本书主审：王俊芳

前言

Preface

为了进一步发挥技工院校在技能人才培养方面的作用，切实满足企业对技能型人才的需求，人力资源和社会保障部教材办公室组织有关学校的骨干教师和行业、企业专家，在充分调研技工院校实训基地人才培养和培训模式以及企业技能人才需求的基础上，吸收和借鉴当前较为成熟的人才培养理念，编写了技工院校实训基地人才培养一体化模块教材。

使用说明

本套教材分为基础模块和专业核心模块（见下图）。其中专业核心模块教材根据国家职业技能鉴定标准中的初级、中级和高级要求设计有相对应的初级模块教材、中级模块教材和高级模块教材。实训基地可根据需要按照“基础模块 + 专业核心模块”组合模式选择相应的教材。

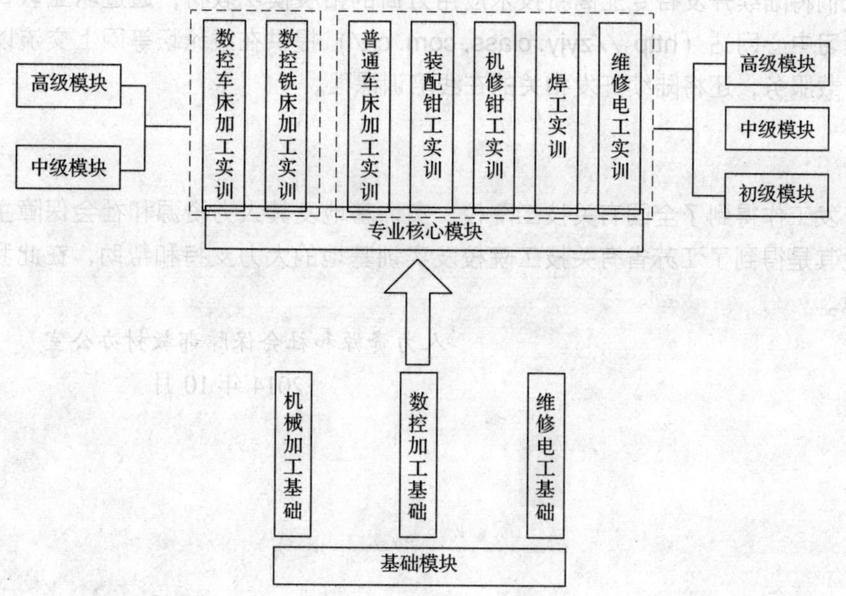

编写特色

◆与职业技能鉴定接轨

教材的编写以车工、数控车工、数控铣工、装配钳工、机修钳工、焊工、维修电工等国家职业技能标准为依据，涵盖国家职业技能标准（初级、中级、高级）的知识和技能要求，内容具有权威性。为了帮助学员熟悉职业技能鉴定考核形式及考题类型，每种专业核心模块教材均附有 3 ~ 5 套职业技能鉴定模拟试卷（包含理论知识试卷和技能操作试卷），并配有相应的参考答案。

◆与企业需求接轨

教材在编写中充分考虑企业的培训和用人需求，尽量选取企业真实的、有代表性的操作案例，整合相应的知识和技能，构建一体化教学模块，实现理论与操作技能的统一，既符合职业教育和职业培训的基本规律，又有利于培养学员分析问题和解决问题的综合职业能力。

◆保证先进性和规范性

教材根据相关专业领域的最新发展，编入了新知识、新技术、新设备、新材料等方面的内容，保证教材的先进性。同时采用最新的国家技术标准，使教材更加科学和规范。

读者对象

本套教材既可作为技工院校实训基地技能人才培养和培训用书，还可作为企业、社会培训机构的技能培训用书以及职业技术院校师生的专业用书。

后续拓展

作为补充，我们将陆续开发各专业高新技术应用方面的拓展模块教材，通过职业教育教学资源和数字学习中心网站（http://zyjy.class.com.cn/）提供在线论坛等网上交流以及相关教学资源下载服务，还将陆续开发相关的在线培训课程。

致谢

本套教材的开发工作得到了全国有关技工院校、实训基地及其人力资源和社会保障主管部门的支持，尤其是得到了江苏省有关技工院校及实训基地的大力支持和帮助，在此我们表示诚挚的谢意。

人力资源和社会保障部教材办公室

2014 年 10 月

目 录

CONTENTS

模块一 装配零件加工

模块二 机械装配

模块一 装配零件加工

课题一　工件划线

子课题 1　畸形工件划线

1. 熟悉畸形工件结构特点。

2. 掌握畸形工件划线要点。

3. 会进行发动机曲轴、曲柄连杆的划线。

所谓畸形工件，就是指形状奇特的工件。它的特点主要是由不同的曲线组成，在工件上没有可供支承的平面，使划线中的找正、借料和翻转都比其他类型的工件困难。

一、畸形工件的划线要点

1. 基准的选择

在划线前，应根据工件的装配位置、加工特点及其与其他工件的配合关系来确定合理的划线基准，以保证加工后能满足装配的要求。一般情况下，是以其设计时的中心线或主要表面作为划线时的基准。

2. 安放位置的选择

由于畸形工件表面不规则、不平整，因此，直接采用千斤顶三点支承或将工件安放在平台上一般都不太方便，适应不了畸形工件的特殊情况。为保证划线的准确性和顺利进行，可以利用一些辅助工具，例如，将带孔的工件穿在心轴上，带圆弧面的工件支承在 V 形块上，某些畸形工件固定在方箱、角铁或三爪自定心卡盘等工具上。

3. 畸形工件划线工艺要点

(1) 划线的尺寸基准应与设计基准一致，否则会增加划线的尺寸误差和尺寸几何计算的复杂性，影响划线的质量和效率。

(2) 工件的安置基面应与设计基面一致，同时考虑到畸形工件的特点，划线时往往要借助于某些夹具或辅助工具来进行校正。

（3）正确借料。由于畸形工件形状奇特且不规则，划线时更需要重视借料这一环节。

（4）合理选择支承点。划线时，畸形工件的重心位置一般很难确定。即使工件重心或工件与专用划线夹具的组合重心落在支承面内，往往也需增加相应的辅助支承以确保安全。

二、畸形工件划线时的安装方法

1. 利用心轴支承工件后放在 V 形块上，或把心轴夹持在分度头的三爪自定心卡盘上，然后进行划线。

2. 利用划线方箱、弯板夹持工件。

3. 利用特制的辅助工具夹持工件。

三、畸形工件划线注意事项

1. 必须全面、仔细地考虑工件在平板上的摆放位置和找正方法，正确确定尺寸基准线的位置，这是保证划线准确的重要环节。

2. 用划线盘划线时，划针伸出量应尽可能短，并要牢固夹紧。

3. 划线时，划线盘要紧贴平板平面移动，划线压力要一致，使划出的线条准确。

4. 线条尽可能细而清晰，要避免划重线。

5. 工件安放要稳固，防止倾倒。

6. 划较长的线时，应用划线盘划多条短线进行连接，并应用划线盘校对划线的终点与始点，以防划针尺寸产生位移而影响划线精度。

四、技能操作

1. 发动机曲轴斜油孔划线

发动机曲轴外观结构如图 1—1—1 所示。内部有四条 120°的斜油孔道，其结构零件图如图 1—1—2 所示。

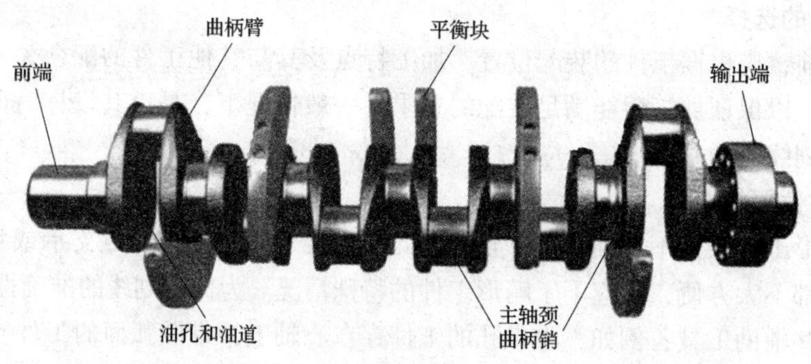

图 1—1—1　发动机曲轴外观结构

曲轴斜油孔的划线步骤如下：

（1）曲轴图样工艺分析

如图 1—1—2 所示，该工件形状复杂，其中四条 ϕ12 mm 的油孔和油道中心线在主轴颈与连杆轴颈平行的平面内与主轴颈轴线成 120°夹角，组成了“W”形。曲轴本身为异形回转体，采用 V 形块支承加分度头分度进行辅助划线。

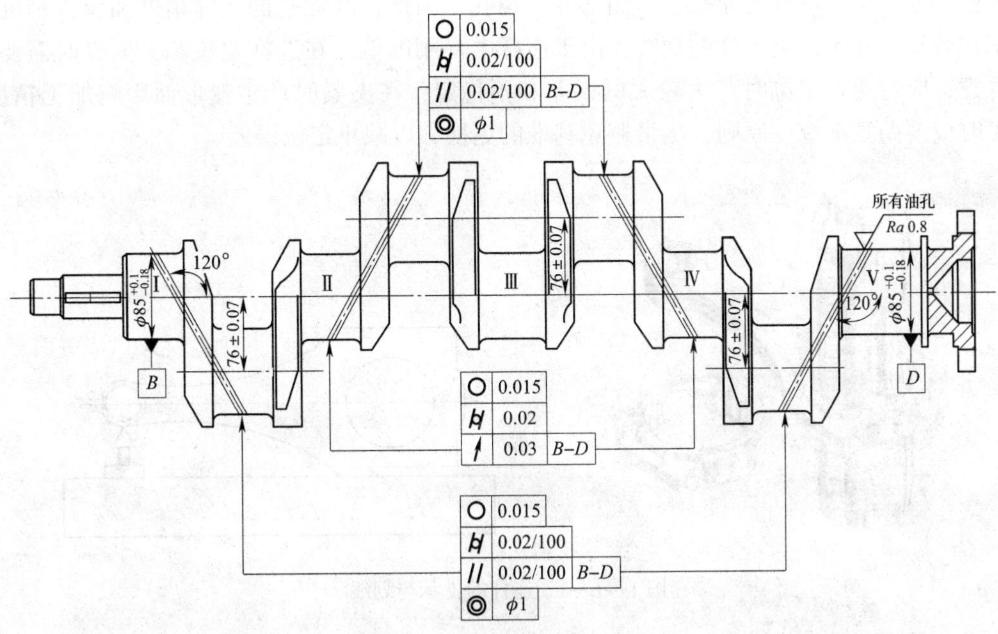

图 1—1—2　曲轴结构零件图

由于四条斜油孔两两平行，贯通连杆轴颈至主轴颈，给划线尺寸的控制带来一定的难度。因此，划线时需要划出辅助基准线，在辅助夹具的帮助下才能完成。为了尽可能减少安装次数，在一次安装中应尽可能多地划出所有加工尺寸线，采用 V 形块支承，分度头分度定位。

（2）读图及计算

识读发动机曲轴斜油孔加工图样。如图 1—1—2 所示，计算出四个斜油孔在轴向始末端距离和水平方向划线高度。

（3）清理及涂色

清理工件，将划线端面涂色，保证所划线条清晰可见。

（4）划线步骤

1）以右端（大端）面为起始基准，分别划出四个斜油孔的轴向位置尺寸线。

2）用两个等高 V 形块支承曲轴两端的主轴颈，并将主轴轴线调水平。

3）调整连杆轴线与主轴轴线在同一垂直平面内，并进行固定。

4）将分度盘与主轴颈一端连接好，保证主轴分度可靠。

5）用分度盘将曲轴转过 90°后再次固定。

6）再用两个等高 V 形块支承曲轴的连杆颈，保证划线时稳固、可靠。

7）一次划出四个油孔首、末端的水平中心线。

8）在划出的孔中心打上样冲眼即可进行加工。

2. 连杆划线

（1）连杆图样工艺分析

连杆的支承与划线如图 1—1—3 所示，该工件的大、小头孔为主要精度控制部分，因工件为精锻产品，加工余量较少，故需先进行找正和借料。连杆螺栓孔一般分为定位部分和紧固部分，定位部分为光孔，紧固部分为螺孔，因此，螺栓孔的尺寸精度和位置精度要求都比较高。对于此类工件的划线，由于连杆本身刚度低，在选择定位和夹紧点时需要特别注意，应避免在定位时产生较大的误差和不稳定，在夹紧时产生变形而影响加工精度。加工时应遵循基准统一原则，尽量避免基准的更换，以减小定位误差。

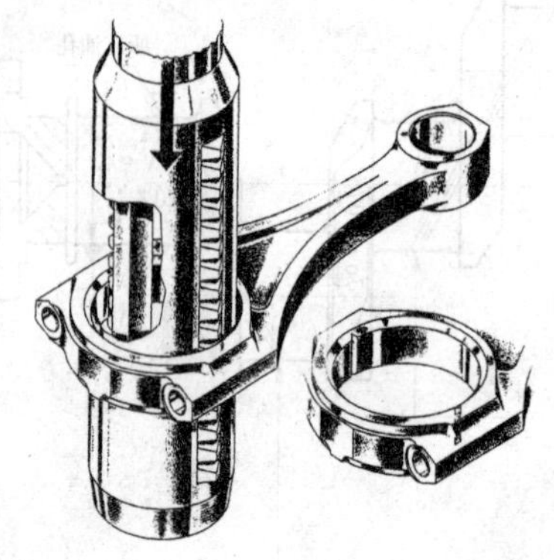
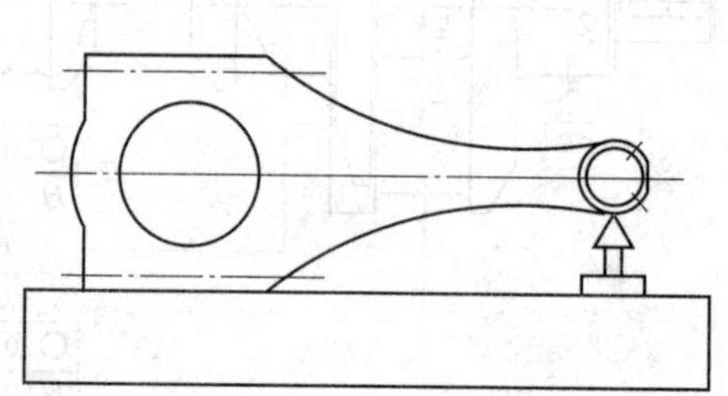

图 1—1—3　连杆的支承与划线

（2）清理及涂色

清理工件，将划线端面涂色，保证所划线条清晰可见。

（3）划线步骤

以连杆较平整的一个毛坯大平面作为第一磨削基准，待磨平一面后，互换基准加工另一面，并粗加工出连杆两侧面。

1）按图 1—1—3 所示找平连杆大、小头孔轴线。

2）按图 1—1—3 所示划所有孔加工的水平面平行线。

3）以小头孔为基准找正大头孔，确保大、小头孔加工余量足够。

4）划出所有待钻孔的垂直方向上的中心线。

5）在孔中心线上打上样冲眼。

3. 评分标准

畸形工件划线评分标准（可适用于发动机曲轴斜油孔和连杆的划线）见表 1—1—1。

表 1—1—1　　畸形工件划线评分标准

时限	2 h	开始时间	结束时间		实际时间	
项目	序号	技术要求	配分	评分标准	检测记录	得分
理论基础	1	会识读畸形工件零件图	10	不能识读零件图不得分		
	2	会准确计算各划线工艺尺寸	20	不会计算各划线工艺尺寸不得分		
划线技能	3	会准确选择畸形工件划线基准	20	划线基准不会选择不得分		
	4	会正确清理畸形工件	5	不会清理工件不得分		

续表

项目	序号	技术要求	配分	评分标准	检测记录	得分
划线技能	5	会正确进行畸形工件定位和固定	15	不会进行工件定位和固定不得分		
	6	畸形工件划线清晰、准确	20	划线不清晰、不准确不得分		
综合能力	7	能团结协作	10	不能团结协作不得分		
其他	8	出现缺陷		每处扣 1～5 分		
	9	安全文明生产		违者酌情扣 1～10 分		
总分			100			

子课题 2　大型工件划线

学习目标

1. 熟悉大型工件结构特点。
2. 掌握大型工件划线要点。
3. 会进行挖掘机动臂的划线。

大型工件是指重型机械中质量和体积都比较大的工件。在实际生产过程中，例如，加工龙门刨床、泥浆机座、大型挖掘机手臂等大型工件时，由于工件的体积大、质量大，划线时吊装及调整不易，特别突出的问题是工件转位困难，超大、超高，无法借助平板工作，一般需要几个人协作才能完成，劳动强度大，效率低，还需要与车工、起重工的配合才能完成划线工作。因此，安全问题也至关重要，不容忽视。为了保证划线质量、效率及安全因素，大型工件的划线不同于一般工件的立体划线。

一、正确选择尺寸基准

划线前应先分析图样，找出设计基准，尽量使划线基准和设计基准一致。一般以精确度高且余量少的型面作为划线基准，以保证主要型面的顺利加工及便于安排其他型面的加工位置。

当毛坯在尺寸、形状和位置上存在误差与缺陷时，可将所选的基准位置进行适当调整（借料），使各加工面都有必需的加工余量，并使其误差和缺陷能在加工后排除。

二、合理选定第一划线位置

尺寸基准选定后，根据划线内容首先应合理选定第一划线位置，以提高划线质量及简化划线过程。第一划线位置的选定一般有以下几个原则：

1．尽量选定划线面积较大的位置作为第一划线位置，即让工件的大面与平板工作面平行，且先划出与大面平行的线，因为校正工件时较大面与较小面相比，前者更容易校正准确。

2．应选定精确度要求较高的面或主要加工面的加工线作为第一划线位置，其目的是保证它们有足够的余量，经加工后便于达到设计要求。

3．应尽量选定复杂面上需划较多线条的位置作为第一划线位置，这样既能保证划线位置及提高工效，又便于校正。

4．尽量选定工件上平行于划线平板工作面的主要中心线或加工线作为第一划线位置，这样可以简化划线过程，提高划线质量。

三、正确选择工件安置基面

对大型工件的划线，安置基面的选择很重要，若选择不当，则划线质量差，效率低且不安全。通常，选择基面的原则是当第一划线位置确定后，应选择大而平直的面作为安置基面，以保证划线时安置平稳、安全可靠。

四、合理选择支承点

大型工件划线时，为了调整方便，一般采用三点支承，但如果支承不合理，势必要影响找正的质量和效果，更重要的是在安全上造成很大的隐患，所以三点支承要注意以下情况：

1．为保证工件的重心落在三个支承点所形成的三角形的中心部位，三个支承点应尽可能分散，使三个支承点所承受的力大致相等。

2．由于千斤顶不能承受大的冲击力，因此，在大型工件划线时应先用枕木或垫铁支承，然后用千斤顶支承并调整。

3．形状特殊或偏重的大型工件采用三点支承后，还需增设几处辅助支承。

五、大型工件划线方法

1．工件位移法

对一般大型工件划线，如条件允许，应尽可能将工件安放在划线平板上进行划线。但经常会遇到平板长度、宽度不够等问题。如果工件超出平板三分之一，可利用工件位移分段划线法，即先将在平板部分的线划完后再将工件移动，划出另一部分。这种方法对于没有大型平板的企业能解决生产实际问题，但由于分段划线需移动、调整工件，增加了工作量，效率较低，而且划线误差也较大，因此，有条件的应尽可能采用平板拼接法来扩大划线平板的工作范围，能取得较好的效果。

2．平板拼接法

平板拼接对划线质量有很大的影响，检测设备的精度决定平板拼接后的水平度。

常用的检测平板拼接精度的方法有以下三种：

（1）平尺法

用长的平尺做米字形交接检查（利用透光法或塞尺法检验），如图 1—1—4 所示。这种方法简便、有效，精度可达0.05 mm。

（2）水准仪法

如图1—1—5所示，在拼接的大平板附近相应高度处放置一盛水的器具，接一根软胶管，胶管另一端接带座的有刻度的水准玻璃管。选定某一平板为基准，测量其余拼接平板的等高度及平行度误差。平板的拼接精度由水准管和水平仪配合使用来决定。

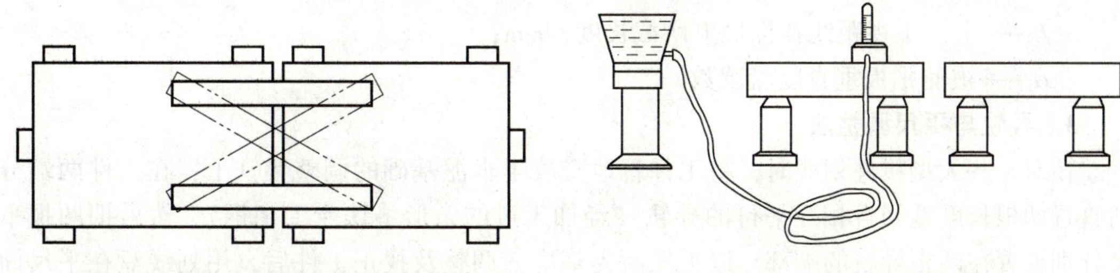

图1—1—4　用平尺检查拼接平板　　　图1—1—5　用水准仪检测拼接平板

（3）经纬仪法

在大型平板拼接工作中，应用经纬仪进行检测，其精度和效率比传统拼接工艺好，平板在拼接过程中可以做到一次调整到位。

如图1—1—6a所示，将经纬仪放在平板外的任意处，标尺安放在被测平板上，调整经纬仪的高度以及垂直度盘于90°水平位置，望远镜分划板十字中心线对准标尺上的某一刻度值，如图1—1—6b所示。

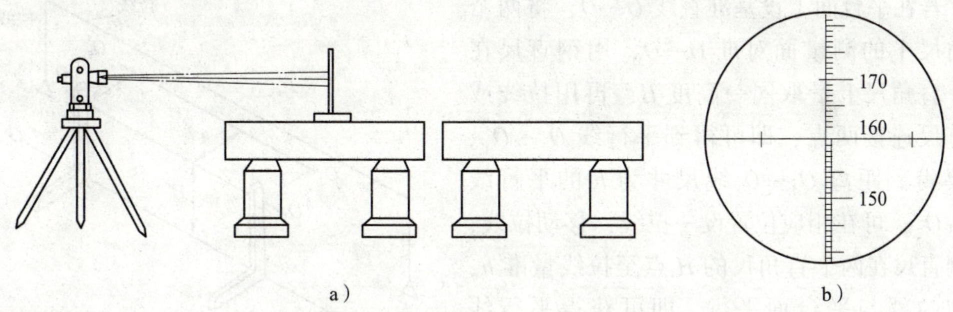

图1—1—6　用经纬仪检测拼接平板

a）检测方法　b）望远镜的十字线

测量时，将标尺移至被测平板任意处，均与标尺十字线重合，被测平板调整到位后再将标尺移至拼接平板上，使所有拼接平板在四角部位都能调整到与十字线重合，平板拼接完成。望远镜中十字线所对准的被测平板标尺上的示值与原基准平板上标尺所确定的示值差，可用平板调整量公式求得实际调整量。

经纬仪测距公式如下：

$$D = KL + C = 100L$$

式中　D——标尺到测站点的距离，mm；

K——视距乘常数，$K = 100$；

L——上、下视距线在标尺上所截长度，mm；

C——视距加常数，$C=0$。

平板调整量公式如下：

$$\delta = 2KL \times \frac{\tan\ (90° - \alpha)}{2}$$

式中 δ——平板实际调整量，mm；

K——视距乘常数，$K=100$；

L——上、下视距线在标尺上所截长度，mm；

α——被测平板垂直度盘读数。

3. 导轨与平尺调整法

在对一些大型机件划线时，将工件就地安放于水泥基础的调整垫铁上，在工件两端分别放置两根长度适当且相互平行的导轨（经加工过的条形垫铁或工字钢），然后把两根平尺分别放置在两根导轨的端部。以平尺面为基准，调整及找正工件后，用划线盘在平尺面上移动进行划线。

4. 拉线与吊线法

拉线与吊线法适用于特大型工件的划线，它只需经过一次吊装、找正，就能完成整个工件的划线，解决了需多次翻转的难题。

拉线与吊线法原理如图 1—1—7 所示，它是采用拉线（ϕ0. 5 ~ 1. 5 mm 的钢丝，通过拉线架和线坠拉成的直线）、吊线（将尼龙线用 30°锥体线坠吊直）、线坠、直角尺和钢直尺互相配合通过投影来引线的方法。

若在平台面上设基准直线 $O—O$，将两个直角尺上的测量面对准 $O—O$，用钢直尺在两个直角尺上量取同一高度 H，再用拉线或钢直尺连接两点，即可得到平行线 $O_1—O_1$。如要得到距离 $O_1—O_1$ 线尺寸为 h 的平行线 $O_2—O_2$，可在相应位置设一拉线，移动拉线，用钢直尺在两个直角尺的 H 点至拉线量准 h，并使拉线与平台面平行，即可获得平行线 $O_2—O_2$。倘若尺寸 H 较大，则可用线坠代替直角尺。

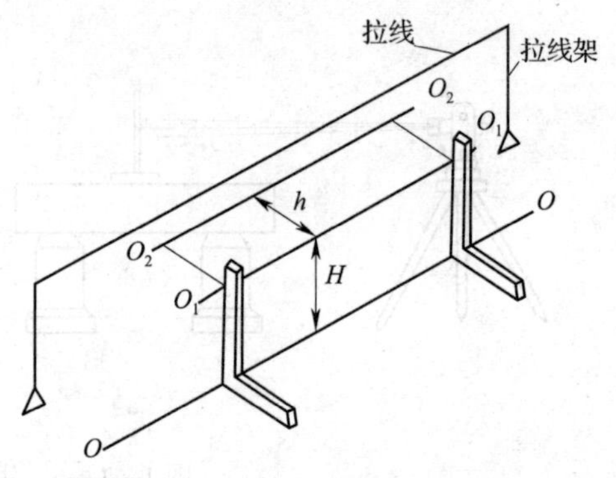

图 1—1—7　拉线与吊线法原理

六、大型工件划线要点

对于大型工件的划线，最好只经过一次吊装、找正，在第一划线位置上把各面的加工线都划好。这样既提高了工效，又解决了需多次翻转的问题。

1. 选择待加工的孔和面最多的一面作为第一划线位置，减少由于翻转工件造成的困难。

2. 大型工件的划线应有足够的安全措施，即有可靠的支承和保护措施，防止发生工伤事故。

3. 大型工件的造价高，工时多，划线是重要依据，责任重大，下述两点更显得重要：

（1）在划线过程中，每划一条线都要认真检查及校对。

（2）特别是对翻转困难、不具备复查条件的大型工件，每划完一个部位便需及时复查一次，对一些重要的加工尺寸需反复检查。

七、技能操作——挖掘机动臂的划线

1. 结构状况

挖掘机动臂（见图1—1—8）由Q345（16Mn）钢板焊接制成，全长5.7 m左右，为弯形箱式结构件，质量约为1.4 t，有焊接变形的可能。

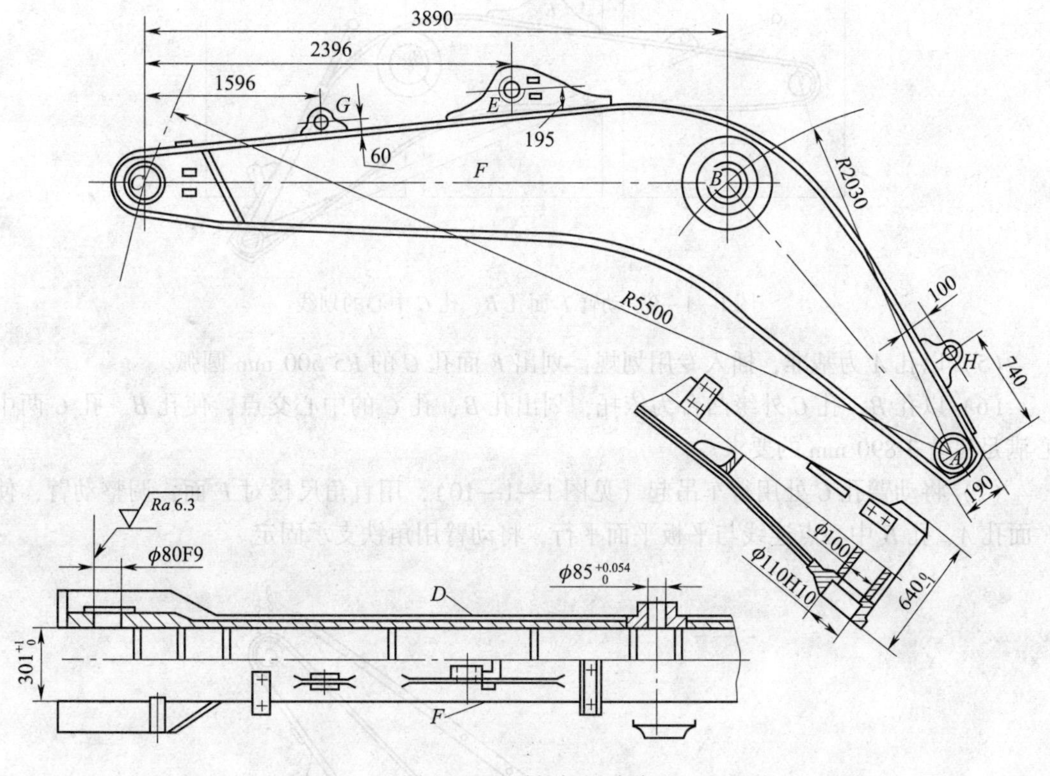

图1—1—8　挖掘机动臂

2. 划线要求

划 $R2\ 030$ mm、$R5\ 500$ mm及2 396 mm、3 890 mm尺寸的孔 A、B、C、E 加工线。

3. 划线注意事项

（1）由于挖掘机的动臂狭长、弯曲，工件孔距较大，划线时不易定位，应注意采取安全措施。

（2）由于孔距较大，专用划规应设计得轻巧、方便并能有一定的调整量。

（3）动臂外形中间大，两端延伸部分有斜度，不能以外形求取中心线（中心线不居中），只能以孔的中心为基准。

（4）动臂系焊接件，因此有可能出现变形。若确定孔为划线基准，在预钻孔时应先对工件变形情况有所了解，并进行适当的借料后才能钻工艺孔，避免误差集中在某一孔中，引起外观疵点。

4. 划线步骤

（1）涂白漆。

（2）以孔 *A* 外缘凸台为依托，用划规划出孔 *A* 中心。

（3）钻孔 *A* 的工艺孔。

（4）将动臂 *D* 面安放在拼接平板上（见图 1—1—9），以孔 *A* 为基准（预先加工好的工艺孔），插入专用划规，划出 *F* 面孔 *B* 的 *R*2 030 mm 圆弧。

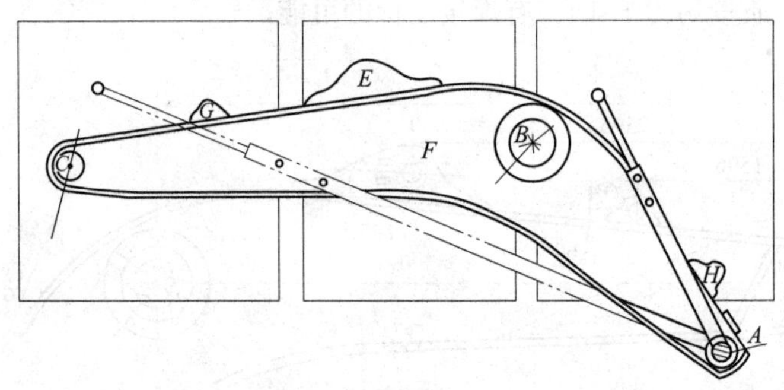

图 1—1—9　动臂 *F* 面孔 *B*、孔 *C* 中心的划线

（5）以孔 *A* 为基准，插入专用划规，划出 *F* 面孔 *C* 的 *R*5 500 mm 圆弧。

（6）以孔 *B*、孔 *C* 外缘凸台为依托，划出孔 *B*、孔 *C* 的中心交点，使孔 *B*、孔 *C* 两中心满足尺寸 3 890 mm 的要求。

（7）将动臂孔 *C* 处用行车吊起（见图 1—1—10），用直角尺校对 *F* 面，调整动臂，使 *F* 面孔 *A*、孔 *B* 中心点连线与平板平面平行，将动臂用角铁支承固定。

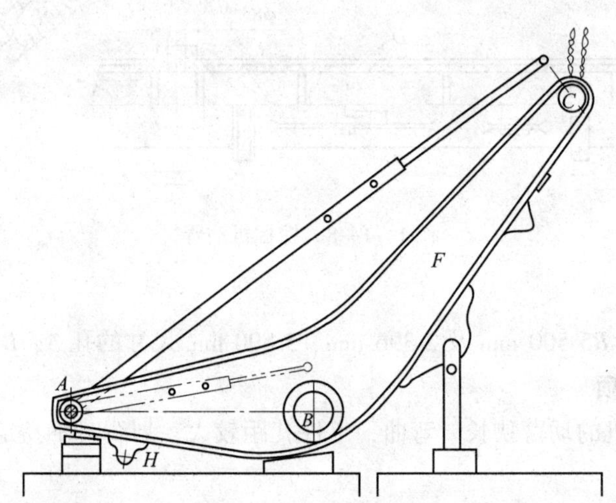

图 1—1—10　动臂 *F* 面、*D* 面孔 *B*、孔 *C* 的划线

（8）划 *F* 面和 *D* 面孔 *A*、孔 *B* 与平板平面平行的中心连线。

（9）划孔 *H* 尺寸 100 mm 和 740 mm 的十字线。

（10）以孔 *A* 为基准插入专用划规，划出 *D* 面孔 *B* 的 *R*2 030 mm 圆弧。

（11）以孔 *A* 为基准插入专用划规，划出 *D* 面孔 *C* 的 *R*5 500 mm 圆弧。

(12) 将动臂用行车吊起（见图 1—1—11），放置在平板调整垫铁上，调整动臂下面孔 B、孔 C 中心连线与平板平面平行，并认真用直角尺校对 F 面。

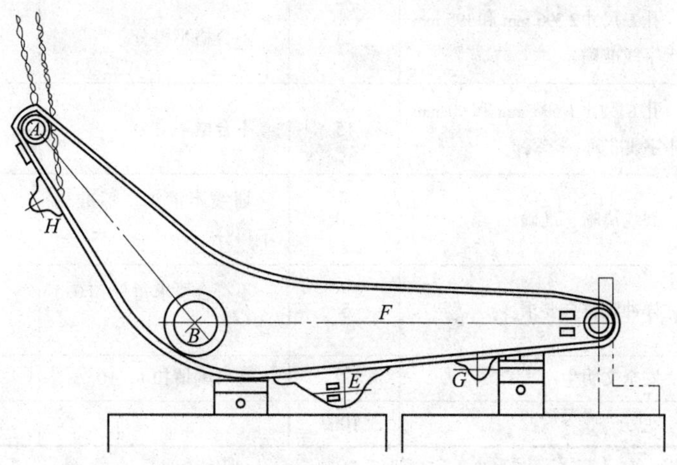

图 1—1—11　动臂孔 E、孔 G 的划线

(13) 划出 F 面和 D 面孔 C、孔 B 的中心与平台平面的平行线。

(14) 划出孔 E、孔 G 与动臂顶面的 195 mm 和 60 mm 尺寸线。

(15) 以孔 C 中心点为基准，借用直角尺分别划出孔 E、孔 G 的 2 396 mm 和 1 596 mm 尺寸线。

(16) 划各孔的圆加工线。

(17) 复检各尺寸，用样冲等距冲出各加工线和圆弧交接点。

5．评分标准

挖掘机动臂划线评分标准见表 1—1—2。

表 1—1—2　　**挖掘机动臂划线评分标准**

时限	2 h	开始时间		结束时间		实考时间	
项目	序号	技术要求		配分	评分标准	检测记录	得分
划线技能	1	孔 A 划线、工艺孔加工正确		10	不合格不得分		
	2	孔 A 和孔 B 尺寸线 R2 030 mm 正确		10	不合格不得分		
	3	孔 A 和孔 C 尺寸线 R5 500 mm 正确		10	不合格不得分		
	4	孔 B 和孔 C 尺寸线 3 890 mm 正确		10	不合格不得分		
	5	孔 H 尺寸 100 mm 和 740 mm 十字线准确		15	不合格不得分		

续表

项目	序号	技术要求	配分	评分标准	检测记录	得分
划线技能	6	孔 E 尺寸 2 396 mm 和 195 mm 十字线准确	15	不合格不得分		
	7	孔 G 尺寸 1 596 mm 和 60 mm 十字线准确	15	不合格不得分		
其他	8	划线清晰、准确	10	划线不清晰、不准确不得分		
	9	样冲眼符合要求	5	不符合要求每处扣 0.5 分		
	10	安全文明生产		违者酌情扣 1 ~ 10 分		
		总分	100			

子课题 3　凸轮划线

1. 掌握凸轮划线要点。
2. 会进行盘形凸轮的划线。

凸轮机构是机械自动控制的重要元件之一。它将凸轮的连续回转运动变为从动件的直线移动或摆动，从而实现机械运动的定时、定位。只需设计适当的凸轮轮廓，便可使从动件得到任意的预期运动。

一、凸轮划线步骤

凸轮划线是利用反转法原理，用几何作图的方法，根据已知的凸轮基圆半径 r_0、角速度 ω 和推杆的运动规律划出凸轮轮廓曲线。

所谓反转法，就是给整个凸轮机构施以 $-\omega$ 时，不影响各构件之间的相对运动，此时凸轮将静止，而从动件尖顶复合运动的轨迹即为凸轮的轮廓曲线，如图 1—1—12 所示。

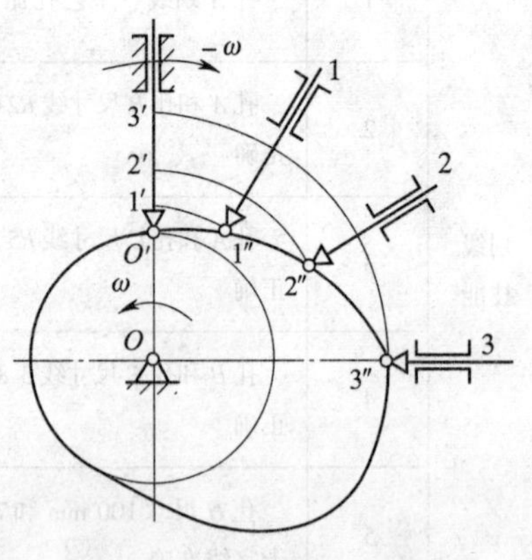

图 1—1—12　反转法原理

1. 划基圆

根据已知的基圆尺寸，先在凸轮上找到回转中心，并划出基圆。

2. 作位移曲线

根据图样要求划出凸轮位移曲线图（即行程—动作角图），如图 1—1—13 所示。具体作图过程分成几个阶段，如上升阶段、平休阶段、回程阶段等，按每个阶段的总度数进行等分（等分数越多，凸轮轮廓越精确）。在主动轮每一个均分角垂线上描出相应的从动件行程 1′、2′、3′、4′、5′等，最后连接开始点到结束点，即为凸轮位移曲线，如图 1—1—13a、b 所示。

3. 划理论轮廓曲线

把基圆圆周按位移曲线分成与之相应的份数，并过圆心经均分点向凸轮的外围划出曲线半径线，在该半径线上，以其与基圆圆周的交点为起始向外量取相应的位移行程 h，得到与该半径线的交点。每一条等分半径都截取相应的长度得交点后，圆滑连接各点所成的曲线即为理论轮廓曲线，如图 1—1—13c 所示。

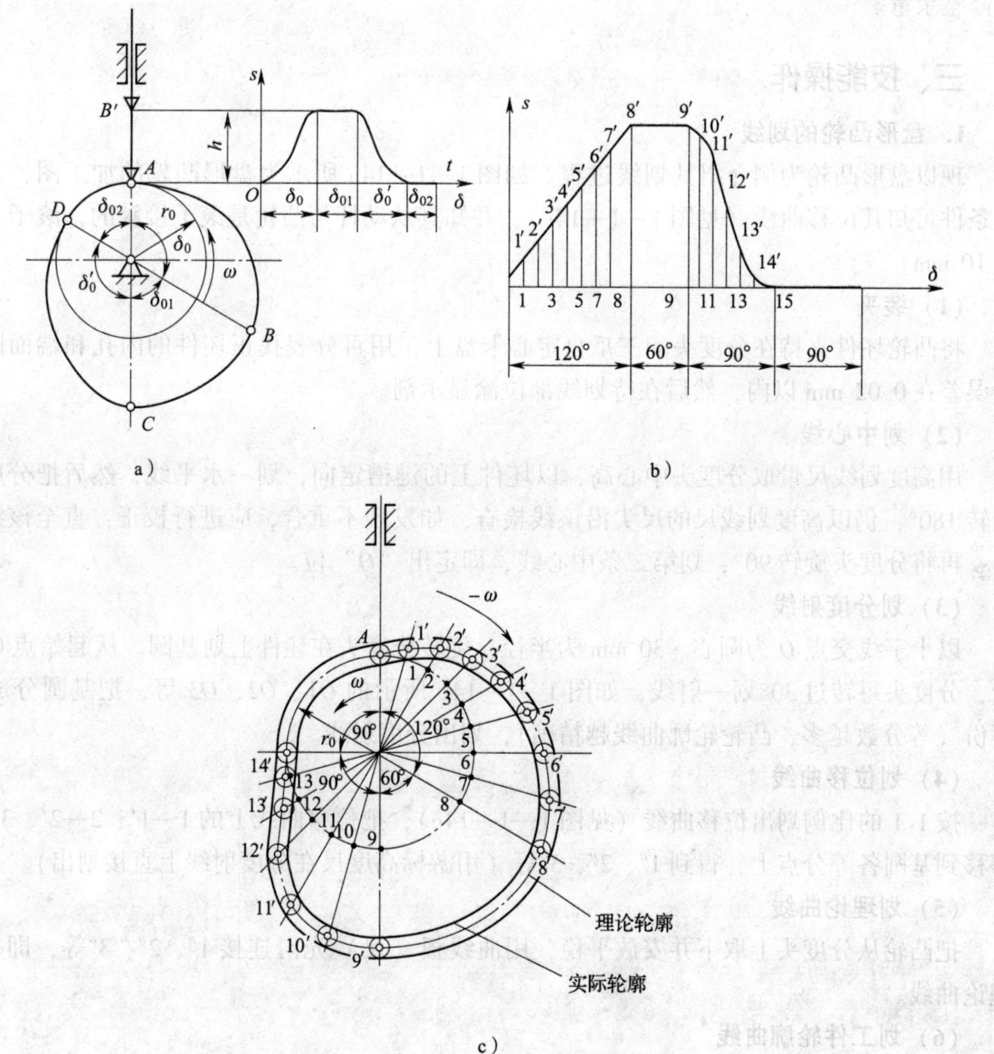

图 1—1—13　凸轮划线步骤及各参数

a）凸轮轮廓线与位移曲线图　b）行程—动作角图　c）凸轮理论轮廓曲线和实际轮廓曲线

4. 划实际轮廓曲线

在对心直动推杆凸轮机构中，实际轮廓曲线就是理论轮廓曲线。在对心直动滚子推杆凸轮机构中，实际轮廓曲线是在理论轮廓曲线的基础上，在等分半径上减去滚子半径所得的曲线，如图 1—1—13c 所示。

二、凸轮划线时的注意事项

1. 凸轮划线必须保持清晰、准确，各点连线要求平滑，不易被抹掉，着重突出加工线。

2. 样冲眼必须冲正，以便加工时检查。

3. 凸轮曲线的公切点（如过渡圆弧的切点）必须明确标出。

4. 某些精度要求较高的凸轮曲线需经过装配、整形，划线时应根据工艺要求留出一定的修整余量。

三、技能操作

1. 盘形凸轮的划线

现以盘形凸轮为例介绍其划线过程。如图 1—1—14a 所示为盘形凸轮的加工图，从设计条件可知其位移曲线（见图 1—1—14c），并知其从动杆与凸轮是滚子接触的，滚子直径为 10 mm。

(1) 装夹

将凸轮坯件夹持在分度头的三爪自定心卡盘上，用百分表找正坯件的内孔和端面圆跳动误差在 0. 02 mm 以内，然后在待划线部位涂显示剂。

(2) 划中心线

用高度划线尺量取分度头中心高，以坯件上的键槽定向，划一水平线，然后把分度头旋转 180°，仍以高度划线尺的尺尖沿该线检查，如发现不重合，应进行校正，直至该线重合。再将分度头旋转 90°，划第二条中心线，即定出“*O*”位。

(3) 划分度射线

以十字线交点 *O* 为圆心、30 mm 为半径，旋转分度头在坯件上划基圆。从起始点 0°开始，分度头每转过 30°划一射线，如图 1—1—14b 所示的 *O*1、*O*2、*O*3 等，把基圆分成 12 等份（等分数越多，凸轮轮廓曲线越精确），划出分度射线。

(4) 划位移曲线

按 1∶1 的比例划出位移曲线（见图 1—1—14c），把位移曲线上的 1—1′、2—2′、3—3′等移到基圆各等分点上，得到 1″、2″、3″等（用游标高度尺在分度射线上直接划出）。

(5) 划理论曲线

把凸轮从分度头上取下并安放平稳，用曲线板（尺）光滑连接 1″、2″、3″等，即得到理论曲线。

(6) 划工件轮廓曲线

如图 1—1—14b 所示，以 1″、2″、3″等为圆心，以滚子半径（5 mm）为半径划圆，然后用曲线板（尺）光滑连接各滚子圆的内边，即为盘形凸轮的轮廓曲线。

(7) 打样冲眼

检查无误后，在加工线上打上样冲眼，并在起始点上做出明显标记。

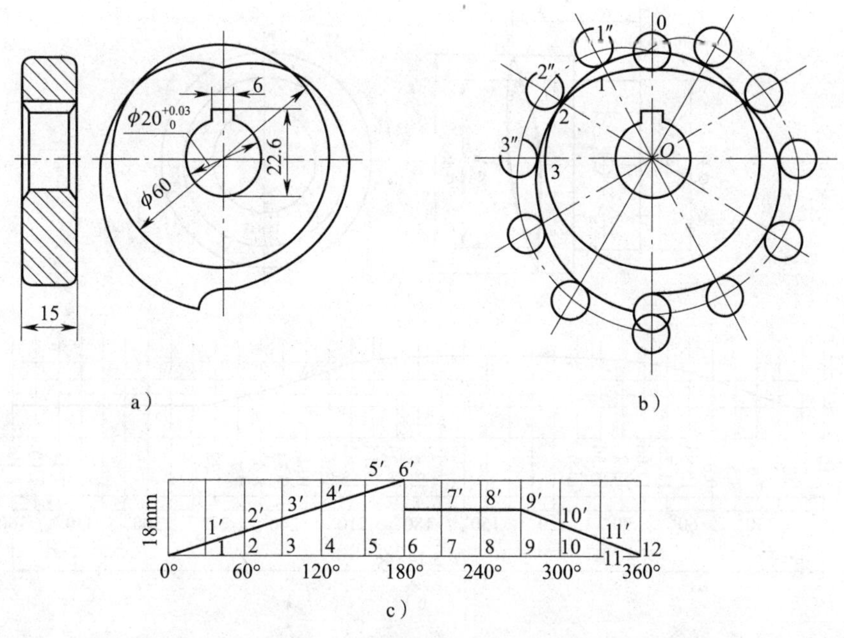

图 1—1—14　盘形凸轮划线实例

a）工件　b）凸轮曲线　c）位移曲线

2. 圆柱形凸轮的划线

（1）圆柱形凸轮划线展开图

对于运动曲线在圆柱面上的凸轮，一般都在工作图上划出展开图。如图 1—1—15 所示为圆柱形凸轮的工件图和凸轮曲线展开图。由图可知，圆柱形凸轮的外径为 46 mm，从动杆的最大行程为 13.6 - 7.1 = 6.5 mm。

（2）划线过程

1）划线前的准备。准备一块平整、面积适当的薄铜皮或白铁皮，在需要划线的位置上涂色。

2）制作划线样板。如图 1—1—15b 所示，在样板上划出横坐标线 x，并划出与横坐标垂直的纵坐标线 y，两线交于 O 点。从 O 点起（即凸轮起始点），将凸轮圆柱面展开，展开的长度为圆柱的外圆周长（πD），代表 360°，同时将圆周长分为 36 等份，每等份为 10°，在等分点上分别作纵坐标 y 的平行线。再以圆柱形凸轮端面为基准，从 0°线开始，分别截取凸轮曲线各相应点的轴向高度，如 0°为 7.10 mm、10°为 7.20 mm、20°为 7.36 mm，依次截得各点。然后将各点用曲线板（尺）连接成圆滑的曲线，即为圆柱形凸轮的实际轮廓曲线。用剪刀剪去多余的部分，制成划线样板。

3）划线。把划线样板围在凸轮圆柱面上，使基线与凸轮端面 A 靠齐，将划线样板上的起始点与坯件上的对应点对正，用划针沿着样板曲线在凸轮圆柱面上划出轮廓曲线，最后在划出的曲线上打上样冲眼，并在起始点上做出明显标记，划线工作结束。

3. 评分标准

凸轮划线评分标准（可适用于盘形凸轮和圆柱形凸轮的划线）见表 1—1—3。

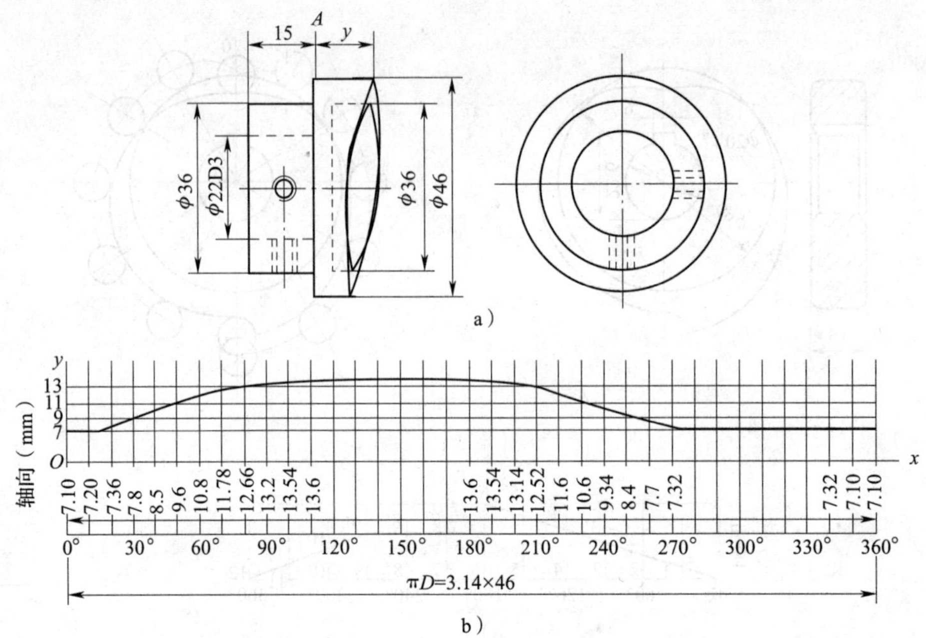

图 1—1—15　圆柱形凸轮划线实例

a）工件图　b）凸轮曲线展开图

表 1—1—3　　凸轮划线评分标准

时限	3 h	开始时间	结束时间		实考时间	
项目	序号	技术要求	配分	评分标准	检测记录	得分
理论基础	1	能准确判别凸轮种类	10	凸轮种类不清楚不得分		
	2	会准确选择凸轮划线方案	20	不会准确选择凸轮划线方案不得分		
划线技能	3	会准确选择凸轮划线基准	10	不会选择凸轮划线基准不得分		
	4	会准确划出凸轮曲线图	15	不会划凸轮曲线图不得分		
	5	会正确划出凸轮轮廓线	15	不会划凸轮轮廓线不得分		
	6	凸轮划线清晰、准确	20	划线不清晰、不准确不得分		
综合能力	7	能团结协作	10	不能团结协作不得分		
其他	8	出现缺陷		每处扣 1 ~ 5 分		
	9	安全文明生产		违者酌情扣 1 ~ 10 分		
		总分	100			

课题二 锯削、锉削加工

子课题1 圆钢凹件十字加工

学习目标

1. 熟练掌握锯削要领。
2. 掌握提高锉削精度和表面质量的方法。
3. 会加工十字相配件。

要掌握装配钳工操作技能，需要一个由少及多、由简及难、一步一个台阶的长期积累过程，其中锯削、锉削技能在中级工操作技能的基础上要加入更多元的组合加工，在测量手段上也更为丰富，测量精度进一步提高。

一、锯削要领及其特殊应用

1. 锯削要领

锯削操作要求做到：锯缝直，锯面与夹持基准垂直，尺寸准确，锯痕清晰、有序、一致。

（1）锯条的安装要准确，起锯时可按习惯采用近起锯或远起锯开锯。一般远起锯的稳定性较高，较能保证起锯质量。

（2）锯削面的划线一般采用单线法。若在锯削精度要求高的场合可采用双线法，只要锯缝在双线范围之内，锯削质量就能得到保证。

如需要锯削后保证尺寸（30±0.20）mm，用单线法时只划一条30 mm的锯削加工线即可，但是这样不能很好地保证锯削质量，这时可用双线法划锯削加工线。双线法计算公式如下：第一条划线尺寸（最小尺寸线）L_{min}=最小极限尺寸=30－0.20=29.80 mm，第二条划线尺寸（最大尺寸线）L_{max}=最大极限尺寸+锯缝宽=30+0.20+1=31.20 mm。所以，要保证锯削后尺寸（30±0.20）mm合格，用双线法锯削时需划的两条线尺寸为29.80 mm、31.20 mm。

（3）锯削时，要充分考虑锯条的散热和耐热情况，普通钢锯条的锯削速度要控制在40次/min。起锯时用力要轻，多次锯出一条槽后再开始正式锯削，正常锯削时要用全力，用锯条全长进行锯削，并保持一定的锯削节奏，能让锯削达到更高的效率，锯削结束时应减小运动幅度并减轻切削力，防止突然锯断失去平衡而造成危险。

2. 锯削的特殊应用

（1）锯削管材

对于薄壁管材，应先做一副木V形块，垫在台虎钳和管材之间，以免夹坏管材。因管材中空的特殊结构，锯削时应绕着管壁进行，而不能像锯削板材那样一锯到底。

（2）锯削薄板

对于薄板材料，锯削时应有夹板将其夹住，使其刚度足够才能进行锯削。如没有夹板辅助，则可以将锯缝夹成水平状并紧贴钳口，将锯条反向装夹进行水平锯削，也可完成锯削要求。锯削扁钢时，从宽面开始锯削即可。

（3）锯削型材

无论是槽钢还是角钢，都应先锯一个实体面，转过90°后锯削另一个实体面，直至全部锯断。

（4）锯槽

有的工件需开一个槽，如螺钉头部的通槽等，可以将两根锯条并排装夹在锯弓上，调节松紧至锯削时不轻易分开即可实行锯削，并能达到开槽要求。

（5）锯削深缝

锯削深缝时，将锯弓上的装夹头转过90°，使锯条与锯弓成90°角，工件在锯弓与锯条的空隙中穿过，这样就可达到锯削要求。

（6）锯削曲线

钳加工中的曲线锯削与木工的曲线锯削原理一样，只是在锯削前要将锯条磨得较窄，一般宽度比安装孔直径宽些即可。锯削时注意曲线走向，锯削用力均匀，否则锯条容易折断。

二、提高锉削精度和表面质量的方法

在锉削加工中，工件精度和表面质量经常会出现问题，甚至出现废品。有针对性地采取一些措施，就可提高工件精度和表面质量。

1．工件精度和表面质量经常出现的问题

（1）工件损坏

解决办法：正确夹持工件或适度地控制夹紧力。

（2）工件形状不正确（工件中间凸起、塌边、塌角）

解决办法：正确选择锉刀，正确掌握操作技能。

（3）尺寸超过规定范围

解决办法：确保划线正确，在操作过程中（特别是在精锉时）要经常检查尺寸的变化。

（4）表面粗糙

解决办法：锉刀选择要得当，抛光方法要正确。

2．提高锉削精度和表面质量的措施

（1）熟读图样，制定加工工艺过程。要清楚图样的形状与每一个部位的尺寸公差要求、几何公差要求及图样上的技术要求内容，不可遗漏；熟悉图样的评分标准，对加工的主次做到心中有数。

（2）按图样要求和加工需要准备工具、量具、刃具，并认真地进行检修和保养。

1）图样上需加工方孔、三角孔或内部尺寸时，所用锉刀（方锉、三角锉）应按加工要求磨边，并准备好合适的锉刀。

2）量具要进行检测，使量出的数值准确无误。

3）刀具要进行刃磨，使刃部锋利，钻头、铰刀等要进行试钻、试铰，保证所加工的孔尺寸准确。

4）根据图样加工需要准备好辅助测量样板、测量心棒或 V 形块等，为提高加工质量做好前期保障工作。

（3）操作时选择基准要正确，划线要准确，留加工余量要合理。

1）一般情况下基准应先行锉出，选择一面（侧面）垂直于另一个面。底面建议先用交叉锉法修正平面度后，再用顺向锉法保证表面质量。用研磨法测量，以准确、快速地将基准面加工好。基准面的几何公差（垂直度、平面度）得到保证后不再加工。

2）按基准进行划线。用专用划线工具进行划线，所划线条清晰、可见，必要时在划线部位涂上颜色，切忌为了图省事而用量具进行划线。划线后要复核所划线的尺寸，以防误加工。

3）正确地留加工余量。锯削时，一般留 0.5 mm 左右余量，如基准在工件两侧，其基准处不得留余量，采用单线法划线时应对此充分注意；以中心线为基准时，预留余量两侧均分，不过这种现象比较少。划同一尺寸的线时最好两件一次划成，避免两次划线产生误差。

（4）熟练掌握所用量具，使测出的数值准确。测量时要迅速、快捷，以节省时间，尤其是粗加工时，每锉削一遍都应做到心中有数，接近尺寸时要仔细测量，不可超差。尽量使用自己熟练掌握的工具、量具，如粗加工时用游标卡尺测量，精加工时用千分尺测量等。

（5）锉削过程中要经常测量尺寸。应做到划线基准、测量基准、加工基准一致，并以此计算其他尺寸数值。

（6）锉配件应分清主次、先后，锉削时尺寸要尽可能地精确，以保证与其配合件配锉后尺寸、配合间隙的准确性（如要求对称件做 180°翻转后的间隙等）。加工孔时应注意 ϕ8 mm 以上的孔直接钻出偏差可能较大，可先钻小孔，以适当地控制中心距尺寸。可先用 ϕ3 mm 左右的小钻头钻孔，然后再用 ϕ6 mm 钻头扩孔，测量孔距是否有偏差，如有偏差，则需反向修孔。

修孔的方法如下：用 ϕ6 mm 圆锉，在能使孔回归到理论位置的孔侧锉修 2 倍偏差余量，将孔锉成椭圆形后再进行扩孔，扩孔后再测量孔距有无偏差，如还有偏差则继续修孔，如偏差在允许的范围内，则可进行最终扩孔。如果该孔侧锉削 2 倍余量后，椭圆孔的长径大于所需最大直径，修孔就无法满足要求。

（7）要求锉削的部位必须锉削加工，并保证纹理清晰，表面粗糙度达到要求。

（8）凡有对称度要求的工件，在划线、锉削过程中都要重视，因为对称度相差多时会影响翻转后的间隙，配合件会产生错位以及外部尺寸超差等问题。有时对称度差得多，在正面相配后，翻转 180°再相配时会配不进去，如果通过锉削使两件相配后再翻回原位，有些部位的间隙就会超差。

（9）对有等边要求或是任意互换配合要求间隙一致的工件，其各等边加工工序尺寸（包括加心棒或 V 形块等辅助测量件后）一定要做到偏差一致、尺寸相等。

三、技能操作——圆钢凹件十字加工

钳加工任务：需加工一个零件，如图 1—2—1b 所示，该圆钢凹件与图 1—2—1a 进行配合（该件已加工合格），两件的配合间隙小于 0.05 mm 且能转位互换。坯料为 ϕ80 mm × 50 mm 的圆钢。

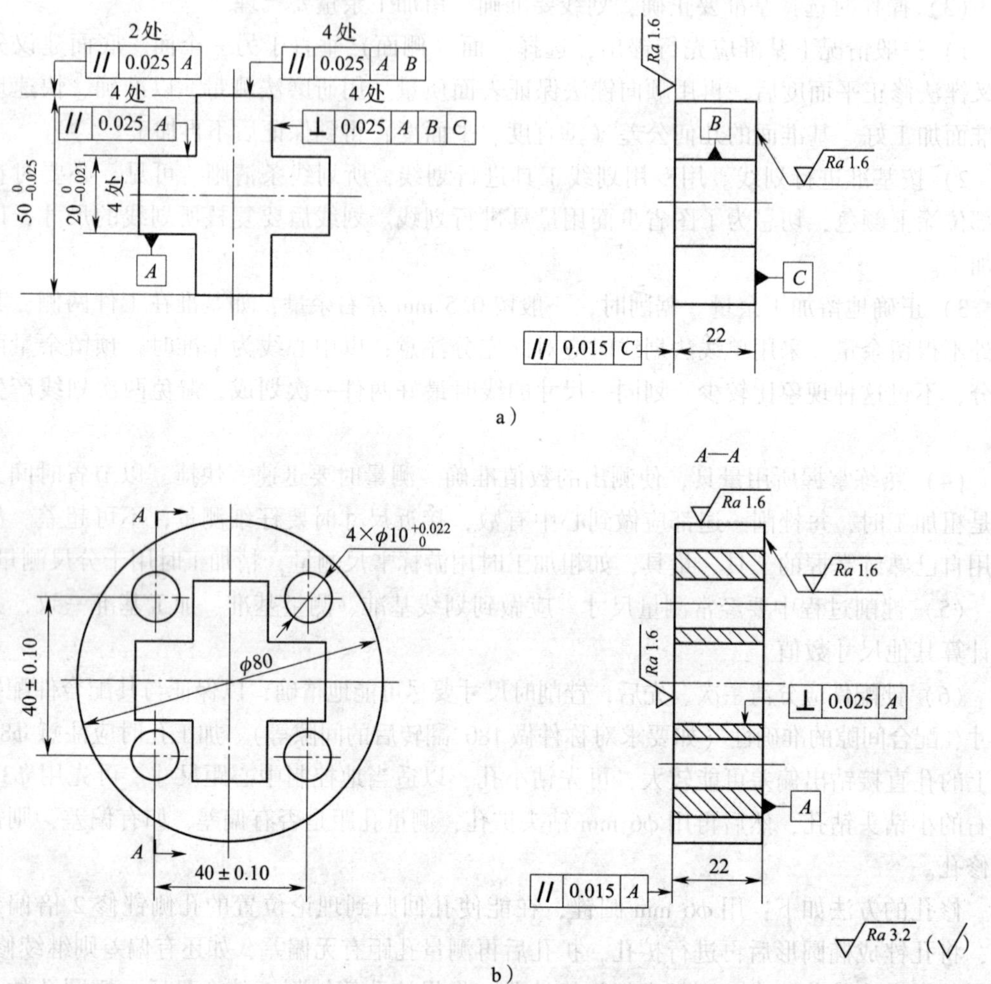

图 1—2—1　圆钢凹件十字加工

a）件 1　b）件 2

研读图样后发现加工圆钢凹件时需要解决定位与测量问题。本课题中件 2 以件 1 配作，故件 1 为基准件（已加工好）。由于件 2 的图形特点为外圆内方，它的加工没有固定的测量基准，因此找准测量基准非常重要。根据圆的定位特点，用 V 形块定位支承进行划线、钻孔较合适，如图 1—2—2 所示。

1. 加工步骤

(1) 锉削基准平面（端面）

用顺向法锉削时，由于圆钢的形状特点，锉削过程中，相对锉削面的长度是在不断变化的，因此，在控制锉削力时要注意这个变化的规律，锉刀要绝对端平才能满足锉削平整的要求。也可以采用交叉锉法，在锉削过程中要不断地控制平面度和大平面与圆柱母线的垂直度。

（2）锯削圆钢

以锉削好的大平面为基准，用双线法锯削（22 mm、23.5 mm）。锯削时，以任意处开锯，在双线内一直锯下。为保证锯削质量，中途不要转动工件，要充分考虑锯条的散热，需放慢锯削速度。

（3）锉削锯面

锉削锯面，保证其与基准面的平行度误差小于0.015 mm。

（4）十字形划线

将工件按图1—2—2所示放在V形块上定位、固定后，用游标高度尺量出圆柱最顶处高度X，以此点为基准往下划线［$X-15$，$X-20$（孔中心），$X-30$，$X-50$，$X-60$（孔中心），$X-65$］，把V形块转过90°后，按同样的方法划出孔加工线和十字加工线。

（5）钻孔

1）钻排料孔。如果有条件，可以将划线时定位的V形块一起装夹到钻床上进行钻孔，如图1—2—3所示，钻出排料孔，图1—2—3a所示为钻排孔法，图1—2—3b所示为钻大孔法。钻大孔法是用ϕ12 mm钻头钻出大孔，在孔边待锯削处先用方锉将圆弧锉成一个小方角，再沿粗黑线进行锯削，以去除余料，这个方法比钻排孔法更容易去除材料，且能减少锉削余量，节省去余料时间。

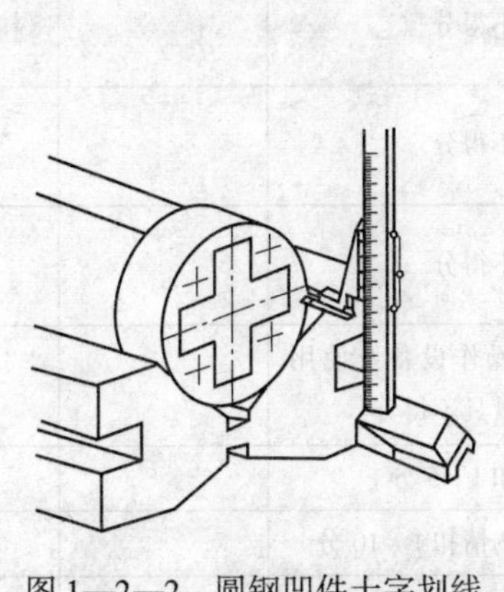

图1—2—2　圆钢凹件十字划线

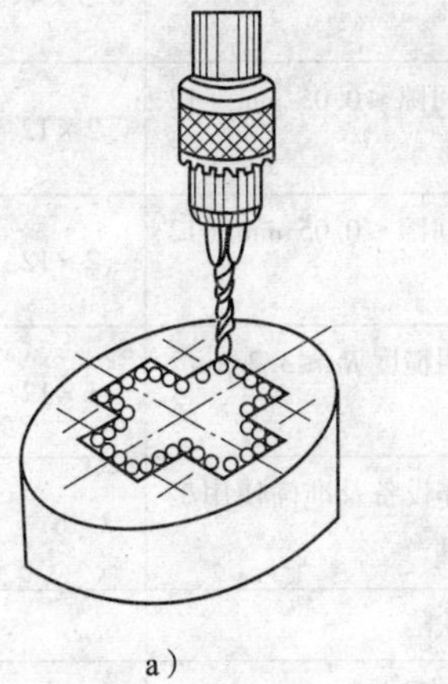

a）

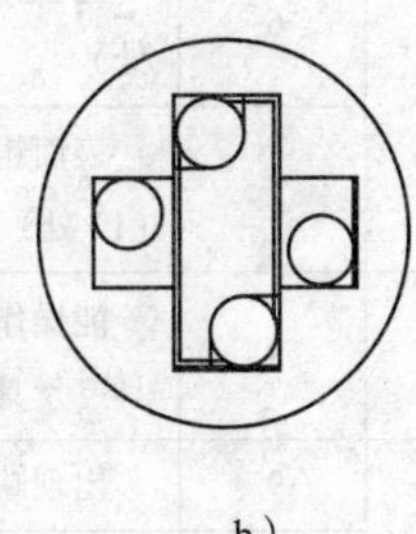

b）

图1—2—3　圆钢凹件十字去余料

a）钻排孔法　b）钻ϕ12大孔法

2）孔距加工。可以直接钻ϕ6 mm孔，再用修孔的方法将孔距修正。要注意的是修孔时一定要注意修的方向正确，修正余量计算准确，两边孔口都要控制修正余量到位。

（6）锉削配合面

选十字体的A面作为第一加工面，以此面为配合的定位基准，以件1为配合的间隙基准，按先平行面后垂直面的加工次序进行配合。最后控制配合间隙达标。

(7) 注意事项

1）锯削时要充分考虑锯条的散热情况。

2）由于坯料较厚，在钻孔时需要注意钻头的断屑和排屑，以免使钻头折断。

3）配合加工时要选定第一定位基准面，从基准面开始定向配合，切忌随意乱配。

4）配合时用木块、铜棒等软材料击打配合件，以防敲坏配合件，如图1—2—4所示。

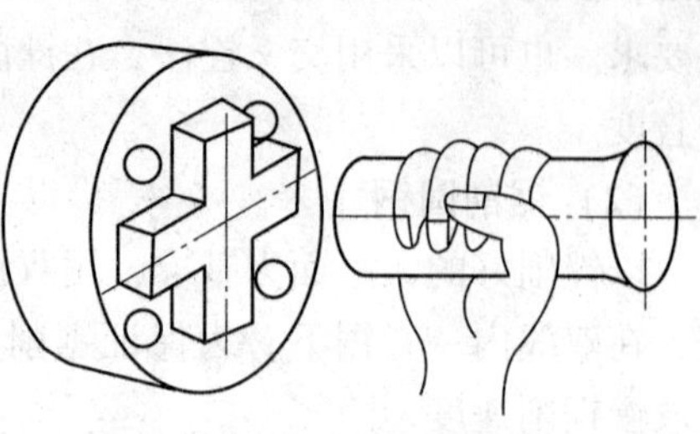

图1—2—4　圆钢凹件十字配合

5）配合前应做好去毛刺及倒钝锐边的工作。

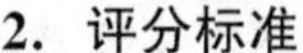

2. 评分标准

圆钢凹件十字加工评分标准见表1—2—1。

表1—2—1　圆钢凹件十字加工评分标准

时限	3 h	开始时间	结束时间		实考时间	
项目	序号	技术要求	配分	评分标准	检测记录	得分
加工技能	1	十字孔锉削面与大平面垂直度为0.025 mm	5	超差不得分		
	2	两端面平行度0.015 mm	5	超差不得分		
	3	$\phi10^{+0.022}_{0}$ mm孔（4处）	3×4	超差不得分		
	4	孔距（40±0.10）mm（4处）	3×4	超差不得分		
	5	配合间隙≤0.05 mm（12处）	2×12	超差不得分		
	6	互换间隙≤0.05 mm（12处）	2×12	超差不得分		
	7	表面粗糙度 Ra≤3.2 μm（12处）	1×12	超差不得分		
综合能力	8	能操作设备及准确使用工具、量具	6	不会操作设备及使用工具、量具不得分		
其他	9	出现缺陷		每处扣1～5分		
	10	安全文明生产		违者酌情扣1～10分		
		总分	100			

子课题2　圆弧件加工

学习目标

1. 掌握外圆弧的锉削方法。

2. 掌握内圆弧的锉削方法。
3. 熟悉球面的锉削方法。
4. 会锉削凸轮内、外曲面。

一、外圆弧面的锉削

锉削外圆弧面时，一般采用锉刀顺着圆弧锉削的方法，如图 1—2—5a 所示。在锉刀做前进运动的同时，还应绕工件圆弧中心做摆动。摆动时右手把锉刀柄往下压，而左手把锉刀前端向上提，这样锉出的圆弧不会出现有棱边的现象。

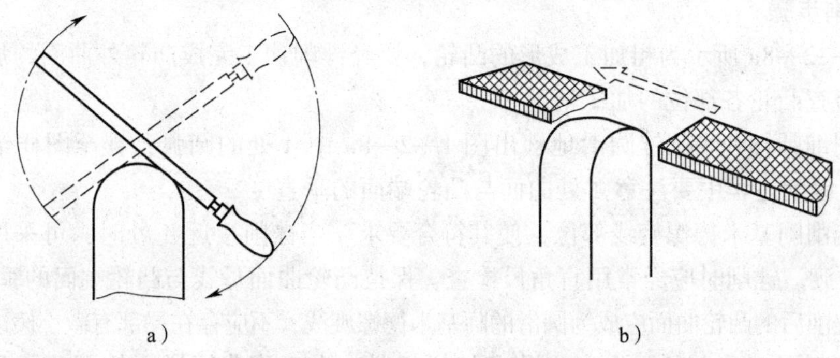

图 1—2—5　外圆弧面锉法

a）顺着圆弧锉削法　b）横向锉削圆弧法

当加工余量大时，可采用横向锉削圆弧的方法，如图 1—2—5b 所示。由于锉刀做直线推进用力大，因此效率高，按圆弧要求先锉成接近圆弧的多棱形后，再顺向锉成圆弧。

二、内圆弧面的锉削

锉削内圆弧面时，要选择半圆锉与圆锉进行。如图 1—2—6 所示，锉刀要同时完成三个动作：一是向前推进；二是向左或向右移动半个或一个锉刀直径；三是绕锉刀中心线转动（顺时针或逆时针转动约 90°）。

如果锉刀只做前进运动，锉出的内圆弧就不正确，如图 1—2—6a 所示。如果锉刀只有前进运动和向左向右的移动，内圆弧也锉不好，因为锉刀在圆弧面上的位置不断改变，若锉刀不转动，手的压力方向就不便于随锉削部位的改变而改变，如图 1—2—6b 所示。只有三个运动同时完成，才能锉好内圆弧面，如图 1—2—6c 所示。

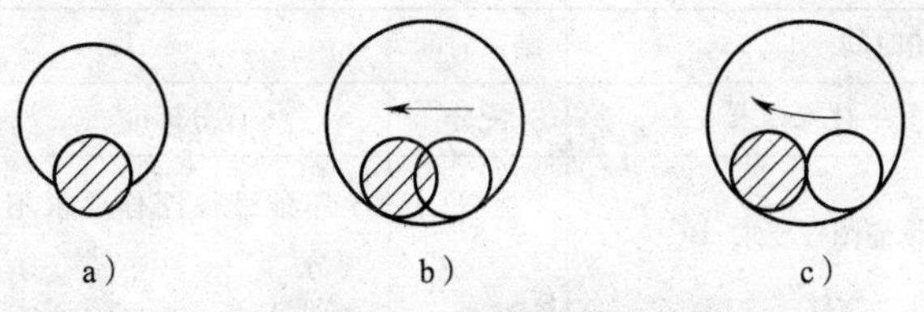

图 1—2—6　内圆弧面锉法

a）向前推进　b）左右移动　c）转动

内、外圆弧面要使用半径样板进行检测，边锉削，边检测，直至达到尺寸要求为止。

三、球面的锉削

锉削圆柱形工件端部的球面时采用滚锉法，如图 1—2—7 所示。锉刀在进行外圆弧面锉削的同时，还需要绕球面的中心和周向做摆动。

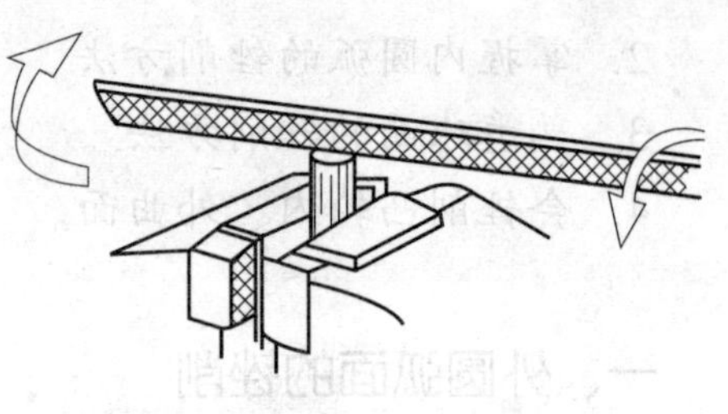

图 1—2—7　球面的锉法

四、技能操作——锉削凸轮内外曲面

1. 锉削步骤

如图 1—2—8a 所示为粗加工成形的凸轮，要经锉削加工完成凸轮外曲面的加工。

（1）检查凸轮各部位的加工情况。

（2）用细圆锉和半圆锉圆滑地锉出图 1—2—8a 中 *A* 处的圆弧，锉至图样给定的尺寸界线为止。锉削过程中要注意 *A* 处曲面与凸轮端面的垂直度。

（3）锉削阿基米德螺旋线部位，使其符合要求。当锉削接近 *A* 处时，可采用推锉法使其光滑地过渡。锉削时应经常用直角尺检查，保持凸轮曲面母线与凸轮端面的垂直度。

（4）锉削后的凸轮曲面应成为圆滑的阿基米德螺旋线，不应存在局部有微小棱边的现象。

（5）锉削图 1—2—8b 所示的圆形凸轮样板时，由于该曲线样板较薄，可采用导靠角铁来保证曲面与样板端面的垂直度。

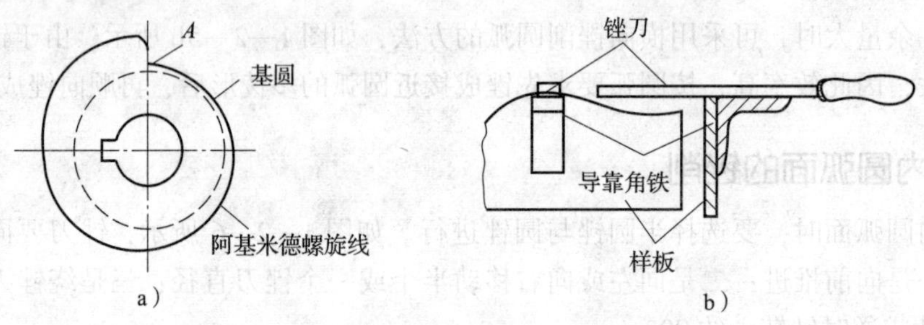

图 1—2—8　锉削凸轮内、外曲面

2. 评分标准

锉削凸轮内、外曲面评分标准见表 1—2—2。

表 1—2—2　　锉削凸轮内、外曲面评分标准

时限	3 h	开始时间		结束时间		实考时间	
项目	序号	技术要求		配分	评分标准	检测记录	得分
理论基础	1	能读懂图样要求		5	不能读懂图样要求不得分		
	2	会准确制定加工工艺方案		15	不会制定加工工艺方案不得分		

续表

项目	序号	技术要求	配分	评分标准	检测记录	得分
加工技能	3	会正确应用锉刀粗、精加工圆弧	20	不会应用锉刀粗、精加工圆弧不得分		
	4	会正确进行外圆弧面锉削	20	不会进行外圆弧面锉削不得分		
	5	会正确进行内圆弧面锉削	20	不会进行内圆弧面锉削不得分		
	6	会检测圆弧加工质量	10	不会检测圆弧加工质量不得分		
综合能力	7	能安全、细心、耐心地操作设备及准确使用工具、量具	10	不会操作设备及使用工具、量具不得分		
其他	8	出现缺陷		每处扣1~5分		
	9	安全文明生产		违者酌情扣1~10分		
总分			100			

课题三　孔系加工

子课题1　相交孔加工

学习目标

1. 掌握相交孔加工工艺的制定方法。
2. 掌握相交孔钻削要点。
3. 会正确进行相交孔钻削。

在机械装配过程中，因各类孔、面的结合而获得层出不穷的、功能各异的机械产品。常见的孔加工方法有钻孔、扩孔、铰孔、镗孔、铣孔、拉孔、珩磨孔、研磨孔，另外还有电火花加工、超声波加工、激光加工等新工艺、新方法。又因孔加工存在容屑、排屑、强度、刚度、润滑等问题，使得孔加工质量的保证需要更合理、更完善的加工工艺和孔加工刀具。

一、两孔轴线相交的孔加工

在加工轴线在空间相交的两个孔时，由于钻头两切削刃在钻削相交部分时所受的切削力不平衡，易使钻头偏斜、弯曲，导致钻出的孔不圆或轴线倾斜，钻头也容易折断。为了避免产生上述问题，常用的方法如下：

1. 如图 1—3—1 所示，两孔相交部分较少，可先钻小孔 1，再钻大孔 2。因为钻大孔时钻头的刚度较好，并且两孔相交部分较少，两切削刃所受的切削力相差不大，对钻出的孔影响不大。

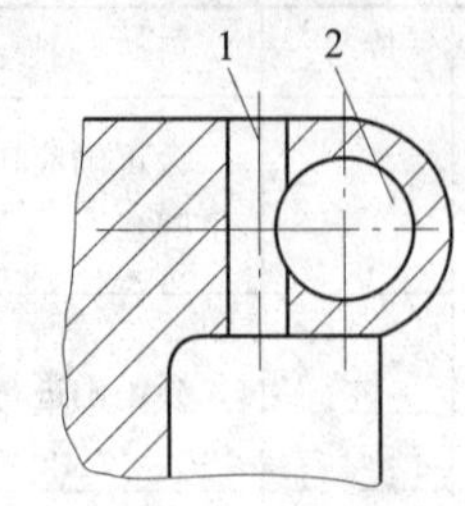

图 1—3—1 两孔相交部分较少

2. 如图 1—3—2a 所示，当两孔相交部分较多或钻孔精度要求较高时，可先加工大孔，然后在已加工的大孔中嵌入与工件材料相同的金属棒后再钻小孔，如图 1—3—2b 所示。

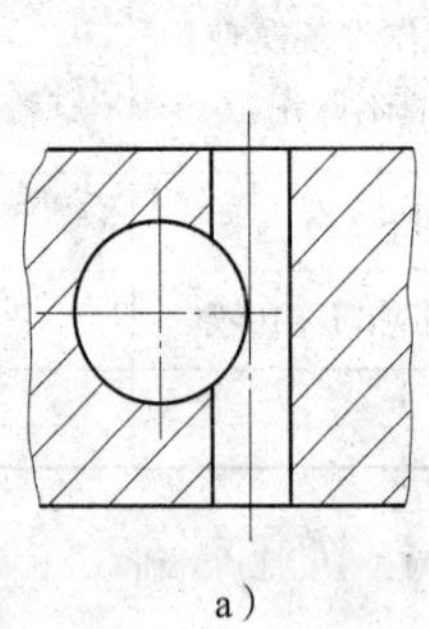
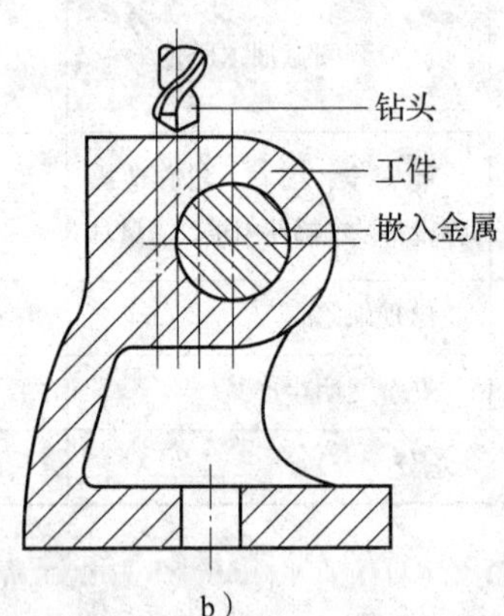

a） b）

图 1—3—2 两孔相交部分较多
a）结构图 b）钻削示意图

3. 用半圆孔钻头钻相交孔，如图 1—3—3 所示。将钻头切削刃磨成内凹中凸形，钻孔时使切削表面形成凸环，加强定心作用，将钻头限制在原定钻孔位置上，进行单刃切削。

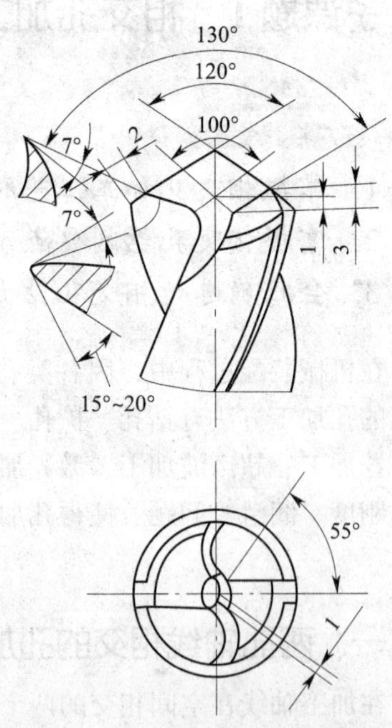

图 1—3—3 用半圆孔钻头钻相交孔

二、两孔轴线平行的孔加工

1. 钻半圆孔（或缺圆孔）

钻削工件上的半圆孔时，可将工件与相同材料的物体并在一起夹在机床用平口虎钳上，也可以用工艺装备将它们夹紧在一起或采用点焊的方法焊接在一起，找出中心后钻孔，分开后就是要钻的半圆孔，如图 1—3—4 所示。

在钻半圆孔时也可采用半圆孔钻钻出。根据钻头直径的大小，钻大于钻头半径的孔时，60°钻尖部位要有足够的钻孔强度，而且两切削刃要平直、对称，如图 1—3—5a 所示；钻小于或等于钻头半径的孔时，钻头要磨成图 1—3—5b 所示的形状，切削刃要对称、平直，转速要低，进给量要小。

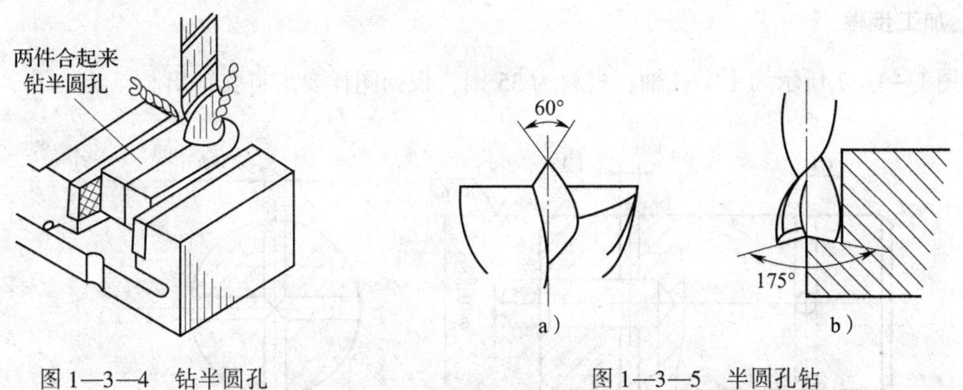

图 1—3—4　钻半圆孔

图 1—3—5　半圆孔钻

a）钻大于钻头半径的孔　b）钻小于或等于钻头半径的孔

钻缺圆孔是将与工件相同的材料嵌入工件内与工件合在一起钻孔，然后将充填的材料取出即可。

2. 钻骑缝孔

在连接件上钻骑缝孔，是为了在轮圈与轮毂、轴承套与轴承座等连接部位的缝隙处装骑缝螺钉或骑缝销钉。此时尽量用短的钻头，钻头伸出钻夹头外的长度也要尽量短，钻头的横刃要尽量磨窄，以提高钻头的刚度，加强定心作用，减少偏斜现象。如两配合件的材料不相同，则钻孔时的样冲眼应打在略硬的材料一边，以防止钻孔时钻头偏向软材料一边。钻孔方法如图 1—3—6 所示。

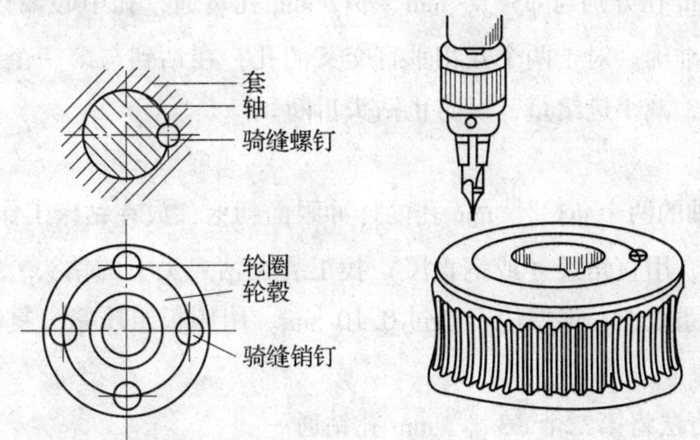

图 1—3—6　钻骑缝孔

3. 钻大孔

钻直径在 30 mm 以上的孔时，要分两次或三次钻削，先用较小直径的钻头钻出中心孔，深度应大于钻头直径（如果钻透效果更好），再用 0.5 ~ 0.7 倍中心钻直径的钻头钻孔，最后用所需孔径的钻头将孔钻出（一般钻直径为 60 ~ 100 mm 的孔需三次钻成）。这样可以减小轴向压力，保护机床，同时也可以提高钻孔质量。

三、技能操作——十字孔轴钻孔

1. 加工步骤

如图 1—3—7 所示为十字孔轴，材料为 35 钢，根据图样要求将孔钻出。

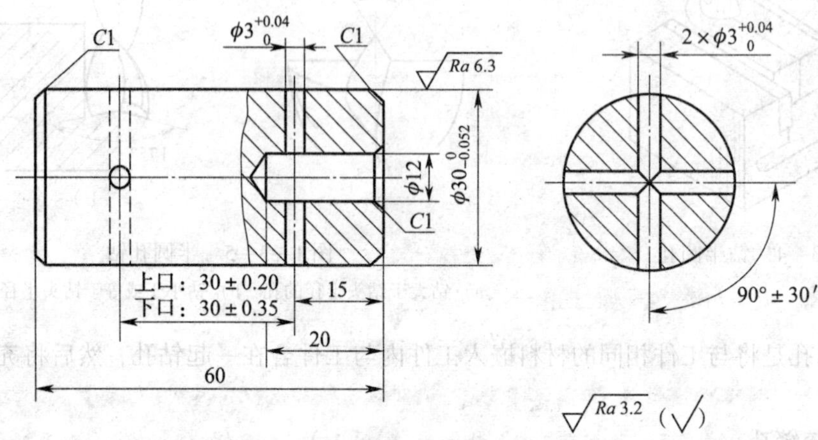

技术要求

1. 两个$\phi3^{+0.04}_{0}$孔中心偏移允差为0.15。
2. $\phi3^{+0.04}_{0}$孔中心偏移允差为0.15。

图 1—3—7　钻十字孔轴

(1) 图样分析

两个 $\phi3^{+0.04}_{0}$ mm 孔分别与 $\phi3^{+0.04}_{0}$ mm、$\phi12$ mm 孔贯通，孔中心偏移允差为 0.15 mm，因此，孔的找正应准确。对于两个互相垂直交叉的孔，在钻到与第一个孔将要交叉贯穿时应注意用手动控制，减小进给量，以防止钻头折断。

(2) 钻孔方法

1）将十字孔轴的两个 $\phi3^{+0.04}_{0}$ mm 孔的样冲眼面朝上，放在钻床工作台上的 V 形块上，将样冲眼冲大一些，用直角尺（或钢直尺）找正装在钻夹头上的钻头，使样冲眼的中心线与钻头中心线在一条线上，误差应不超过 0.10 mm。用压板组压紧，复查找正无变化后将 $\phi3^{+0.04}_{0}$ mm 孔钻通。

2）用同样的方法将第二个 $\phi3^{+0.04}_{0}$ mm 孔钻通。

3）将十字孔轴翻转 90°，用上述方法找正后将第三个 $\phi3^{+0.04}_{0}$ mm 孔钻通。

4）将十字孔轴立起放置在三爪自定心卡盘上夹紧，用 $\phi12$ mm 钻头将 $\phi12$ mm、深 20 mm 的孔钻出。

5）检查各孔尺寸，将工件卸下，至此十字孔轴上的各孔加工完毕。

2. 评分标准

十字孔轴钻孔评分标准见表 1—3—1。

表 1—3—1　　　　十字孔轴钻孔评分标准

时限	2 h	开始时间	结束时间		实考时间	
项目	序号	技术要求	配分	评分标准	检测记录	得分
钻孔技能	1	$\phi 3^{+0.04}_{0}$ mm 孔径正确（3 处）	10×3	超差不得分		
	2	$\phi 12$ mm 孔径正确	10	超差不得分		
	3	$\phi 12$ mm 孔深 20 mm	10	超差不得分		
	4	两个 $\phi 3^{+0.04}_{0}$ mm 孔中心偏移误差≤0. 15 mm	10	超差不得分		
	5	$\phi 3^{+0.04}_{0}$ mm 孔相对 $\phi 12$ mm 孔中心偏移误差≤0. 15 mm	10	超差不得分		
	6	孔口倒角 *C*1 mm（7 处）	2×7	不合格不得分		
	7	孔表面粗糙度 *Ra*≤3. 2 μm（4 处）	4×4	不合格不得分		
其他	8	出现缺陷		每处扣 1～5 分		
	9	安全文明生产		违者酌情扣 1～10 分		
		总分	100			

子课题 2　小孔、深孔加工

学习目标

1. 熟悉深孔加工特点。
2. 熟悉深孔加工刀具。
3. 掌握小孔和深孔的加工要点。
4. 会进行小孔和深孔的加工。

小孔和深孔钻削技术主要用于能源开采、航空航天、汽车和轮船制造、冶金、轻工、化工、模具、纺织及造纸关键件制造等领域，已经成为机械制造技术中一个不可或缺的独特分支。

一、深孔加工

在机械制造中，一般将深径比 $L/D\geqslant 5$ 的孔称为深孔。

钻削深孔时必须采用深孔钻，深孔加工原理如图 1—3—8 所示。

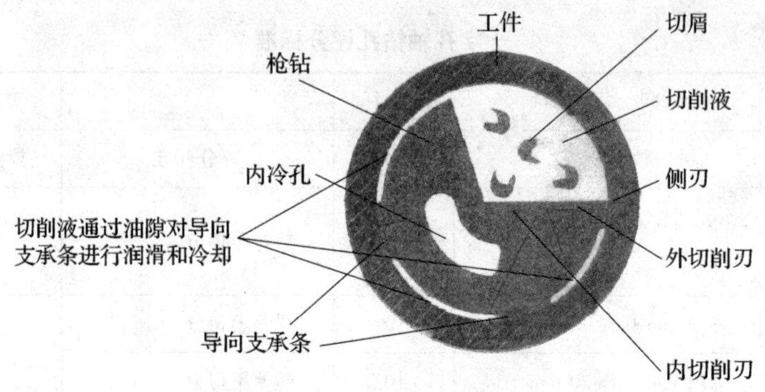

图 1—3—8　深孔加工原理

按深孔钻削工艺的不同，可分为在实心材料上钻孔、扩孔、套料三种，而以在实心材料上钻孔用得最多。深孔钻按切削刃的多少可分为单刃和多刃，按排屑方式分为外排屑（枪钻）和内排屑（BTA 深孔钻、DF 系统深孔钻和喷吸钻）两种，其工作原理如图 1—3—9 所示。

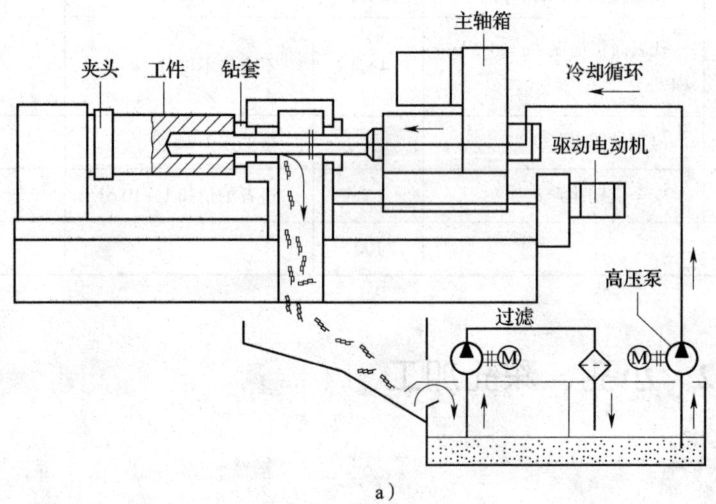

a）

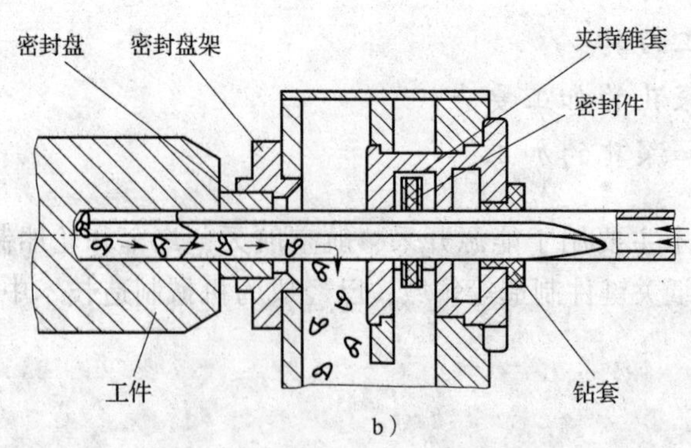

b）

图 1—3—9　深孔钻工作原理

a）外排屑　b）内排屑

各种深孔钻的使用范围根据被加工深孔的尺寸、精度、表面粗糙度、生产效率、材料可加工性和机床条件等因素确定。

外排屑枪钻适用于加工 ϕ2 ~ 20 mm、长径比 $L/D>100$、表面粗糙度 Ra 值为 12.5 ~ 3.2 μm、精度为 H10 ~ H8 级的深孔，生产效率略低于内排屑深孔钻。BTA 内排屑深孔钻适用于加工 ϕ6 ~ 60 mm、长径比 $L/D<100$、一般表面粗糙度 $Ra\leqslant$3.2 μm、精度为 H9 ~ H7 级的深孔，生产效率较高，比外排屑枪钻高 3 倍以上。

喷吸钻适用于深孔直径为 6 ~ 65 mm、切削液压力较低的场合，其他性能同内排屑深孔钻。DF 系统深孔钻是近年来新发展的一种深孔钻。它的特点是有一个钻杆，钻杆由切削液支托，振动较小，排屑空间较大，加工效率高，精度高，可用于高精度深孔的加工。它的效率比枪钻高 6 倍，比 BTA 内排屑深孔钻高 3 倍。

1. 深孔钻削刀具

深孔钻削刀具必须具有一定的强度和刚度，生产中常用以下几种钻削深孔的刀具：

(1) 扁钻

如图 1—3—10 所示为简易扁钻，钻削时切削液由钻杆内部注入孔中，切屑从零件孔内排出，适用于精度和表面质量要求不高的较浅的深孔。

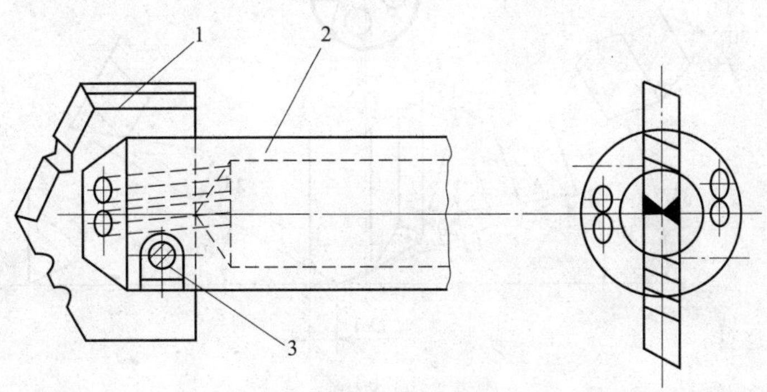

图 1—3—10 简易扁钻

1—钻头 2—钻杆 3—紧固螺钉

另一种带有导向块的扁钻的结构如图 1—3—11 所示，其优点是加工时导向块在孔中起导向作用，可防止钻头偏斜。

(2) 外排屑单刃深孔钻

外排屑单刃深孔钻如图 1—3—12 所示。这种钻头最早用于加工枪管，故常称枪钻。枪钻也是 ϕ2 ~ 6 mm 深孔加工的唯一工具，适用于加工 ϕ2 ~ 20 mm、深径比 $L/D>100$ 的深孔。切削液经钻杆内孔，从钻头后部的进油孔喷射，压入切削区，切屑从钻头凹槽通道向外排出。

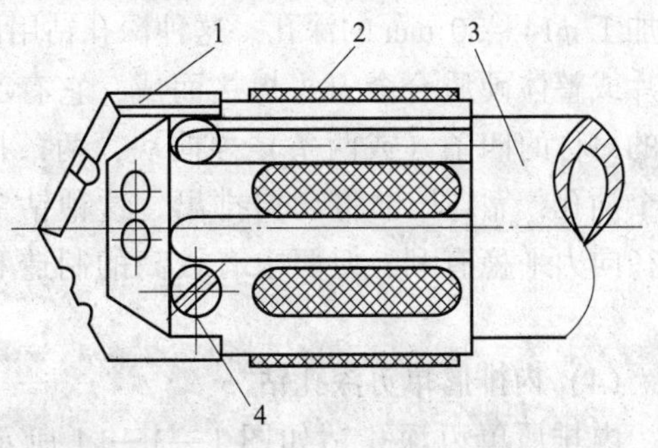

图 1—3—11 带有导向块的扁钻

1—扁钻头 2—导向块 3—钻杆 4—紧固螺钉

通常对称切削刃（如钻头）的切削力在直径方向上互相抵消。但是，单切削刃（如枪钻）的切削力在直径方向上是抵消不掉的，只能通过导向支承来解决。因此，导向孔或钻套以及充分的冷却和润滑是必需的。

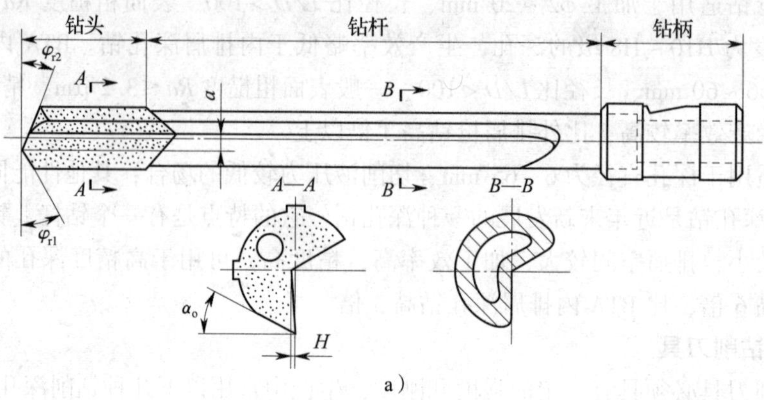

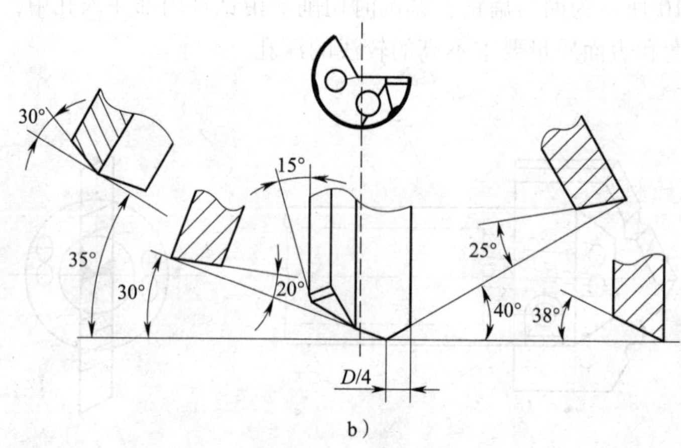

图 1—3—12　外排屑单刃深孔钻

a）单孔形深孔钻的结构　b）双孔形深孔钻钻头的几何角度

（3）外排屑双刃深孔钻

外排屑双刃深孔钻如图 1—3—13 所示，它适用于加工 $\phi14\sim30$ mm 的深孔。这种深孔钻用硬质合金刀片或整体硬质合金刀头焊接而成，它有起导向作用的对称的四条（或两条）导向块，两条排屑槽或两个油孔，靠高压油将切屑排出。这种钻头的结构对径向力平稳有利，但要求有较高的制造和刃磨精度。

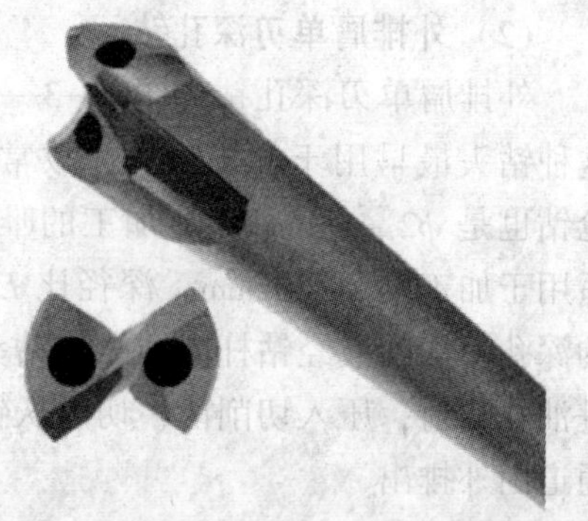

图 1—3—13　外排屑双刃深孔钻

（4）内排屑单刃深孔钻

内排屑单刃深孔钻如图 1—3—14 所示，它采用焊接结构，适用于钻 $\phi12\sim25$ mm 的深孔。

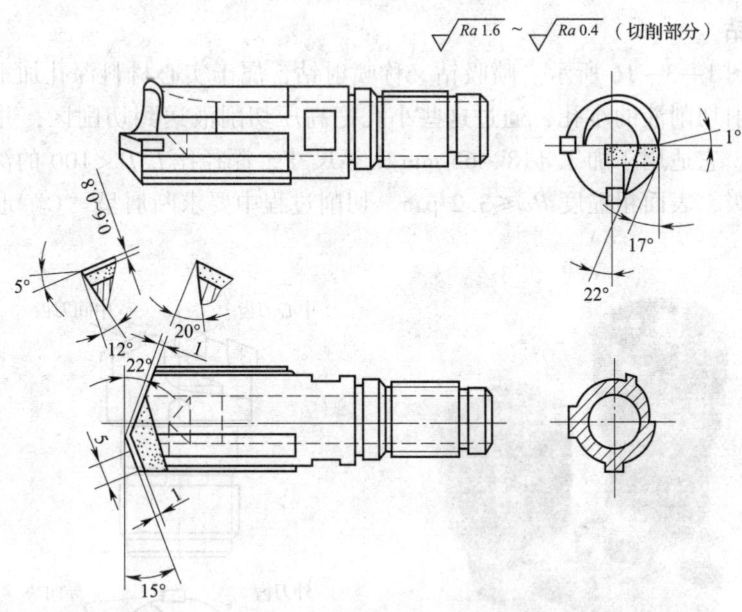

图 1—3—14　内排屑单刃深孔钻

（5）内排屑错齿深孔钻

内排屑错齿深孔钻如图 1—3—15 所示，它适用于钻削 ϕ45 mm 以上的钢件深孔。它的刀齿分别位于轴线两侧，刀齿数为 2 ~ 5 个不等，各齿互相错开，搭接分片切割。另外它还有三个导向块和两个排屑孔。

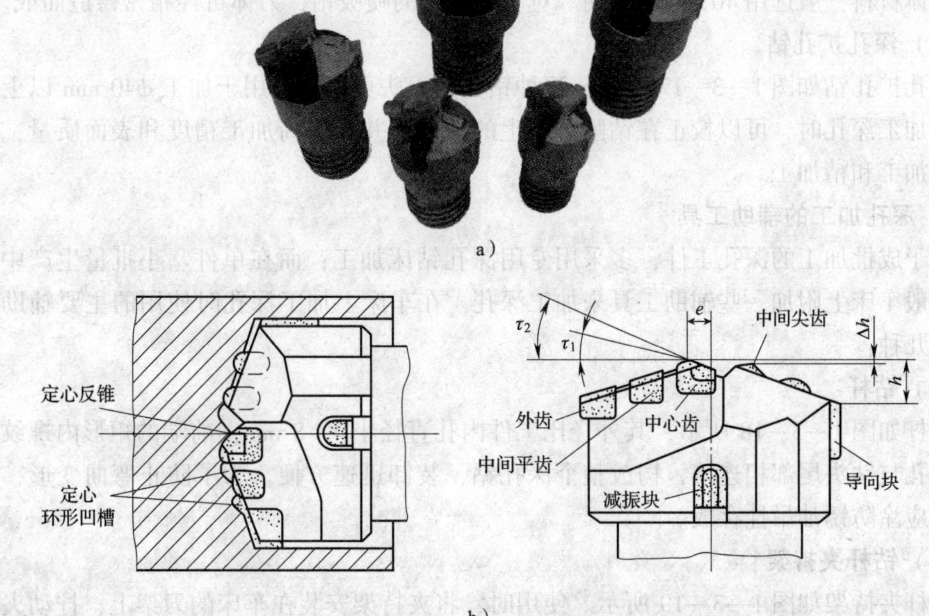

图 1—3—15　内排屑错齿深孔钻

a）实物图　b）结构图

(6) 喷吸钻

喷吸钻如图 1—3—16 所示。喷吸钻又称喷射钻，属于实心材料深孔加工刀具，在颈部钻有几个喷射切削液的小孔，通过这些小孔把高压切削液送到切削区，并把切屑从排屑孔向后排出。它适用于加工 $\phi18 \sim 65$ mm 中等尺寸、深径比 $L/D<100$ 的深孔，加工公差等级可达 8 级，表面粗糙度 $Ra \leqslant 3.2$ μm。切削过程中要求断屑呈“C”形，使排屑顺利。

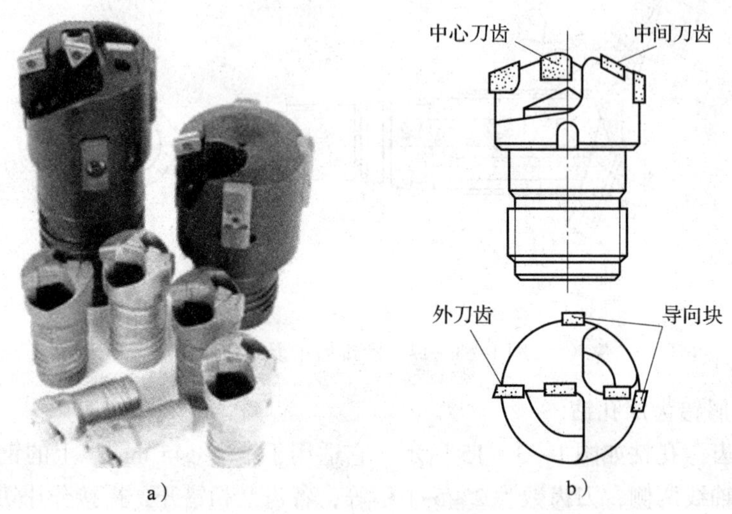

图 1—3—16 喷吸钻
a）实物图 b）结构图

刀体材料一般选用 40 钢或 45 钢。对于大规格的喷吸钻，刀体可经精密铸造而成。

(7) 深孔扩孔钻

深孔扩孔钻如图 1—3—17 所示。这种钻头的刀头可换，适用于加工 $\phi40$ mm 以上的深孔。在加工深孔时，可以校正在钻削时产生的缺陷，并能提高加工精度和表面质量，适用于半精加工和精加工。

2. 深孔加工的辅助工具

对于成批加工的深孔工件，多采用专用深孔钻床加工；而在单件、小批量生产中，则可在一般车床上附加一些辅助工具来加工深孔。在车床上加工深孔时使用的主要辅助工具有以下几种：

(1) 钻杆

钻杆如图 1—3—18 所示，其外径比工件内孔直径小 4 ~ 8 mm，前端的矩形内螺纹和导向圆柱孔与钻头尾部相连接，构成整个深孔钻，装卸迅速方便。为了防止弯曲变形，钻杆使用后应涂防锈油吊挂存放。

(2) 钻杆夹持架

钻杆夹持架如图 1—3—19 所示。使用时，将夹持架安装在车床的刀架上，拧动夹持架上的紧固螺钉夹持钻杆。安装时，必须使开口衬套（或弹性衬套）的轴线对准机床主轴轴线。

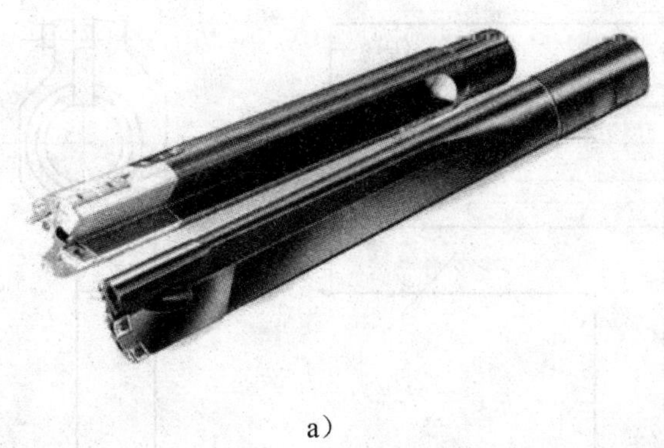

a）

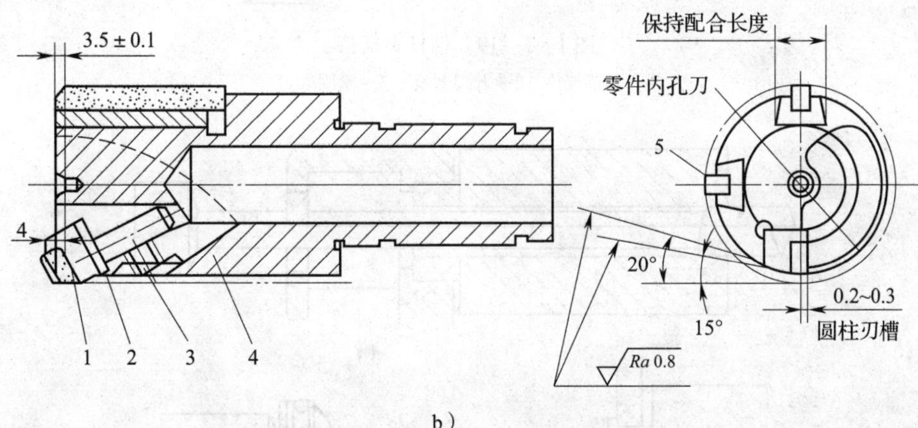

b）

图 1—3—17 深孔扩孔钻

a）实物图 b）结构图

1—刀头 2—垫圈 3—螺钉 4—刀体 5—导向块

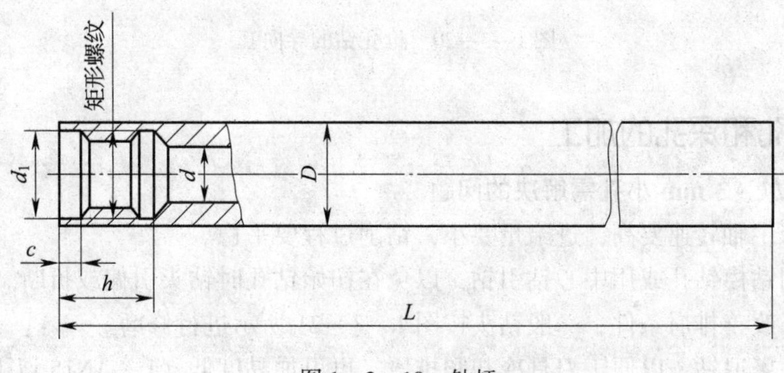

图 1—3—18 钻杆

（3）导向套

为了防止钻头刚进入工件时产生扭动，在工件端应安装导向套。如图 1—3—20 所示为枪孔钻的导向套，这种导向套不但可以引导钻头进入工件，而且可以使切削液和切屑从 *A* 处排出，而后导向套可以防止枪孔钻跳动。

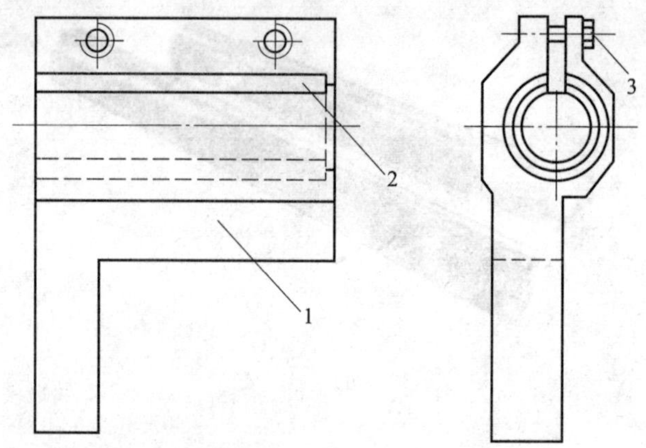

图 1—3—19　钻杆夹持架

1—夹持架体　2—开口衬套　3—紧固螺钉

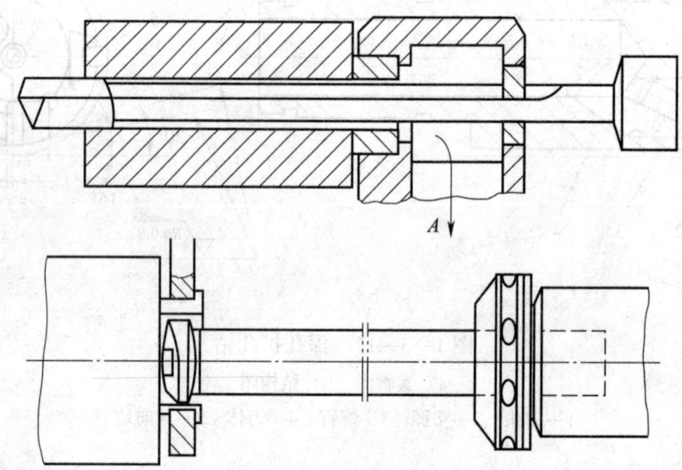

图 1—3—20　枪孔钻的导向套

二、小孔和深孔的加工

1. 加工 ϕ1 ~ 3 mm 小孔需解决的问题

（1）机床主轴转速要高，进给量要小，钻削过程要平稳。

（2）要用钻模钻孔或用中心钻引钻，以免在初始钻孔时钻头引偏或折断。

（3）为了改善排屑条件，一般钻头按图 1—3—21 所示进行修磨。

（4）可频繁退钻，以便于刀具冷却和排屑，也可加黏度低（L—AN15 以下）的机油或植物油（菜籽油）进行润滑。

2. 加工 ϕ1 mm 以下微孔需解决的问题

（1）加工微孔时，钻床主轴的回转精度和钻头的刚度是影响微孔加工的关键，故需有足够高的主轴转速，一般应达 10 000 ~ 15 000 r/min。钻头的使用寿命要长，重磨性要好。钻头在加工中的磨损或折断应有监控系统。

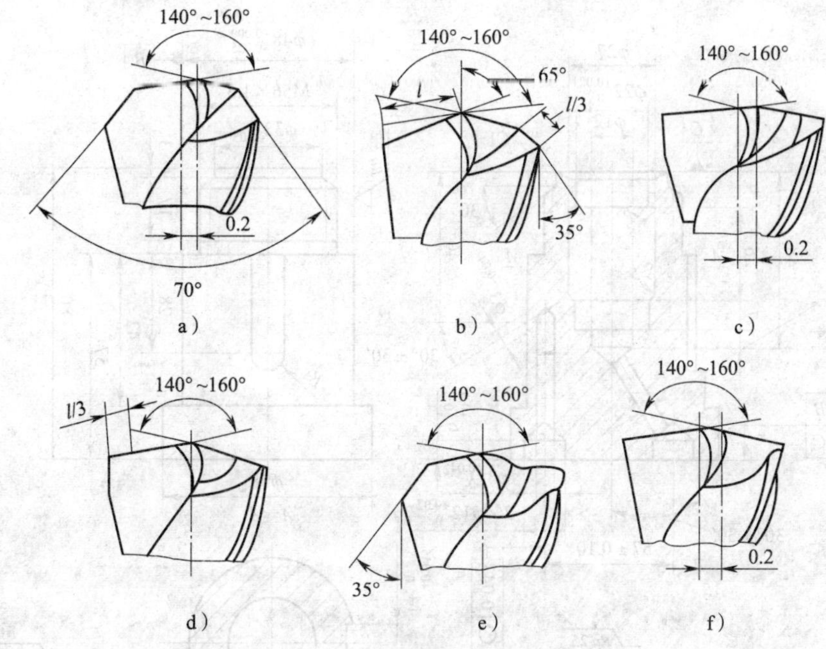

图 1—3—21　小钻头上采用的排屑措施

a）双重顶角　b）单边第二顶角　c）单边分屑槽

d）台阶刃　e）加大顶角　f）将钻刃磨偏

（2）机床系统刚度要高，加工中不允许有振动，一定要有消振措施。

（3）应采用精密的对中夹头并配置 30 倍以上的放大镜或瞄准对中仪。由于液体表面张力和气泡的阻碍，很难将切削液送到切削区域，一般采用黏度低（L—AN15 以下）的机油或植物油（菜籽油）进行润滑、冷却或频繁退钻。

（4）因排屑十分困难，且易发生故障，故一般采用频繁退钻的方式加以解决。退钻次数可根据钻孔深度与孔径比决定，可参考表 1—3—2。

表 1—3—2　　钻小孔时推荐的退钻次数

孔深/孔径	<3.5	3.5~4.8	4.8~5.9	5.9~7.0	7.0~8.0	8.0~9.2	9.2~10.2	10.2~11.4	11.4~12.1
退钻次数	0	1	2	3	4	5	6	7	8

三、技能操作

1. 喷嘴体钻孔

如图 1—3—22 所示的工件为喷嘴体，材料为 3Cr13，要求按图中尺寸将孔钻出。

（1）图样分析

喷嘴体上有两个 $\phi12^{+0.07}_{0}$ mm 孔，$\phi3^{+0.04}_{0}$ mm 孔与垂直方向的夹角为 30°±30′，水平方向向下 30°±30′有 $\phi3^{+0.04}_{0}$ mm 孔，并且各孔之间有相交钻通的要求。

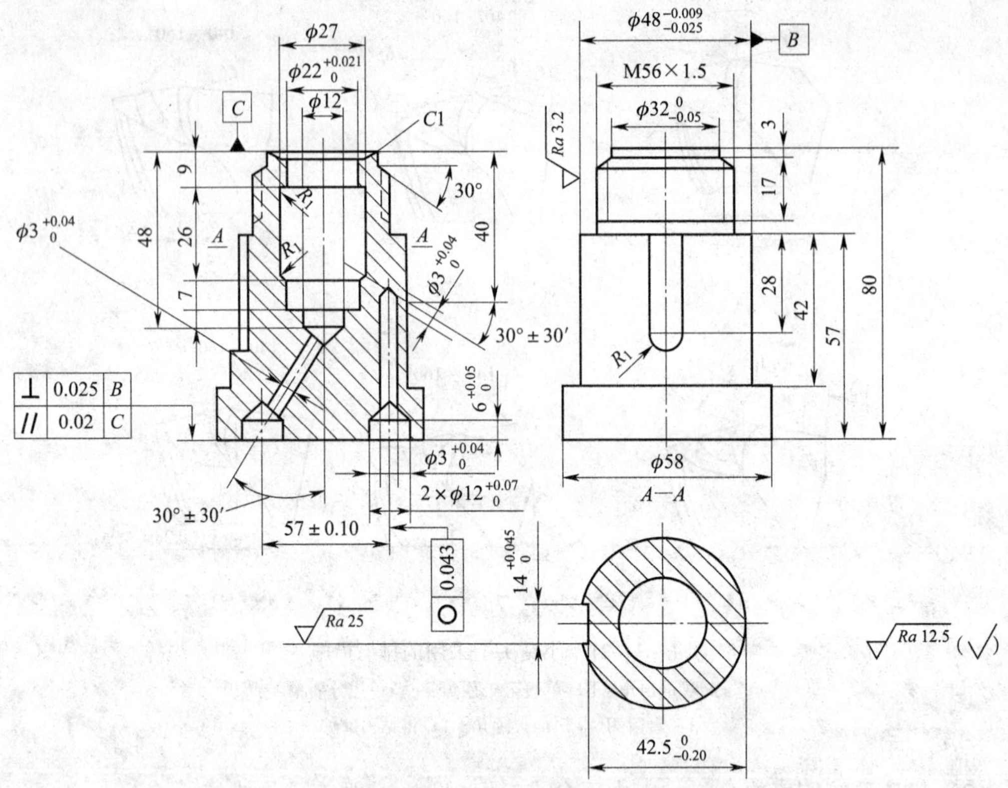

图 1—3—22 喷嘴体

(2) 加工步骤

1）将三爪自定心卡盘放置在钻床工作台上压紧，然后将喷嘴体两个 $\phi12^{+0.07}_{0}$ mm 孔端朝上夹在三爪自定心卡盘上。用 $\phi3$ mm 钻头钻小孔并调整两孔间中心距，使其中心距偏差不超出 ±0. 10 mm，再将孔钻至 6 mm 深，将钻头取下，换上 $\phi12$ mm 钻头扩孔，扩出两个 $\phi12^{+0.07}_{0}$ mm 孔。

2）将活动工作台向左旋转，使喷嘴体的轴线与钻头和主轴中心线成 30°角（也可将三爪自定心卡盘一端垫起成 30°角），角度差在 ±30′之内。利用钻头与喷嘴体找正。使钻头对准轴线后，在孔底斜面的弧面上钻 $\phi3$ mm 孔，起钻时要手动慢进给，在钻头定位后再正常钻孔，钻头将要钻穿时应手动慢进给，以免钻头折断。

3）将三爪自定心卡盘与工件一起压紧在活动工作台侧面，喷嘴体呈水平方向，然后使活动工作台逆时针旋转 30°，将 $\phi3$ mm 孔处样冲眼冲大，调整喷嘴体，使其轴线与钻床主轴中心线重合，再将 $\phi3$ mm 孔钻出并与 $\phi27$ mm 孔内腔相通，同时，此孔中心线与垂直方向的 $\phi3^{+0.04}_{0}$ mm 孔中心线相交。

4）如果先制作用于加工垂直方向 30° ±30′和水平方向 30° ±30′孔的工艺装备，再钻这两个相贯孔会更容易些。

5）将三爪自定心卡盘水平放置在工作台上，将 $\phi12^{+0.07}_{0}$ mm 孔中的 $\phi3^{+0.04}_{0}$ mm 深孔用 $\phi3$ mm 钻头钻出，使其与水平方向向下 30° ±30′的 $\phi3$ mm 孔贯通。

6）卸下喷嘴体，检查各孔尺寸情况，至此喷嘴体上各孔加工完毕。

（3）评分标准

喷嘴体孔加工评分标准见表1—3—3。

表1—3—3　　喷嘴体孔加工评分标准

时限	2 h	开始时间		结束时间		实考时间	
项目	序号	技术要求		配分	评分标准	检测记录	得分
钻孔技能	1	$\phi12^{+0.07}_{0}$ mm 孔加工（两处）		10×2	不合格不得分		
	2	$\phi3^{+0.04}_{0}$ mm 孔加工（3处）		10×3	不合格不得分		
	3	$\phi3^{+0.04}_{0}$ mm 孔 30°±30′（左侧）		10	超差不得分		
	4	$\phi3^{+0.04}_{0}$ mm 孔 30°±30′（右侧）		10	超差不得分		
	5	各孔表面粗糙度 $Ra\leq$ 12.5 μm（5处）		4×5	不合格不得分		
综合能力	6	能团结协作		10	不能团结协作不得分		
其他	7	出现缺陷			每处扣1～5分		
	8	安全文明生产			违者酌情扣1～10分		
总分				100			

2．托架体钻孔

如图1—3—23所示为托架体，材料为HT300，需按图中尺寸要求将各孔钻出。

（1）图样分析

根据图样要求，所需加工的孔有两个 $\phi17^{+0.07}_{0}$ mm 及其沉孔 $\phi26^{+0.033}_{0}$ mm、深15 mm，$\phi50^{+0.016}_{0}$ mm，$\phi15^{+0.011}_{0}$ mm，4个M8的螺孔。其中 $\phi15^{+0.011}_{0}$ mm孔因中心距精度的要求应与 $\phi50^{+0.016}_{0}$ mm孔在镗床上同时加工（不属于本技能操作范围），4个M8的螺孔应钻出底孔后攻螺纹。

（2）加工步骤

1）将托架体放置在钻床工作台上，$\phi26^{+0.033}_{0}$ mm沉孔朝上放置（划线面朝上），用压板组压紧。

2）用 $\phi5$ mm钻头钻出定位底孔，用 $\phi17$ mm钻头将两个 $\phi17$ mm孔扩出，然后换上 $\phi16.8$ mm刀杆，调整好刀头尺寸，将 $\phi26^{+0.033}_{0}$ mm的沉孔扩出，保证其15 mm深度尺寸。

3）分别将两侧面朝上放置并压紧，用 $\phi6.7$ mm钻头钻出4个M8螺纹底孔。

4）松开压板组将托架体卸下，复查尺寸。

5）用M8的丝锥将4个M8螺纹攻出，至此，托架体各孔加工完毕。

（3）评分标准

托架体钻孔评分标准见表1—3—4。

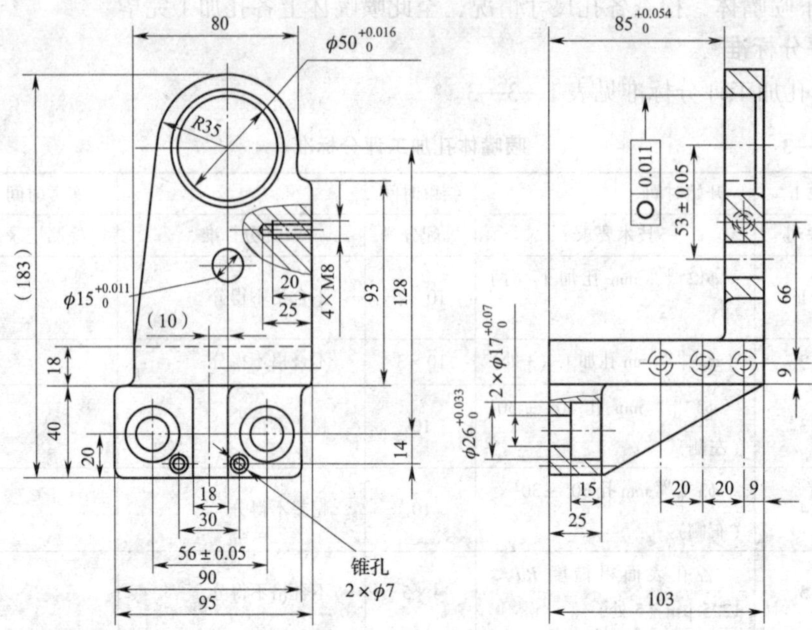

图 1—3—23 托架体

表 1—3—4　　　托架体钻孔评分标准

时限	2 h	开始时间		结束时间		实考时间	
项目	序号	技术要求		配分	评分标准	检测记录	得分
钻孔技能	1	$\phi17^{+0.07}_{0}$ mm 孔加工（2 处）		10×2	不合格不得分		
	2	$\phi26^{+0.033}_{0}$ mm 孔深 15 mm（2 处）		15×2	不合格不得分		
	3	$\phi15$ mm、$\phi50$ mm 镗孔达要求		5×2	超差不得分		
	4	孔距（53±0.05）mm		10	超差不得分		
	5	M8 螺孔加工（4 处）		5×4	不合格不得分		
	6	各孔表面粗糙度 $Ra\leq12.5$ μm（5 处）		2×5	不合格不得分		
其他	7	出现缺陷			每处扣 1～5 分		
	8	安全文明生产			违者酌情扣 1～10 分		
		总分		100			

子课题 3　群钻的刃磨

学习目标

1. 了解群钻的特点。
2. 会正确刃磨标准群钻。

一、群钻的特点

1．前角分布较为合理

加大前角，可减小切屑变形及切削力，降低切削温度。

2．钻削力和转矩得到降低

钻削力和转矩降低后，有利于降低切削温度及提高钻孔质量。

3．分屑、断屑、排屑得到改善

由于外刃、圆弧刃和内刃交接处有明显的转折点，而且一侧外刃上还开出分屑槽，因此能保证良好分屑。切屑变窄后有利于断屑和排屑。在这种情况下，如浇注切削液，则切削液较易到达孔底与钻尖处，能充分发挥冷却、润滑作用。

4．钻头耐用度提高

切削试验与现场验证表明，群钻切削部分的磨损比普通麻花钻明显减缓，耐用度显著提高。一般群钻的耐用度可提高 2 ~ 3 倍。

5．钻孔质量提高

由于将横刃磨窄，定心作用好，两个侧刃尖和圆弧刃对钻头均有稳定、定向作用，且轴向力显著减小，因此，群钻钻孔时不易走偏，提高了钻孔精度，钻削过程平稳，切屑变形减小，也有利于提高钻孔表面质量。

二、技能操作——标准群钻刃型快速刃磨

1．刃磨步骤和方法

以 ϕ12 mm 高速钢麻花钻刃磨成标准群钻刃型为例［这种刃型可钻削低、中、高碳钢，合金钢及耐酸不锈钢（1Cr18Ni9Ti）等各类黑色和有色金属材料］，介绍其刃磨顺序及方法，见表 1—3—5。

表 1—3—5　　标准群钻刃型快速刃磨顺序及方法

序号	磨削项目	磨削要求	磨削方法
1	磨尖高的目的：减少后续的刃磨量和时间	H 外锋角 $2\varphi=118°\pm2°$ $\frac{H}{2}$ 钻尖高磨至 $\approx H/2$	F 使钻头轴线稍高于砂轮中心线，双手前后平握钻头，使钻尖对着砂轮圆周面，均匀进给并左右移动磨削，将钻尖高磨至 $\approx H/2$ 时立即入水冷却

续表

序号	磨削项目	磨削要求	磨削方法
2	磨主后面的目的： (1) 减少下一步刃磨量 (2) 增大钻削中的排屑空间 (3) 使切削液更快进入主切削刃附近	 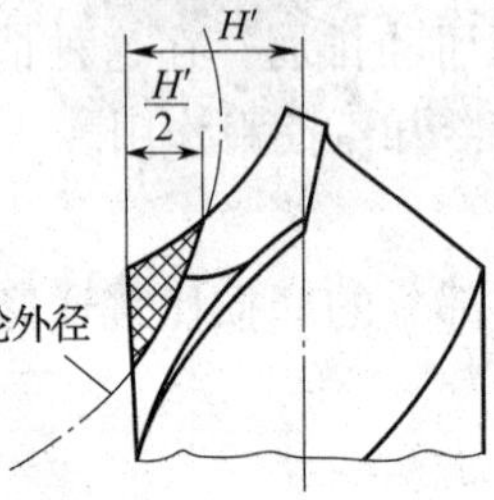 H' $\frac{H'}{2}$ 砂轮外径 两主后面须对称、均匀，将宽度磨至全后面≈$H'/2$	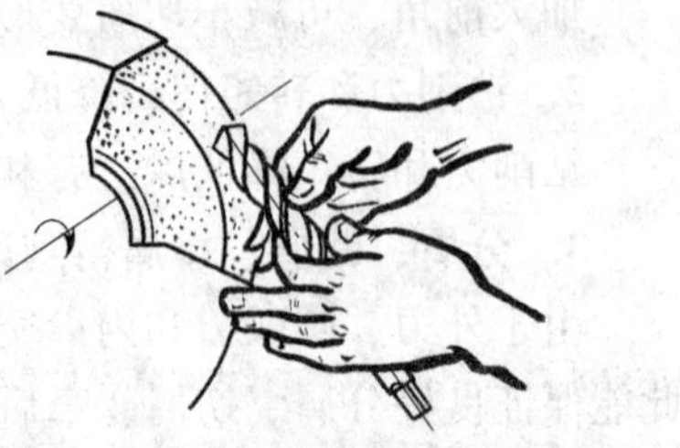 左手中指或无名指按在砂轮机防护罩壳某一点上定位，将钻头一侧主后面置于比砂轮中心高约10 mm的圆周面上，钻头主轴与砂轮切线方向约成30°夹角，然后将钻头压向砂轮，左右均匀施力移动钻头进行磨削。当磨至宽度≈$H'/2$时，一只手将钻头入水冷却（另一只手的手指保持原按点不动）。翻转180°再刃磨另一主后面
3	磨外刃的目的： 外刃每一点的轴向前角增大，钻削时轴向阻力小，排屑快而顺畅	 刃磨锋角$2\varphi = 135° \sim 140°$，使每条外刃长度≥原长度的1/2，同时须产生两后角$\alpha = 10° \sim 15°$，两侧角度与刃长对称且相等	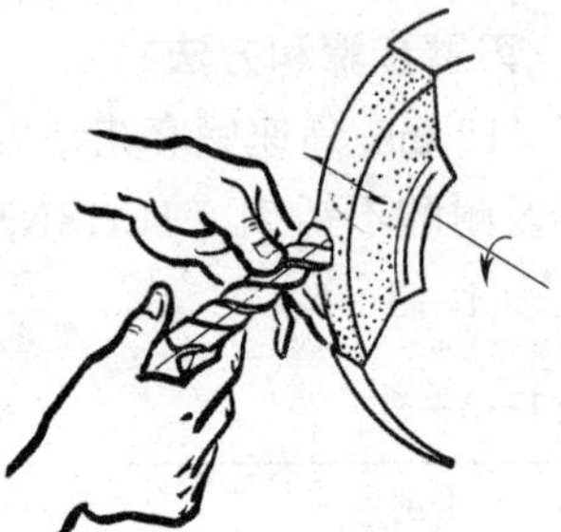 双手前后持稳钻头，将一外刃放置在高于砂轮中心约10 mm的圆周面上，左手中指或无名指按压在砂轮机防护罩壳某一点上定位，将钻头调整为以下位置：钻头主切削刃与砂轮轴线成65°～70°夹角；钻头尾部下倾与砂轮外圆切线方向成10°～15°角。将钻头主切削刃逆时针方向旋转6°～10°（使靠近钻尖处外刃上每一点后角α增大），此时将钻头压向砂轮圆周面，均匀施力做左右移动磨削。当一外刃长磨成时，微松两手，身体站位与手指的定位点不变，另一只手持钻头旋转180°，仍按原位置刃磨另一外刃

续表

序号	磨削项目	磨削要求	磨削方法
4	磨弧刃的目的： （1）增加钻头切削刃长度 （2）钻削时中心稳定，孔的直线性不易偏斜 （3）切屑易变形而折断 （4）保护钻尖并提高其耐用度	 每一侧弧刃长度约磨至钻头外刃全长的一半，同时产生弧刃后角 α_R 约为 15°、横刃斜角 $\psi \approx 50°$、内锋角 $2\varphi' = 100° \sim 120°$、钻尖高 $h = 0.05 \sim 0.08$ mm	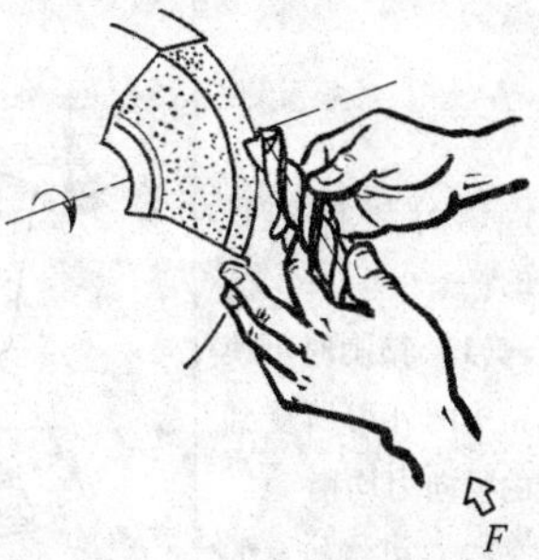 磨削点高于砂轮轴线外缘侧面相交处约 10 mm。将钻头轴线与砂轮外侧面斜偏 50° ~ 60°角，尾部下倾 15° ~ 20°并顺时针旋转 8° ~ 10°。一手指按住砂轮机防护罩壳某一点定位。按此磨削位置，以钻头轴线方向进给磨削到位，微松两手，身体站位与手指的定位点不变，另一只手将钻头翻转 180°，仍在原位刃磨另一弧刃。两弧刃反复刃磨两次，确保对称后进行冷却
5	磨内刃的目的： 使内刃前角 γ_τ 负值减至最小，加上横刃长减短，钻削时轴向力就小得多，从而给大进给量创造了条件	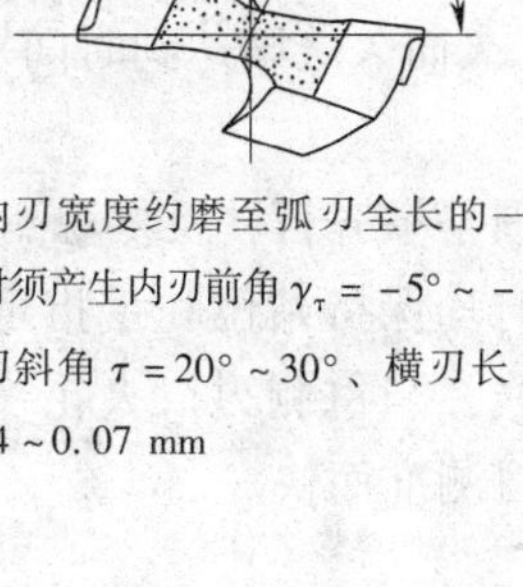 内刃宽度约磨至弧刃全长的一半，同时须产生内刃前角 $\gamma_\tau = -5° \sim -10°$、内刃斜角 $\tau = 20° \sim 30°$、横刃长 $B = 0.04 \sim 0.07$ mm	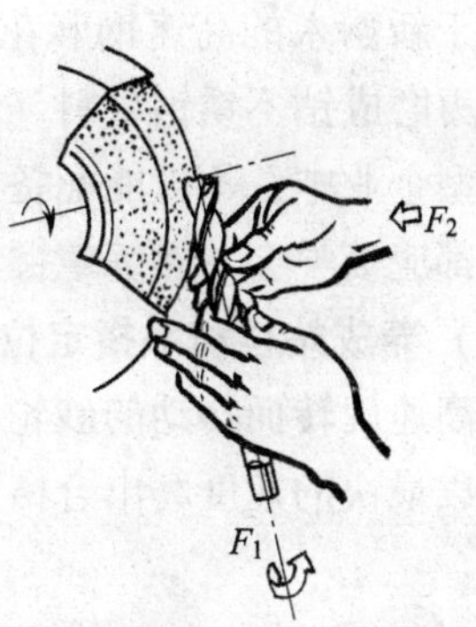 钻心前面磨削点为砂轮外缘中心与其侧面相交处。钻头尾部抬高至与砂轮磨削点成 15° ~ 25°夹角。左手抓住钻尾，其中指按在砂轮机防护罩壳上某一点定位，右手拇指和食指抠住钻头前端两螺旋沟槽。在摆出以上位置后，右手将钻头后面的螺旋槽逐渐靠上砂轮磨削点，与此同时左手微松，右手捏住钻头顺时针方向缓慢转动进行刃磨，当磨至近横刃时，观察砂轮磨削点与钻头前面成 15° ~ 20°角时，右手将钻心向砂轮侧面做一直线微量进给，使内刃斜角 τ 产生并同时缩短横刃。微松两手，将钻头旋转 180°，仍在原位置，按上述动作刃磨另一侧内刃

续表

序号	磨削项目	磨削要求	磨削方法
6	磨分屑槽的目的： （1）钻削时可使钻头两外刃所受到的径向力均衡 （2）可将较宽的切屑分割成窄条状，使钻削轻快，排屑更为顺畅	L　2/L　H　B　κ 对直径在 13 mm 以下的钻头，通常都不磨分屑槽，如果需要可采用薄片树脂砂轮，在钻头外刃一侧磨一条即可	对大直径钻头，可磨两至多条分屑槽，可直接在普通砂轮机上刃磨，但砂轮外缘圆角半径要修小，磨槽前要设计好各条槽相互错开的槽距、槽宽和槽深，避免将外刃两侧的分屑槽磨在同一个圆周内

2．刃磨要领

对于新购入的高速钢麻花钻，必须针对不同的加工材料再进行刃磨。将 ϕ12 mm 普通麻花钻刃磨成钻不锈钢材料（1Cr18Ni9Ti）的群钻刃型一般所需时间为 1 ~ 2 min。在一般中、小型企业中，不可能配备专人或专机来刃磨钻头。因此，凡从事机械加工的中、高级技工，都应该学会并熟练掌握刃磨要领。

（1）养成站位和手指定位的习惯

在高速旋转而抖动的砂轮机上，若采用双手悬空式刃磨方法，十有八九是磨不好钻头的。要以最快的速度磨出合格的群钻刃型，应养成站位和手指定位的刃磨习惯。其主要优点如下：

1）能够保持钻头两侧刃口磨削位置基本不变，各刃型大致对称、相等。

2）将因砂轮抖动而带来的双手颤动频率降至最小。

3）可增大对钻头刃型磨削的进给量，久而久之则达到时间短而速度快的目的。

（2）观察钻头刃、角的方法

大多数人对刃磨中的钻头刃型，均习惯平举齐目，反复观测其刃磨后的刃、角对称度。而较简便的方法，是在刃磨每一侧切削刃时均保持站位和手指定位不变，当各刃口在磨削即将到位时，观测其与砂轮间接触的火花线，当每侧刃口火花线段一致时，钻头各刃型参数都能基本保持对称和相等。这种方法比目测准而快。

（3）新砂轮外缘锐角的修整

新砂轮两侧面与其外圆相交均为 90°角，在刃磨钻头弧刃和内刃时会造成弧底“清根”，从而产生应力集中，在钻头大进给量切削时，此处极易出现根裂直至崩刃。因此，刃磨前须用人造金刚石笔在新砂轮 90°相交处进行小圆弧的微量修钝。

3. 标准群钻刃磨评分标准

标准群钻刃磨评分标准见表1—3—6。

表1—3—6　标准群钻刃磨评分标准

时限	2 h	开始时间		结束时间		实考时间	
项目	序号	技术要求	配分	评分标准	检测记录	得分	
理论基础	1	会识读群钻刃磨图	10	不能识读群钻刃磨图不得分			
	2	会说出各几何参数的位置及要求	10	各几何参数的位置及要求不明确不得分			
刃磨技能	3	能严格按砂轮机安全操作规程操作	15	不能按砂轮机安全操作规程操作不得分			
	4	刃磨时动作要领规范	15	刃磨时动作要领不规范不得分			
	5	刃磨工艺正确	20	刃磨工艺不正确不得分			
	6	标准群钻刃磨角度符合技术要求	20	刃磨角度不合格不得分			
综合能力	7	能团结协作	10	不能团结协作不得分			
其他	8	出现缺陷		每处扣1~5分			
	9	安全文明生产		违者酌情扣1~10分			
		总分	100				

子课题4　薄板孔加工

1. 能正确刃磨薄板群钻。
2. 熟悉薄板孔加工工艺。
3. 能进行薄板孔加工并使其达到质量要求。

薄板孔加工是指在厚度为0.1~1.5 mm的薄金属板上进行孔加工。对于多孔、大批量生产，可以采用冲模冲孔，如图1—3—24a、b所示，这需要复杂模具，而且无法加工大尺寸板件或在现场安装的板件。因此，当生产批量不大或不便于冲孔时，可以通过钻孔来解决，如图 1—3—24c、d、e 所示。

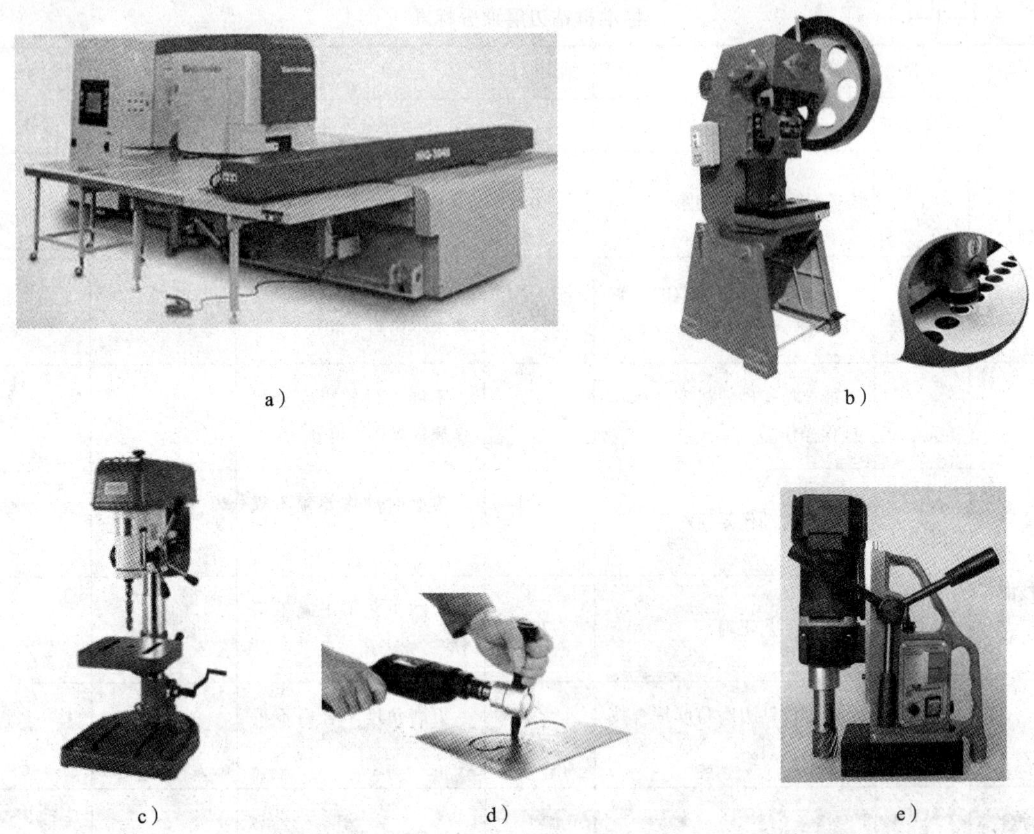

图 1—3—24　薄板孔加工方法

a）无转塔数控冲床　b）普通冲床　c）台式钻床　d）手动开孔　e）磁力孔加工机

一、薄板群钻的特点

如图 1—3—25 所示，薄板群钻是将基本型群钻的月牙圆弧加大，直到只有三个尖点，把进给力都集中在三个锋利的刃尖上，钻心尖先切入工件，定住中心，两外刃尖像圆规划圆一样，迅速把中间的圆片切离，得到所要求的孔，效果很好。

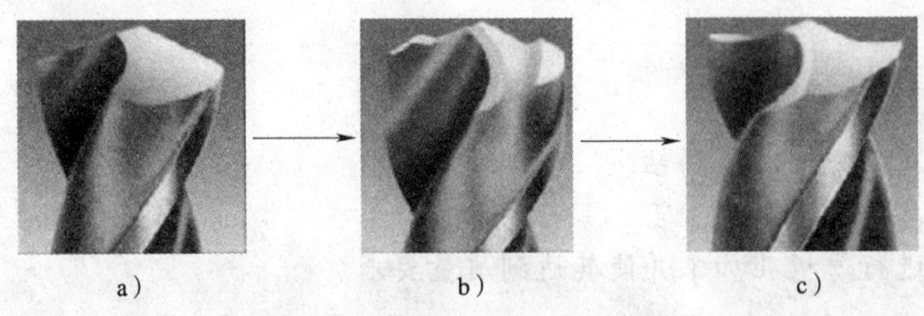

图 1—3—25　薄板群钻的演化

a）普通麻花钻　b）标准群钻　c）薄板群钻

二、薄板群钻的几何参数

1．钻心修磨尽可能锋利，即横刃长 b 大大缩短，内刃锋角减小，$2\varphi' = 90° \sim 110°$，外刃尖也要锋利，刃尖角 ε_{τ}要小，$\varepsilon_{\tau} = 30° \sim 40°$。当钻较厚的板料时，则应将外缘刃尖稍加以倒角。

2．尖高 h 为 0.5 ~ 1.5 mm，外刃尖至圆弧刃弧底的深度 h'比板厚大 0.5 ~ 1 mm。

3．当钻头直径大时，可用分段圆弧连接，但要保证刃尖角 ε_{τ}和圆弧刃深度 h'的大小。

4．圆弧后角适当减小，$\alpha_{RC} = 12° \sim 15°$，以增强钻心部分的定心作用，避免产生振动。

5．在木板和薄胶合板上钻孔时，也可采用这种钻头形式。钻黄铜皮时，应将外缘刃尖的前角用油石磨小一些，或采用钻橡胶板的群钻的切向刃形式。薄板群钻切削部分（见图 1—3—26）的几何参数见表 1—3—7。

a）

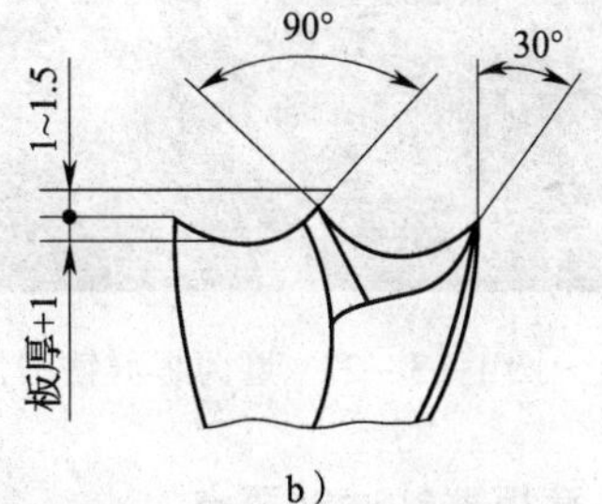

b）

图 1—3—26　薄板群钻切削部分

a）实物图　b）切削部分经验值

表 1—3—7　　薄板群钻切削部分的几何参数

<table>
<tr><th>钻头直径
D（mm）</th><th>横刃长 b
（mm）</th><th>尖高 h
（mm）</th><th>圆弧半径
（mm）</th><th>圆弧刃
深度 h'
（mm）</th><th>内刃锋
角 2φ'
（°）</th><th>刃尖角
ε_τ
（°）</th><th>内刃
前角 γ_{τc}
（°）</th><th>圆弧刃
后角 α_{RC}
（°）</th></tr>
<tr><td>5 ~ 15</td><td>（0.2 ~ 0.3）D</td><td>0.5</td><td>用单圆弧连接</td><td rowspan="3">>（δ+1）</td><td rowspan="3">90 ~ 110</td><td rowspan="3">30 ~ 40</td><td rowspan="3">-10</td><td>15</td></tr>
<tr><td>>15 ~ 30</td><td>0.2D</td><td>1</td><td rowspan="2">用双圆弧连接</td><td rowspan="2">12</td></tr>
<tr><td>>30 ~ 40</td><td>0.2D</td><td>1.5</td></tr>
</table>

三、技能操作

1．薄板群钻的刃磨方法及步骤

（1）磨圆弧刃

先将砂轮一侧修成较大的圆角，薄板群钻的圆弧刃即在圆角处进行修磨，如图 1—3—27 所示。刃磨时，双手的操作方法与磨钻头外刃时基本相同，只是还要以右手作为支点，左手绕砂轮圆角在水平方向来回摆动，逐步由浅入深形成一定的圆弧，直至将外刃磨尖，并控制一定的深度。一条圆弧刃磨好后，将钻头翻转 180°再刃磨另一条。要注意两条圆弧必须对称，外刃尖要等高，中心钻尖略高于外刃尖 0.5 ~ 1.5 mm。

（2）修磨横刃

修磨横刃的方法和标准群钻相同（见图 1—3—28），只是修磨得更窄、更尖。由于磨削量较大，因此必须分几次修磨，以防止钻尖过热而产生退火或烧坏。修磨时可两面交替进行，两面的修磨量要相等，使钻尖处于钻头中心位置，不可偏移；否则会影响定心效果。

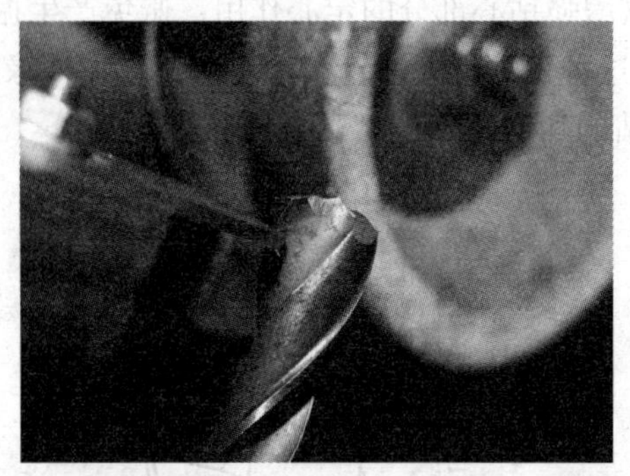

图 1—3—27　磨薄板群钻圆弧刃

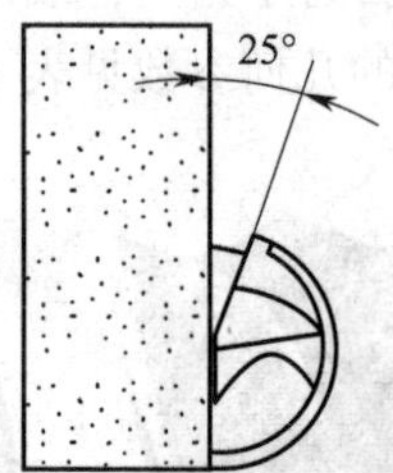

图 1—3—28　修磨薄板群钻横刃

2. 薄板群钻试钻要点

薄板群钻刃磨后，应先进行试钻，主要检查刃磨后钻尖是否在钻心处，两外刃尖是否等高，如图 1—3—29 所示。如果刃磨正确，则钻尖中心位置不变，两外刃尖同时切入工件（见图 1—3—29a）。如果只有一处刃尖切入工件（见图 1—3—29b），则应认准位置，将该处外刃尖稍微磨低，再进行试钻，直到符合要求为止。

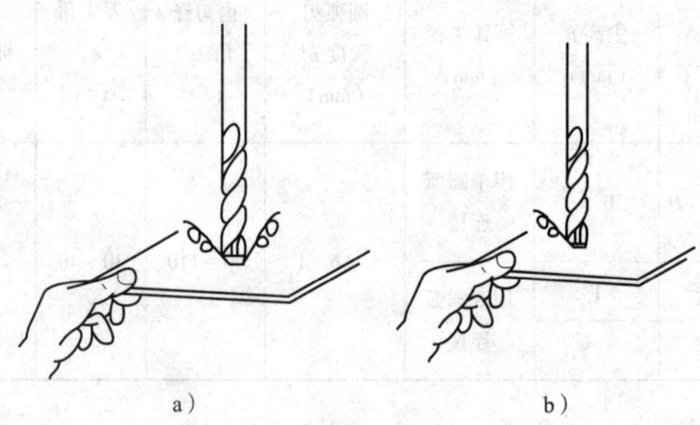

图 1—3—29　薄板群钻刃磨后试钻检查

薄板群钻钻削时的口诀如下：薄板切削靠三尖，内定中心外切圆，压力减轻变形小，孔形圆整又安全。

3. 薄板孔加工评分标准

薄板孔加工评分标准见表 1—3—8。

表1—3—8　　薄板孔加工评分标准

时限	2 h	开始时间		结束时间		实考时间	
项目	序号	技术要求		配分	评分标准	检测记录	得分
薄板群钻的刃磨	1	刃磨动作安全规范		10	刃磨动作不规范不得分		
	2	圆弧刃对称		20	圆弧刃不对称不得分		
	3	外刃尖等高		20	外刃尖不等高不得分		
	4	中心钻尖略高于外刃尖 0.5~1.5 mm		10	超差不得分		
	5	钻尖在钻心处		15	钻尖不在钻心处不得分		
薄板孔加工	6	孔径合格		20	不合格不得分		
		表面粗糙度 $Ra \leq 3.2$ μm		5	不合格不得分		
其他	7	飞边、毛刺、缺陷			每处扣1~5分		
	8	安全文明生产			违者酌情扣1~10分		
		总分		100			

子课题5　高精度孔系加工

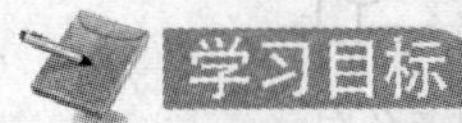

1. 熟悉单孔精密加工方法。
2. 掌握孔系精密加工方法及要点。
3. 会用心轴定位法加工高精度孔系。

一、单孔的精密加工

根据工件的结构特点、精度要求和批量不同，孔的精密加工可采用不同的方法。

1. 精孔钻削

钻孔一般作为粗加工工序，对孔的精度和表面质量要求都不很高。在特殊情况下，如单件生产或修理工作中，在缺少铰刀或其他形式的精加工条件时，则可采用精孔钻扩孔的办法解决，其扩孔精度可达0.02~0.04 mm，表面粗糙度 Ra 值可达1.6~0.8 μm。这种扩孔方法比较简便，操作方便，容易掌握，能适用于各种不同材料，钻头的使用寿命也较长。

（1）精孔钻削要点

1）精钻前，先钻底孔，留 0.5 ~ 1 mm 的加工余量，然后用修磨好的精孔钻头进行扩孔。精扩孔时应浇注以润滑为主的切削液，降低切削温度，改善表面质量。

2）使用较新的或直径尺寸符合加工孔公差要求的钻头，钻头的切削刃应尽可能修磨对称，两刃的轴向摆动量应在 0.05 mm 以内，使两刃负荷均匀，提高切削稳定性。

3）用细油石研磨主切削刃的前面和后面，细化表面质量，消除刃口上的毛刺，减小切削中的摩擦。

4）钻头的径向摆动量应小于 0.03 mm，选用精度较高的钻床或采用浮动夹头装夹钻头。

5）进给量应小于 0.15 mm，但进给量又不能太小；否则，刃口将不能平稳地切入工件而引起振动。

（2）精孔钻角度要求

铸铁精孔钻如图 1—3—30 所示，钢材精孔钻如图 1—3—31 所示。

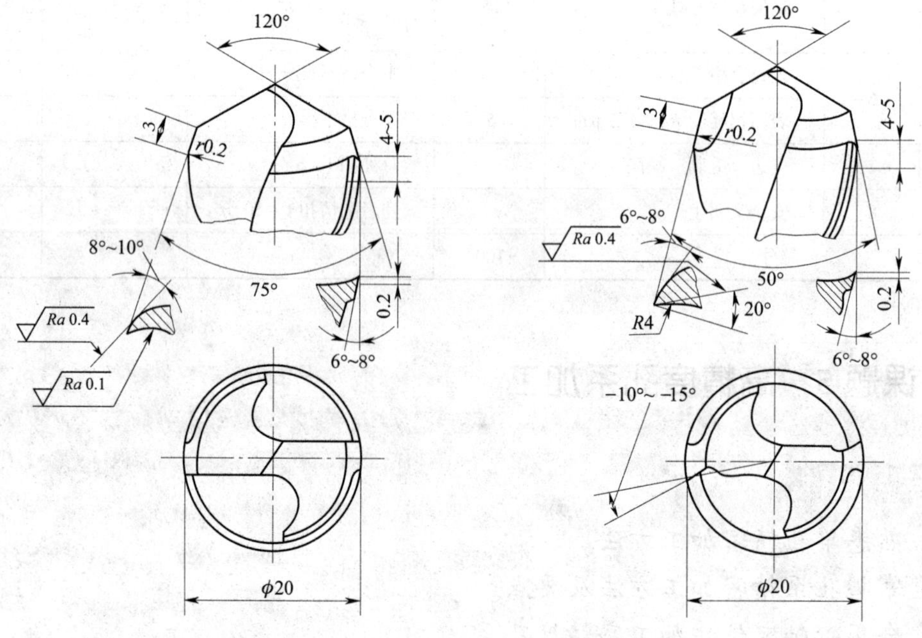

图 1—3—30　铸铁精孔钻　　　图 1—3—31　钢材精孔钻

1）磨出第二顶角 $2\varphi_1$，铸铁精孔钻 $2\varphi_1 = 75°$，钢材（中碳钢）精孔钻 $2\varphi_1 = 50°$，其切削刃长度为 3 ~ 4 mm 且对称。为降低孔壁表面粗糙度值，在其外缘刀尖角处用细油石修磨出半径为 0.2 ~ 0.5 mm、表面粗糙度 *Ra* 值为 0.4 μm 的对称圆弧刃，并适当减小外缘处的后角。

2）铸铁精孔钻后角一般磨成 $\alpha_1 = 8° \sim 10°$，钢材（中碳钢）精孔钻后角一般磨成 $\alpha_1 = 6° \sim 8°$，以免产生振动。

3）为减小摩擦，在韧带 4 ~ 5 mm 长度上磨出副后角 $\alpha_o = 6° \sim 8°$，并保留 0.1 ~ 0.2 mm 的刃带宽度。

4）钢材精孔钻需修磨前面，形成10°~15°的刃倾角和20°的前角。

5）切削刃处的前面、后面用较细的油石研磨，使表面粗糙度 *Ra* 值达0.4 μm，并在外缘处研磨出半径为0.2 mm的小圆角，在钻精孔时，能起修光孔壁的作用。

2. 铰孔

在孔加工过程中，对一些定位精度、尺寸精度、几何精度、表面质量要求均较高的配合孔，应采用铰孔的加工方法。铰孔的精度和表面质量要求很高，但所用铰刀质量不好、铰削用量选用不当、润滑及冷却不充分、操作不当等情况都会产生铰孔废品。

铰孔常见质量问题及原因分析见表1—3—9。

表1—3—9　　铰孔常见质量问题及原因分析

铰孔质量问题	原因分析
孔表面粗糙度值大	1. 铰刀本身刃磨质量差 2. 铰孔余量选取不当 3. 切削液选取不当
孔口扩大	1. 铰刀切削锥角过大，导向不良，使铰刀产生摆动 2. 铰刀切削刃径向偏摆过大 3. 机床旋转精度低 4. 手铰时双手用力不平衡或铰刀切入孔时歪斜而使铰刀晃动
孔口呈多棱形	1. 底孔不圆 2. 铰削余量不均匀 3. 机床主轴精度低，有摆动
孔径扩大	1. 铰刀直径不符合孔的精度要求 2. 铰刀刀齿径向偏摆大 3. 各过渡刃修磨不一致 4. 手铰时双手用力不平衡 5. 铰削锥孔时铰得过深
孔径缩小	1. 铰刀磨损，刀齿变钝 2. 铰削余量过大 3. 用无刃铰刀铰削 4. 用硬质合金铰刀高速铰削
孔轴线不直	1. 铰刀切削锥角过大，导向不良 2. 铰刀校准部分倒锥过大，导向及校正作用差 3. 底孔轴线不直 4. 手铰时双手用力不均匀
铰刀崩刃，易磨损	1. 铰刀后角、前角过大，刀齿强度低 2. 铰削余量过大 3. 切削用量过大 4. 切屑没有及时清除 5. 冷却及润滑不充分

3. 镗削

镗削加工是用各种镗床进行镗孔的一种工艺手段。

镗削加工应用微调镗刀、定径镗刀和专用夹具或镗模后，可精确地保证孔径（H7～H6）、孔距（误差为0.015 mm左右）的精度和较小的表面粗糙度值（Ra1.6～0.8 μm）。因而镗削加工是实现精密加工的一种重要工艺方法。

通常在坐标镗床上实现孔的精密加工。坐标镗床的加工精度见表1—3—10。

金刚镗床上的加工也属于精密镗削加工。一般用于加工工件上的精密孔，镗孔的直径范围为10～200 mm。由于精密镗削所选用的进给量和背吃刀量都很小，切削速度又比较高，因此精密镗削的孔径精度可达H6，多轴镗孔的孔距公差可控制在±(0.005～0.01) mm。不同情况的加工精度见表1—3—11。

表1—3—10　　坐标镗床的加工精度

<table>
<tr><th>加工过程</th><th>孔距精度[①]（mm）</th><th>孔径精度</th><th>适用孔径（mm）</th><th>表面粗糙度 Ra（μm）</th></tr>
<tr><td>钻中心孔—钻—精钻
钻—扩—精钻</td><td>1.5～3</td><td rowspan="3">H6</td><td rowspan="2"><6</td><td rowspan="2">3.2～1.6</td></tr>
<tr><td>钻中心孔—钻—精铰
钻—扩—精铰</td><td>1.2～2</td></tr>
<tr><td>钻—半精拉—精铰</td><td>1.5～3</td><td><50</td><td rowspan="2">1.6～0.8</td></tr>
<tr><td>钻—半精铰—精镗
精铣—半精镗—精铰</td><td>1.2～2</td><td>H7～H6</td><td>一般</td></tr>
</table>

注：①为机床定位精度的倍数。

表1—3—11　　金刚镗床加工精度

<table>
<tr><th>工件材料</th><th>刀具材料</th><th>孔径精度</th><th>孔的形状误差（mm）</th><th>表面粗糙度 Ra（μm）</th></tr>
<tr><td>铸铁</td><td rowspan="2">硬质合金</td><td rowspan="3">H6</td><td rowspan="2">0.004～0.005</td><td>3.2～1.6</td></tr>
<tr><td>钢（铸钢）</td><td>3.2～0.8</td></tr>
<tr><td>钢、铝及其合金</td><td>金刚石</td><td>0.002～0.003</td><td>1.6～0.2</td></tr>
</table>

4. 内圆磨削

内圆磨削也是内孔的精加工方法之一，它可以磨削圆柱孔、圆锥孔等。磨孔公差等级可达IT7～IT6级，表面粗糙度 Ra 值为0.8～0.2 μm。如采用高精度磨削工艺，尺寸精度可控制在0.005 mm以内，表面粗糙度 Ra 值为0.1～0.025 μm。

内圆磨削原理虽与外圆磨削一样，但内圆磨削工作条件较差。内圆磨削有以下特点：

（1）砂轮直径 D 受工件直径 d 的限制。$D=(0.5\sim0.9)d$，尺寸较小，损耗快，需经常修整和更换，影响了磨削生产效率。

（2）磨削速度低。一般砂轮直径较小，即使砂轮转速已高达每分钟几万转，要达到砂轮圆周速度 25～30 m/s 也是十分困难的。因此，内圆磨削要比外圆磨削速度低得多，磨削效率较低，表面粗糙度值较大。为了提高磨削速度，我国已试制成功 12 000 r/min 的高频电动磨头和 10 000 r/min 的风动磨头，以便磨削 1～2 mm 的小孔。

（3）砂轮轴受到工件孔径与长度的限制，刚度低，易弯曲变形，产生振动，从而影响加工精度和表面质量。

（4）切削液不易进入磨削区，磨屑排出困难。加工脆性材料时，为了排屑方便，有时采用干磨削。

内圆磨削对于淬硬的孔、断续表面的孔（带键槽的孔）和长度很短的精密孔更是主要的精加工方法。内圆磨削可以磨削通孔、台阶孔、孔端面、锥孔、轴承内滚道等。

此外，在加工各种精密孔时还可采用刚性镗铰刀。这种铰刀的特点是镗削、铰削和挤压结合在一起。刀具最前端具有主偏角 $\kappa_r = 40°$的切削刃，担任切除大部分余量的镗削任务；3°斜角与圆柱校准部分担负精铰任务；硬质合金导向块起导向、支承和挤压作用。圆柱校准部分的半径比导向块的半径小，分别为 0.025 mm、0.032 mm、0.035 mm（视工件材料不同而异），以便留有挤压余量。通过导向块对孔进行挤压，可得到较小的表面粗糙度值。

刚性镗铰刀特别适用于铸铁孔的加工，可获得较高的尺寸精度、几何精度和表面质量，而且刀具耐磨性能好，使用寿命长。

二、精密孔系的钻、铰

在批量生产中，用钻床加工孔距要求较高的孔，都是靠合格钻模来保证的。但在单件、小批量生产中不可能都采用钻模，而又由于生产设备等方面的原因，必须由钳工钻（铰）孔来保证孔距要求。下面介绍几种钻（铰）有孔距要求的孔的常用方法。

1. 提高划线精度

划线钻孔的孔距误差一般在 0.2 mm 以上，孔距越大，误差也越大。如果提高划线精度，将样冲眼冲准，钻孔方法适当，就可将孔距误差控制在 0.1 mm 内。

具体方法如下：划线时游标高度尺的划线刀口一定要锋利，划的线要细而清晰，尺寸要读准确，打准样冲眼是关键。样冲一定要磨得圆而尖，样冲的尖部沿孔十字中心线的一条线走向十字线的交叉处，握样冲的手指有明显的停顿感觉，反复走两次，走到此处均有感觉时，说明此点就是孔的中心。打击时样冲要保持与工件表面垂直，先轻打，并从几个方向观察样冲眼是否偏离中心十字线，确定无误后，再将样冲眼加大，并划出孔的找正线。

钻孔时，先用中心钻钻一个深度不超过 2 mm 的小孔，测量孔距合格后，用中心钻加工成 60°的锥孔，再扩孔到需要的尺寸。如果发现孔钻偏，改用钻头锪孔来纠正，恢复到中心位置时再钻孔。

2. 移动坐标法

采用此法加工的工件应具有两个互相垂直的加工面作为基准。具体方法如下：

钻削前，应在钻床工作台上固定两块垂直相交的精密平铁，用直角尺进行校正，精密平铁与钻头轴线的距离分别为 40 mm（10 mm + 30 mm）和 30 mm（10 mm + 20 mm），将零件 *A*、*B* 面紧贴于精密平铁，钻（铰）孔Ⅰ，再用量块将孔Ⅱ的坐标位置移至钻床主轴中心（即孔Ⅰ的中心位置），定位后再钻（铰）孔Ⅱ，如图 1—3—32 所示。

用此法能钻出孔距要求相当高的孔，缺点是费时。

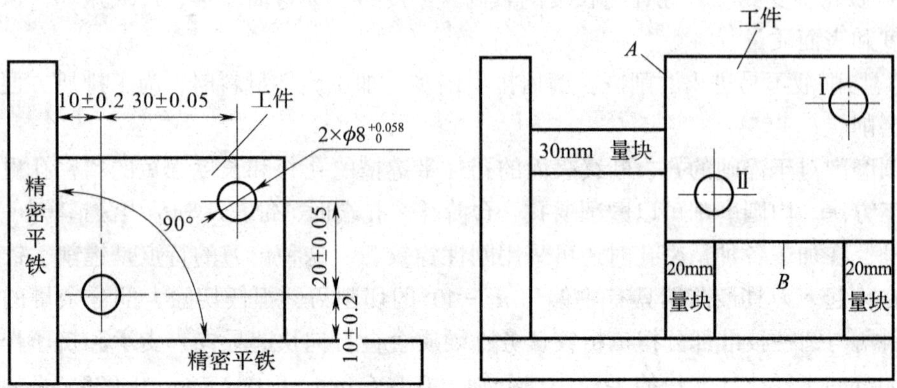

图 1—3—32　用量块移动坐标钻孔的方法

用移动坐标法钻孔实例如下：

如图 1—3—33 所示为所需钻孔的零件，4 个 ϕ8H7 孔的孔距分别为（30 ± 0. 03）mm 和（50 ± 0. 03）mm，工件材料为 45 钢。

（1）钻削前，在钻床工作台上固定精密平铁，用直角尺进行校正，精密平铁与钻头轴线的距离分别为 65 mm（50 mm + 15 mm）和 45 mm（30 mm + 15 mm）。

（2）选取一块与工件形状、尺寸和材料完全相同的试钻件进行试钻。试钻件与两块靠铁之间分别放入 50 mm 和 30 mm 的量块，如图 1—3—34 所示。先用 ϕ7. 8 mm 的钻头钻出左下方孔，钻孔后即用 ϕ8H7 的铰刀铰孔；再取出左边 50 mm 量块，钻、铰右下方孔；然后取出下边 30 mm 量块，钻、铰右上方孔；最后再垫入左边 50 mm 量块，钻铰左上方孔。钻削时必须使试钻件紧贴量块和靠铁，不得有所松动。

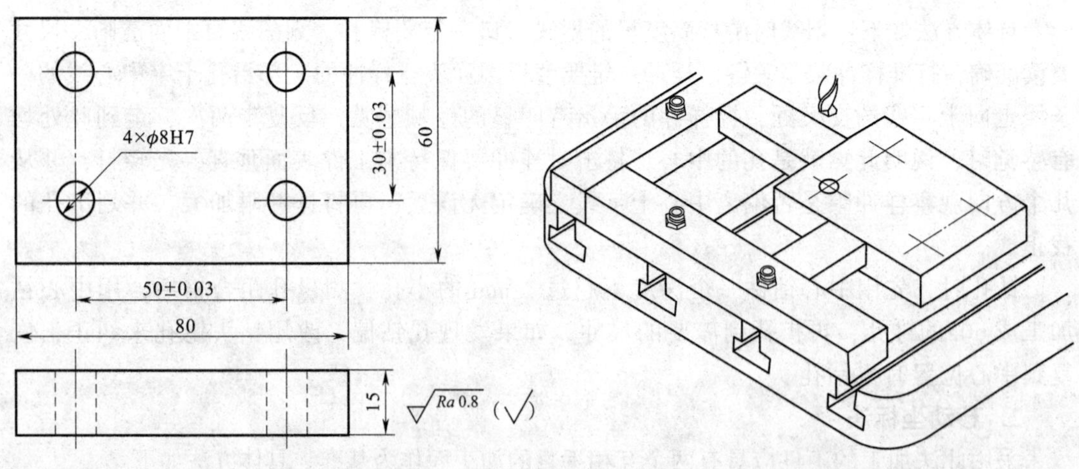

图 1—3—33　钻精密孔距的孔　　图 1—3—34　用量块控制孔位

（3）检验钻、铰后试钻件的孔距精度。检验方法是将 $\phi8$ mm 量棒装入试钻件孔中，量棒与孔的配合应稍紧一些，不可有较大间隙，然后放在平板上直立，使用百分表和组合量块通过比较法进行检查。若测出结果超差，可根据所测得的误差调整组合量块的尺寸，再经试钻检测，直至符合要求。

（4）试钻件检验合格后，才能进行正式件的加工工作。

3. 用心轴定位孔距的方法

如图 1—3—35 所示，用心轴定位法加工该零件各孔，保证各孔距的要求。

将已经划好线并打好样冲眼的工件先钻（铰）孔并配好心轴，然后任取一根心轴夹在钻床主轴上（钻床主轴摆差应不大于 0.03 mm），用千分尺控制距离 L_1，同时控制两心轴距工件侧边的距离基本相等，将工件固定后钻（铰）孔 2。

用同样的方法钻（铰）孔 3 和孔 4，确定它们的位置时，不但要控制垂直方向的距离，还要测量及控制对角斜边的距离，才能确保 4 个孔相互孔距的要求，孔距控制法如图 1—3—36 所示。

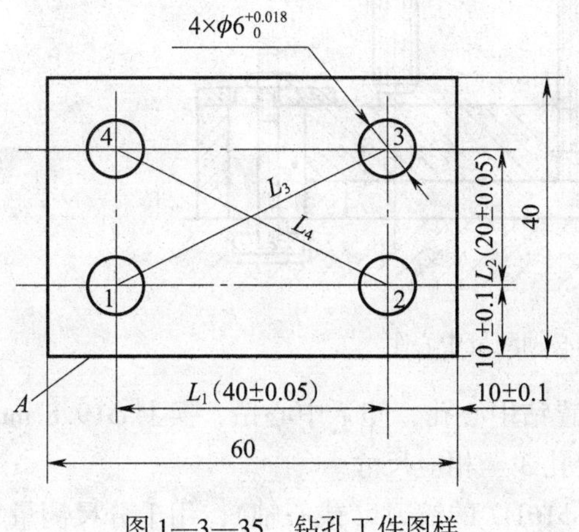

图 1—3—35　钻孔工件图样

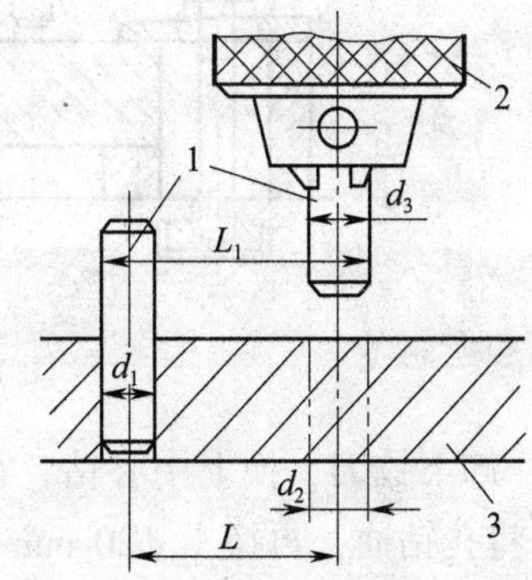

图 1—3—36　用心轴控制孔距的方法
1—测量圆柱销　2—钻夹头　3—工件

三、技能操作

1. 钻模固定板钻孔

（1）图样分析

如图 1—3—37 所示为钻模固定板上孔的加工，孔 1 为 $\phi16$H7，孔 2 和孔 3 为 $\phi20$H7，三孔间隔孔距为（100 ±0.1）mm，若要满足图样的孔径要求必须采用铰孔的方法，孔距则采用心轴定位测量中心距法进行保证，如图 1—3—38 所示。

（2）加工步骤

1）按图 1—3—37 所示的尺寸划出十字线和孔 1、2、3 的圆周线。

2）在选好的摇臂钻床上先把孔 2 钻（铰）成 $\phi20$H7。

3）将装有 $\phi20$H7 铰刀的摇臂钻主轴移至孔 3 的位置，在孔 2 内也插入一把 $\phi20$H7 的手铰刀（或心轴），用量具测量 a 处的距离为 120 mm。

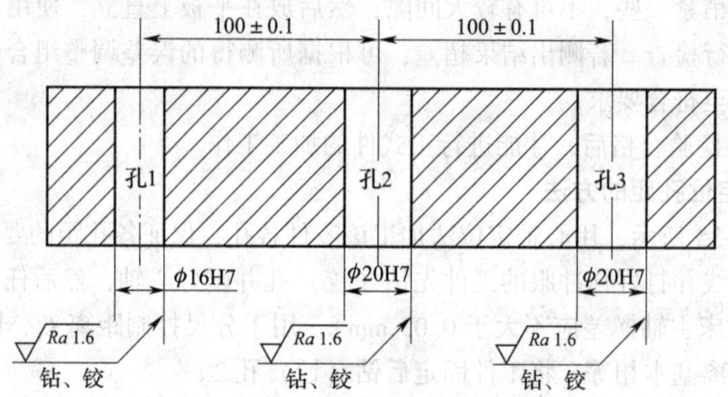

图 1—3—37　钻模固定板钻孔

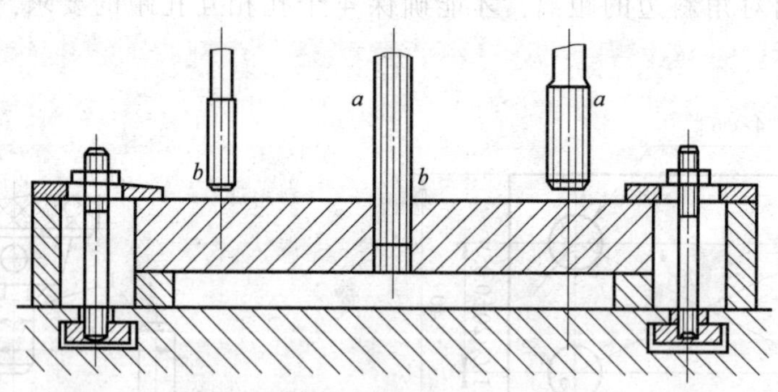

图 1—3—38　用心轴测量中心距

4）卸下铰刀，换上中心钻，在孔 3 的位置钻中心孔，卸下中心钻，换上 ϕ19.8 mm 的钻头，将孔钻通，再换上 ϕ20 mm 的机铰刀铰孔 3 至相应尺寸。

5）将主轴移至孔 1 的位置，在主轴装上 ϕ16H7 的铰刀（或心轴），用千分尺测量 b 处的距离为 118 mm，依照上述步骤将孔 1 铰至 ϕ16H7。

2. 减速器机体钻孔

（1）图样分析

如图 1—3—39 所示为减速器机体零件中的上盖和下机体，需将图上的各孔钻出。

上盖所要钻的孔包括 4 个 ϕ13 mm、锪平 ϕ28 mm，2 个 ϕ13 mm、锪平 ϕ28 mm，2 个 ϕ10 mm 锥销孔和 4 个 M6—7H 的螺纹底孔。

下机体要钻的孔包括与上盖相对应的 6 个 ϕ13 mm 孔、反面锪平 ϕ28 mm，2 个 ϕ10 mm 锥销孔，4 个 ϕ17 mm 地脚孔、锪平 ϕ35 mm，放油孔 M16×1.5、锪平 30 mm，油标探杆孔 ϕ6 mm、锪平 ϕ12mm。根据减速器的加工需要，应分两次将孔钻出。

（2）钻孔方法及步骤

1）第一次钻孔。只将上盖与下机体的连接孔钻出。

①根据减速器结构与性能需要，上盖与下机体配钻孔。可将上盖上的接合部位孔划出。

4×φ13锪平φ28
2×φ13
锪平 φ28
2×φ10锥孔
φ110H7
φ150H7
4×M6—7H
技术要求
1. 未注铸造圆角为R2~3，铸造斜度按工艺要求。
2. 铸件应进行时效处理，以消除内应力。
3. 盖与底之间的6个螺栓孔应配钻。

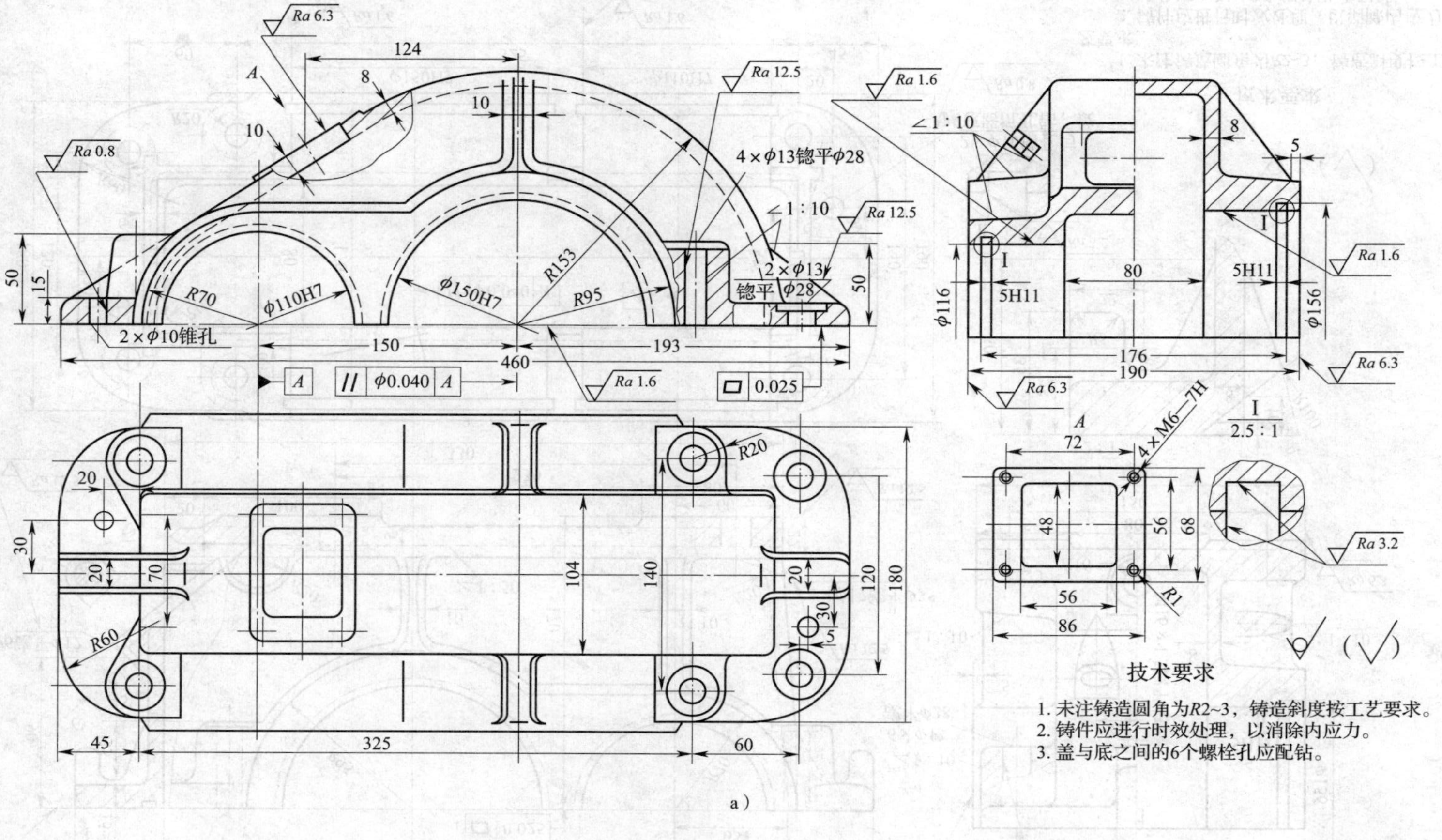

a）

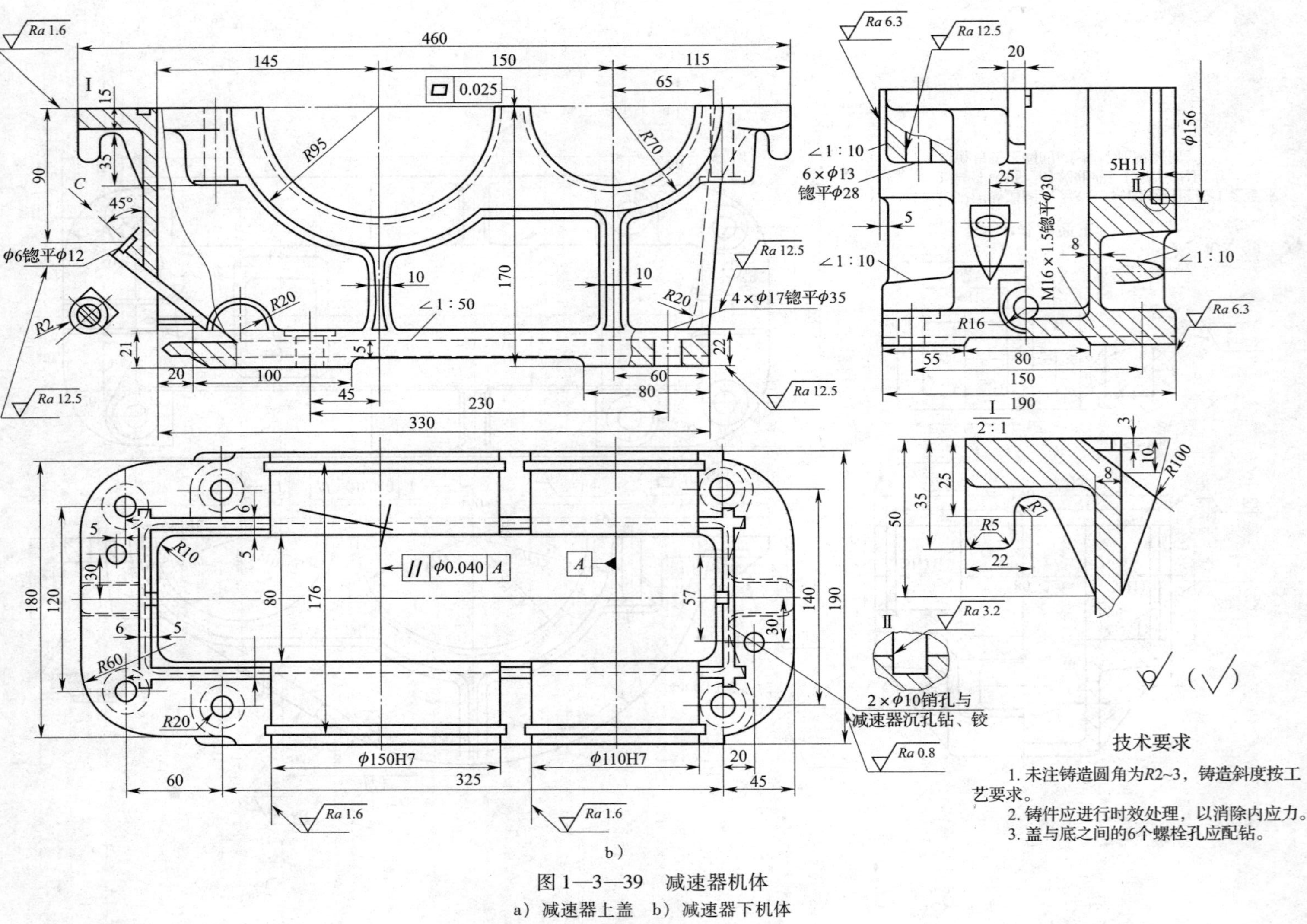

b）

图1—3—39　减速器机体

a）减速器上盖　b）减速器下机体

②将下机体放至钻床工作台上，将上盖扣好，经找正确保各部位加工余量满足后，用压板组将减速器压紧，先将 2 个 ϕ10 mm 锥销孔钻出，铰刀锥度为 1∶50。按小端直径选用 ϕ9.8 mm 钻头将销孔底孔钻出，其深度要根据销子的长短、销子在接合面处的上下位置来决定，应超出销子下端 15 ~ 20 mm 深。若销子直径大，要相应增加深度。然后用 ϕ10 mm 锥铰刀将锥孔铰出，铰孔深度用实际所用销子试装至合适为止。

③打入销子后钻 6 个 ϕ13 mm 孔并锪平 ϕ28mm。先采用 ϕ5 mm 小钻头钻出定位底孔，深度至 10 ~ 15 mm，将 2 个 ϕ13 mm 孔钻出并锪平至 ϕ28 mm，然后用同样方法钻出 4 个 ϕ13 mm 孔、锪平至 ϕ28 mm。若钻头长度够用，可先将机体上的孔钻 10 mm 左右深。取下箱盖后，再将下机体孔钻通。

④取下上盖，将下机体压紧后划 ϕ13 mm 孔下端的平面，如图 1—3—40 所示，选择 ϕ12.8 mm 直径划平面刀杆、长度尺寸为 28 mm 的刀头，将刀杆从孔中穿出，刀杆前端刀头方孔露出孔外，将刀头切削刃向上装入刀头内，如平面尺寸严格，应将顶端紧固螺栓拧紧，低转速手动向上提钻杆，反锪孔的下端面，至见平为止。

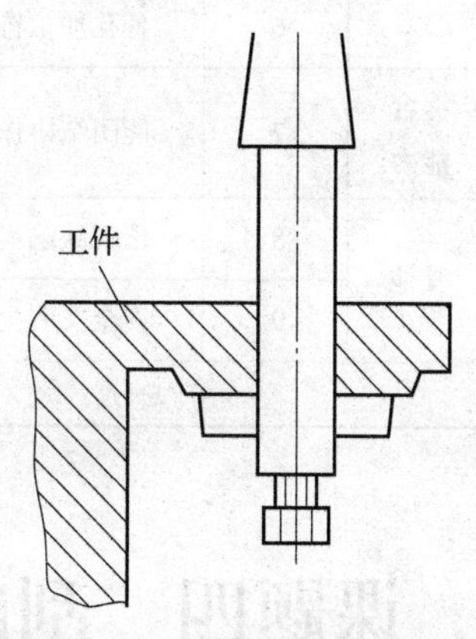

图 1—3—40　划平面刀杆反锪平面

⑤钻孔后将下机体卸下，修光上盖与下机体的毛刺，将上盖、下机体组合在一起，拧紧紧固螺栓。

2）第二次钻孔。机架经划线后，再次钻其他各孔。

①将机体下部一头顶在工作台的 T 形槽内，另一端垫起，使视窗口加工面呈水平，然后将机体压牢，用钻头将视窗口平面上 4 个 M6—7H 的螺纹底孔钻出。

②将下机体靠工作台侧面立起放置，用压板组将其压紧在工作台侧面上，用 ϕ14.5 mm 钻头将M16 × 1.5 的螺纹底孔钻出。钻孔后松开压板组，将下机体下端顶在钻床边侧地面上。下机体底部斜靠在工作台上。使油标探杆孔呈垂直状态。将下机体压紧后，用 ϕ12 mm 平钻头，按划线中心孔，先将 ϕ12 mm 平面锪平，然后用 ϕ6 mm 钻头将孔钻出。

③将下机体与上盖接合后朝下放置，用压板组将其压紧，将 4 个 ϕ17 mm 孔钻出。

④用 ϕ16.5 ~ 16.8 mm 刀杆，采用倒锪平面法将 ϕ35 mm 平面锪出。

⑤用 M16 × 1.5 的丝锥将 M16 × 1.5 螺纹攻出，用 M6 的丝锥将上盖视窗上 M6 螺纹攻出。至此减速器机体的上盖与下机体各孔加工完毕。

3. 评分标准

高精度孔系加工评分标准见表 1—3—12。

表 1—3—12　　高精度孔系加工评分标准

时限	3 h	开始时间		结束时间		实考时间	
项目	序号	技术要求		配分	评分标准	检测记录	得分
理论基础	1	熟练识读零件图		10	不能熟练识读零件图不得分		
	2	能明确各孔加工要求		10	不能明确各孔加工要求不得分		

续表

项目	序号	技术要求	配分	评分标准	检测记录	得分
钻孔技能	3	会正确使用量块保证孔距	15	不会使用量块保证孔距不得分		
	4	会正确使用心轴定位加工保证孔距	15	不会使用心轴定位加工保证孔距不得分		
	5	会制定合理的孔系加工工艺	20	不会制定合理的孔系加工工艺不得分		
	6	各孔加工符合技术要求	20	不符合要求不得分		
综合能力	7	能团结协作	10	不能团结协作不得分		
其他	8	出现缺陷		每处扣 1 ~5 分		
	9	安全文明生产		违者酌情扣 1 ~10 分		
		总分	100			

课题四　刮削与研磨

子课题 1　刮削燕尾形导轨

1. 了解保证刮研精度的基本措施。
2. 掌握提高刮研精度的工艺方法。
3. 会正确刮削燕尾形导轨。

一、保证刮削精度的基本措施

1. 设计及制造专用校准工具

校准工具（又称研具）是校准工件刮削后表面接触精度或显示点数的重要工具。通用校准工具（如标准平板等）大家都已用过，但有时候勉强使用通用校准工具有可能保证不了刮削精度，而必须采用专用校准工具。专用校准工具应根据被刮工件的形状和精度要求来设计及制造。如图 1—4—1 所示就是一些示例。

(1) 校准工具设计及制造要点

1）工具材料选用灰铸铁，铸件需经时效处理，表面不得有气孔、缩孔。

2）长度应取工件长度的 4/5 或与工件等长，宽度应略大于工件。

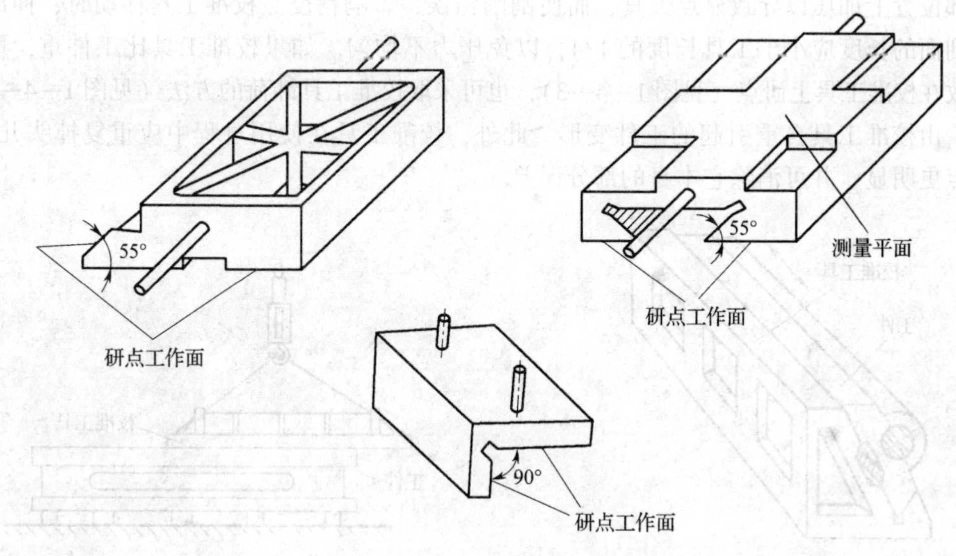

图 1—4—1　专用校准工具示例

3）用于研点的工作面，其刮点等级应比工件要求的等级高一级，精密平面大多采用 12～16 点/(25 mm×25 mm)（又称刮方），几何精度应是工件精度的 1/3～1/2，或比工件几何公差等级高 1～2 级。

4）应具有足够的刚度，质量适中，要配置搬运手柄和起吊装置。

5）需要定心定位的校准工具（见图 1—4—2），其定心轴（或孔）应采取耐磨措施，以保证定心精度。

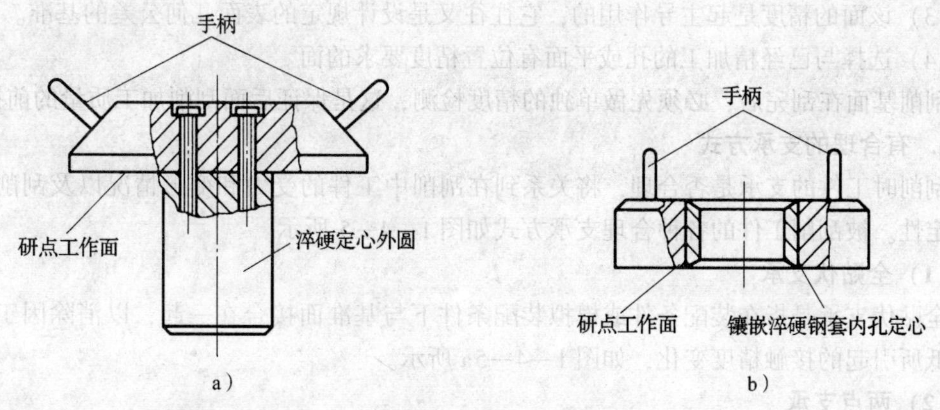

图 1—4—2　定心部位的耐磨措施

6）凹凸成套的校准工具应以凹具为基准，凸具与其互配的接触精度要求在全长、全宽上大于 85%。

7）批量生产或工件精度必须由校准工具来保证时，应配备两套：一套用于粗刮，一套用于精刮。

（2）正确使用校准工具研点

刮削和研点是交替进行的。研点时，校准工具应保持自由状态移动，不宜在校准工具的局部位置上加压以导致显点失真，而使刮削错误，影响精度。校准工具移动时，伸出工件刮削面的长度应小于工具长度的 1/4，以免压力不均匀。如果校准工具比工件重，可把工件放在校准工具上研点（见图 1—4—3），也可采取校准工具卸荷的方法（见图 1—4—4），以减少由校准工具自重引起的工件变形。此外，校准工具在使用过程中应重复掉头几次，使显点更明显，并可消除它本身的部分误差。

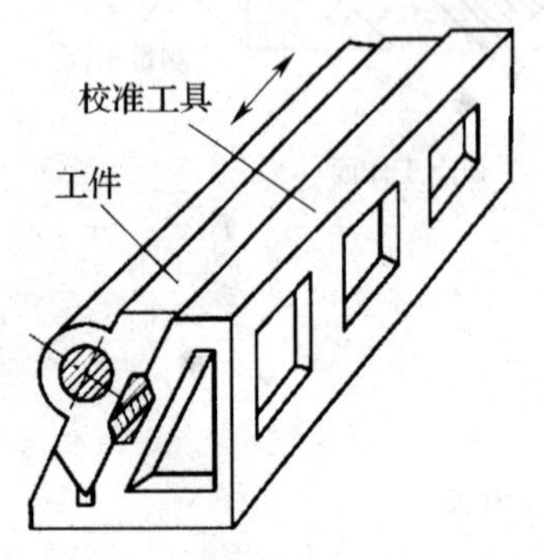

图 1—4—3　工件放在校准工具上研点

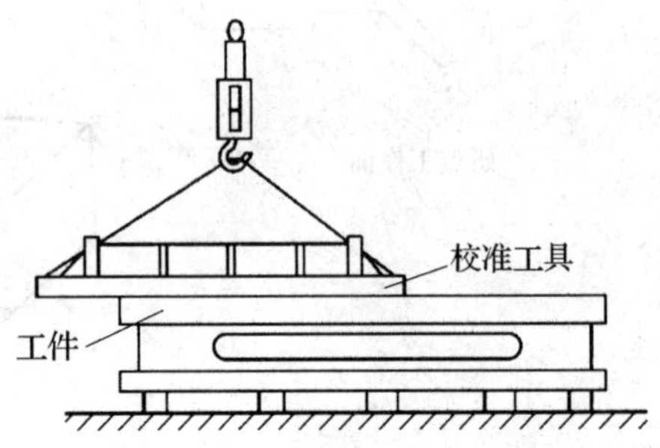

图 1—4—4　对校准工具卸荷

2. 正确选择刮削基面

当工件有两个以上的被刮削面且有位置精度要求时，应正确选择其中一个面作为刮削基面，并首先刮好该基面，其他各刮削面均按已确定的基面进行误差修整。

刮削基面的选择原则如下：

(1) 该面是工艺规定的测量基准。

(2) 选择面积较大、限制自由度较多且较难刮削的面。

(3) 该面的精度是起主导作用的，它往往又是设计规定的表面几何公差的基准。

(4) 选择与已经精加工的孔或平面有位置精度要求的面。

刮削基面在刮完后，必须先做单独的精度检测，这是保证后面刮削加工质量的前提。

3. 有合理的支承方式

刮削时工件的支承是否合理，将关系到在刮削中工件的受力和变形情况以及刮削精度的稳定性。被刮削工件的各种合理支承方式如图 1—4—5 所示。

(1) 全贴伏支承

全贴伏支承是指在装配条件或模拟装配条件下与基准面接合在一起，以消除因工件刚度较低所引起的接触精度变化，如图 1—4—5a 所示。

(2) 两点支承

如图 1—4—5b 所示，两点支承适用于细长且易变形的工件，一般需选择最佳支承点。

(3) 三点支承

如图 1—4—5c 所示，三点支承适用于质量大、面积大、刚度高、形状基本对称的工件。

(4) 多点支承

如图 1—4—5d 所示，多点支承较多应用于床身、机座、箱体类的大型零件，其支承点一般与安装条件一致，也可根据工件的重心位置进行分布。

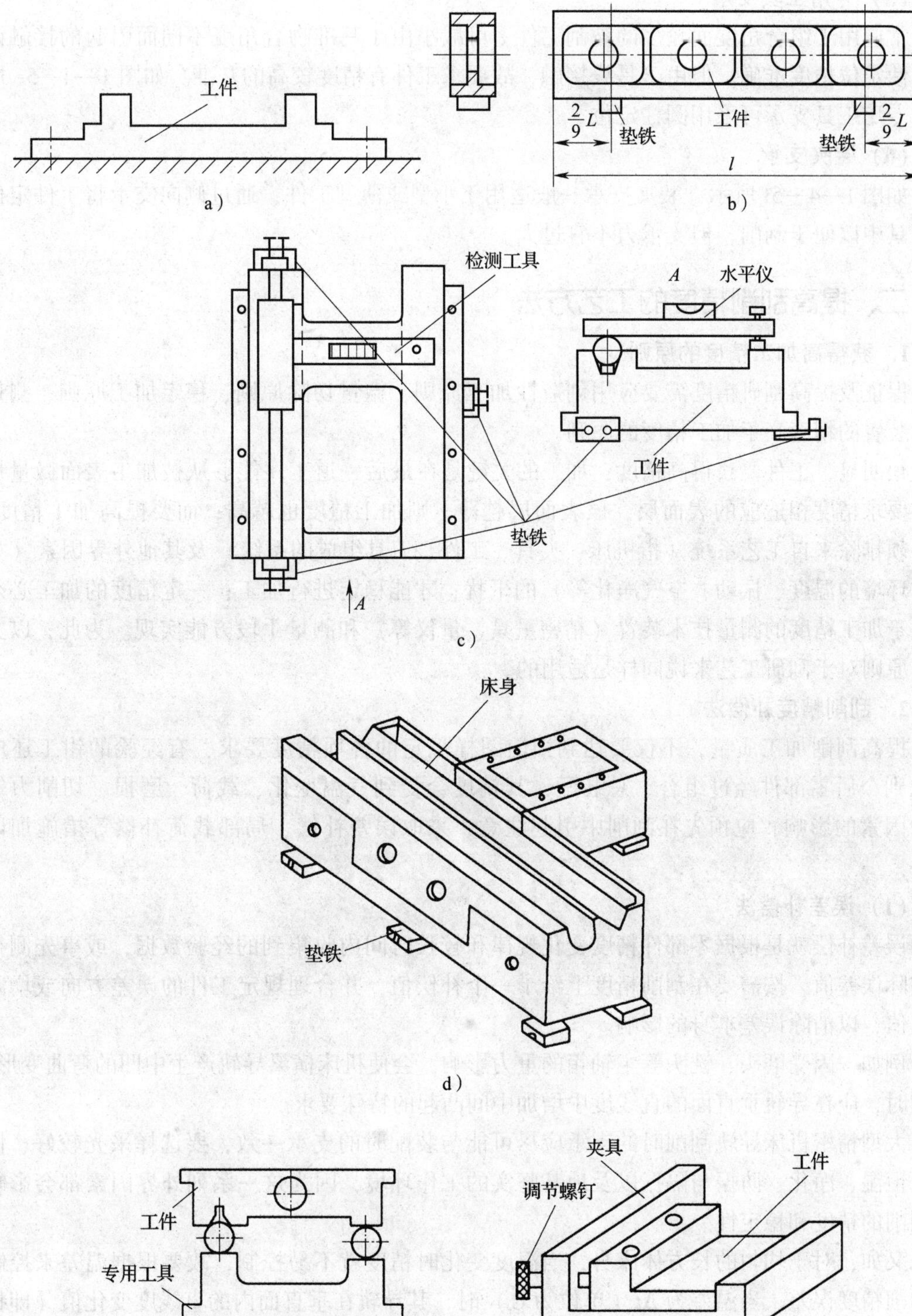

图 1—4—5 被刮削工件的合理支承方式

a）全贴伏支承 b）两点支承 c）三点支承 d）多点支承 e）专用工具支承 f）装夹支承

(5) 专用工具支承

常应用于组合角度面较多的被刮工件，可减小由于基准吻合角度不同而引起的接触误差，使定位精度准确。但由于是线接触，故要求工件有精度较高的基准。如图 1—4—5e 所示，专用工具支承可采用圆柱定位。

(6) 装夹支承

如图 1—4—5f 所示，装夹支承一般适用于小型或薄型工件，通过侧向支承将工件定位于夹具中以便于刮削，但支承力不宜过大。

二、提高刮削精度的工艺方法

1. 获得高加工精度的原则

保证及提高刮研精度需要应用创造性加工原则、微量切除原则、稳定加工原则、测量技术装置的精度高于加工精度的原则。

很明显，工件要获得高精度，加工的关键是在最后一道工序能够从被加工表面微量切除与要求精度相适应的表面层，该表面层越薄，则加工精度也越高；而要提高加工精度，还必须排除来自工艺系统（指机床、夹具、工件、刀具组成的系统）及其他外界因素（如工作环境的温度、振动、空气净化等）的干扰，才能稳定进行加工；一定精度的加工必须有高于加工精度的测量技术装置（精密量具、量仪等）和测量手段方能实现。为此，以上四个原则对于刮研工艺来说同样是适用的。

2. 刮削精度补偿法

提高刮削加工质量，不仅要达到当前图样规定的各项精度要求，有经验的钳工还应考虑到今后零部件经过组合、总装配，其精度会受到气温变化、载荷、磨损、切削力等各种因素的影响，应预先在刮削中引起注意，采取误差补偿、局部载荷补偿等措施加以弥补。

(1) 误差补偿法

误差补偿就是根据零部件精度变化规律和较长时间内收集到的经验数据，或事先测得的实际误差值，按需要在刮削精度上给予一个补偿值，并合理规定工件的误差方向或增减公差值，以消除误差本身的影响。

例如，因受磨头、铣头等主轴箱的重力影响，会使机床横梁导轨产生中凹的弯曲变形。刮削时，应在导轨垂直面的直线度中增加中间凸起的特殊要求。

大型精密机床导轨刮削时的支承应尽可能与装配时的支承一致，要选择采光较好、恒温、恒湿、净化、防振与隔振以及地基坚实的工作环境，因为这一系列外界因素都会影响到刮削的精度和稳定性。

又如，对于均匀的长方体床身，当温度变化时精度就不易控制，故要根据温差来控制其刮削精度误差。当温差为 Δt（单位为℃）时，其导轨在垂直面内的直线度变化值（即扭曲度，单位为 mm）为：

$$\delta = \frac{L^2 \alpha_1 \Delta t}{8H}$$

式中 L——床身长度，mm；

α_1——材料线胀系数，1/℃；

H——床身高度，mm。

通常，当温度升高时，导轨在垂直面内凸起；反之下凹。昼夜间一般以中午前后温差变化较稳定，可作为大型工件测量的最佳时间。因此，有的工艺规程还规定工件的测量时间，以免因温差变化引起误差。

（2）局部载荷补偿法

零件装配后，若局部承受较大的载荷，会造成相邻接合部位精度的变化，刮削时可采取配重法把与部件质量接近的配重物装在被刮削工件上作为预先补偿，如图1—4—6所示。

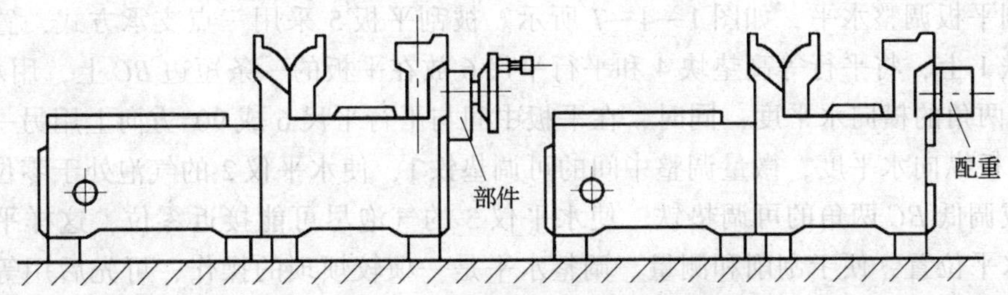

图1—4—6　刮削床身导轨时的配重物

3. 提高平面刮削精度的工艺方法

（1）大型精密平板的刮削工艺

精密平板是用于检测平面的基准器具。大型平板的表面质量要求一般为平面度公差、刮点数及表面粗糙度。刮点数是在规定计算面积（每刮方为25 mm×25 mm正方形）内平均计算的。表1—4—1所列为大型铸铁平板的精度要求。

表1—4—1　　大型铸铁平板的精度要求

长L（mm）×宽W（mm）	对角线（mm）	公差（μm）	公差等级					
			000	00	0	1	2	3
1 000×1 000	1 411	平面度	2.5	5.0	10.0	20	39	96
1 250×1 250	1 768		3.0	6.0	11.0	22	44	111
1 600×1 000	1 887		3.0	6.0	12.0	23	46	115
1 600×1 600	2 262		3.5	6.5	13.0	26	52	130
单位面积上接触点面积的比率			≥20%		≥16%		≥10%	—
25 mm×25 mm正方形中的刮点数			≥25			≥20	≥12	—
表面粗糙度Ra（μm）			<0.08		<0.16		0.32	<5

刮削大型铸铁平板时，对硬度正常的铸铁，粗刮一遍，一般可刮去0.01 mm。因此，为了尽量减少刮削工作量，应设法提高刮削前的机械加工精度，其平面度误差小于0.05 mm，表面粗糙度Ra值为2.5 μm。表1—4—2所列的平面刮削余量参考值可根据具体情况加大或减小，以减少刮削工时。

表 1—4—2　　平面刮削余量参考值　　mm

平面的宽度 W	平面的长度 L				
	<500	500~1 000	1 000~2 000	2 000~4 000	4 000~6 000
<100	0.05	0.10	0.10~0.15	0.15~0.20	0.20
>100~500	0.10	0.10~0.15	0.10~0.20	0.15~0.20	0.20~0.30

大型精密平板的刮削一般分为以下三个步骤进行：

1）调整水平。为了避免大型平板在刮削时因重力的影响而造成变形，应在粗刮前先将被刮平板调整水平，如图 1—4—7 所示。被刮平板 5 采用三点支承方式，置于三个可调垫铁 1 上，将平行等高垫块 4 和平行平尺 6 放在平板的一条短边 BC 上，用水平仪 3 测量 BC 两角的横向水平度；同时，在平板中间与平行平尺 6 成 90°方向上用另一水平仪 2 测量平板纵向水平度，微量调整中间的可调垫铁 1，使水平仪 2 的气泡处于零位；再反复调高或调低 BC 两角的可调垫铁，使水平仪 3 的气泡尽可能接近零位，这样平板就大致处在水平位置，便于刮削和测量。调整水平是一项较烦琐的操作，可先后用等高垫块和平行平尺在平板的 AD、AB、DC、AC、DB 各边用相同方法分别测量，反复调整可调垫铁。通过对两条短边、两条长边和两条对角边的测量及调整，平板的扭曲现象已基本显示出来。

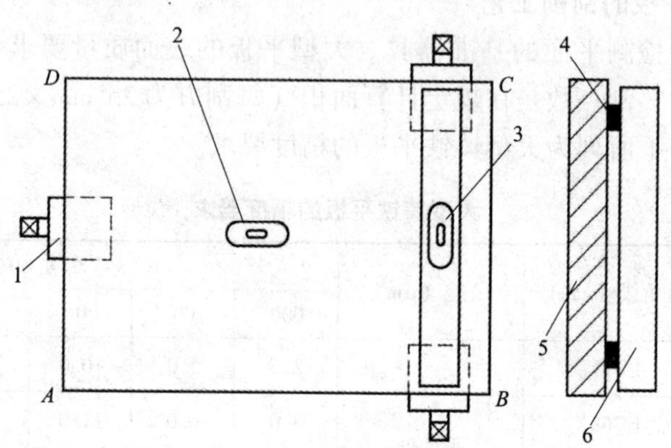

图 1—4—7　用水平仪测量被刮平板水平度

1—可调垫铁　2、3—水平仪　4—平行等高垫块　5—被刮平板　6—平行平尺

2）测量、计算、分析及判断平直情况。在粗刮大型平板时，多通过对以上六条边的近似测量，采用边测量边刮削的方法把高点逐渐刮去，直至细刮和精刮完毕。

对平板平面度的检测常用以下两种方法：一种检测方法如图 1—4—8 所示，即将平行平尺 2 置于两块平行等高垫块 1 上，千分表的测头与被测面接触，使千分表架 3 沿平尺移动测得平面度误差的读数，记录在平板上。平行平尺可以放置在平板的长边、短边、对角边，而千分表的测头可与平板的所有被测部位接触。

另一种检测方法就是《装配钳工实训（中级模块）》教材中介绍的用水平仪置于平行桥板上按节距法分段测量，并将测得的各段数值用图解法作出平板各测量边的误差曲线图。

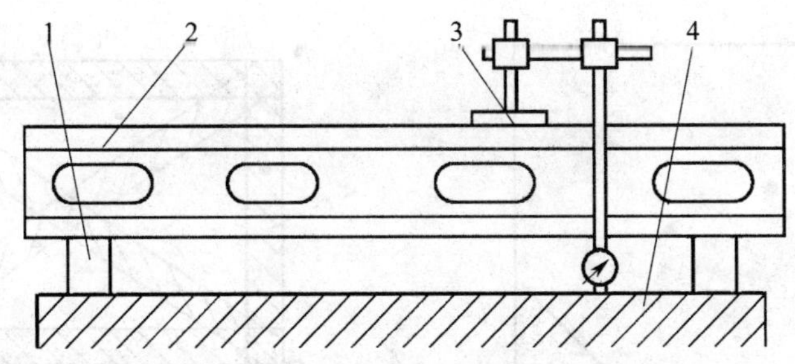

图 1—4—8 用千分表测量平板平面度

1—平行等高垫块 2—平行平尺 3—千分表架 4—被刮平板

两种方法的检测结果都可用于分析及判断被刮平板的凹凸或扭曲情况，使操作者心中有数，明确刮削方位。

3）选择刮削方法和顺序。经常采用的刮削大型平板的方法有阶梯刮削法、标记刮削法、对角刮削法和信封式刮削法四种，可根据平板各部位的平面度误差值大小灵活选用。

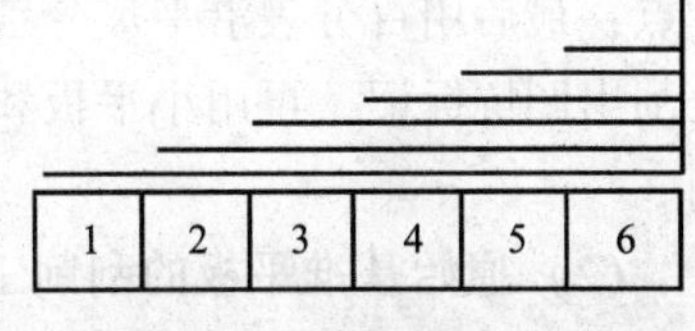

图 1—4—9 阶梯刮削法

①阶梯刮削法。它是把需要刮削的一个倾斜面的全长均分为若干段（见图 1—4—9），然后进行分段刮削：第一次刮 1 ~6 段；第二次刮 2 ~6 段；第三次刮 3 ~6 段，以此类推，直至刮到第六次。这样最高的第 6 段刮了六次，而最低的第 1 段仅刮一次，因此倾斜面就较快地被刮平，并且不需要每刮一遍就研点一次，提高了工作效率。

②标记刮削法。它是根据水平仪或百分表所测得的正确位置中的高点差值，用小平面刮刀（5 ~7 mm）将高点处有意刮成凹坑标记，凹坑的深度应恰好等于高点差值；然后用百分表测量凹坑深度（或用刀口形直尺和塞尺在此处测量），以后研点刮削时，应一直刮到凹坑标记处表面出现点子，即可转入细刮。标记刮削法常与其他刮削法结合使用。

③对角刮削法。如图 1—4—10a 所示，根据测量或对各段直线度误差曲线图的分析，找出平板两条短边中较好的一条边的高角（如本例中的 B 角），先将 B 角用小平板研点局部刮削到与 C 角水平，刮削面积必须大于等高垫块；再用等高垫块、平行平尺与水平仪测量 B 和 C 两角，使这两角等高并保持水平；然后将另一条短边 AD 的高角（如 D 角）也用相同方法局部刮至水平，达到 D、A 两角等高和水平；此后再用相同的方法分别测量两对角 A、C 和 B、D，若有高低差，则仍用以上方法把高角的差值再次刮去。总之要使四个基准角和六条边相互共面，而且都应低于被刮平板的最低点。

最后用百分表在六条边上沿平行平尺分别按图 1—4—8 所示的方法测量被刮平板的其他部位，记录测量数据，并在高点处刮出凹坑标记，再用小平板和平尺在被刮平板上研点刮削，直至凹坑标记表面出现点子，再次测量及调整，才能转入细刮和精刮。

④信封式刮削法。如图 1—4—10b 所示，经过分析，选择较好的一条短边（如 a 边）用平尺研点刮削，刮好后再刮另一条短边 c，使 a、c 两条基准互相平行且等高；再用相同的方

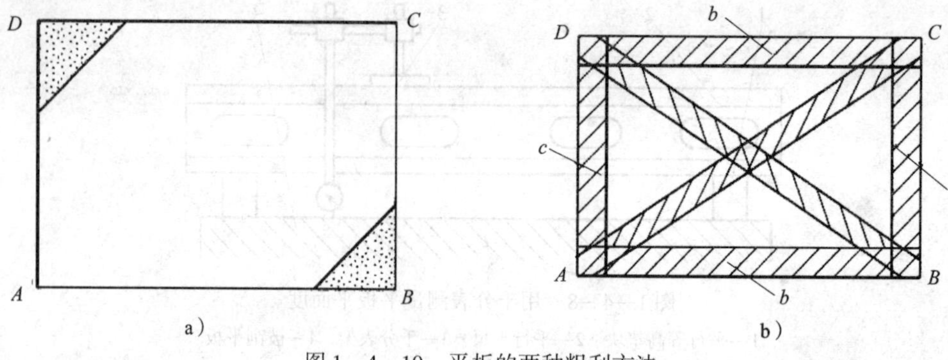

图 1—4—10　平板的两种粗刮方法
a）对角刮削法　b）信封式刮削法

法刮好两条长边 b、d 及两条对角线，使这六个基准面共面且水平而且都低于被刮平板的最低点；最后用百分表沿平尺分别测量六个基准面外的所有表面，记录测量数据，并在高点处刮出凹坑标记，再用小平板和平尺研点刮削，直至基准表面出现点子即可转入细刮和精刮。

（2）原始基准平板的刮削工艺

刮削一块高精度平板时，一般可在更高精度等级的平板上用对研显点法进行刮削及检验。若无高精度平板，也可用三块普通的平板，在精刨后由钳工采用手工刮削法，将三块平板互相交替地拖研配刮，逐步把它们都刮到符合高精度标准平面的要求，可作为一种高精度测量的基准工具。这种方法加工的平板又称为原始平板。

原始平板在刮削过程中，能提高精度的原因是误差平均法原理。因为 A、B、C 三块平板在各自先粗刮一遍后，都存在不同的平面度误差，如果任选其中两块（如 A、B）对研对刮，待点子接触均匀后，选用其中较好的一块（假定 A）作为基准配刮 C，则 B、C 两块平板的凹凸误差基本近似；若再将 B、C 进行对研对刮（刮削量基本相同），则可使平面度误差进一步得到改善；以后再改变作为基准的平板和对研对刮的平板。如此循环和刮削，使表面精度越来越高，而表面间的这种相对拖研和磨合的过程也就是误差相互比较的过程，此即“误差平均法”。

平面刮削时务必注意以下两个问题：

1）防止平面出现扭曲现象。即三块平板都是两对角高，另两对角低，且高低位置、点子密度都相同，称为同向扭曲。这种现象的产生是由于总是向固定不变的方向拖研，从而使磨合平板副中基准平板的高处正好与被刮平板的低处重合。为防止扭曲，应经常采用纵向研点、横向研点和对角研点（见图 1—4—11）的方法，使三块平板中任取两块相互研，无论是直研、掉头研、对角研，显点情况都完全相同，且刮点数符合要求。

2）注意平板的变形。除了设计要保证平板的刚度和内在质量要求组织细密外，工艺上要经过严格的人工时效处理，消除内应力；还要重视加工环境，如温度的变化，避免直射的阳光和其他热源影响，以防止产生热变形，特别对高精度平板，必须置于恒温室内刮削；平板底下支承点的平面要求与被刮的上平面平行，以防受力不均匀而变形。

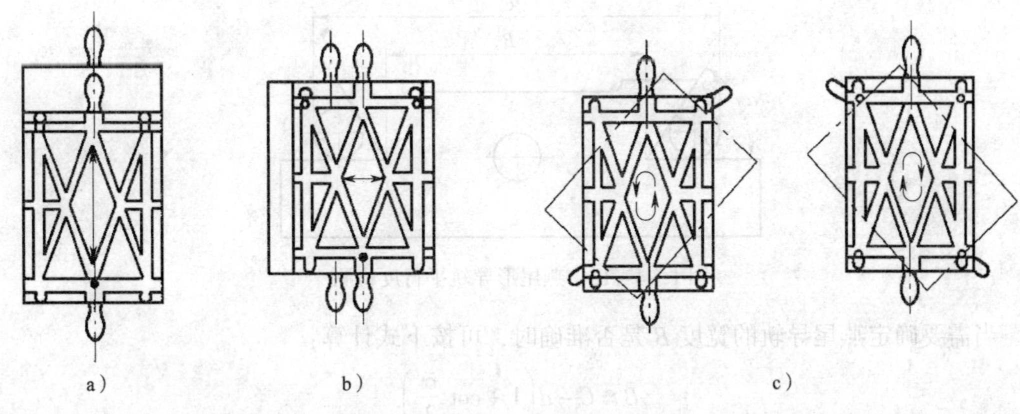

图 1—4—11　改变平板拖研的方向

a）纵向研点　b）横向研点　c）对角研点

三、技能操作——燕尾形导轨的刮削

1. 刮削步骤

燕尾形导轨的刮削一般采取成对交替配刮的方法进行。如图 1—4—12 所示，图中 *A* 为支承导轨，*B* 为滑动导轨。

刮削时，先将滑动导轨的平面 1、2 按标准平板刮削到规定要求，这样可以提高刮削效率，并且容易保证这两个平面的精度。再以这两个面为基准，刮研支承导轨的平面 3、4 并使其达到精度要求。然后再选用 $\alpha = 55°$的角度平尺刮研斜面 5（或斜面 6），将斜面 5 刮研完，刮研斜面 6 时，一定要按角度平尺研点，同时还要兼顾与斜面 5 的平行度要求。当支承导轨的四个支承面全部刮好后，就可以根据支承导轨来刮研滑动导轨的斜面。

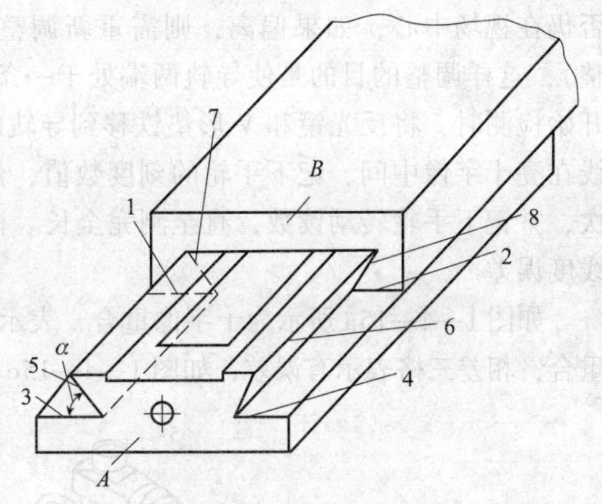

图 1—4—12　燕尾形导轨刮削

A—支承导轨　*B*—滑动导轨

由于滑动导轨与支承导轨的燕尾之间有楔形镶条，因此，滑动导轨燕尾面之间的宽度大于支承导轨燕尾面之间的宽度，而且其中一个面有斜度（图 1—4—12 中斜面 8）。刮削时斜面 7、8 应分别进行，直至刮到要求为止。楔形镶条是在自身按平板粗刮后，放入支承导轨和滑动导轨的斜面 6 与 8 之间配刮完成的。其中与斜面 8 的配合面（为活动导轨上面）的精度要求可以低些（此配合面不滑动）。

在以上刮削过程中，为了保证支承导轨的两个燕尾斜面相互平行，必须边刮削边检测平行度，其检测方法如图 1—4—13 所示。测量时取两个等径的精密短圆柱（测量棒）放在燕尾导轨两侧，用千分尺测量尺寸 *C*，当沿导轨两端测出的尺寸相等时（或符合公差要求时），则表示两个斜面是互相平行的。

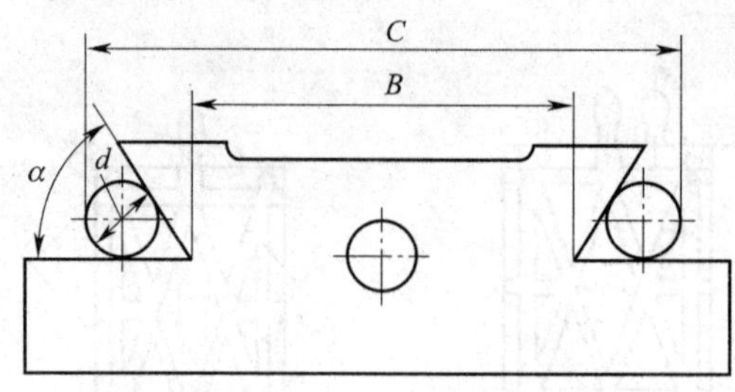

图 1—4—13　燕尾形导轨平行度检测

当需要确定燕尾导轨的宽度 B 是否准确时，可按下式计算：

$$B = C - d\left(1 + \cot\frac{\alpha}{2}\right)$$

2. 导轨直线度测量

光学平直仪对导轨在垂直平面和水平平面内的直线度都可进行检测。如图 1—4—14 所示，将光学平直仪的本体 1 和反光镜 3 分别置于待测导轨的两端，借助 V 形垫铁 4 移动反光镜，使其接近光学平直仪本体，左右摇动反光镜，同时观察目镜 5，直至反射回来的亮十字像位于视场中心为止。然后将反光镜和 V 形垫铁移回原位，再观察十字像是否仍在视场中心，如果偏离，则需重新调整光学平直仪和反光镜（可用薄纸片进行调整），这样调整的目的是使导轨两端处于一条直线上。调整好后，光学平直仪不再移动。开始检测时，将反光镜和 V 形垫铁移到导轨的端头位置，转动手轮，使目镜中指示的黑线在亮十字像中间，记下手轮的刻度数值，然后每隔 200 mm 移动反光镜和 V 形垫铁一次，并记下手轮转动读数，直至测完全长。根据所记数值，便可用作图法求出导轨的直线度误差。

如图 1—4—15a 所示为十字像重合，表示没有误差；如图 1—4—15b 所示为十字像不重合，相差三格表示有误差；如图 1—4—15c 所示为检测导轨水平平面内的直线度误差情

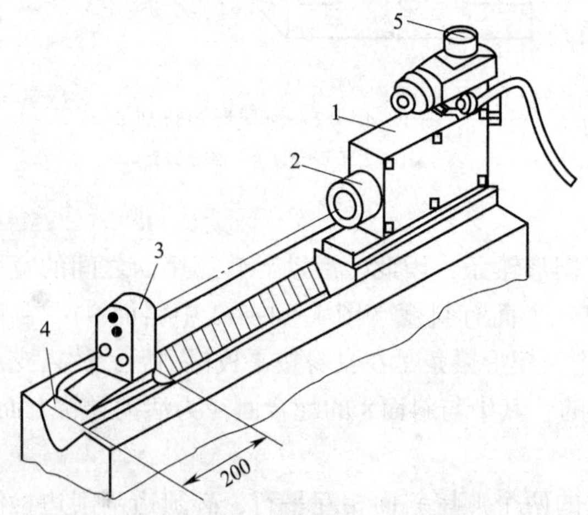

图 1—4—14　光学平直仪检测方法

1—本体　2—望远镜
3—反光镜　4—V 形垫铁　5—目镜

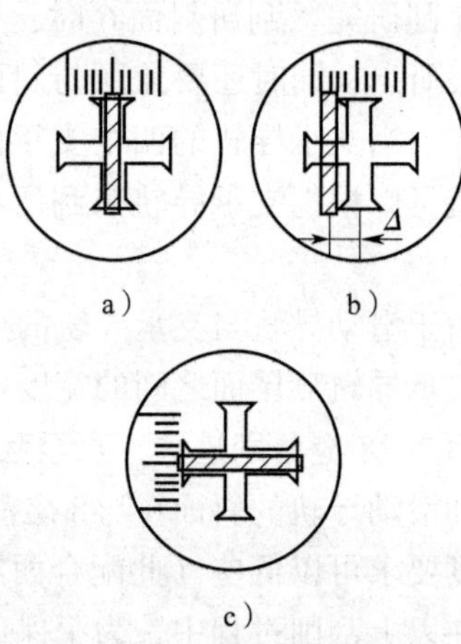

图 1—4—15　成像情况

a）十字像重合　b）十字像不重合
c）检测水平平面内直线度误差

况（将目镜旋转90°观察）。

作图法求导轨直线度误差的方法举例如下：

用精度为0.005 mm/1 000 mm的光学平直仪测量2 000 mm长导轨，每200 mm检测一次，所得数值（手轮刻度）分别为28、31、31、34、36、39、39、39、41、42。先将各原始读数减去最小值28，重新得一组以“0”为基数的读数：0、3、3、6、8、11、11、11、13、14。再用坐标法画出误差曲线图，如图1—4—16所示，由图中可知导轨全长的直线度误差为0.02 mm。

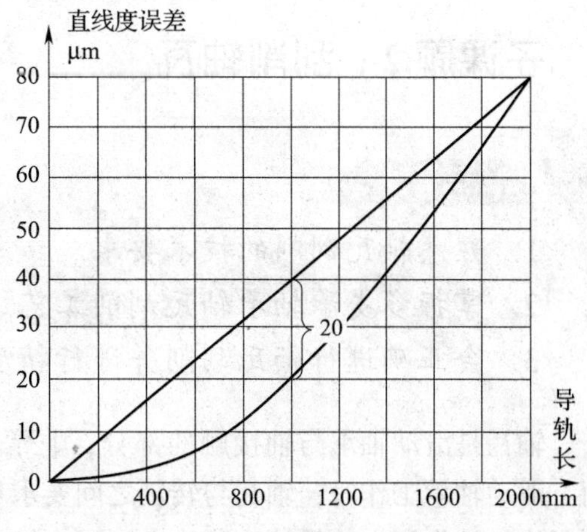

图1—4—16　导轨直线度误差曲线图

3. 评分标准

燕尾形导轨刮削评分标准见表1—4—3。

表1—4—3　燕尾形导轨刮削评分标准

时限	2 h	开始时间		结束时间		实考时间	
项目	序号	技术要求		配分	评分标准	检测记录	得分
理论基础	1	熟悉平面刮削的工具、量具、刃具		10	不熟悉平面刮削的工具、量具、刃具不得分		
	2	熟悉平面刮削的工艺步骤		10	不熟悉平面刮削的工艺步骤不得分		
刮削技能	3	会正确刃磨刮刀		15	不会正确刃磨刮刀不得分		
	4	会正确用挺刮法进行刮削		15	不会用挺刮法进行刮削不得分		
	5	刮削工艺正确		20	刮削工艺错误不得分		
	6	会检测刮削质量		20	不会检测刮削质量不得分		
综合能力	7	能团结协作		10	不能团结协作不得分		
其他	8	出现缺陷			每处扣1～5分		
	9	安全文明生产			违者酌情扣1～10分		
		总分		100			

子课题2　刮削轴瓦

学习目标

1. 熟悉轴瓦刮削的技术要求。
2. 掌握多支承轴承轴瓦刮削工艺。
3. 会正确进行轴瓦刮削并进行精度检测。

轴瓦是滑动轴承与轴接触的部分，非常光滑，又称“瓦衬”，其形状为瓦状的半圆柱面。滑动轴承工作时，轴瓦与转轴之间要求有一层很薄的油膜起润滑作用。它具有承载轴颈所施加的作用力、保持油膜稳定、减小轴承摩擦的作用。

轴瓦刮削就是将精车后的瓦片与所装配的轴研合（轴要涂上红丹粉），用三角刮刀刮去瓦片上所附上的颜色，随研随刮，直到瓦片上附色面积超过全瓦面的85%，即完成刮瓦工作。瓦片上存在的刀痕是瓦片储存润滑油的微型储槽。

一、轴瓦刮削的技术要求

1. 轴瓦与瓦座、瓦盖的接触要求

（1）受力轴瓦的瓦背与瓦座的接触面积应大于70%，而且分布均匀，其接触范围角 α 应大于150°，其余允许有间隙部分的间隙 b 不大于0.05 mm，如图1—4—17所示。

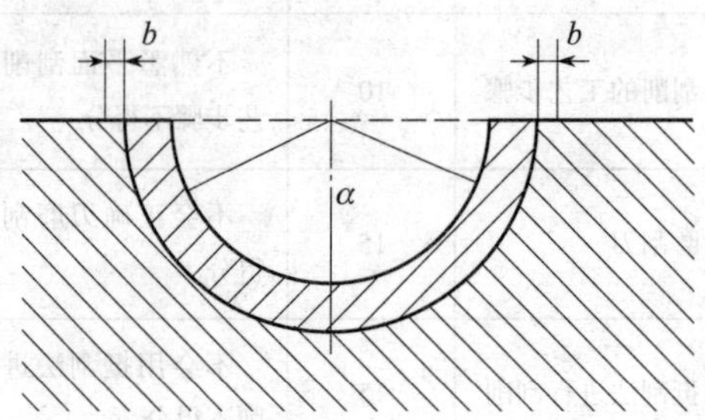

图1—4—17　轴瓦与瓦座、瓦盖的接触要求

不受力轴瓦的瓦背与瓦盖的接触面积应大于60%，而且分布均匀，其接触范围角 α 应大于120°，允许有间隙部位的间隙 b 应不大于0.05 mm，如图1—4—17所示。

如达不到上述要求，应以瓦座与瓦盖为基准，用着色法，涂以红丹粉检查接触情况，用细锉锉削瓦背进行修研，直至达到要求为止。接触斑点达到每25 mm×25 mm内3~4点即可。

（2）轴瓦与瓦座、瓦盖装配时，固定滑动轴承的固定销（或螺钉）端头应埋入轴承体内2~3 mm，两半瓦合缝处的垫片应与瓦口面的形状相同，其宽度以轴承内侧缩进1 mm为宜，垫片应平整且无棱刺，瓦口两端垫片的厚度应一致。瓦座、瓦盖的连接螺栓应紧固而且受力均匀。所有零件应清洗干净。

2. 轴瓦刮削面使用性能要求的几大要素

(1) 接触范围角 α 与接触面积、接触斑点

轴瓦的接触范围角 α 与接触面积要求见表 1—4—4。

表 1—4—4　　轴瓦的接触范围角 α 与接触面要求

图示	名称	通用技术要求		重载及其他要求		接触面积要求
	轴瓦	上瓦	下瓦	上瓦	下瓦	接触面积要求分布均匀
	α	120°	120°	90°	90°	

在特殊情况下，接触范围角 α 也有要求为 60° 的。对于接触范围角 α 的大小和接触斑点要求，通常由图样明确地给出。如无标注，也无技术文件要求的，可执行通用技术标准规定（参照表 1—4—4）。轴瓦的接触斑点要求，可参照表 1—4—5 中所列数值要求，对轴瓦进行刮削和检验。

表 1—4—5　　滑动轴承的研点数

轴承直径（mm）	机床或精密机械主轴轴承			锻压设备、通用检修轴承		动力机械、冶金设备的轴承	
	高精度	精密	普通	重要	普通	重要	普通
	每 25 mm×25 mm 内的研点数						
≤120	25	20	16	12	8	8	5
>120		16	10	8	6	6	2

(2) 油线与瓦口油槽带

1）半开式滑动轴承都采用强力润滑，油槽一般都开在不受力的上瓦上（上瓦受力较小），截面为半圆弧形，沿上瓦内周 180° 分布，由机械加工而成。油槽中间位置与上瓦中心位置的油孔相通，两端连接瓦口油槽带。由于上瓦有间隙量存在，润滑油很容易进入上瓦面与轴上，其主要作用是将润滑油畅通地注入轴瓦内侧（径向）的瓦口油槽带。

2）油槽带分布在上、下轴瓦接合部位处（两侧）。如图 1—4—18 所示，油槽带呈圆弧楔形，瓦口接合面处向外侧深度一般为 1～3 mm。视轴瓦的大小，油槽带宽度 h 一般为 8～40 mm。油槽带单边距轴瓦端面的尺寸 b 一般为 8～25 mm。上述要求通常在图样上明确标出。油槽带的长度为轴瓦轴向长度的 85% 左右，是一个能存较大量润滑油的带状油槽，便于轴瓦与轴的润滑与冷却。油槽带通常由机械加工而成，也有钳工手工加工的。

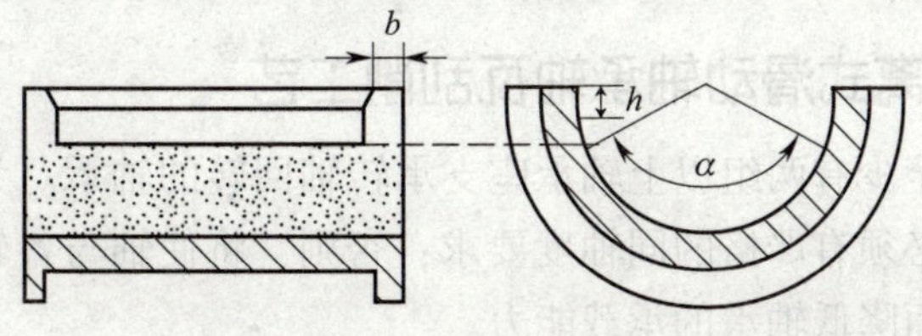

图 1—4—18　轴瓦的油槽带与润滑油楔分布

(3) 润滑油楔

润滑油楔位于接触范围角 α 值之内油槽带与轴瓦的连接处，由手工刮削而成（俗称刮瓦口）。其主要作用有两个，一是存油，以冷却轴瓦与轴；二是利用其圆弧楔角，在轴旋转的带动下，将润滑油由轴向宽度的面连续不断地吸向承载部分，使轴瓦与轴有充分、良好的润滑。润滑油楔部分是由两段不规则的圆弧组成的一个圆弧楔角，它将油槽带和轴瓦工作接触面光滑地连接起来，其形状如图 1—4—19 所示。与油槽带连接部分要刮得多一些，并将油槽带连接处的加工棱角刮掉，在润滑楔角中部至接触面过渡处刮成圆弧楔角形。图中尺寸 b 为油槽带与润滑楔角连接处尺寸，视轴瓦的大小，一般为 0.10 ~ 0.40 mm。刮削润滑楔角要在轴瓦精刮基本结束时进行，不宜提前刮削。

(4) 轴瓦的顶间隙与侧间隙

1）在图样无规定时，轴瓦的顶间隙根据经验可取轴直径的 1‰ ~ 2‰，应按转速、载荷和润滑油黏度在这个范围内选择。对高质量、高精度加工的轴颈，其值可降到 5/10 000。

2）在图样上无规定时，每面的侧间隙为顶间隙的 1/2。侧间隙示意图如图 1—4—20 所示，最宽处 b 为瓦口处，尺寸为规定侧间间隙的最大值。侧间隙与瓦口平面处的尖角应倒角，视轴瓦大小，一般为 $C1$ ~ $C3$ mm。侧间隙基本上是由两段不规则的圆弧组成的。

图 1—4—19　润滑楔角示意图　　图 1—4—20　侧间隙示意图

侧间隙应根据需要刮削出来。但在刮削轴瓦时不可留侧间隙，因为刮削轴瓦时需确定轴在 180°范围内的正确位置，此时需有侧间隙的部位应暂时作为轴的定位用，要在轴瓦基本刮削完毕时再将侧间隙轻轻刮出。

侧间隙部位由瓦口的接合面处延伸到规定的工作接触角度区，轴向与油槽带、润滑楔角相接，此部位不应与轴有接触，刮削时应引起注意。

留侧间隙的目的是散失热量，润滑油由此流出一部分并将热量带走。侧间隙不可开得过大，否则会使润滑油大量地从侧间隙流走而减少轴与轴瓦所需用的润滑油量。

二、多支承分离式滑动轴承轴瓦刮削工艺

多支承轴承是指至少有两组以上轴承座支承转轴回转的轴承。为了保证转轴的正常运转，各轴承孔的轴线必须有严格的同轴度要求；否则，将使轴与各轴承的间隙不均匀，造成局部产生摩擦，从而降低轴承的承载能力。

如图 1—4—21 所示为分离式滑动轴承的结构，其轴承盖与轴承座沿轴线对合面剖开，

用 M20 的双头螺柱连接。剖分的轴瓦由铸造锡青铜 ZCuSn10Pb1 制成，其外径 D 为 95 mm，已与轴承座孔保持良好配合，并装配在一起镗孔，轴瓦内孔为 ϕ80H9，在刮削前加工至最小极限尺寸，其公差值 0.074 mm 留作内孔刮削余量，要求每 25 mm × 25 mm 内的刮点数不少于 16 点。

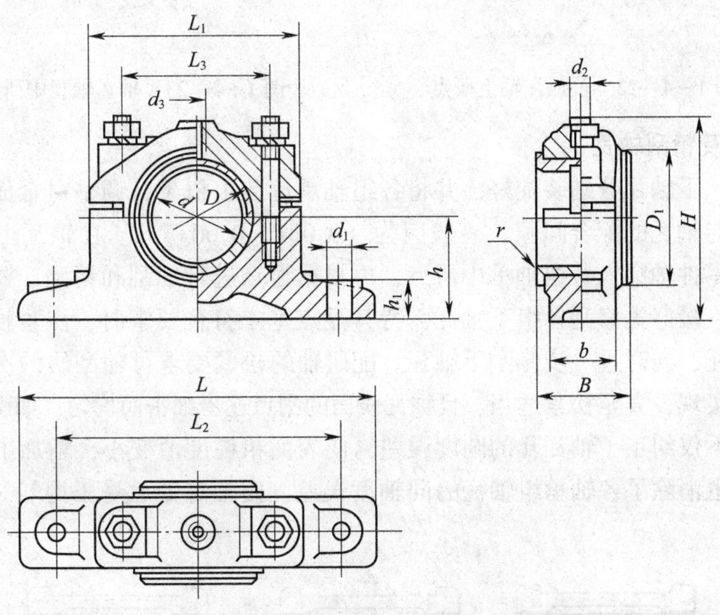

图 1—4—21　分离式滑动轴承的结构

D— 轴瓦外径（ϕ95 mm）　d—轴瓦内径（ϕ80H9）　L—轴承座长（290 mm）　B—轴瓦宽（95 mm）
h—轴线中心高（80 mm）　H—轴承座总高（140 mm）　L_3—M20 双头螺柱中心距（140 mm）
d_1—螺栓孔直径（ϕ22 mm）　L_2—孔距（240 mm）

1. 刮削前的准备工作

（1）制作研点用的工艺轴一根，其外径与零件轴颈尺寸相同（ϕ80g8），长度取轴瓦宽 B = 95 mm 的 2 ~ 3 倍（取 250 mm）。

（2）相配的零件轴一根。

（3）准备好圆孔刮刀或三角刮刀、显示剂（普鲁士蓝和红丹粉）。

（4）选定精度检验方法。

（5）所需的测量工具。

（6）拆开轴承盖、轴承座的螺柱和螺母，使其处于待装配状态。

2. 刮削工艺过程

（1）粗刮各组滑动轴承轴瓦

每组轴瓦通常先配刮下轴瓦，再配刮上轴瓦。如图 1—4—22 所示，研点时，将工艺轴用铜皮衬垫紧固在台虎钳上，在轴瓦表面薄而均匀地涂色后，再将轴瓦放在工艺轴上转动研点；也可反过来装夹，即如图 1—4—23 所示，把轴瓦紧固在台虎钳上，而将工艺轴放在轴瓦上转动研点。转动角度都应小于 60°，显点后，用三角刮刀刮去高点，反复研点、修刮，使点子分布逐渐均匀，如图 1—4—24a ~ d 所示。

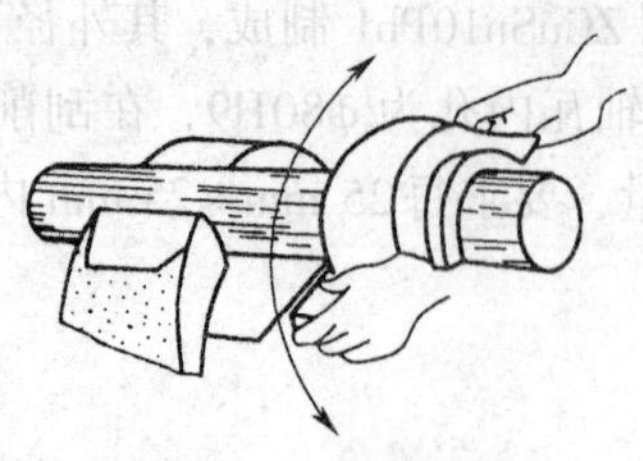

图 1—4—22　轴瓦在轴上研点

图 1—4—23　轴在轴瓦中研点

（2）细刮及精刮轴瓦

将每组上、下轴瓦分别装配好，并将各组轴承座装上机架，调整对合面之间的垫片厚度，即调整轴与轴瓦的配合间隙，一般应为（0.001～0.003）d。在轴瓦上涂上薄而均匀的显示剂，将零件轴穿入各组轴承中研点，再根据显点进行细刮和精刮。要注意各组轴瓦必须同时刮研，最好先修刮各组下轴瓦，待其显点基本符合要求时，压紧轴承盖研点，再配刮各组上轴瓦，同时进一步修刮下轴瓦。配研轴的松紧要求可随刮研的次数和调整垫片的不同厚度来实现，直至松紧适当，且轴瓦表面的刮点逐步细密而均匀，如图 1—4—24e～h 所示。这样，不仅纠正了轴瓦孔的圆度误差，使表面粗糙度值变小，增加了轴瓦对轴的支承面积，同时也消除了各轴承组轴瓦的同轴度误差，使轴与轴承受压均匀，运转平稳、正常，不易发热。

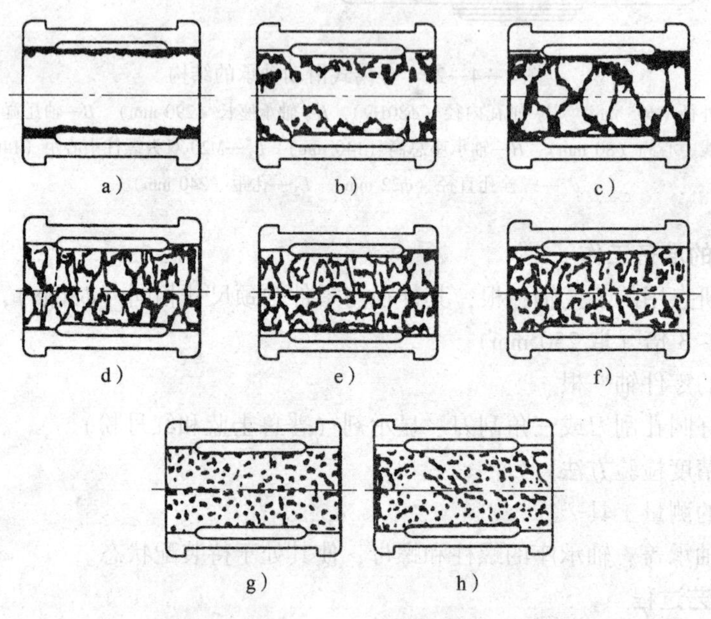

图 1—4—24　上、下轴瓦刮削过程
a）～d）粗刮显点　e）～h）细刮、精刮显点

3. 精度检验

轴承孔的精度检验应在装配好的条件下进行，它是提高内孔刮削精度的重要手段。

（1）检验各组轴承孔的同轴度。多支承轴承组同轴度误差的检测有以下几种方法：

1）用专用量规检验同轴度并配合涂色法判定同轴度误差，如图 1—4—25 所示。

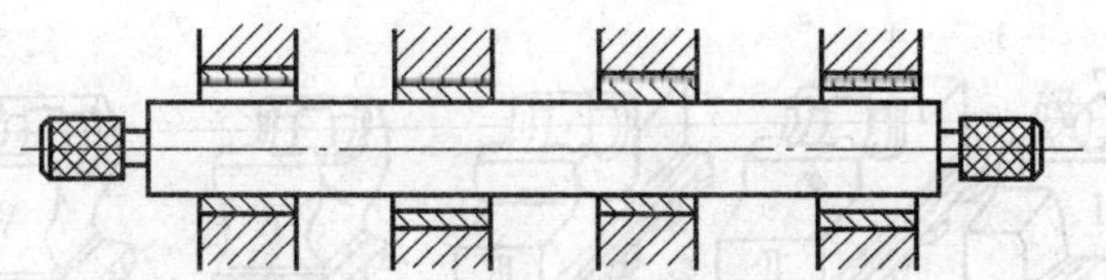

图 1—4—25 用专用量规检验同轴度误差

2）用钢直尺或拉线法检验同轴度

①当孔径大于 200 mm，而轴承组间跨距较小时（1 m 内），可用钢直尺检验，如图 1—4—26 所示，其误差值用塞尺测定。

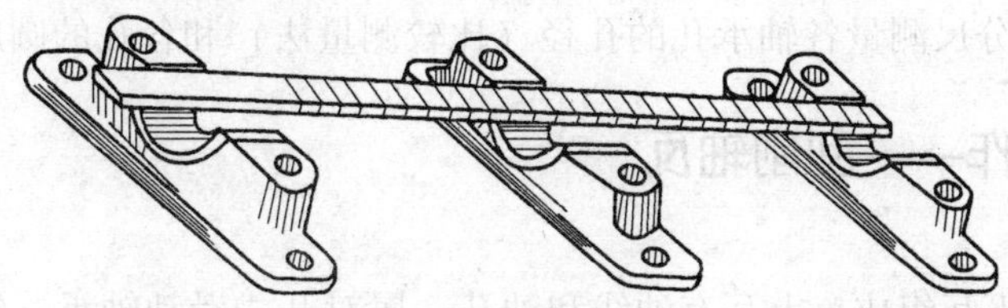

图 1—4—26 用钢直尺检验同轴度误差

②当轴承组间跨距较大时，宜用拉线法检验，如图 1—4—27 所示。此法是用 0.2 ~ 0.5 mm 的钢丝，一端固定，一端悬以重锤，使钢丝平行于对合面，当轴线位置调好后，用内径千分尺测量各组下轴瓦的半径。为了测量方便和提高灵敏度，可安装电路信号装置，当内径千分尺与钢丝接触时，电路接通，灯泡发光。

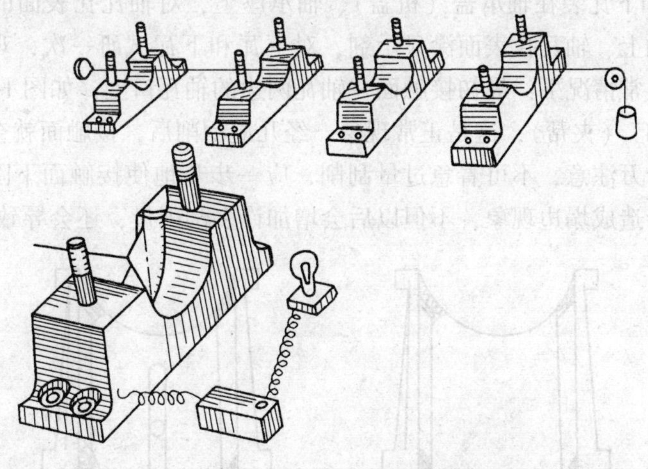

图 1—4—27 用拉线法检验同轴度误差

3）用激光准直仪检验同轴度误差。同轴度要求较高时，可采用激光准直仪来检测。如图 1—4—28 所示为用激光准直仪检测大型汽轮发电机组的 5 组轴承座轴线同轴度误差的实例。校正各轴承座时，将装有光电接收靶的定心器 3 先后放在轴承座 Ⅰ—Ⅴ上，激光束从激光发射器 6 发出，经光电监视靶 1 和三棱镜 2 反射后，对准定心器 3，据此来调整同轴度。调整垫铁或稍稍移动轴承座，使每组轴承孔逐个达到同轴度要求。调整后的同轴度误差应小于 0.02 mm，角度误差在 ±1″以内。

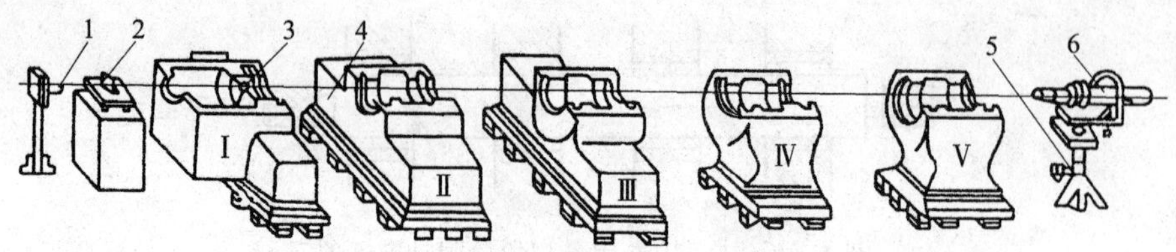

图 1—4—28　用激光准直仪检测轴线同轴度误差

1—光电监视靶　2—三棱镜　3—定心器　4—轴承座（Ⅰ—Ⅴ）　5—支架　6—激光发射器

（2）检验刮点分布密度。用刮点检验板目测每 25 mm×25 mm 内的点数，注意显点时轴瓦两端稍硬、中间稍软。

（3）用内径千分尺测量各轴承孔的孔径（比较测量法）和各孔的圆度误差。

三、技能操作——刮削轴瓦

1. 工艺分析

轴瓦由上瓦和下瓦组成，上瓦有油线和油孔，属对开式滑动轴承。制作轴瓦的方法有两种：一种是由铜合金直接制成；另一种是由轴承合金浇铸在钢或铸铁瓦衬上制作而成。这两类轴瓦一般都需进行刮研后才能组装。

2. 轴瓦刮削方法及步骤

（1）锉削并修整瓦口面，修研瓦背与轴承座（机体）孔，使其紧密贴合，接触均匀，以防轴瓦刮研好后在组装时产生变形而破坏轴瓦的接触精度。

（2）将上瓦和下瓦装在轴承盖（机盖）、轴承座上，对轴瓦孔表面的机械加工痕迹轻刮一遍，然后在轴上、轴瓦孔表面涂显示剂，对上瓦和下瓦试研一次，观察轴与上瓦和下瓦的接触状况。通常情况下，最初接触面在轴瓦两边的轴瓦口上，如图 1—4—29 所示，这种情况称为“卡口”（夹帮），这是正常现象，经几遍刮削后，接触面就会降到瓦底面。对瓦口部位刮削时千万注意，不可着急过量刮削，应一步步地使接触面下降。如果瓦口部位刮削量过大，就会造成塌边现象，不但以后会增加许多刮削量，还会导致轴的定位不准确。

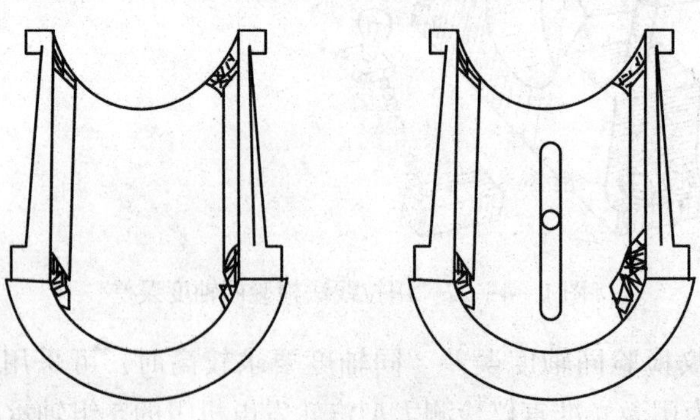

图 1—4—29　轴瓦“卡口”现象

（3）粗刮。在轴颈接触到瓦底面后，对轴瓦进行粗刮。粗刮时下瓦镶在轴承座（机体）上，与轴研点，上瓦与轴单研点，其目的是增大轴与瓦的接触面积，使其分布均匀。在反复刮研后，接触面逐渐增加，研点分布均匀后进行下一步刮削，如图 1—4—30a 所示。

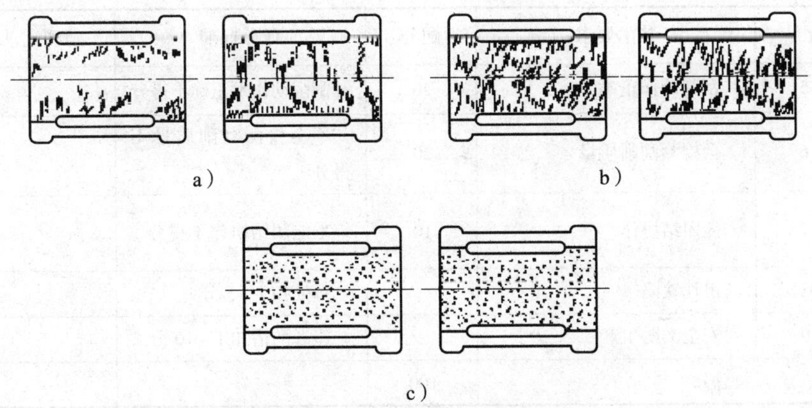

图 1—4—30　轴瓦刮削与研点要求

a）粗刮研点　b）加垫粗刮　c）加垫细刮

（4）加垫粗刮。完成第一步粗刮后，将上瓦和下瓦装配后刮削，刮削研点时在轴瓦上涂显示剂。开始压紧，刮削时螺栓紧固要适当，轴不要压得过紧，以能转动轴为准，随着刮削的进行，可随时撤去瓦口垫再压紧，经反复多遍刮研后，待研点均布于全瓦时可进行细刮，如图 1—4—30b 所示。粗刮时应注意不要将瓦口刮亏了，待轴瓦刮好后，再对瓦口部位进行专门处理。

（5）加垫细刮。细刮的研点方法与粗刮一样，但细刮主要是刮出轴瓦的接触精度，使接触点从大到小，从深到浅，从疏到密，逐渐达到图样要求为止，如图 1—4—30c 所示。

（6）刮削时应注意刀法。刀迹一般与孔中心线成 45°角，刀迹应互相交叉。轴瓦表面不得有波纹式划伤现象。

（7）开瓦口和刮削油楔部位按规定要求进行。

（8）最后按要求刮出 45°交叉的油线面。

3. 评分标准

轴瓦刮削评分标准见表 1—4—6。

表 1—4—6　轴瓦刮削评分标准

时限	2 h	开始时间	结束时间		实考时间	
项目	序号	技术要求	配分	评分标准	检测记录	得分
理论基础	1	熟悉曲面刮削的工具、量具、刃具	10	不熟悉曲面刮削的工具、量具、刃具不得分		
	2	熟悉曲面刮削的工艺步骤	10	不熟悉曲面刮削的工艺步骤不得分		
刮削技能	3	会正确进行曲面研点	15	不会进行曲面研点不得分		
	4	会正确选择刮刀进行刮削	15	不会正确选择刮刀不得分		

续表

项目	序号	技术要求	配分	评分标准	检测记录	得分
刮削技能	5	刮削动作正确	20	刮削动作不正确不得分		
	6	会检测刮削质量	20	不会检测刮削质量不得分		
综合能力	7	能团结协作	10	不能团结协作不得分		
其他	8	出现缺陷		每处扣 1 ~ 5 分		
	9	安全文明生产		违者酌情扣 1 ~ 10 分		
总分			100			

子课题 3　研磨内外圆柱面

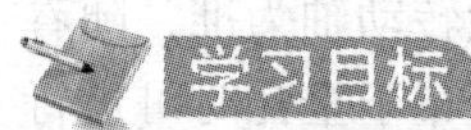

1. 了解提高研磨精度的方法。
2. 掌握研磨圆柱面的要点。
3. 会进行阀体孔的研磨。

一、提高研磨精度的方法

为了保证工件的研磨质量及提高精度，除了掌握正确的研磨方法及合理地选用研具、研磨剂外，工件的研磨还应注意以下因素：

1. 工艺参数

工艺参数主要是指研磨压力和速度。

(1) 研磨压力

研磨过程中，压力是一个变值。开始研磨时，工件表面粗糙度值高、形状误差大，被研表面与研具的接触面积较小。随着研磨的进行，实际接触面积逐渐增大，研磨压力也要随之降低。若压力过小，则研磨效率显著下降；若压力过大，则研具不均匀磨损加剧，被研表面的表面粗糙度值增大，效率反而下降。

(2) 速度

研磨速度对加工精度也有重要影响。在一定范围内，研磨作用随研磨速度的提高而增强，但过高的研磨速度会造成工件发热，甚至烧伤被研表面，使研磨剂飞溅流失，运动平稳性降低，研具急剧磨损，直接影响加工精度。

一般研磨都采用较高的压力、较低的速度进行粗研，然后采用较低的压力、较高的速度进行精研，这样既可提高工效，又可保证表面质量的要求。

2. 加工环境

为保证研磨质量，高精度工件的研磨对工作环境的要求如下：

（1）温度

精密研磨对工作环境的温度有一定要求，因为温度对工件尺寸精度有直接影响。

1）工件长度（或直径）公差为0.005～0.01 mm时，研磨室内温度应控制在（20±5)℃内；如条件有限，精度要求不太高的工件也可在常温下研磨。

2）工件长度（或直径）公差为0.002～0.005 mm时，研磨室内温度应控制在（20±3)℃内。

3）对于精度更高的工件，研磨室内温度应控制在（20±1)℃或更小的范围内。

（2）湿度

研磨场地要求干燥，一般相对湿度为40%～60%，避免因湿度大而引起工件表面锈蚀。

（3）尘埃

尘埃对研磨表面质量影响很大，研磨场地一定要保持清洁、防尘。

（4）振动

研磨的工作场地应避免振动，防止由于振动而影响加工和精度测量。因此，精密研磨场地应选择在远离振源的坚实防振基础上。

除此以外，精密研磨的加工质量还与研磨设备的精度、检验仪器的精度以及操作者的责任心和技术水平有着密切的关系。

二、研磨圆柱面

1. 研磨圆柱面（孔）

圆柱面分为外圆柱面和圆柱孔。在研磨圆柱面的工作中，研磨量较大的应是对孔的研磨，如各种阀芯孔等。常采用研磨棒作为研具，如图1—4—31所示为各种研磨棒。其中带螺旋槽的适用于粗研磨，使研磨剂不至于从两端挤出，而起一定的存留作用，如图1—4—31b所示。精研磨时则必须采用光滑的研磨棒，如图1—4—31a所示。如图1—4—31c所示为可调式研磨棒，调节螺母使研磨棒沿心轴的锥面轴向移动，可在一定范围内改变研磨棒的外径尺寸。

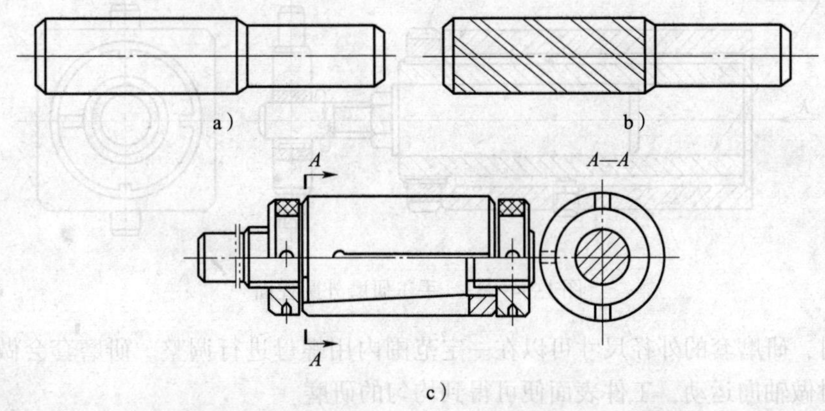

图1—4—31　研磨棒

a）固定式光滑研磨棒　b）固定式有槽研磨棒　c）可调式研磨棒

常用的为固定式有槽研磨棒，其制造方便，造价低，使用方便。螺旋槽的导程为直径的1/3～1/2，工作部分一般为孔长的1.5倍左右，加工时应先预留0.5～1 mm的加工余量。待工件孔最后加工完毕，按其实测尺寸配制研磨棒，其外径尺寸应比工件内径小0.01～0.025 mm，视孔径大小取值。

单件生产时应制作2～3支为一组，最小的为上述规定值，其余的应适当逐支加大，分几次对孔进行研磨。使用过几次的研磨棒因磨损及孔的增大已不能再使用的，应更换尺寸大一些的研磨棒对孔继续进行研磨。在工件数量多时，可选配其他工件使用过旧的研磨棒进行粗研孔，以提高研磨棒的使用效率。

如图1—4—32所示为手工研磨孔时的情况，研磨时正反方向转动研磨棒，并同时做轴向往复运动。操作时要注意研磨棒伸出工件外不能过长，以免摇晃而使孔口扩大和两端直径不等。同时要注意，这种双锥心轴的研磨棒在调整时必须使两者直径一致。

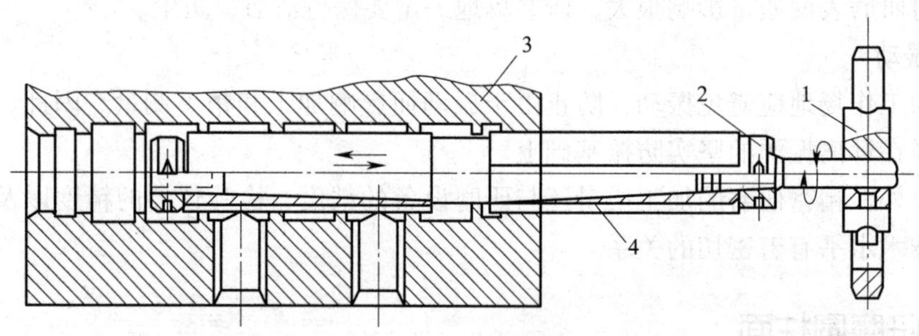

图1—4—32　手工研磨孔

1—手柄　2—螺母　3—工件　4—研磨棒

2. 外圆柱面的研磨

随着加工技术和外圆磨床的发展，对外圆柱面的研磨已经越来越少了。

研磨尺寸较短的外圆柱面时常采用研磨套作为研具，研磨套的内径比工件外径大0.025～0.05 mm，长度为孔径的1～2倍，如图1—4—33所示为手工研磨外圆柱面时的情况。

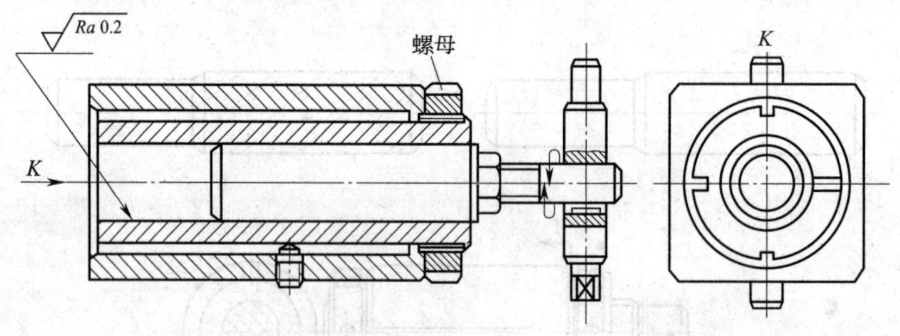

图1—4—33　手工研磨外圆柱面

研磨时，研磨套的外径尺寸可以在一定范围内用螺母进行调整。研磨套会做正反方向转动并同时做轴向运动，工件表面便可得到均匀的研磨。

研磨尺寸较长的外圆柱面时一般都采用研磨环，并且都是手工与机械配合研磨。如图1—4—34所示为研磨环。

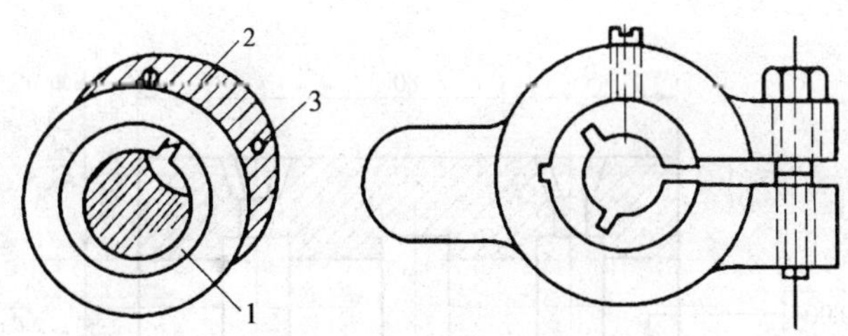

图 1—4—34　研磨环
1—调节器　2—外圆环　3—调节螺钉

研磨时将工件装夹在车床上，均匀地涂上研磨剂，将研磨环套在工件上，工件低速旋转，研磨环在工件上做轴向运动进行研磨。研磨时应注意：一是要均匀地沿轴向运动；二是要经常测量工件的尺寸并观察研磨效果，以达到精度要求为止。

手工研磨时，一般先是用较大的压力和较低的运动速度进行粗研，然后再用较小的压力和较高的运动速度进行精研。研磨前或每次更换研磨剂时，都要用煤油将研具的工作面和被研工件的密封面清洗干净后，在密封面上重新均匀地涂上研磨剂，再进行研磨工作。研磨时将研具放在密封面上正反交替 90°，转动 6 ~ 10 次，然后将研具按原始位置转换 180°再继续研磨。如此重复操作多次，不断地更换研磨剂，直至符合要求为止。

在钻床或其他机械上研磨时，可按表 1—4—7 选择研具的转速。研磨时要使被研件受力均匀，并且要适当地控制对被研件的压力，经常检查工件的研磨情况。

表 1—4—7　　机械研磨研具的转速

工件材料	研具的转速（m/s）
黄铜、青铜、铸铁	1. 2 ~ 2. 25
钢	1. 4 ~ 3. 85

不管是手工研磨还是机械研磨，都要经常检查，不可以把密封面的边缘磨钝或将其磨成球面。如果两个相邻的密封面都不平，不得将其叠在一起互相研磨，必须分开分别用不同的研具进行研磨。

三、技能操作

1. 阀体孔的研磨

（1）图样分析

如图 1—4—35 所示，工件为 35 钢锻件阀体，孔径尺寸为 $\phi20H6\,(^{+0.013}_{0})$，孔长为 80 mm，其表面粗糙度要求为 $Ra \leq 0.02$ μm，孔的圆度公差要求为 0. 004 mm。

由于表面粗糙度值较小，圆度公差较小，在没有合适的内圆磨床时，只有采用研磨的方法才能满足图样要求。

对机械加工提出工艺要求，孔表面粗糙度应达到 $Ra0.8$ μm，留研磨余量为 0. 02 ~ 0. 025 mm。加工后实测尺寸为 $\phi20^{\ 0}_{-0.015}$ mm，故研磨余量为 0. 015 ~ 0. 025 mm。

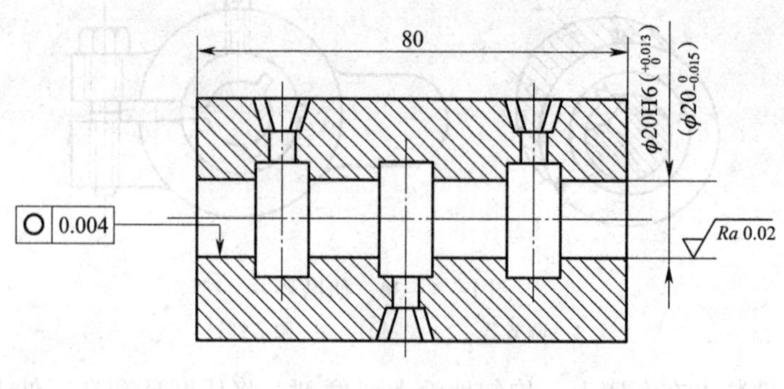

图 1—4—35　阀体

（2）研磨方法与步骤

1）根据工件的形状要求，采用固定式研磨棒进行研磨。数量为 1 组 3 支，材料为 HT300，粗加工时研磨棒尺寸为 $\phi20_{-0.35}^{-0.30}$ mm，阀体孔加工后尺寸为 $\phi20_{-0.015}^{\ 0}$ mm，因此配制研磨棒的尺寸如图 1—4—36 所示。先配制粗研与精研用研磨棒各 1 支。留一支备用，视研磨情况后再决定是否需再进行配制。

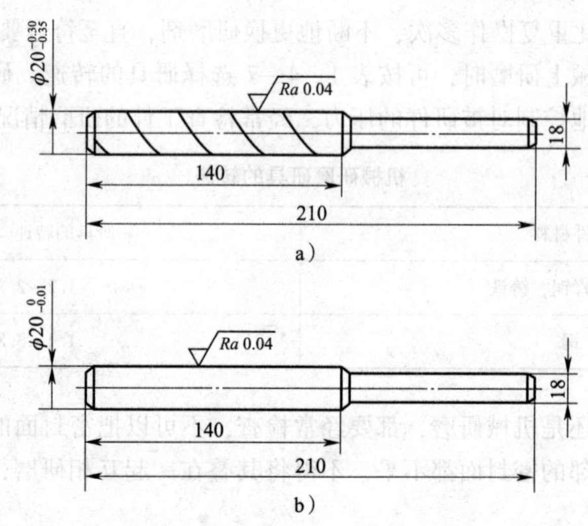

图 1—4—36　固定式研磨棒

a）粗磨用研磨棒　b）精研用研磨棒

2）根据阀体的精度要求选择合适的研磨剂

①粗研时选择的研磨剂的组成见表 1—4—8。

表 1—4—8　　粗研时研磨剂的组成

名称	用量（g）	名称	用量（g）
白刚玉（W14）	16	硬脂酸	8
蜂蜡	1	油酸	15
航空汽油	80	煤油	80

②精研时选择的研磨剂的组成见表1—4—9。

表1—4—9　　精研时研磨剂的组成

名称	配比	名称	配比
金刚砂	40%	氧化铬	20%
硬脂酸	25%	锭子油	10%
煤油	5%		

根据实际情况，可选购现成的研磨剂。每盒研磨剂正、反面有粗研用和精研用研磨剂两种。

3）将阀体内槽边的毛刺用三角刮刀修净。将研磨棒上的毛刺修净，以免拉伤内孔表面。

4）先进行粗研磨，将带有沟槽的研磨棒涂上机油，插入阀体孔中试其配合松紧程度，研磨棒应在孔中能自由旋转与滑动。然后抽出研磨棒，涂上研磨剂进行粗研，在研磨棒旋转并沿轴向运动10余次后抽出，清洗干净并对阀体孔进行清洗，再重新涂上研磨剂进行研磨。为了施加研磨压力，可将研磨棒的柄部夹在台虎钳上，手持阀体进行研磨，边研磨应边检查研磨情况。孔内表面应无任何拉伤、划痕等现象，而且表面呈现乌光，并同时检查两边孔口情况，应无喇叭口现象。经反复多次研磨后，待精研磨棒能装入孔中并能旋转滑动时，粗研结束。

5）精研磨的操作方法与粗研磨相同，只是使用精研用研磨棒和精研用研磨剂。经反复多次研磨，达到图样的精度要求为止。精研时应注意两端孔口情况，不可出现两头大、中间小的现象，并且要随时检测孔的尺寸，不可将孔径研大了而造成尺寸超差。

6）研磨操作技术技巧性很高。方法正确，操作平稳，用力均匀并能及时清理残液，研磨的质量就好，效率也高；否则很容易造成工件报废。

7）阀体孔研磨好后应将其清洗干净，待配阀芯、研磨棒清洗干净备以后再用。一般情况下一支研磨棒可以使用3～5次。

(3) 评分标准

阀体孔研磨评分标准见表1—4—10。

表1—4—10　　阀体孔研磨评分标准

时限	2 h	开始时间	结束时间		实考时间	
项目	序号	技术要求	配分	评分标准	检测记录	得分
理论基础	1	熟悉阀体孔研磨所需的工具、量具、刃具	10	不熟悉研磨的工具、量具、刃具不得分		
	2	熟悉阀体孔研磨的工艺步骤	10	不熟悉研磨的工艺步骤不得分		

续表

项目	序号	技术要求	配分	评分标准	检测记录	得分
研磨技能	3	会正确选用研磨工具进行研磨	15	不会选用研磨工具不得分		
	4	阀体孔研磨动作正确、自然	15	研磨动作不正确、不自然不得分		
	5	阀体孔研磨达到质量要求（尺寸、表面粗糙度、圆度）	25	达不到研磨质量要求不得分		
	6	会分析阀体孔常见研磨缺陷原因	15	不会分析研磨缺陷不得分		
综合能力	7	工作认真、细致、协作	10	工作不认真、不细致、不能协作不得分		
其他	8	安全文明生产		违者酌情扣1～10分		
		总分	100			

2．外圆柱面的研磨

（1）外圆柱的研磨步骤

如图1—4—37所示为外圆柱面的研磨，由于工件较长，因此采用手工配合机械研磨方法，其研磨方法与操作步骤如下：

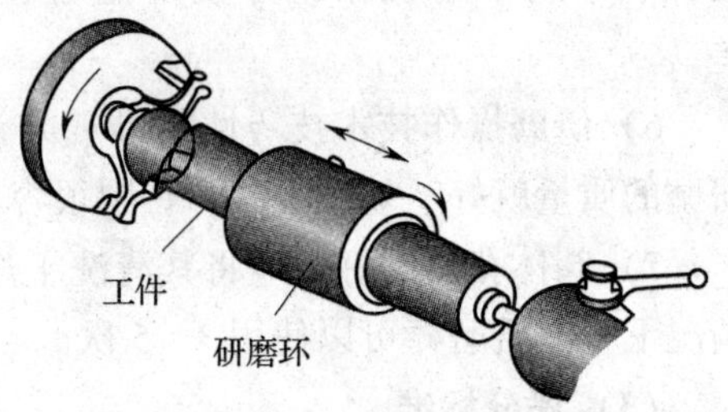

图1—4—37　外圆柱面的研磨

1）采用研磨环对工件进行研磨，将工件与研磨环清洗干净，工件装夹在车床（或钻床）上，涂上研磨剂，以低转速进行研磨。

2）分段实测工件直径尺寸，工件外径大的部位要先研磨并多研几次，直至尺寸一致后再均匀地研磨到精度要求。

3）研磨过程中，应不断地调整研具、研磨环的松紧程度，研磨环应及时地调整180°再进行研磨。

4）即将达到研磨尺寸时，应停止添加研磨剂，继续研磨一段时间，以得到较高的表面质量。

5）将工件从车床上卸下，清洗干净，研磨工作结束。

（2）评分标准

外圆柱面研磨评分标准见表1—4—11。

表 1—4—11　　外圆柱面研磨评分标准

时限	2h	开始时间		结束时间		实考时间	
项目	序号	技术要求	配分	评分标准	检测记录	得分	
理论基础	1	熟悉外圆柱面研磨所需的工具、量具、刃具	10	不熟悉研磨的工具、量具、刃具不得分			
	2	熟悉外圆柱面研磨的工艺步骤	10	不熟悉研磨的工艺步骤不得分			
研磨技能	3	会正确选用外圆柱面研磨工具进行研磨	15	不会选用研磨工具不得分			
	4	研磨动作正确、自然	15	研磨动作不正确、不自然不得分			
	5	外圆柱面研磨达到质量要求（尺寸、表面粗糙度、圆度）	25	达不到研磨质量要求不得分			
	6	会分析外圆柱面常见研磨缺陷原因	15	不会分析研磨缺陷不得分			
综合能力	7	工作认真、细致、协作	10	工作不认真、不细致、不能协作不得分			
其他	8	安全文明生产		违者酌情扣 1 ~ 10 分			
		总分	100				

课题五　综合加工一

子课题 1　四方转换组合

1. 熟悉以孔定边加工工艺的制定方法。
2. 掌握用 V 形块辅助测量尺寸的计算方法。
3. 会配钻、铰定位销孔。
4. 会钻沉孔。

一、四方转换组合图样分析

1. 图样

四方转换组合装配图如图 1—5—1 所示，其中四方件（件 3）如图 1—5—2 所示，支承板（件4）如图1—5—3所示，上V形板（件1）如图1—5—4所示，底板（件2）如图1—5—5所示。

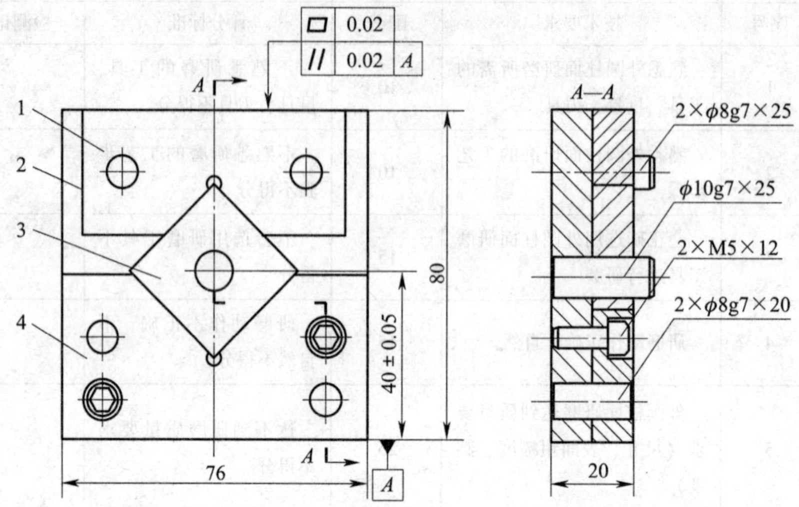

技术要求

1. 装配后所有螺钉全部固定，件1、件3插入圆柱销在底板上定位，与件4配合单边间隙≤0.04mm；件3插入圆柱销后作360°旋转，与件1、件4配合间隙≤0.04mm。

2. 装配后件1翻转180°，插入圆柱销在底板上定位，件3插入圆柱销后作360°旋转，与件1、件4配合间隙≤0.04mm。

3. 装配后件2与件4两侧错位量不大于0.04mm。

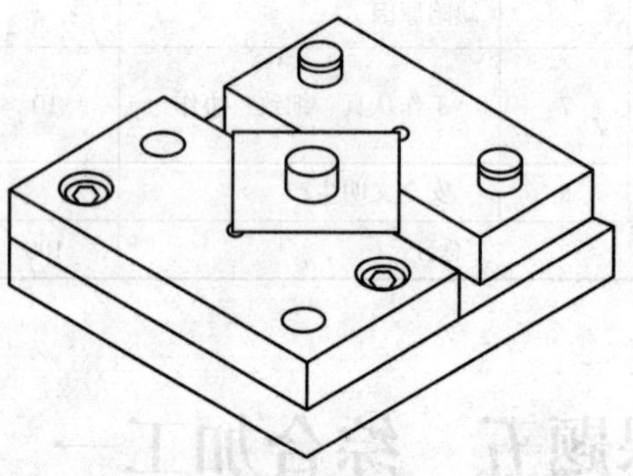

图1—5—1 四方转换组合装配图

1—上V形板 2—底板 3—四方件 4—支承板

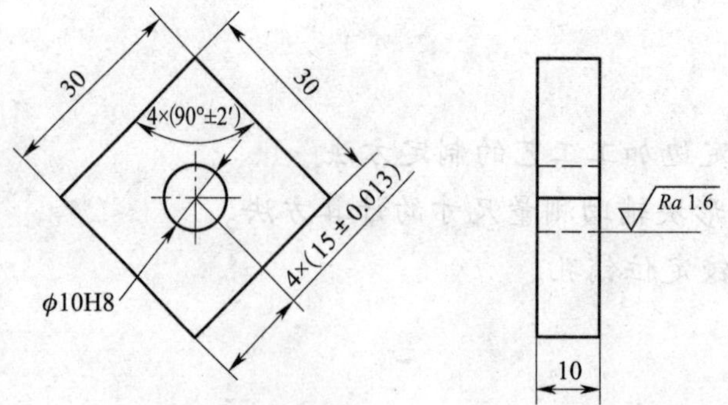

技术要求

锐边均按C0.2进行倒角。

图1—5—2 四方件（件3）

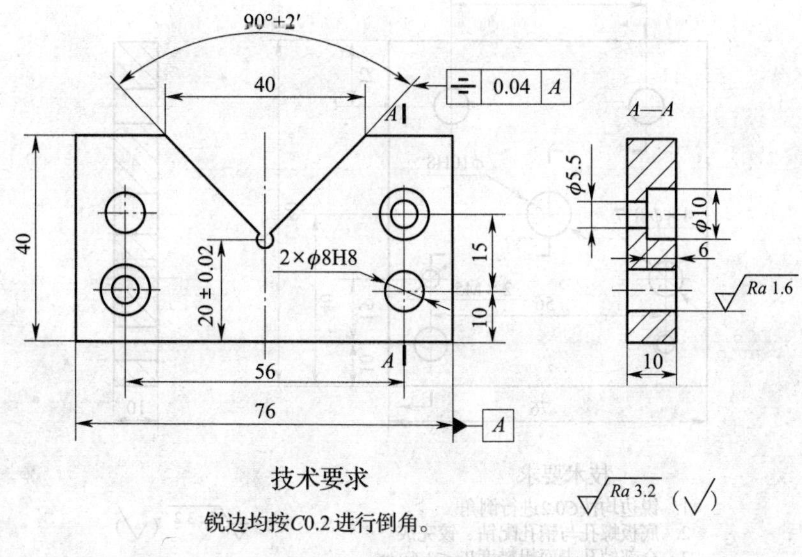

图 1—5—3　支承板（件 4）

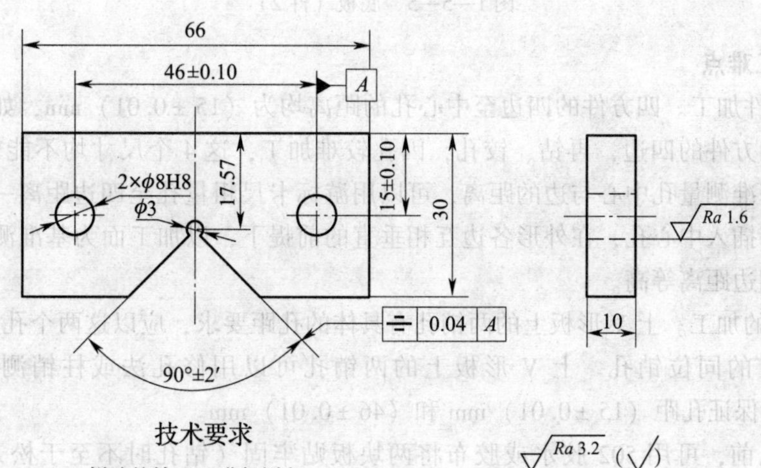

图 1—5—4　上 V 形板（件 1）

2. 工艺要点分析

(1) 课题特点

本课题是加工四方转换组合装配件。四方件是配合的基准，应该先加工并保证各几何精度、尺寸精度都达到图样要求。底板、支承板配合成新的凸件再与四方件相配。四方件需要翻转配合（技术要求 2），同时也需满足单边间隙≤0. 04 mm。

本课题为四件组合，以 5 个定位销定位，2 个螺钉紧固。各销之间的孔距虽没有具体公差要求，但由于件 3 需转动 360°与件 1 和件 4 配合，件 1 也需翻转 180°配合，均要满足单边间隙要求，因此，本课题件 3 的四边与中心孔的距离要对称且一致。同时，定位销连接上、下两块板料，为了保证可靠定位，销孔应配钻、铰。

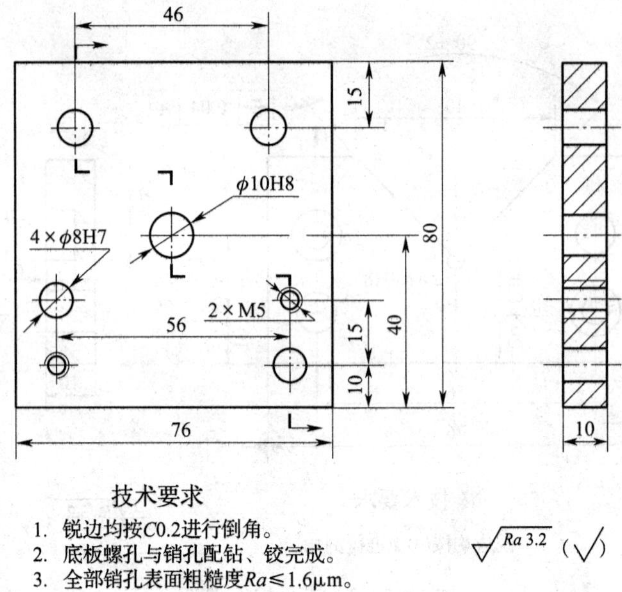

图 1—5—5　底板（件 2）

（2）加工难点

1）四方件加工。四方件的四边至中心孔的距离均为（15 ±0. 01）mm，如果按常规做法先加工好四方件的四边，再钻、铰孔，因孔较难加工，这 4 个尺寸均不能较好地保证，故需以孔为基准测量孔中心与边的距离，可以用游标卡尺粗量孔至四边距离一致，精加工时，将圆柱销插入中心孔，在外形各边互相垂直的前提下，以加工面为基准测量圆柱销的上母线，至四边距离等高。

2）销孔的加工。上 V 形板上的两销孔有具体的孔距要求，应以这两个孔为基准配钻、扩、铰底板上的同位销孔。上 V 形板上的两销孔可以用修孔法或柱销测量法加工成 ϕ7. 8 mm，并保证孔距（15 ±0. 01）mm 和（46 ±0. 01）mm。

在配钻孔前，可用 502 胶水或胶布将两块板贴牢固（钻孔时不至于松开即可），用 ϕ7. 8 mm 钻头对准已钻、铰好的上 V 形板孔进行定位，在底板上钻出一小凹坑，卸下 ϕ7. 8 mm 钻头，装上 ϕ6 mm 钻头进行正常钻削，并扩孔至 ϕ7. 8 mm。用同样的方法将另一孔钻、扩至 ϕ7. 8 mm，然后同时配铰至 ϕ8H8，以能插入 ϕ8 mm 圆柱销为铰孔合格。

二、四方转换组合加工工艺步骤

四方转换组合加工工艺步骤见表 1—5—1。

表 1—5—1　　四方转换组合加工工艺步骤

序号	工艺内容	备注
1	读图及计算：熟悉图形，计算各工序尺寸并确定公差	
2	检查来料，精修基准	
3	按各件的外形尺寸划线，并复核划线尺寸	

续表

序号	工艺内容	备注
4	锯开料	
5	加工四方件（件3）： （1）锉削外形基准，保证两基准垂直度误差≤0.01 mm （2）划中心孔线 （3）钻、铰中心孔至 ϕ8H8 （4）以孔为中心加工尺寸 30 mm×30 mm，并保证四边至中心孔的距离为（15±0.01）mm	百分表 测量等高
6	加工上V形板（件1）： （1）锉削外形基准，保证两基准垂直度误差≤0.01 mm （2）锉削外形 66 mm×30 mm 至尺寸 （3）划V形加工线、孔中心线 （4）钻、扩两销孔至 ϕ7.8 mm，并保证孔距（15±0.10）mm、（46±0.10）mm （5）锯去V形余料 （6）锉削V形两边，保证V形相对于外形中心线对称并与两孔等距 （7）与四方件（件3）试配，保证配合间隙≤0.04 mm	修孔 V形块 辅助测量
7	加工底板（件2）： （1）锉削外形基准，保证两基准垂直度误差≤0.01 mm （2）锉削外形 76 mm×80 mm 至尺寸	
8	加工支承板（件4）： （1）锉削外形基准，保证两基准垂直度误差≤0.01 mm （2）锉削外形 76 mm×40 mm 至尺寸 （3）划V形加工线、孔中心线 （4）锯去V形余料 （5）锉削V形两边，保证V形相对于外形中心线对称度误差≤0.04 mm （6）与件3试配至间隙合格 （7）与件2黏合，配钻、扩两销孔至 ϕ7.8 mm，配钻、扩螺纹底孔，并攻螺纹至M5 （8）钻两台阶孔至 ϕ10 mm、深6 mm（方向不能反）	V形块辅助测量 磨平底钻
9	装配与调试： （1）将件4与件2连接紧固，试配件2、件3、件4间隙 （2）粘接件2、件3：以件4为定位基准，与件2配合 （3）配钻件2与件3的中心销孔，并能插入 ϕ10H8 圆柱销 （4）配钻件2与件1相对应的销孔（以圆柱销定位后的件3为基准） （5）配铰件2与件1销孔，并能插入 ϕ8H8 圆柱销 （6）试调整各间隙至合格	销、沉头螺钉 圆柱销定位 进行微调
10	去毛刺，复检各尺寸、几何公差及间隙，交工件	

三、注意事项

1. 配合时应先将件 1 和件 3 配合成一体后再与件 2 配合。

2. 四件清角均要到位。

3. 件 1 的对称度公差要小，以保证最终配合间隙合格。

4. 件 1 和件 3 两台阶面的直线度配合时，件 3 部分面积较小，要端平锉刀，小余量锉削，确保几何精度准确。

四、评分标准

四方转换组合加工评分标准见表 1—5—2。

表 1—5—2　　四方转换组合加工评分标准

<table>
<tr><td>时限</td><td>6 h</td><td>开始时间</td><td></td><td>结束时间</td><td></td><td>实考时间</td><td></td></tr>
<tr><td>项目</td><td>序号</td><td colspan="2">技术要求</td><td>配分</td><td>评分标准</td><td>检测记录</td><td>得分</td></tr>
<tr><td rowspan="5">上 V
形板</td><td>1</td><td colspan="2">90° ±2′</td><td>2</td><td>超差不得分</td><td></td><td></td></tr>
<tr><td>2</td><td colspan="2">⌯ 0.04 A</td><td>3</td><td>超差不得分</td><td></td><td></td></tr>
<tr><td>3</td><td colspan="2">(46 ±0. 10) mm</td><td>2</td><td>超差不得分</td><td></td><td></td></tr>
<tr><td>4</td><td colspan="2">(15 ±0. 10) mm</td><td>2</td><td>超差不得分</td><td></td><td></td></tr>
<tr><td>5</td><td colspan="2">ϕ8H8 (2 处)</td><td>0. 5 ×2</td><td>超差不得分</td><td></td><td></td></tr>
<tr><td rowspan="3">底板</td><td>6</td><td colspan="2">M5 (2 处)</td><td>1 ×2</td><td>超差不得分</td><td></td><td></td></tr>
<tr><td>7</td><td colspan="2">ϕ8H8 (4 处)</td><td>0. 5 ×4</td><td>超差不得分</td><td></td><td></td></tr>
<tr><td>8</td><td colspan="2">ϕ10H8</td><td>2</td><td>超差不得分</td><td></td><td></td></tr>
<tr><td rowspan="3">四方件</td><td>9</td><td colspan="2">90° ±2′ (4 处)</td><td>2 ×4</td><td>超差不得分</td><td></td><td></td></tr>
<tr><td>10</td><td colspan="2">(15 ±0. 01) mm (4 处)</td><td>2 ×4</td><td>超差不得分</td><td></td><td></td></tr>
<tr><td>11</td><td colspan="2">ϕ10H8</td><td>1</td><td>超差不得分</td><td></td><td></td></tr>
<tr><td rowspan="4">支承板</td><td>12</td><td colspan="2">90° ±2′</td><td>2</td><td>超差不得分</td><td></td><td></td></tr>
<tr><td>13</td><td colspan="2">⌯ 0.04 A</td><td>3</td><td>超差不得分</td><td></td><td></td></tr>
<tr><td>14</td><td colspan="2">(20 ±0. 02) mm</td><td>2</td><td>超差不得分</td><td></td><td></td></tr>
<tr><td>15</td><td colspan="2">ϕ8H8 (2 处)</td><td>0. 5 ×2</td><td>超差不得分</td><td></td><td></td></tr>
<tr><td rowspan="2">表面
质量</td><td>16</td><td colspan="2">全部平面表面粗糙度 $Ra \leq 3.2$ μm</td><td>0. 5 ×18</td><td>不合格不得分</td><td></td><td></td></tr>
<tr><td>17</td><td colspan="2">全部销孔表面粗糙度 $Ra \leq 1.6$ μm</td><td>0. 5 ×10</td><td>不合格不得分</td><td></td><td></td></tr>
</table>

续表

项目	序号	技术要求	配分	评分标准	检测记录	得分
配合	18	间隙≤0.04 mm（技术要求1）（16处）	1×16	超差不得分		
	19	间隙≤0.04 mm（技术要求2）（16处）	1×16	超差不得分		
	20	（40±0.05）mm	4	超差不得分		
	21	两侧错位量≤0.04 mm（2处）	2×2	超差不得分		
	22	// 0.02 A	3	超差不得分		
	23	▱ 0.02	2	超差不得分		
其他	24	毛刺、缺陷		每处扣1~5分		
	25	安全文明生产		违者酌情扣1~10分		
		总分	100			

子课题2　双V形组合

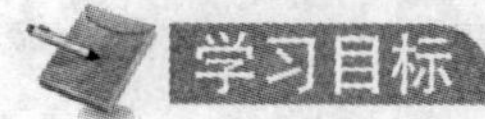

1. 进一步掌握以孔定边加工方法。
2. 掌握V形配合加工工艺步骤的制定方法。
3. 会配钻、铰对称孔。

一、双V形组合图样分析

1. 图样

双V形组合装配图如图1—5—6所示，其中双V形板（件1）如图1—5—7所示，支承板（件3）如图1—5—8所示，底板（件2）如图1—5—9所示。

2. 工艺要点分析

(1) 课题特点

本课题是加工双V形组合件。双V形板是配合的基准，应该先加工并保证各几何精度、尺寸精度都达到图样要求。底板、支承板配合成新的凸形再与双V形件相配。双V形件需要翻转配合（技术要求2），同时也需满足单边间隙≤0.04 mm。因此，本课题中双V形件为加工的关键，其三孔对称度的加工是难点。

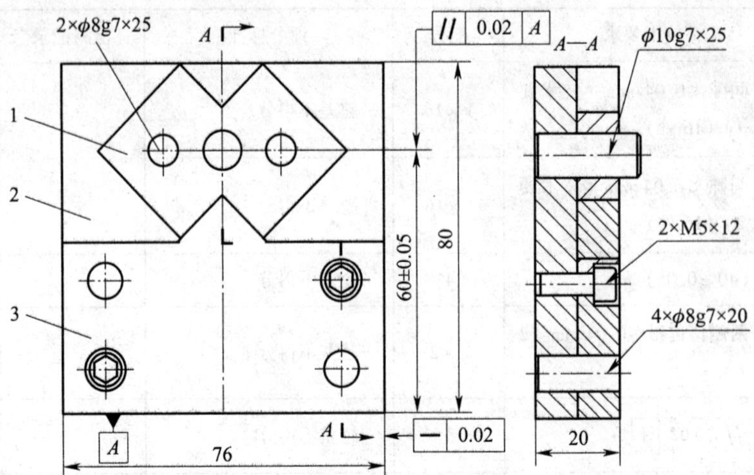

技术要求

1. 装配后所有螺钉全部固定，件1插入圆柱销在底板上定位，与件3配合单边间隙≤0.04；件1做180°旋转，插入圆柱销后与件3配合间隙≤0.04。

2. 装配后件1翻转180°，件1插入圆柱销 在底板上定位，与件3配合单边间隙≤ 0.04；件1做180°旋转，插入圆柱销后与件3配合间隙≤0.04。

3. 装配后件2与件3两侧借位量不大于0.04。

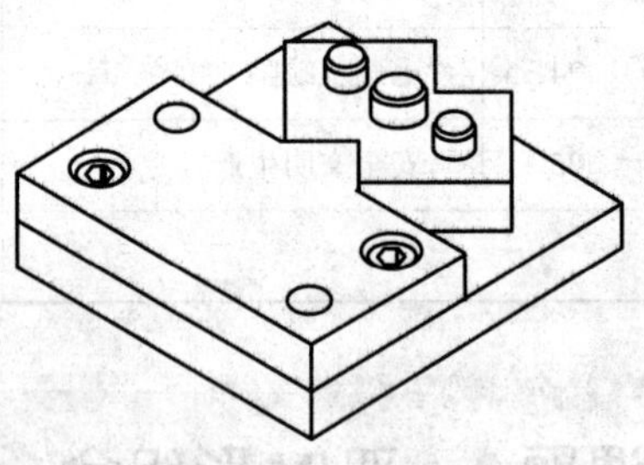

图 1—5—6　双 V 形组合装配图

1—双 V 形板　2—底板　3—支承板

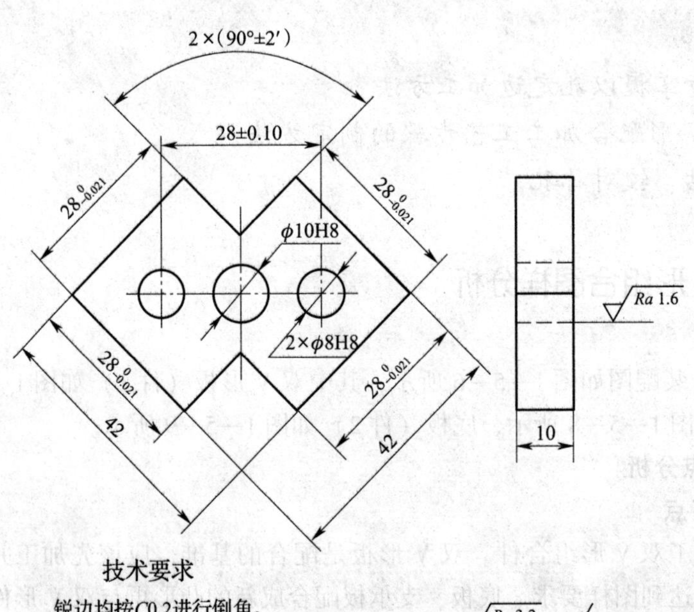

技术要求

锐边均按C0.2进行倒角。

Ra 3.2 (√)

图 1—5—7　双 V 形板（件 1）

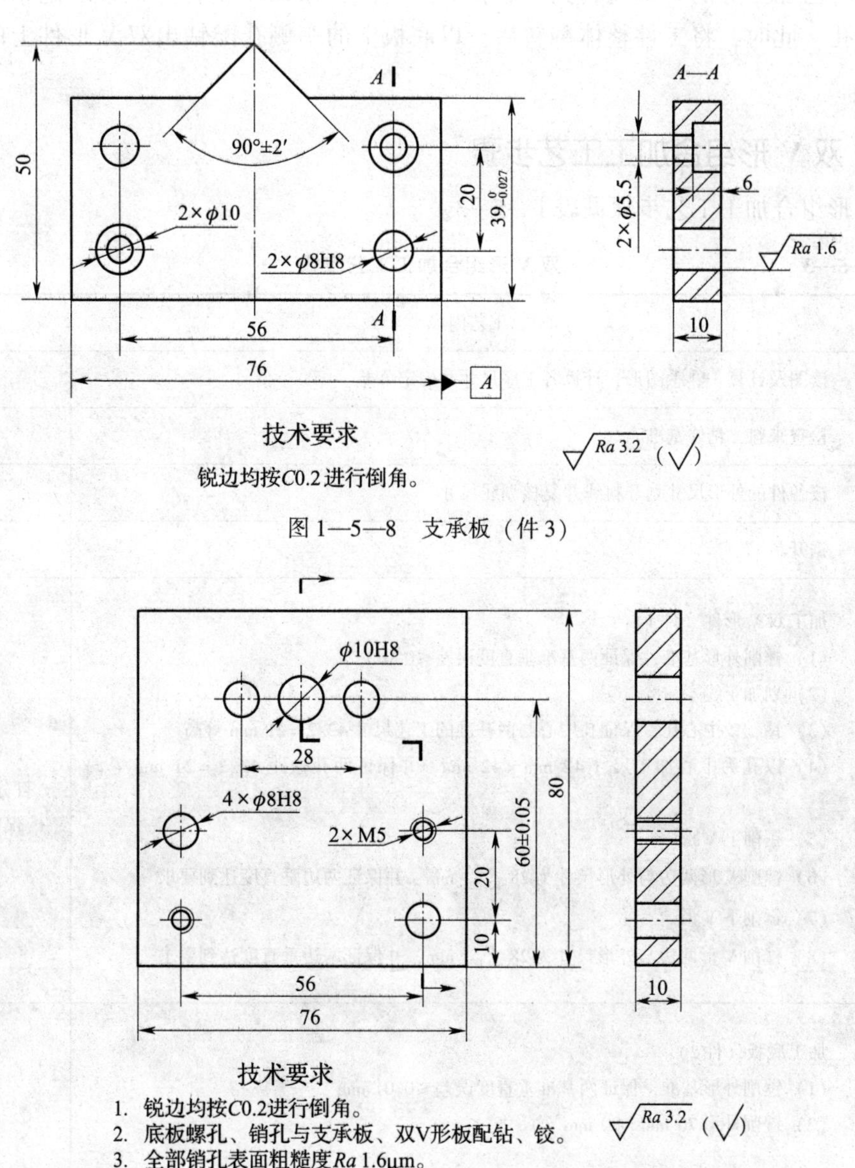

图 1—5—8　支承板（件 3）

图 1—5—9　底板（件 2）

（2）加工难点

1）双 V 形件外形加工。件 1 外形没有公差要求，但由于此外形关系到 V 形本身对称度和配合间隙，因此在加工时要将外形尺寸公差控制得越小越好。双 V 形件的四条边相对于外形的尺寸要做成同位公差尺寸，以防止在配合过程中出现累积误差（可用百分表测等高）。

2）双 V 形件三孔加工。双 V 形件中的三个孔以中间孔为中心，其余两孔对称分布在两侧。需先加工出中间孔并保证此孔与外形对称，将该孔与底板配钻、铰，插入圆柱销后，配钻一侧的定位孔，一侧孔钻、扩完成后以中心销为旋转中心将 V 形件旋转

180°，此时已加工好的一侧孔转到中心孔的另一侧，以双 V 形件上的该孔配钻出底板上的另一侧孔。此时，将工件整体翻转后，以底板上的一侧孔配钻出双 V 形件上的另一侧定位孔。

二、双 V 形组合加工工艺步骤

双 V 形组合加工工艺步骤见表 1—5—3。

表 1—5—3　　双 V 形组合加工工艺步骤

序号	工艺内容	备注
1	读图及计算：熟悉图形，计算各工序尺寸并确定公差	
2	检查来料，精修基准	
3	按各件的外形尺寸划开料线并复核划线尺寸	
4	锯开料	
5	加工双 V 形件（件 1）： （1）锉削外形基准，保证两基准垂直度误差≤0.01 （2）划加工线 （3）钻、铰中心孔，保证孔中心与两基准的工艺尺寸 42/2 = 21 mm 等高 （4）以孔为中心加工尺寸 42 mm × 42 mm，并保证两孔边距 42/2 = 21 mm 等偏差。 （5）锯削上 V 形 （6）锉削 V 形两边与外形尺寸为 $28_{-0.021}^{0}$ mm，并保证两边垂直度达到要求 （7）锯削下 V 形 （8）锉削 V 形两边与外形尺寸为 $28_{-0.021}^{0}$ mm，并保证两边垂直度达到要求	修孔 百分表测量 保留基准
6	加工底板（件 2）： （1）锉削外形基准，保证两基准垂直度误差≤0.01 mm （2）锉削外形 76 mm × 80 mm 至尺寸	
7	加工支承板（件 3）： （1）锉削外形基准，保证两基准垂直度误差≤0.01 mm （2）锉削外形 76 mm × 50 mm 至尺寸 （3）划 V 形加工线、孔中心线 （4）锯去凸 V 形余料 （5）锉削凸 V 形两边，保证 V 形相对于外形中心线对称度误差≤0.04 mm （6）与件 1 试配至间隙合格 （7）与件 2 黏合，配钻、扩两销孔至 ϕ7.8 mm，配钻、扩螺纹底孔，并攻螺纹至 M5 （8）钻两台阶孔至 ϕ10 mm、深 6 mm（方向不能反）	V 形块辅助测量 磨平底钻

续表

序号	工艺内容	备注
8	装配与调试： （1）将件3与件2连接紧固，试配件3、件1间隙 （2）粘接件2、件3：以件3为定位基准，与件1配合 （3）配钻件2与件1的中心销孔，并能插入 ϕ10H8 圆柱销 （4）配钻、铰件2上与件1一侧定位孔 ϕ8H8，并插入圆柱销至合格 （5）将件1翻转180°后，配钻、铰件2上的另一侧定位销孔 ϕ8H8 并插入圆柱销 （6）将工件整体翻转180°，以底板上的一侧孔配钻、铰件1上的另一侧销孔，并插入 ϕ8H8 圆柱销 （7）试调整各间隙至合格	销、沉头螺钉 圆柱销定位 以中间孔 为旋转中心 进行微调
9	去毛刺，复检各尺寸、几何公差及间隙，交工件	

三、注意事项

1. 配合时应先将底板和支承板配合成一体后再与双V形板配合。

2. 三件清角均要到位。

3. 双V形板的对称度公差要小，以保证最终配合间隙合格。

4. 底板和支承板两侧面配合修整时，双V形板直角部分要端平锉刀，小余量锉削，确保几何精度准确。

四、评分标准

双V形组合加工评分标准见表1—5—4。

表1—5—4　　双V形组合加工评分标准

时限	6 h	开始时间		结束时间		实考时间	
项目	序号	技术要求		配分	评分标准	检测记录	得分
双V形板	1	$28_{-0.021}^{0}$ mm（4处）		3×4	超差不得分		
	2	90°±2′（2处）		3×2	超差不得分		
	3	（28±0.10）mm		4	超差不得分		
	4	ϕ10H8		2	超差不得分		
	5	ϕ8H8（2处）		1×2	超差不得分		
底板	6	M5（2处）		1×2	超差不得分		
	7	ϕ10H8		1	超差不得分		
	8	ϕ8H8（4处）		1×4	超差不得分		

续表

项目	序号	技术要求	配分	评分标准	检测记录	得分
支承板	9	$39_{-0.027}^{0}$ mm	4	超差不得分		
	10	90° ±2′	4	超差不得分		
	11	ϕ8H8（2处）	1×2	超差不得分		
	12	ϕ10 mm（2处）	0.5×2	超差不得分		
	13	ϕ5.5 mm（2处）	0.5×2	超差不得分		
	14	孔深6 mm（2处）	0.5×2	超差不得分		
表面质量	15	全部平面表面粗糙度 $Ra \leqslant 3.2$ μm	0.5×18	不合格不得分		
	16	全部销孔表面粗糙度 $Ra \leqslant 1.6$ μm	0.5×10	不合格不得分		
配合	17	间隙≤0.04 mm（技术要求1）（4处）	4×4	超差不得分		
	18	间隙≤0.04 mm（技术要求2）（4处）	3×4	超差不得分		
	19	(60±0.05) mm	4	超差不得分		
	20	// 0.02 A	4	超差不得分		
	21	两侧错位量≤0.04 mm	2×2	超差不得分		
其他	22	毛刺、缺陷		每处扣1~5分		
	23	安全文明生产		违者酌情扣1~10分		
		总分	100			

子课题3　三角燕尾组合

学习目标

1. 熟悉燕尾组合各尺寸计算方法。
2. 明确钳加工原则。
3. 会将圆钢加工成三角形。

一、三角燕尾组合图样分析

1. 图样

三角燕尾组合装配图如图1—5—10所示，其中三角件（件2）如图1—5—11所示，燕尾板（件3）如图1—5—12所示，支承板（件4）如图1—5—13所示，底板（件1）如图1—5—14所示。

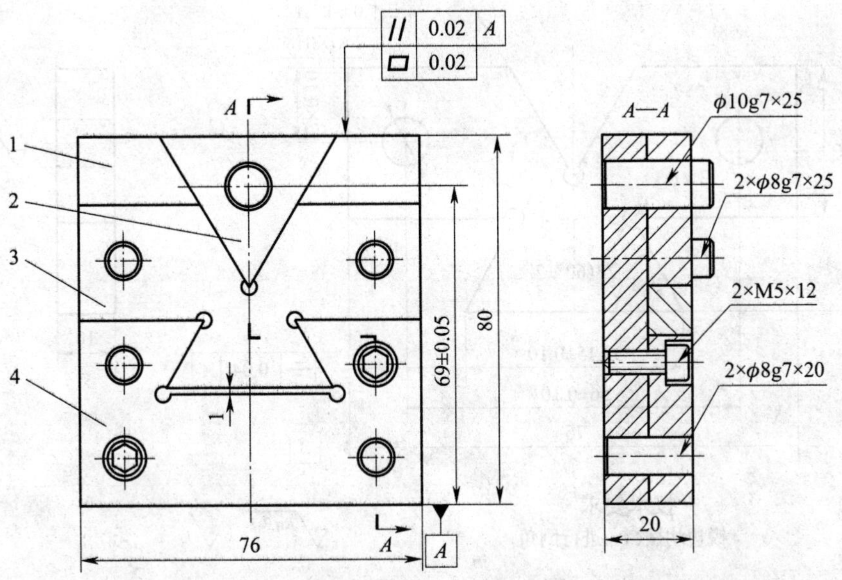

技术要求

1. 装配后所有螺钉全部固定，件2、件3插入圆柱销在底板上定位，与件4配合单边间隙≤0.04；件2插入圆柱销后做360°旋转，与件3配合间隙≤0.04。

2. 装配后件3翻转180°，插入圆柱销在底板上定位，与件4配合单边间隙≤0.04；件2插入圆柱销后做360°旋转，与件3配合间隙≤0.04。

3. 装配后件3与件4两侧错位量不大于0.04。

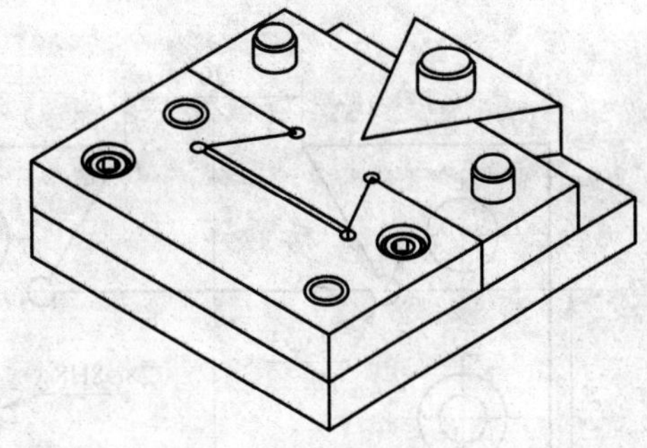

图1—5—10　三角燕尾组合装配图

1—底板　2—三角件　3—燕尾板　4—支承板

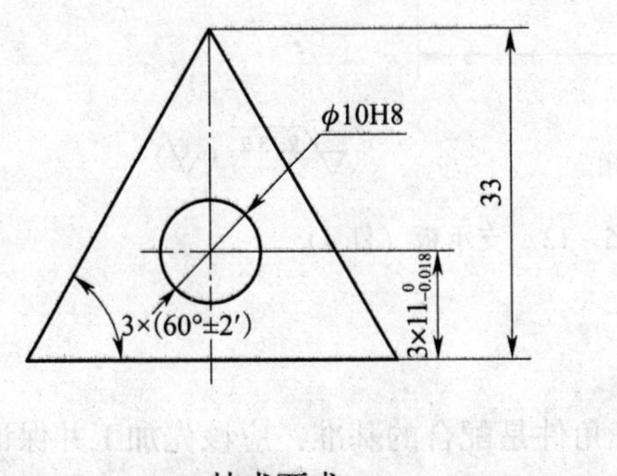

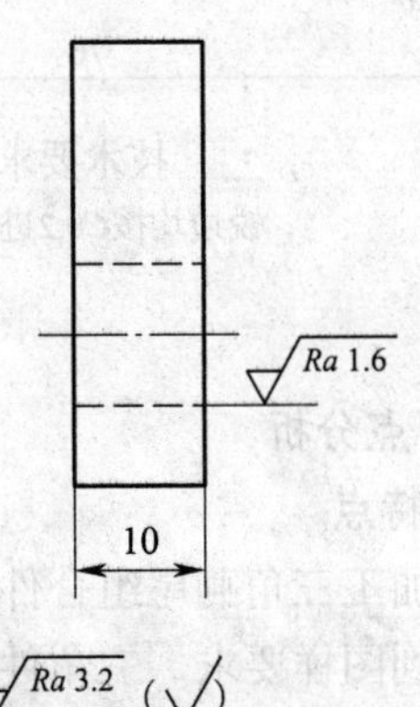

技术要求

锐边均按C0.2进行倒角。

$\sqrt{Ra\ 3.2}$ ($\sqrt{}$)

图1—5—11　三角件（件2）

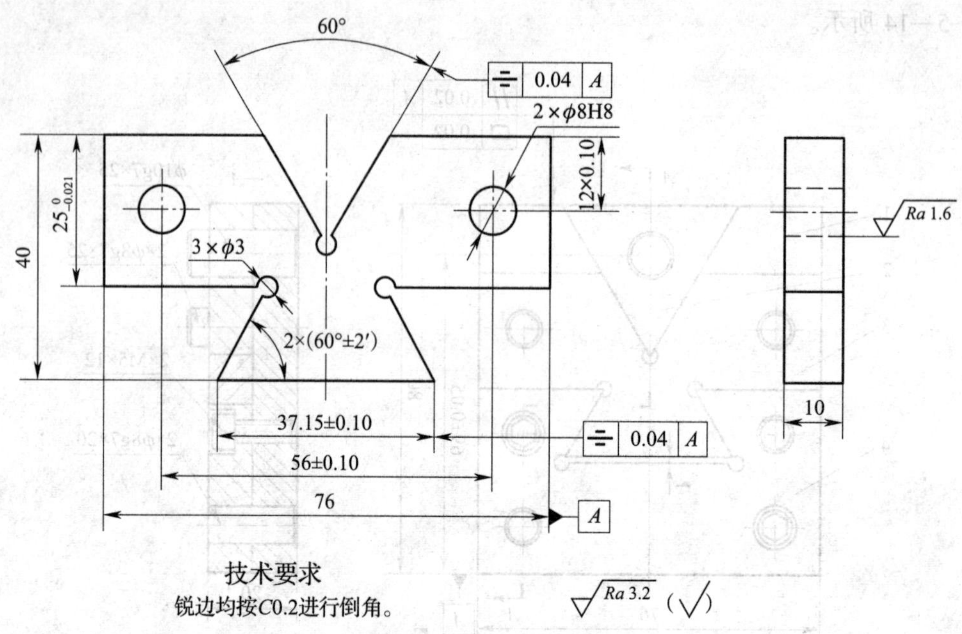

图 1—5—12　燕尾板（件 3）

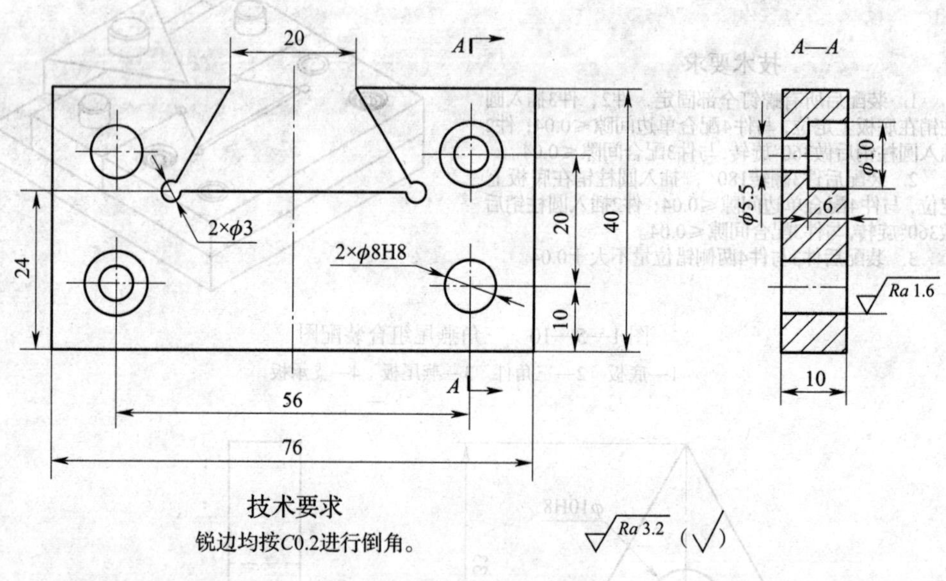

图 1—5—13　支承板（件 4）

2. 工艺要点分析

(1) 课题特点

本课题是加工三角燕尾组合件。三角件是配合的基准，应该先加工并保证各几何精度、尺寸精度都达到图样要求。三角件与燕尾板配合好后再与支承板相配。三角件需要每翻转120°配合，同时也需满足间隙≤0. 04 mm。因此，本课题三角件为加工的关键，其中对称度的保证是难点。

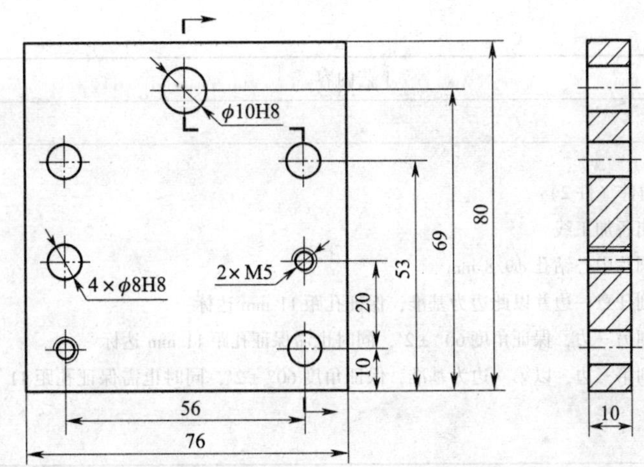

图 1—5—14　底板（件 1）

(2) 加工难点

三角件先以直径为 40 mm 的圆片钻孔加工，以孔为中心锉削三角的三边，孔外缘到边的距离为 6. 1 mm，并保证角度合格，如图 1—5—15 所示。燕尾板的中心对称度误差≤0. 04 mm，以右侧为基准，先单边锉削到位，反之同理，后加工 V 形槽。为使对称度合格，只能通过测量与之相关的 76 mm 的两侧边。支承板的燕尾要保证孔的中心对称，与底板配合的公差≤0. 04 mm。

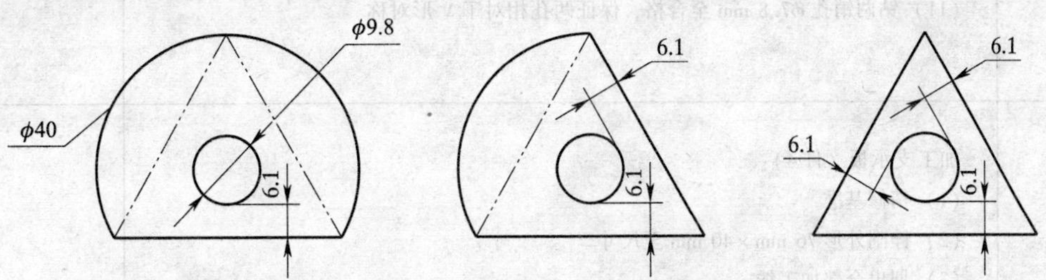

图 1—5—15　三角件（件 2）的加工与尺寸控制

二、三角燕尾组合加工工艺步骤

三角燕尾组合加工工艺步骤见表 1—5—5。

表 1—5—5　　三角燕尾组合加工工艺步骤

工序	工艺内容	备注
1	读图及计算：熟悉图形，计算各工序尺寸并确定公差	
2	检查来料，精修基准	
3	按各件的外形尺寸划开料线并复核划线尺寸	

续表

工序	工艺内容	备注
4	锯开料	
5	加工三角件（件2）： （1）划出各加工线 （2）在圆片中心钻孔 $\phi9.8$ mm （3）锉削任意一边并以此边为基准，保证孔距 11 mm 达标 （4）锉削另一边，保证角度 60° ±2′，同时也需保证孔距 11 mm 达标 （5）锉削第三边，以第一边为基准，保证角度 60° ±2′，同时也需保证孔距 11 mm 达标	
6	加工燕尾板（件3）： （1）精修一直角边作为基准 （2）锉削外形尺寸 76 mm×40 mm （3）划出全部加工线 （4）钻 $\phi3$ mm 工艺孔至要求 （5）锯去余料 （6）锉削 V 形槽右边，控制工序尺寸为 $H_{斜}+H_{V中心高}$，如图 1—5—16 所示 （7）锉削燕尾左边，控制工序尺寸为 $H_{斜}+H_{V中心高}$，与燕尾右边同偏差 （8）锉削 V 形槽左边，控制工序尺寸与右边 V 形面等高，确保对称 （9）锉削燕尾右边，控制工序尺寸与燕尾左边等高，确保对称 （10）件 2 与件 3 试配间隙至合格 （11）钻两销孔 $\phi7.8$ mm 至合格，保证两孔相对于 V 形对称	斜 V 形块辅助测量 以 V 形两边为基准修两孔距相等
7	加工支承板（件4）： （1）精修基准 （2）锉削外形 76 mm×40 mm 至尺寸 （3）划出全部加工线 （4）钻削两个 $\phi3$ mm 工艺孔至合格 （5）钻削 $\phi12$ mm 去料大孔 （6）锯去余料 （7）锉削燕尾槽右边，控制工序尺寸至要求 （8）锉削燕尾槽左边，控制工序尺寸至要求 （9）与件 3 试配至间隙合格、侧边错位量合格	斜 V 形块辅助测量
8	加工底板（件1）： （1）精修基准。 （2）锉削外形 76 mm×80 mm 至尺寸	

续表

工序	工艺内容	备注
9	装配与调试： （1）粘接件3与件1，以件3两ϕ7.8 mm孔为基准配钻件1，配铰两孔至ϕ8H8。插入ϕ8 mm圆柱销连接件1与件3，并翻转试配至合格 （2）将件2与件3配合后粘牢在件1上。以件2的中心孔为基准配钻、铰件1同位销孔至ϕ10H8。插入ϕ10 mm圆柱销连接件1与件2，并翻转各边试配间隙至合格。 （3）将件4与件3配合后粘牢在件1上。同时配钻、扩、铰件1与件3的同位两销孔至ϕ8H8。在两销孔中装入圆柱销，并翻转试配至合格 （4）配钻、攻两个M5的螺孔至合格 （5）将M5螺栓装配入孔并拧紧	调整间隙后拧紧
10	装配完成后，去毛刺，复检各尺寸、几何公差及间隙，交工件	

三、注意事项

1. 配合时应先使件2（三角件）、件3（燕尾板）和件4（支承板）预配合间隙合格后，再与件1（底板）配合配钻、铰各定位孔与紧定孔。

2. 各定位销孔在配钻、铰前要留余量，这样能较好地保证销孔的加工精度。

3. 三角件的对称度公差要小，这样才能保证最终配合间隙合格。

4. 各件安装在底板上时，要以件3为安装、配合基准逐次进行配合安装。

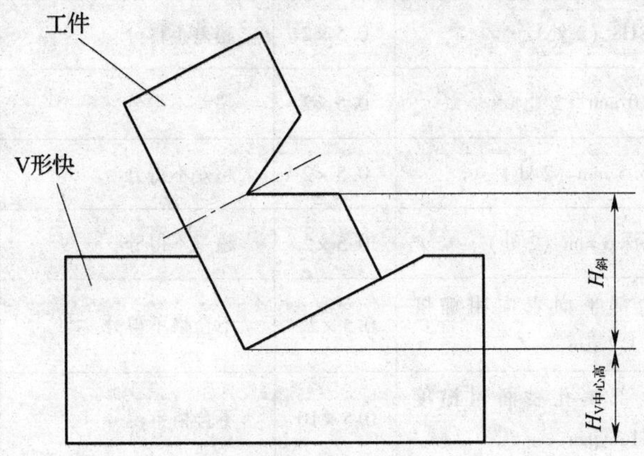

图1—5—16　燕尾板（件3）工序尺寸控制

四、评分标准

三角燕尾组合加工评分标准见表1—5—6。

表 1—5—6　　三角燕尾组合加工评分标准

时限	6h	开始时间		结束时间		实考时间	
项目	序号	技术要求		配分	评分标准	检测记录	得分
底板	1	M5（2 处）		1×2	超差不得分		
	2	ϕ10H8		1	超差不得分		
	3	ϕ8H8（4 处）		0.5×4	超差不得分		
三角件	4	60°±2′（3 处）		2×3	超差不得分		
	5	$11_{-0.018}^{0}$ mm（3 处）		3×3	超差不得分		
	6	ϕ10H8		1	超差不得分		
燕尾板	7	$25_{-0.021}^{0}$ mm（2 处）		2×2	超差不得分		
	8	60°±2′（2 处）		2×2	超差不得分		
	9	（56±0.10）mm		2	超差不得分		
	10	（12±0.10）mm（2 处）		2×2	超差不得分		
	11	ϕ8H8（2 处）		0.5×2	超差不得分		
	12	⌯ 0.04 *A*（2 处）		2×2	超差不得分		
支承板	13	ϕ8H8（2 处）		0.5×2	超差不得分		
	14	ϕ10 mm（2 处）		0.5×2	超差不得分		
	15	ϕ5.5 mm（2 处）		0.5×2	超差不得分		
	16	孔深 6 mm（2 处）		0.5×2	超差不得分		
表面质量	17	全部平面表面粗糙度 $Ra \leqslant 3.2$ μm		0.5×22	不合格不得分		
	18	全部销孔表面粗糙度 $Ra \leqslant 1.6$ μm		0.5×10	不合格不得分		
配合	19	间隙≤0.04 mm（技术要求 1）（10 处）		2×10	超差不得分		
	20	间隙≤0.04 mm（技术要求 2）（10 处）		1×10	超差不得分		
	21	（69±0.05）mm		4	超差不得分		

续表

项目	序号	技术要求	配分	评分标准	检测记录	得分
配合	22	∥ 0.02 A	2	超差不得分		
	23	两侧错位量≤0.04 mm	2×2	超差不得分		
其他	24	毛刺、缺陷		每处扣1～5分		
	25	安全文明生产		违者酌情扣1～10分		
总分			100			

模块二
机械装配

课题一　固定连接装配

子课题1　热装联轴器

1. 熟悉热装法的特点及应用。
2. 掌握热装要点。
3. 会进行联轴器的热装。

在孔、轴零件装配过程中，常遇到过盈连接，在常温下装配不仅需要一定压力才能压入，而且往往影响装配质量。所以对于要求较高或过盈量很大的连接处，常常采用温差法将配合零件进行处理（加热孔件或冷却轴件），使得配合过盈量缩小或达到有间隙后，才进行装配。

一、热装法

利用物体受热后膨胀的原理，将零件孔的配合面加热到一定温度，使孔内径膨胀，与相配合的轴进行动配合，而在常温下成为静配合状态的装配方法称为热装法，俗称红套。热装法常用于有较大过盈量连接件的装配。

热装是装配的重要方法之一，不但较小零件可以热装，许多大的零件由于受机械设备的制约不能顺利进行装配，也可通过热装的方法解决，尤其是无键连接的零件必须进行热装。对一些要求不高的零件，用焦炭炉或将零件垫在木材上加热也可以进行热装。

1. 热装加热方法

（1）电感应加热

这种方法适合大型齿圈加热，而盘类零件不宜用这种加热方法，因为这种形状的零件绕的电缆圈数多，在绝缘材料不好的情况下，散热条件也不好，易起烟火。

（2）电炉加热

可考虑利用热处理使用的电炉，批量大的情况下可在专用厂家制作一台专用低温加热炉供热装使用。

(3) 煤气炉或油炉加热

大型件可考虑借用铸造烘热型的加热炉（可利用其加热铸件后的余温加热），但这种炉的温度不好掌握。

(4) 油箱中加热

除无键连接传递转矩件外，一般小型配合零件都可考虑采用油加温热装。热装时应注意零件在油箱中加热时，必须悬挂或用支架垫起，不应与油箱底接触，以免受热不均。零件的配合面必须全部浸没在油中，油面要低于油箱100 mm以上。油箱周围应排除易燃物，加热时要随时注意油温，严防超出所用油的闪点，以免发生火灾。

(5) 焦炭炉与木材加热

使用焦炭炉加热时，要注意经常翻动加热零件使其受热均匀。用木材加热方法比较简单，将零件垫起，燃着木材即可，但火要烧得均匀，保证零件均匀受热。此种方法一般用于不太重要的零件。

(6) 火焰加热

此方法是将零件放在可旋转的平台上并垫起一定高度，然后使用改制的油炉喷头使零件一边旋转一边加热。对不太重要的零件，可使用水焊枪换上烤把加热。

2. 热装法工艺特点及应用

常用热装法工艺特点及应用见表2—1—1。

表2—1—1　　常用热装法工艺特点及应用

方法	工艺特点	应用
火焰加热	用氧—乙炔、丙烷、炭炉等加热器加热，热量集中，易控制，操作简单，适用于350℃以下	局部加热的中型或大型连接件
介质加热	去污干净，在沸水槽中加热，热装均匀，适用于80～100℃	过盈量较小的连接件，如滚动轴承、连杆、衬套等
	蒸汽加热槽，适用于120℃	
	热油槽，适用于90～320℃	
电阻或辐射加热	去污洁净，用电阻炉、红外线辐射加热器加热，温度易控制均匀，适用于400℃以上	成批生产时，过盈量较大的中小型连接件
感应加热	用感应加热器加热，生产率高，调温方便，热效率高，适用于400℃以上	特重型、重型的过盈配合的大、中型连接件

要根据零件的大小、配合的尺寸公差、零件的材料、零件的批量、工厂现有设备状况等条件才能确定配合件采用的热装方法。

对于大直径的齿轮件中的轮毂与齿圈的装配，一般蜗轮减速机中轮毂与蜗轮圈的装配等，因其属于无键连接传递转矩，一般都采用热装。

对于一般轴与孔的装配，应看其过盈量大小、轴与孔件的材料来确定装配方法。一般过盈量大的应采用热装方法。过盈量不太大的，如果轴与孔件都是钢质材料，也应优先考虑热装，也可以选择压装方法，但压装的质量合格率远不及热装，因为压装受设备压力、人员操作水平、零件加工质量、压装时发生的不可测因素等影响。

对于一些较小的配合件，如最常见的滚动轴承一般采用热装为宜，可以考虑采用油加温或电感应加热等方法装配。从以上分析可以看出热装方法很少受条件制约，操作方法比较简便实用。

3. 热装法的注意事项

(1) 热装前要看清图样，注意热装件里边是否有其他件，有则必须先装配完毕，并经检验合格后再进行热装工作。对于台阶或定位套、键、弹簧挡圈、定位轴，要找正热装件的正确位置，并做好标记再进行热装。

(2) 热装带键的零件，必须按键槽尺寸修配好，保证键顶面与键槽的间隙。

(3) 加热前对零件的配合尺寸、凸台倒角、圆角等要复检无误后再加热。零件上的毛刺、碰伤、锈斑、切屑应仔细清除。

(4) 加热零件热透取出后，必须用卡钳或热装样板测量装配量，只有当卡钳或样板通过时才能进行热装，否则要延长加热与保温时间，直至装配量达到要求为止。

(5) 孔的热装量达到后，要立刻进行热装，动作要快而准确，一次装到底，中途不得停留，如果发生故障不允许强行装入，应立即取下，排除故障后重新加热，再次热装。

(6) 热装加温时，不应大于该件淬火后的回火温度。对于一些材料特殊的零件，应进行低温回火处理，回火温度很低，在270℃左右，热装此类件要严格控制加热温度。如加热后装配间隙量不太足，应对热装件和其配合相关件采取一定的工艺措施，如采取中间公差，以加大热装间隙，保证热装。

(7) 与热装零件有关的零件，一般应在热装件冷却到正常温度后再进行装配。由于装配顺序、方向原因的特殊件除外。

(8) 装在钢套中的铜套，不应采取热装，因为钢与铜的线性系数不一样。受热后铜装得快，此时铜套受的应力较大，当超过弹性极限时，冷却后的铜套就会从钢套中掉下来。对于一些铜套类件，必须进行热装时（如摩擦压力机上钢质材料的轴承套与其中镶嵌的铜丝母，要求必须热装）就必须采取一些特殊的方法，就是制作工装将铜套两端封闭起来，外端留有进水口和出水口，在铜套装入轴承套中后，迅速在铜套两端装上工装，然后接通冷却水，循环冷却，使铜套不致受热膨胀，这样就保证了工件的热装。

(9) 一般加热的温度不能随意增加，温度要与零件材料相适应，以免温度过高导致零件内部材料性质发生变化。

4. 热装后轴向间隙的消除

零件经热装冷却后，往往会产生轴向间隙，配合直径大的甚至产生1～3 mm的间隙。为了消除这种间隙，可以采取以下几种方法。

(1) 撞击法

就是零件热装后，在冷却过程中，用锤击或用轴撞击加热零件，直到冷却后消除间隙为止。但撞击时，要垫铜板或木板。这种方法适用于中小零件。

(2) 螺栓拉紧法

就是用螺栓拉紧，直至冷却后消除间隙为止。这种方法适用于较小零件。

(3) 压重物法

就是在冷却过程中，用重物压在加热零件上，直至冷却后消除间隙为止。这种方法使用时有一定的局限性，因为加重要适当，太轻则间隙消除不了，太重则体积就大，消隙有一定的困难。这种方法适用于较大的零件。

(4) 压力机消隙法

可以采取在压力机上顶住的方法，随时给压，直至间隙消除为止。

虽然可以采取上述方法消除间隙，但是对于较大的热装零件的间隙消除无有效的方法，装配时要采取其他办法消除或抵消热装时产生的间隙。

二、技能操作

1. 联轴器的热装

(1) 图样分析

联轴器有多种形式，但从材料上来说只有钢件（一般为 ZG35）和铸铁两种类型。从装配上来看，多数联轴器都是采用过盈配合，极少数是过渡配合中配合比较紧的类型。在装配联轴器时，若其材质是铸铁的，一般都是压装和用大锤等打装装配，少数孔径大的采用热装方法，而对于材质为钢的联轴器，除少数孔径小的一般都采用热装方法装配，孔径大的钢性材质联轴器，除了热装，其他方法很难装配。

(2) 工艺步骤

如图 2—1—1 所示的刚性联轴器的半联轴器（分左右）和 CL 型齿形联轴器中的外齿轴套，一般都采用热装方法进行装配，其装配方法如下。

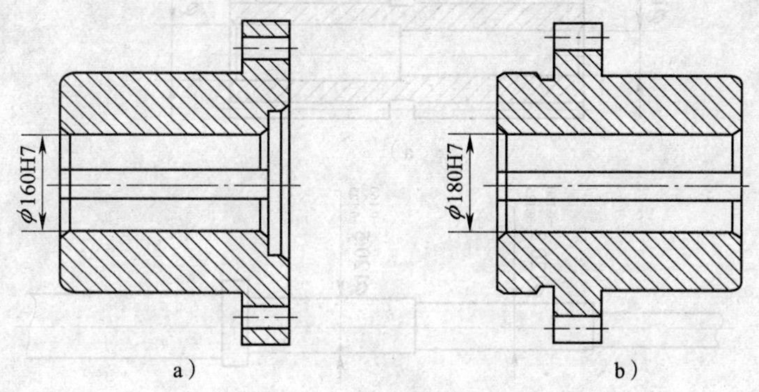

图 2—1—1　联轴器的热装

a）刚性联轴器的半联轴器　b）外齿轴套

1）将要热装的联轴器与轴的配合部位擦干净，清除毛刺，将划痕等部位用零号水砂纸修光滑。

2）从里面开始，将联轴器上应先装的件，如 CL 型联轴器上的内齿圈、后压盖密封圈、压板等组装一起后先装在轴上，用铁线吊起，以不妨碍装配联轴器为准。

3）将轴上键修研好，露出轴外的键高绝不可超过装配件键槽的深度，应留有一定的间隙量，一定要用内卡钳测量准确。

4）过盈量小的可采用油加温热装。加热要选闪点高的油，可采用焦炭炉加热、火焰加热或热处理炉加热，可根据工厂现有条件确定方法。

5）可根据热装件的直径尺寸确定热装量，然后加上公称尺寸及最大过盈，以三者之和制作测量棒。对热装件加热时，用测量棒检测，当测量棒通过加热件孔径最大端尺寸时，便可进行热装了。

6）准备大锤、垫铁，用以找正或准备装不到位时以打入法进行装配。

7）热装时，较大件应吊装进行，中小件可吊装，也可人工抬着装配。吊装不易找正，手工抬着装配找正快且容易。

8）热装件加热到火候后，吊起或人工抬起进行装配时应迅速准确，找正后一次推装到位，当发现热装间隙不够时，应果断迅速用大锤将其打下，重新加热后再次进行热装。如果迟疑时间长就很难将热装件打下，造成麻烦，因此热装件加热时一定要测量准确，保温时间要长些，使其热胀均匀，以保证热装间隙量。

9）待热装件冷却后，再进行相关件的装配。

2. 无键连接齿轮与轴的热装

（1）工艺分析

如图 2—1—2 所示为某变速箱中的重要传动轴组件的二联齿轮与轴，其齿轮材料为 38CrMoVA，属合金结构钢，经碳氮共渗后齿表面热处理淬火，经低温回火（回火温度为 270℃），与轴的配合为无键连接过盈配合，依靠过盈配合量来传送较大的转矩。对于无键过盈配合的连接，必须采用热装的方法进行装配。

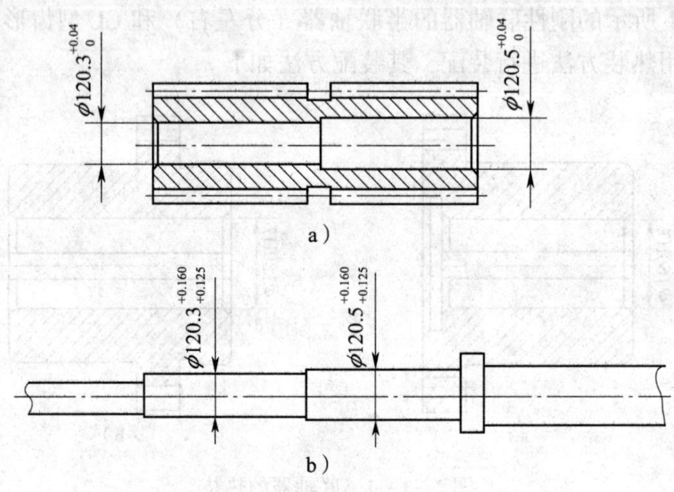

图 2—1—2　无键连接齿轮与轴热装

a）二联齿轮　b）轴

对热装件的分析：齿轮与轴的配合面比较长，孔有台阶，孔径尺寸相差不大，齿轮的中间部分壁厚较薄，这样热装时齿轮孔接触轴后散热快，同时也加快了收缩。

由于齿轮为合金结构钢制件，表面经淬火处理后低温回火，温度为 270℃。这样齿轮的加热温度受到了限制，因为齿轮加热到 255℃以后，齿表面就会发生相变，影响齿轮的硬度、强度。由于上述原因对齿轮的加热、装配增加了一定的困难，因此对于这样的组件，应尽可能地增加齿轮的热装间隙量。

（2）工艺步骤

1）热装前应对齿轮与轴的配合部位进行实际测量，如果是批量生产则应分组选配热装，使配合公差得到合理调整。

2）热装前对齿面进行硬度检测，组装后进行复测。

3）确定加热温度，计算热装间隙量。根据齿轮材质和热处理条件的限制，加热温度确定为235℃。

$$T=\frac{\Delta_1+\Delta_2}{d\alpha}+t$$

式中 T——加热温度，℃；

Δ_1——配合的最大过盈，mm；

Δ_2——热装时的间隙量，mm；

d——配合直径，mm；

α——加热件的线胀系数，1/℃；

t——室温（一般取20℃），℃。

$$\Delta_2=(T-t)\ d\alpha-\Delta_1$$

$$\Delta_2=(235-20)\times 120.3\times 0.000\,011-0.125\approx 0.16\ \text{mm}$$

由上述计算得出齿轮的热装间隙量为0.16 mm。齿轮在加温至235℃时，其内径总热装尺寸为：公称尺寸+最大过盈+热装间隙量$=120.3+0.125+0.16=120.3^{+0.285}_{0}$ mm。将内径千分尺尺寸定在$\phi 120.3^{+0.285}_{0}$ mm位置上，在齿轮加热时用以测量内径，千分尺通过齿轮内径最大端时，说明齿轮加热火候已到，应马上进行热装。

4）齿轮应放置在温度能控制较准的热处理炉内加热。应使用200~350℃量程的温度计，放入齿轮孔内用以校核炉内实际温度与炉控制柜表上反映的温度来控制炉温，防止过热使齿轮表面硬度降低或退火。加热时应先将热处理炉的温度升至220℃保温一段时间，然后将齿轮放入炉内加热。初时可使炉温高些，调至50~270℃，以便使齿轮迅速升温。然后将炉温调至240℃，保温时间要长一些，使齿轮各部分受热均匀。加热时要经常用内径千分尺对齿轮的加热情况进行测量，同时也应观察炉内温度计的温度并与控制柜上的温度进行对照，适当地调节炉温，使炉内温度不至于过热。在千分尺通过齿轮最大尺寸端时，便可以进行热装。

5）轴应垂直放置，这样便于热装，下部要压紧或放置非常牢靠。将轴上的毛刺、伤痕用水砂纸修光。

6）准备大锤、垫铁，待热装时找正用，并准备石棉手套以备热装时扶持或抬起齿轮用。

7）对照图样检查，如齿轮与轴肩处有定距套或其他件等应事先装好，千万不能马虎大意，热装件装完后是无法再移动位置的。

8）齿轮加热到火候，热装间隙量达到后，立即进行热装工作，动作要快，准确无误。齿轮若不太重，可采用吊装或人抬的办法进行热装，从轴上部找正后穿下，有控制地迅速下滑，如发生歪斜使热装受阻，可用铜锤、大锤找正后迅速装到底，不可停留，因热装间隙只有0.16 mm，慢了就会发生齿轮孔收缩，轴径膨胀而使齿轮装不到位的现象。

9）待齿轮与轴全部冷却后，对齿面的硬度进行复测检查，至此二联齿轮与轴的热装工作结束。

根据以上各例可以看出，热装方法是钳工装配时经常采用的方法，其操作简便，很少受条件限制，只要操作得当，其成品率大大地超过其他方法对过盈配合的装配。

3. 评分标准

联轴器热装、无键连接齿轮与轴热装评分标准见表2—1—2。

表2—1—2　　联轴器热装、无键连接齿轮与轴热装评分标准

时限	2 h	开始时间		结束时间		实考时间	
项目	序号	技术要求		配分	评分标准	检测记录	得分
理论基础	1	熟悉热装方法和应用		10	不熟悉热装方法和应用不得分		
	2	熟悉热装的工艺步骤		10	不熟悉热装的工艺步骤不得分		
操作技能	3	会正确计算热装间隙量		20	不会计算热装间隙量不得分		
	4	会正确选择和控制热装温度		20	不会正确选择和控制热装温度不得分		
	5	会准确控制热装保温时间		10	不会准确控制热装保温时间不得分		
	6	会检测热装质量		20	不会检测热装质量不得分		
综合能力	7	能团结协作		10	不能团结协作不得分		
其他	8	安全文明生产			违者酌情扣1～10分		
		总分		100			

子课题2　冷缩法装气门座

学习目标

1. 熟悉冷缩法的应用场合。
2. 掌握冷缩法的装配要点。
3. 会用冷缩法装气门座。

热装会引起零件变形，表面易结硬皮，温度过高还会使表面金相产生变化，降低硬度，不能满足装配精度要求高的场合，而用温差法中的冷缩法进行装配，这些问题就能迎刃而解。

一、冷缩法装配

冷缩法是指将轴等被包容零件进行低温冷却，使之缩小，然后装入孔等包容零件中进行装配的方法。装配好的零件待温度回升后实现配合。冷缩法不但操作简便，能保证装配质量，而且还大大提高工作效率。冷缩法介质及应用场合见表2—1—3。

表 2—1—3　　冷缩法介质及应用场合

冷缩介质	工艺特点	应用场合
干冰冷缩	通过干冰冷缩装置（或以酒精、丙酮、汽油为介质）冷却，操作简便，可至 -78℃	过盈量小的小型和薄壁衬套连接
低温箱冷缩	通过各种类型的低温箱冷却，冷缩均匀，易自动控制，生产率高，去污洁净，适于 -140 ~ -40℃	配合精度较高或在热态下工作的薄壁套筒连接件，如发动机气门座圈
液氮冷缩	通过移动或固定式液氮槽，冷缩时间短，生产率高，可至 -195℃	过盈量较大的连接件，如发动机主副连杆衬套，常用在过盈连接装配自动化中
液氧冷缩	通过移动或固定式液氧槽，冷缩时间短，生产率高，可至 -180℃	

二、冷缩法装配工艺要点与应用

1. 冷缩法的装配工艺要点

（1）被包容件的实际尺寸不易测量，一般按冷缩温度控制冷缩量。

（2）冷却至液氮温度时，一般不需要测量。当冷缩装置中液氮表面无明显的翻腾蒸发现象时，说明被包容件已冷却至接近液氮的温度。

（3）小型被包容件浸入液氮冷却时，冷却时间约为 15 min，套装时间应很短，以保证装配间隙消失前套配完毕。

（4）因温度较低，操作时注意防止冻伤。

2. 冷缩装配法的冷缩方式

被包容件的冷却有多种方法，冷却方法如图 2—1—3 所示。按材料不同其线膨胀系数也各不相同，见表 2—1—4。

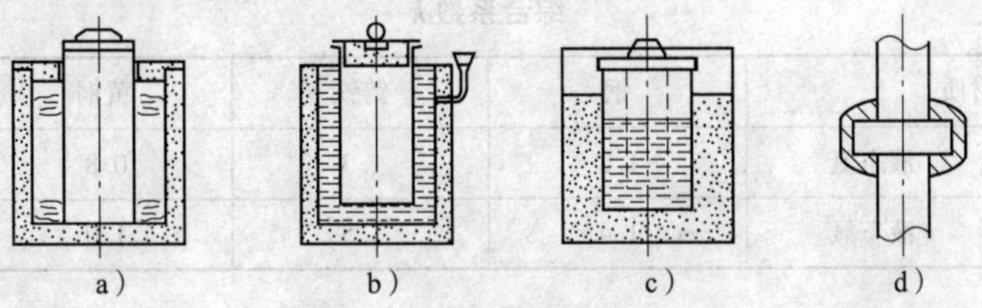

图 2—1—3　被包容件的冷却方法

a）在固体 CO_2 冷却器中　b）、c）在液态气体冷却器中　d）在固体 CO_2 冷包装置中

表 2—1—4　　常用金属材料的线膨胀系数

材料	线膨胀系数 α（10^{-6}/℃）	
	加热	冷却
碳钢、低合金钢、合金结构钢	11	-8.5
灰铸铁 HT150　HT200	11	-9
灰铸铁 HT250　HT300	10	-8
可锻铸铁		

续表

材料	线膨胀系数 α（10^{-6}/℃）	
	加热	冷却
非合金球墨铸铁	10	-8
青铜	17	-15
黄铜	18	-16
铝合金	21	-20
镁铝合金	25.5	-25

3. 冷装温度确定

$$T=\frac{\Delta}{d\alpha}=\frac{2\Delta_1}{d\alpha}$$

式中 T——冷却温度，℃；

Δ——被包容件外径的冷缩量，mm（按经验值取结合面过盈量 Δ_1 的 2 倍）；

α——材料的线膨胀系数，见表 2—1—4（冷却）；

d——结合直径，mm。

4. 零件冷却时间确定

$$t=k\delta+6$$

式中 t——零件冷却所需的时间，min；

δ——被冷却零件的最大半径或壁厚，mm；

k——与零件材料和冷却介质有关的系数，见表 2—1—5，min/mm。

表 2—1—5　　综合系数 k

零件材质		钢	铸铁	黄铜	青铜
冷却介质	液态氮	1.2	1.3	0.8	0.9
	液态氧	1.4	1.5	1.0	1.1

在进行估算时，可将计算得出的温度值降低 20%～30%，以补充工件温度在移动位置的时间内随环境温度的变化量。冷却剂工作温度见表 2—1—6。

表 2—1—6　　冷却剂工作温度

冷却介质	工作温度（℃）	冷却介质	工作温度（℃）
干冰加酒精或丙酮	-78	液态氨	-120
液态氧	-180	液态氮	-195

例 2—1：已知被包容件为钢制件，其结合直径 $d=150$ mm，最大过盈量 $\Delta_1=0.09$ mm，求零件的冷却温度和冷却时间。

解：查表2—1—4，钢制零件冷却时的线膨胀系数 $\alpha=-8.5\times10^{-6}/℃$，则零件的冷却温度为：

$$T=\frac{2\Delta_1}{d\alpha}=\frac{2\times0.09}{-8.5\times10^{-6}\times150}=-141\ (℃)$$

采用液态氮冷却，则零件冷却时间为：

$$t=k\delta+6=1.2\times75+6=96\ (\mathrm{min})$$

例2—2：有一个薄壁衬套，采用冷缩装配法与机体过盈配合，配合部位直径为50 mm，材料为锡青铜，采用低温箱冷缩，实际过盈量 Δ 为0.05 mm，求零件的冷却温度和冷却时间。

解：此时低温箱的控制温度为：

$$T=\frac{\Delta}{d\alpha}=\frac{0.05}{-15\times10^{-6}\times50}=-67\ (℃)$$

采用低温箱冷却，则零件冷却时间为：

$$t=k\delta+6=0.9\times25+6=28.5\ (\mathrm{min})$$

三、冷缩法装配时的操作要点与注意事项

1. 装配准备

装配前必须事先妥善准备，装配时动作迅速，时间短，以保证装入间隙消失前装配结束。

2. “咬死”处理

在装配过程中，因间隙消失而使配合工件出现“咬死”时，不宜用锤子敲打工件，而应拔出包容件，在复检或更换零件后，重新进行装配。

3. 冷缩操作

冷缩被包容件时应缓慢放入液态冷却剂中，此时液体表面立即产生激烈的翻腾蒸发现象，几分钟之后，液面逐渐平静，表明工件已降至冷却剂温度，此时取出被包容件迅速装入包容件之中。

4. 基准选择

装配时，以配合面为基准有立装、卧装两种方法。立装时利用被装零件的自重垂直装入，操作容易，时间短；卧装时两工件的中心必须保持水平并在同一轴线上，才能顺利装入。

5. 轴向控制

装配时轴向冷缩量会引起配合件的轴向误差，当轴向要求精确定位时，可将两配合件套装后，用水或压缩空气喷射定位端，促使定位端先行紧固，保证轴向定位。有些小型连接件配合后一端不允许留有轴向间隙，套装后可在另一端施加一定的轴向推力，保证轴向定位。若零件结构上无可靠定位，则必须采用专用定位装置。

6. 安全保护

操作时工人必须穿着全身防护工作服，遵守安全操作规程。冷缩场地上空及周围不准有火种，工作场地要清扫干净。

另外，装配时零件表面有厚霜者，不得装配，应重新冷却。

四、技能操作——气门座的装配

1. 工艺分析

如图2—1—4所示，气门座位于发动机缸盖的热三角区，必须能迅速地将热量传导出去，这就要求气门座和座孔间有良好的配合。若在常温下压入，因其过盈量较大，气门座又属薄壁件，装配时不仅很难保证配合质量，而且常常会使气门座发生变形，有时甚至损坏零件。对于这种薄壁零件的过盈配合，大多采用深冷工艺，有时还将冷却轴件与加热孔件结合运用，在有间隙的状态下进行装配来保证常温下有良好的配合质量。气门座圈的安装采用流水线装配方式，采用液态氮来实现冷却。

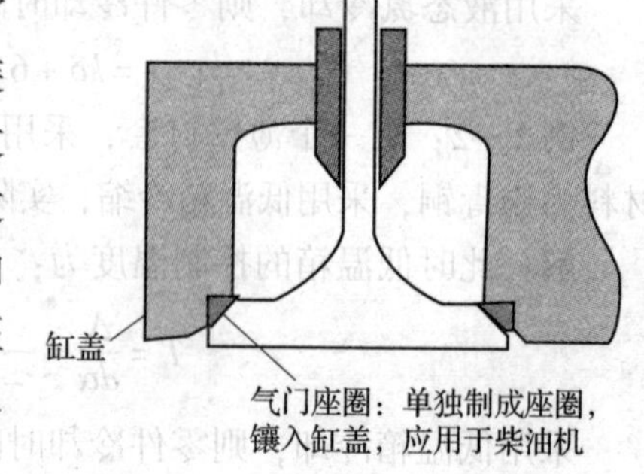

图2—1—4　气门座圈与缸盖配合

2. 工艺步骤

（1）缸盖加热

输送带将缸盖送到电炉装料工位，在卧式电炉中加热到175℃（由托架输送装置使缸盖通过温度逐渐升高的四个区域来加热），电炉自动保持规定的温度，误差不超过±1℃，该电炉生产率为每小时108件。

（2）气门座圈冷却

冷却气门座圈的设备包括工件输送器（振动送料器）、装有液氮的两个冷却池、检查和保持液氮水平面高度的仪器、通风系统、电气控制系统和液氮输送管。

在液氮冷却池中将气门座冷却到-170℃，然后在一台双工位机床上，用推杆将气门座圈装到已定好位且已加热好的缸盖气门座孔中。装配完毕后，缸盖被送到冷却箱中风冷到20℃。

（3）缸盖全自动装配线工作流程

如图2—1—5所示是15工位缸盖全自动装配线的工序图，自动线的主要工序之一是自动装配气门座，具体工序内容见表2—1—7。这条自动线的生产周期为38 s，生产率每小时为144件（80%负荷时）。

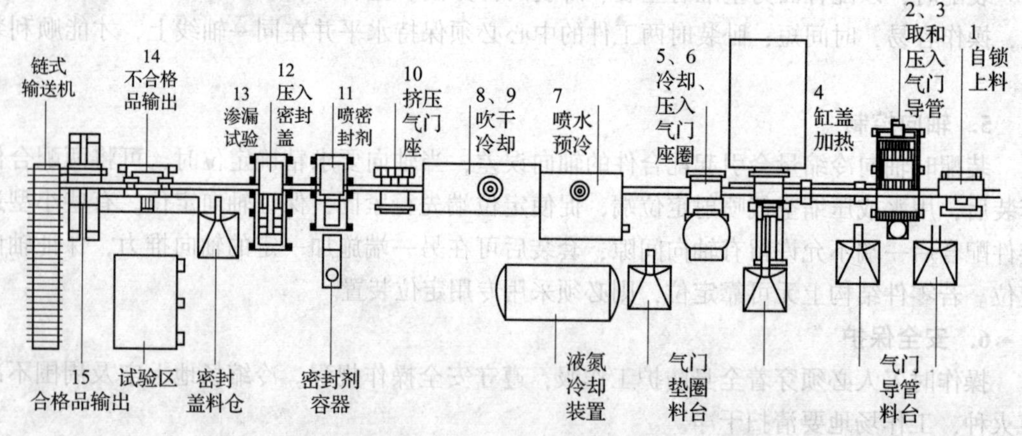

图2—1—5　缸盖全自动装配线

表 2—1—7　　15 工位缸盖全自动装配线工序内容

工位号	工位内容	备注
1	自锁上料	
2	取气门导管	
3	压入气门导管	
4	缸盖加热到 160℃	一台电炉在 38 s 内完成
5	冷却气门座圈到 -192℃	液氮冷却
6	压入气门座圈	把两个进气门座圈和两个排气门座圈装入缸盖气门座孔中
7	喷水预冷	缸盖冷却到室温
8	吹干	
9	进一步冷却	
10	挤压气门座	以一定的挤压力挤压气门座，使之绝对紧贴在缸盖的台肩上到孔圈
11	喷密封剂	
12	压入密封盖	
13	渗漏试验	
14	不合格品输出	
15	合格品输出	

3. 评分标准

气门座装配评分标准见表 2—1—8。

表 2—1—8　　气门座装配评分标准

时限	2 h	开始时间	结束时间		实考时间	
项目	序号	技术要求	配分	评分标准	检测记录	得分
理论基础	1	熟悉冷缩装配方法和应用	10	不熟悉不得分		
	2	熟悉冷缩法的工艺步骤	10	步骤错误不得分		
操作技能	3	会正确计算冷缩法装配气门座的温度	10	不会不得分		
	4	会正确选择和控制冷缩法装配气门座的时间	20	不会不得分		
	5	会进行冷缩法装配	20	不会不得分		
	6	会检测冷缩法装配气门座的质量	20	不会不得分		
综合能力	7	能团结协作	10	不能团结协作不得分		
		总分	100			

子课题3 液压套合法

学习目标

1. 熟悉液压套合法工作原理。
2. 掌握液压套合法操作要点。
3. 会用液压套合法装螺旋桨。

一、液压套合法概述

液压套合法也称为油压法，即把高压油压入相互连接的配合表面间，借以胀大包容件、同时压入被包容件，另外加以不大的轴向力把两连接件推到预定的位置，然后再放出高压油，两件即形成过盈连接。当需要拆卸时，把高压油压入，两连接件即可分离。该装配方法的优点是装配精度高，缺点是需要一套专门的液压设备。

二、液压套合法装配工艺要点与应用

1. 液压套合法的工作原理

液压套合法是利用高压油注入配合面间（配合面常有小的锥度），在高压油的作用下，使包容件胀大，然后将被包容件压入，如图2—1—6所示。装配时用高压液压泵将油通过包容件（见图2—1—6a）或被包容件（见图2—1—6b）上的油孔和油沟压入配合面间，使包容件胀大，被包容件缩小，同时施加一定的轴向力，使之相互压紧。当压紧至预定轴向位置后，排除高压油，即可形成过盈连接。

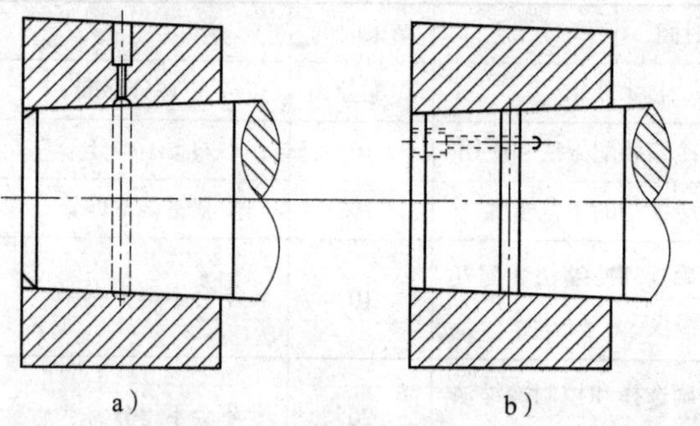

图2—1—6 液压套合法的工件结构
a）由包容件进油 b）由被包容件进油

2. 液压套合工作过程

液压套合法需要使用高压液压泵、增压器等液压附件。油压通常达到150～275 MPa，装配操作工艺要求严格，用此法套合后连接件可以拆卸。液压套合装置形式较多，但原理和结构基本相同。其整个工作过程如图2—1—7所示。从高压泵输进来的压力油使压力机活塞1产生轴向力，将被连接两零件的锥面压紧，并经高压单向阀5进入高压腔6和配合面间的环形槽，也经进油截止阀 8 进入低压腔 7。增压活塞 10 在后端较大推力的作用下向前移动，使高压腔 6 及配合面环形槽内的油产生更大的压力。环形槽中的径向压力使包容面扩大、被包容面缩小，活塞又使它们进一步产生轴向相对位移实现装配。两连接件达到规定位置后，要先关闭阀 8，打开阀 9，消除环形槽中的径向油压；然后再打开阀 8，把活塞的轴向力降到零，这样才可以防止包容件被弹出。

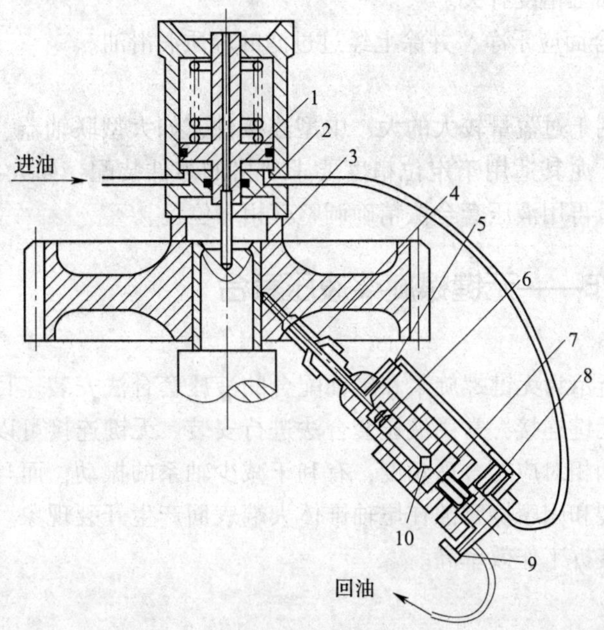

图 2—1—7　液压套合装置工作过程

1—压力机活塞　2—拉紧螺钉　3—垫圈　4—接头　5—高压单向阀
6—高压腔　7—低压腔　8—进油截止阀　9—回油截止阀　10—增压活塞

3. 液压套合法的装配工艺要点

对圆锥面连接件应严格控制压入行程，通常控制在 ±0. 20 mm 以内，配合面的接触要均匀，面积应大于 80%，以保证连接件的承载能力。检测和限制压入长度的方法如图 2—1—8 所示。

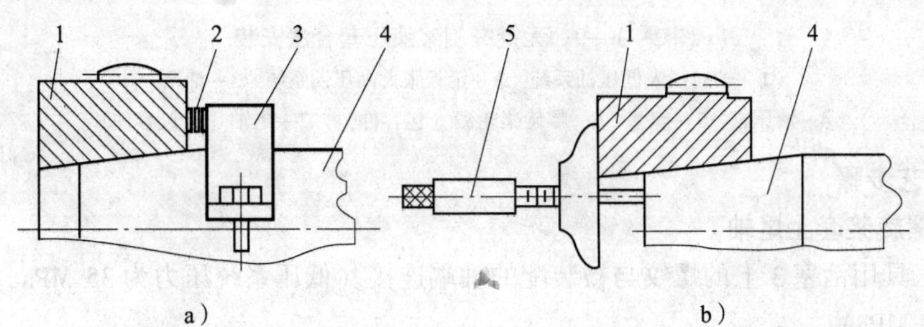

图 2—1—8　压入长度的检测和限制

a）用套环检测和限制　b）直接检测

1—包容件　2—测隙仪　3—测量用套环　4—被包容件　5—深度尺

(1) 开始压入时，压入的速度要缓慢，升压到规定油压值而行程未达到时，可稍停压入，待包容件逐渐胀大后，再继续压入到规定的行程。

(2) 达到规定行程后，应先缓慢地消除全部径向油压，然后消除轴向油压，否则包容件很可能会弹出而造成事故。拆卸时，也应注意操作步骤。

(3) 拆卸时的油压比套合时低，每拆一次再套合时，压入行程一般应稍有增加，增加量与配合面锥度及加工精度有关。

(4) 套装时配合面应干净，并涂上经过过滤的轻质润滑油。

4. 应用范围

液压套合法适用于过盈量较大的大、中型连接件，如大型联轴器、化工机械、船舶工程和轧钢设备部件，尤其适用于定位精度要求严格的零件装配，如大型凸轮与轴的套合。在使用温差法后，可再用液压套合法精确调整其相对位置。

三、技能操作——无键螺旋桨液压套合

1. 工艺分析

如图 2—1—9 所示为无键螺旋桨和尾轴配合的液压套合法安装。目前大型船舶的尾轴和螺旋桨的连接为无键连接，常用液压套合法进行安装。无键连接可以准确地将螺旋桨叶片安装在与主机曲柄相对应的合适角度，有利于减少轴系的振动，而且可以避免键与键槽工作时周边发生挤裂和因摩擦腐蚀在尾轴锥体大端表面产生开裂现象。液压套合法的优点是可以多次装拆且装拆工作效率高。

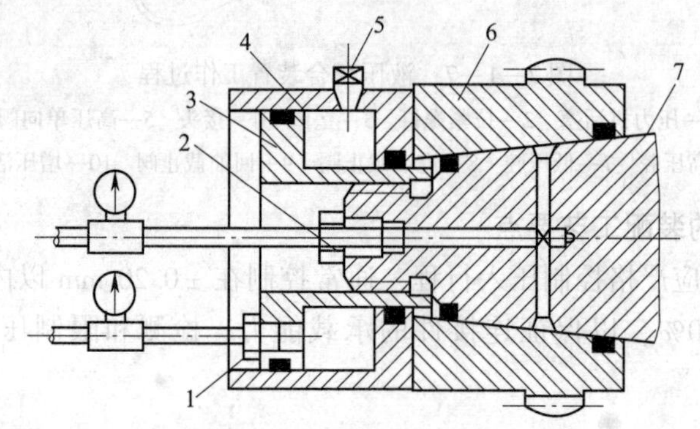

图 2—1—9　无键螺旋桨液压套合法安装

1—轴向压入低压油系统　2—轮毂胀大高压油系统　3—活塞
4—液压缸　5—螺塞　6—螺旋桨轮毂（包容件）　7—尾轴（被包容件）

2. 工艺步骤

(1) 螺旋桨套上尾轴

整套工具用活塞 3 上的螺纹与被装配的轴端连接（低压系统压力为 35 MPa，高压系统压力为 200 MPa）。

(2) 轴向预紧

先将低压系统压力升高（注意用螺塞 5 放掉液压缸内的空气），使螺旋桨轮毂 6 和尾轴 7 紧密结合，使螺旋桨向尾轴施加一定的轴向推力。

(3) 注高压油

将高压油通入螺旋桨锥孔的油槽里。

(4) 液压套合

在高压油的作用下螺旋桨的毂部胀大，不断加大油压，不断加大径向的张力和轴向的推力，使螺旋桨达到预定的压入量。

(5) 卸油压

先卸去螺旋桨锥孔中的高压油（径向压力），然后卸去低压系统中的低压油（轴向压力），螺旋桨就紧紧地箍在尾轴上了。

(6) 放油

卸下整套液压套合的工具并放出液压尾轴螺母里的油。

(7) 锁紧螺母

将液压尾轴螺母里的油放空后就将螺母拧紧、锁住。

3. 装配注意事项

(1) 规范计算压入量。用液压套合法安装无键螺旋桨时，螺旋桨套合到轴上的轴向推入量（螺旋桨毂部前端面与尾柱端面之间的距离）必须符合规范要求。

(2) 检查配合锥面接触面积。套合前桨毂与尾轴锥部的实际接触面积应不小于理论接触面积的 70%，一般可用着色法进行检查。

(3) 套合前应使螺旋桨与轴温度相同，配合面应清洁无油污，配合情况应在车间进行验证。

(4) 配合位置标记。采用液压套合法时，螺旋桨与尾轴之间没有平键，螺旋桨与尾轴在圆周方向上的相对位置必须对准标志，使螺旋桨安装成最佳安装角，以达到最大限度地减少振动的目的。

(5) 测出尾轴法兰与尾柱端面的距离并制样棒，作为以后检验尾轴轴向位置的标准。

4. 评分标准

无键螺旋桨液压套合法评分标准见表 2—1—9。

表 2—1—9　　无键螺旋桨液压套合法评分标准

时限	2 h	开始时间	结束时间		实考时间	
项目	序号	技术要求	配分	评分标准	检测记录	得分
理论基础	1	熟悉无键螺旋桨液压套合法的原理和应用	20	不熟悉不得分		
	2	熟悉无键螺旋桨液压套合法的工艺步骤	10	不熟悉不得分		
操作技能	3	会正确安装无键螺旋桨液压套合设备	10	不正确不得分		
	4	会准确操作无键螺旋桨液压套合设备	10	不正确不得分		

续表

项目	序号	技术要求	配分	评分标准	检测记录	得分
操作技能	5	无键螺旋桨液压套合安装工艺步骤合理正确	20	不正确不得分		
	6	会检测无键螺旋桨液压套合法质量	20	不会不得分		
综合能力	7	能团结协作	10	不能团结协作不得分		
总分			100			

课题二　传动机构装配

子课题 1　挤压加工

1. 熟悉挤压原理。
2. 熟悉挤压加工方法。
3. 会挤压电动机不锈钢外壳。

挤压加工是无切屑加工的一种形式，它与金属切削加工的性质不同。在挤压过程中，没有切屑的产生，故不会像铰削或拉削，因切屑的产生而妨碍内孔的表面粗糙度。

挤压加工不但可以促成内孔表面粗糙度的降低，同时又能得到高的精度。一般冷挤压表面粗糙度可达 $Ra0.2$ μm。

一、挤压原理

挤压是用挤压杆对放在容器（挤压筒）内的金属坯料施加外力压出挤压模孔，获得所需断面形状和尺寸的一种金属塑性加工方法。金属挤压的基本原理如图 2—2—1 所示。

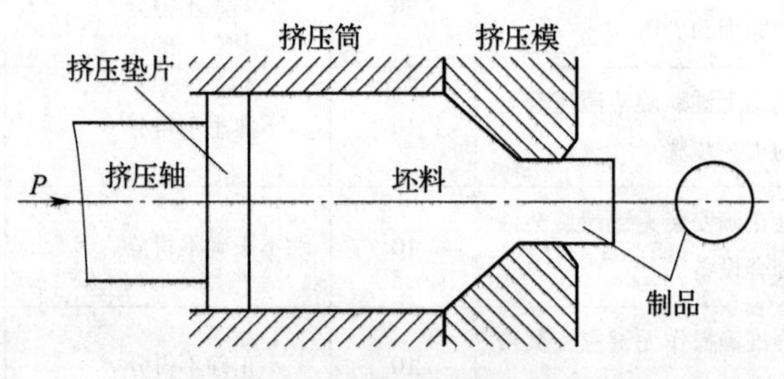

图 2—2—1　金属挤压的基本原理

二、挤压特点

挤压是使坯料在挤压筒中受强大的压力而变形的加工方法。它具有如下特点：

1．挤压时金属处于三向受压状态下而变形，因此挤压可提高金属的塑性。挤压材料不仅有铝、铜等有色金属，碳钢、合金结构钢、不锈钢以及纯铁等也可用挤压法成形。在一定变形量下，某些高碳钢、轴承钢，甚至高速钢等也可进行挤压。

2．挤压可以制出各种复杂形状、深孔、薄壁、异形断面的零件。

3．挤压零件的精度高且表面粗糙度值小，因此可达到无切削或少切削加工的目的。

4．挤压提高了零件的力学性能。挤压变形后零件内部的纤维组织是连续的，沿外形分布而不被切断，从而提高了零件的力学性能。

5．节约原材料，材料利用率可达70%以上；生产率高，比其他锻造方法高几倍。

三、挤压方法

根据挤压时挤压筒内金属的应力、应变状态，挤压方向及制品的种类、形状与尺寸等来选择挤压方法。

挤压按金属流动及变形特征分类，有正向挤压、反向挤压和特殊挤压。特殊挤压包括静液挤压、连续挤压、侧向挤压、联合挤压、复合挤压、包套挤压、脱皮挤压、水封挤压、舌模挤压、粉末挤压、半挤压钛管棒型材熔融挤压、液态挤压等。

1．挤压按金属流动方向和凸模运动方向的不同分类

（1）正向挤压

如图2—2—2a、b所示，金属流动方向与凸模运动方向相同。其特征是：

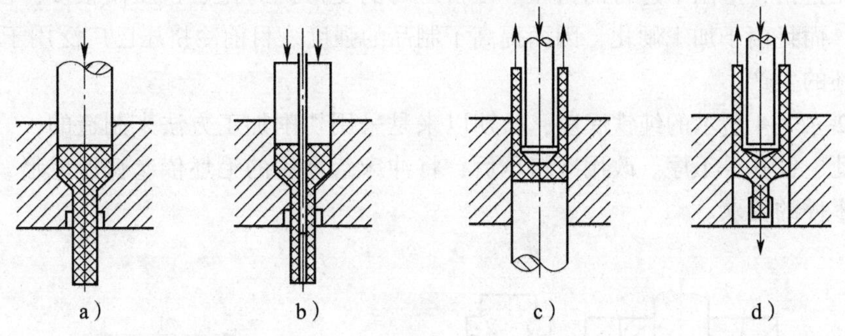

图2—2—2　挤压方法的不同分类

a）正向挤压实心件　b）正向挤压空心件　c）反向挤压　d）复合挤压

1）金属流动方向与挤压轴的运动方向相同。

2）锭坯与挤压筒有较大的相对运动，所需的挤压力较大。

3）操作方便，工模具简单。

正向挤压是最基本的挤压方法，因其具有技术最成熟、工艺操作简单、生产灵活性大等特点，使它成为钛及钛合金、铝及铝合金、铜及铜合金、钢铁材料加工中使用最广泛的方法之一。

(2) 反向挤压

如图 2—2—2c 所示，金属流动方向与凸模运动方向相反。其特征是：

1）金属流动方向与挤压轴的运动方向相反。

2）挤压时的外摩擦力小，挤压力小。

3）成品率较高，生产率较低。

在现代正反两用挤压机上，一般有两根挤压轴（主挤压轴和模轴），挤压时挤压筒随主挤压轴（简称主轴）一起移动。此时，制品流出方向与主轴移动方向一致，而与模轴的相对移动方向相反。

由于在挤压过程中，坯料与挤压筒之间无相对运动，因此反向挤压适合于大直径管材和难挤压的合金棒材。

(3) 复合挤压

复合挤压如图 2—2—2d 所示，坯料上一部分金属的流动方向与凸模运动方向相同，而另一部分金属的流动方向则与凸模运动方向相反。

(4) 径向挤压

径向挤压如图 2—2—3 所示，金属的流动方向与凸模运动方向成 90°角。

2. 挤压按金属坯料所具有的温度不同分类

(1) 热挤压

热挤压温度与锻造温度相同。热挤压的变形抗力小，容许每次变形程度较大，但表面粗糙度值较大。热挤压广泛应用于冶金部门生产铝、铜、镁及其合金的线材和管材等，现在也越来越多地用于机器零件毛坯的生产。

(2) 冷挤压

冷挤压是指在室温下进行的挤压。冷挤压时的变形抗力比热挤压高很多，但表面粗糙度值较小，而且由于加工硬化，因而提高了制品的强度。目前冷挤压已广泛用于机器零件、半成品毛坯的生产。

如图 2—2—4 所示的纯铁底座，长期以来是采用切削加工方法来制造的，需经过车削外形、钻孔、铰孔等工序。改用冷挤压后，将冲床落料后的毛坯依次挤压成形，其尺寸精度可达到零件的要求。

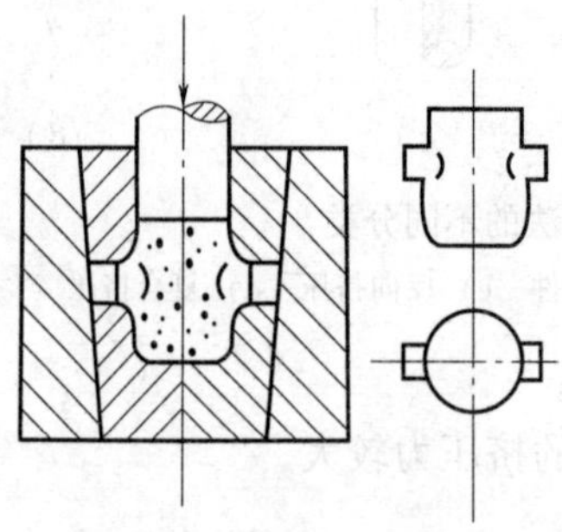

图 2—2—3 径向挤压

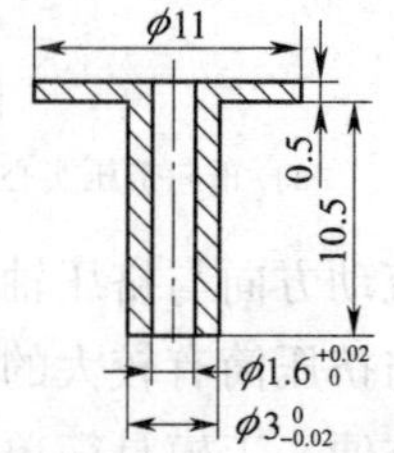

图 2—2—4 纯铁底座

冷挤压时为了降低挤压力、防止模具磨损和破坏、提高零件表面质量，必须进行润滑处理。由于冷挤压时单位压力很高，润滑剂很容易被挤掉而失去润滑作用，因此对钢质零件必须采用磷酸盐进行表面处理（磷化处理），使坯料表面呈多孔性结构而储存润滑剂，以保证在高压下隔离坯料与模具的接触，起到润滑作用。常用的润滑剂有矿物油、豆油、肥皂液等。

(3) 温挤压

温挤压是介于热挤压和冷挤压之间的挤压方法，是将金属加热到再结晶温度以下的某个合适温度（100~800℃）进行挤压。与冷挤压相比，温挤压降低了变形抗力，增加了每个工序的允许变形程度，提高了模具寿命，扩大了冷挤压的材料品种。温挤压材料一般不需预先软化退火、表面处理和工序间退火。温挤压的外形精度和机械性能略低于冷挤压。温挤压不仅适用于中碳钢，而且也适用于合金钢。

(4) 静液挤压

除了上述挤压方法外，还有一种静液挤压（见图2—2—5）。静液挤压时凸模与坯料不直接接触，而是给液体加压，液体把压力传给坯料，使金属通过凹模而成形。

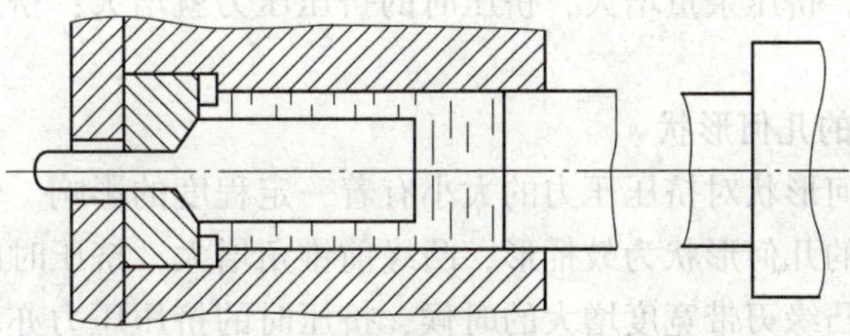

图2—2—5　静液挤压

由于坯料侧面无普通挤压时存在的摩擦力，因此变形均匀，可提高一次挤压的变形量，挤压力也较其他挤压方法小10%~50%。静液挤压可用于低塑性材料，如铍、钽、铬、钼、钨等合金的成形，对常用材料可采用不经中间退火一次挤成线材和型材。静液挤压法已用于挤制螺旋齿轮（圆柱斜齿轮）及麻花钻等形状复杂的零件。

四、挤压参数

1. 后锥角

挤压器的后锥角越小，内孔所得的粗糙度则越高，但是过小的后锥角反而不能促使表面粗糙度值急速增大。一般当后锥角为4°~5°时，内孔表面所得的表面粗糙度值最小。

2. 凸缘的刃带宽度

挤压器工作凸缘的刃带宽度，也同样影响内孔表面的粗糙度。刃带宽度越宽，挤压器对内孔表面的熨平作用越大，因而促使加工表面的粗糙度越低。挤压器的刃带宽度往往在0.3~5 mm，但过大的刃带宽度会引起加工表面粗糙度的恶化。这是由于增大了刃带宽度也就相应地增大了内孔表面与挤压器的摩擦面积。

挤压器工作凸缘的刃带和其圆锥面自身的粗糙度，更直接影响内孔表面的粗糙度。它自身的粗糙度越低，内孔表面所得的粗糙度亦越低。

3. 挤压器前锥角和挤压压力的关系

当前锥角在2°~4°时，所需的挤压压力最小；前锥角增大至4°以上时，所需的挤压压力就显著地增大；而前锥角减小至2°以下时，挤压压力亦有所增大。

五、挤压压力和其大小的确定

1. 挤压压力大小决定因素

（1）零件材料的性质

在同样的挤压条件下，材料软的零件，挤压时所需的挤压压力就较小；材料硬的零件，挤压压力就较大。这是由于材料较硬的零件，在挤压过程中促使内孔表面产生基本变形所需的力较大，因此挤压器对内孔表面的挤压压力就较大。

（2）零件孔径的大小

零件的孔径越大，挤压时的挤压压力越大；孔径越小，挤压压力就越小。这是由于孔径较大的零件，其内孔表面与挤压器的接触面积较大，克服摩擦阻力的力就增大。反之，摩擦面积减小，摩擦阻力也就减小。

（3）挤压余量的大小

同种材料的零件，挤压余量增大，挤压时的挤压压力就增大；挤压余量减小，所需的挤压压力就减小。

（4）挤压器外形的几何形状

挤压器外形的几何形状对挤压压力的大小有着一定程度的影响。倘若心轴挤压所用的挤压器，其工作凸缘的几何形状为鼓桶形，凸缘前锥角增大，挤压时的挤压压力必然有相应地增加。同样，当凸缘刃带宽度增大的时候，挤压时的挤压压力亦增大。这是由于挤压器与内孔表面的摩擦表面增大，压力也就增大。

钢球挤压或工作凸缘为圆弧形的心轴挤压时，钢球或凸缘曲率半径小，能够促成较深的冷轧层，因此挤压压力就较大；反之挤压压力就减小。

对钢质零件的挤压，当挤压器前锥角在 $2°\sim4°$ 时挤压压力最小。对铸铁零件的挤压，当挤压器前锥角在 $1°\sim7°$ 时挤压压力最小。

2. 挤压压力的计算

挤压压力大小的确定具有很大的实用意义，因为挤压压力的大小直接影响到机床或挤压器的选择。挤压时的挤压压力越大，机床的刚度越要好，功率越要大。并且当设计挤压器时必须根据挤压压力的大小来决定挤压器的刚度和强度。因此在挤压前对挤压压力必须作出正确的计算。挤压时的挤压压力可以看作下列三部分力的总和：

$$P = P_c + P_u + P_\sigma$$

式中 P——挤压压力；

P_c——促使金属表面产生塑性变形和弹性变形所需的力；

P_u——克服内孔表面与挤压器圈之间摩擦阻力的力，当摩擦因数不变时，这个力的大小取决于摩擦表面的大小，摩擦表面增大，这个力就增大；

P_σ——克服不均匀变形损耗的力。

六、技能操作——挤压电动机不锈钢外壳

1. 挤压工艺要点

电动机外壳材料为1Cr18Ni9Ti，使用 $\phi25.8\ \text{mm}\times14\ \text{mm}$ 的坯料。若采用冷挤压，则需

要经多次挤压才能成形，生产率低。若将毛坯加热到260℃进行温挤压，只需两次挤压即可成型（见图2—2—6），第一次用复合挤压将ϕ21 mm处尾部挤出，第二次用正挤压即可得到平底的工件。

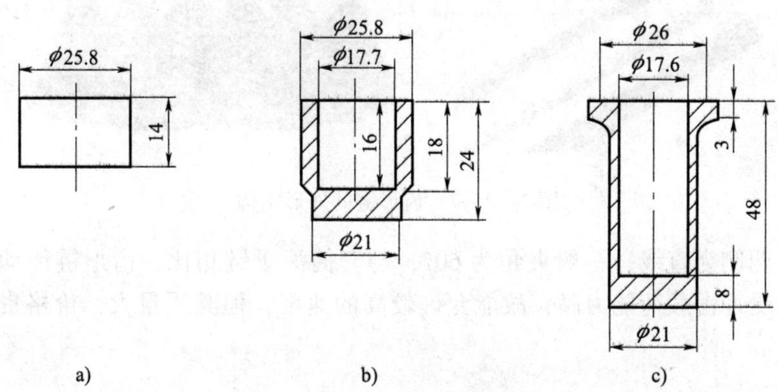

图2—2—6　电动机外壳挤压过程

a）毛坯　b）第一次复合挤压　c）电动机外壳挤压件

挤压是在专用挤压机上进行的，也可在经适当改进的通用曲柄压力机或摩擦压力机上进行。

2. 评分标准

挤压加工评分标准见表2—2—1。

表2—2—1　　挤压加工评分标准

时限	2 h	开始时间	结束时间		实考时间	
项目	序号	技术要求	配分	评分标准	检测记录	得分
理论基础	1	熟悉挤压加工方法和应用	10	不熟悉不得分		
	2	熟悉挤压加工的工艺步骤	10	不熟悉不得分		
操作技能	3	会正确编制挤压加工工艺	20	不正确不得分		
	4	会正确选择和控制挤压加工参数	20	不正确不得分		
	5	会进行挤压加工	10	不合格不得分		
	6	会检测挤压加工质量	20	不合格不得分		
综合能力	7	能团结协作	10	不能团结协作不得分		
		总分	100			

子课题2　齿形链的装配

学习目标

1. 掌握齿形链常用张紧装置及其应用。
2. 会进行齿形链传动机构的装配。

齿形链是由许多齿形链板和铰链连接而成的，工作时链齿与链轮齿互相啮合，如图2—2—7所示。

图2—2—7　齿形链的外形结构

齿形链的两侧为直线，一般夹角为60°，与套筒滚子链相比，齿形链传动平稳，振动及噪声小，承受冲击载荷能力高，故能允许较高的速度，但其质量大，价格贵，装拆较困难。

一、常用张紧装置及其应用

1. 轮式拉簧张紧装置

如图2—2—8a所示为轮式拉簧张紧装置，由张紧轮、杠杆机构、拉簧等组成。使用轮式拉簧张紧装置时，可通过调节拉簧的拉力来调节张紧力。

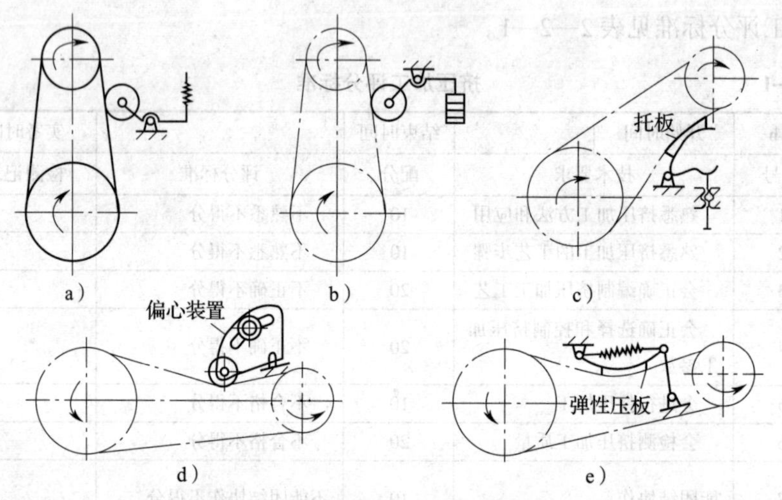

图2—2—8　链轮传动张紧装置示例

a）轮式拉簧张紧　b）轮式配重张紧　c）板式螺旋调节张紧
d）轮式偏心调节张紧　e）拉簧弹性压板张紧

2. 轮式配重张紧装置

如图2—2—8b所示为轮式配重张紧装置，由张紧轮、杠杆机构、配重块等组成。使用轮式配重张紧装置时，可通过调节配重来调节张紧力。

3. 板式螺旋调节张紧装置

如图2—2—8c所示为板式螺旋调节张紧装置，由张紧托板、杠杆机构、螺旋调节机构等组成。使用板式螺旋调节张紧装置时，可通过螺旋机构调节张紧力。

4. 轮式偏心调节张紧装置

如图2—2—8d所示为轮式偏心调节张紧装置，由偏心调节装置、支座、张紧轮等组成。使用该装置时，可通过调节偏心板的位置来调节张紧力。

5. 拉簧弹性压板张紧装置

如图2—2—8e所示为拉簧弹性压板张紧装置，由支座、拉簧、弹性压板等组成。使用该装置时，可通过调节拉簧的拉力来改变弹性压板的变形程度，从而调节张紧力。

二、技能操作——齿形链传动机构的装配

1. 齿形链传动机构的装配要点

（1）链轮的装配应注意与转动轴的同轴度和连接可靠性，链轮的齿廓侧面应在同一平面内。

（2）链条节的拆卸和连接通过拆卸销轴进行，但应注意链片和导片的装配位置。

（3）机构安装时一般是链和链轮同时套入传动轴，结构不允许的，可拆卸链条后，采用如图2—2—9所示的拉紧工具进行链条的连接。

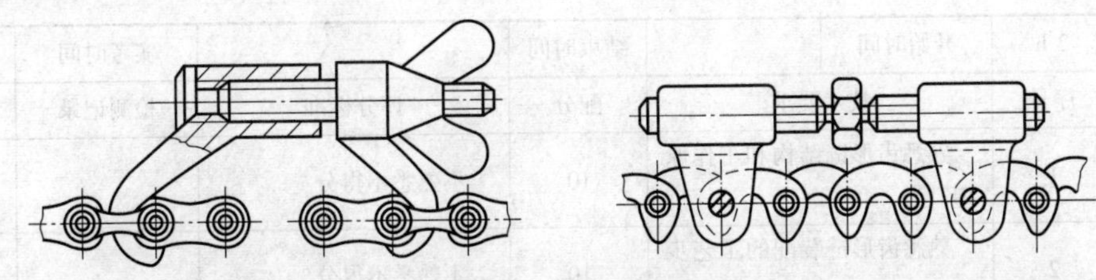

图2—2—9　拉紧链条的工具

（4）装配后，注意控制链的下垂度，必要时可采用张紧装置，张紧装置一般都使用在松边，若需要使用在紧边，应放置在内侧。

（5）使用张紧装置时应注意调节张紧力，以使传动灵活，跳动量在控制范围内，链轮的包角比较合理。

（6）张紧轮的位置一般在链条的中部，当需要增加链轮的包角时，可适度偏向一侧。

2. 装配注意事项

（1）装配时，要检查两轴线的平行度和链轮偏移量（见图2—2—10）。合格后，即可将链条装到链轮上，链轮和链节的装配形式如图2—2—11所示。

（2）如结构不允许链条预先将接头连好，则必须将链条套在链轮上，再用专用的拉紧工具（见图2—2—9）拉紧，进行连接。

（3）连接时，注意弹簧卡片的开口端必须与链条的运动方向相反。

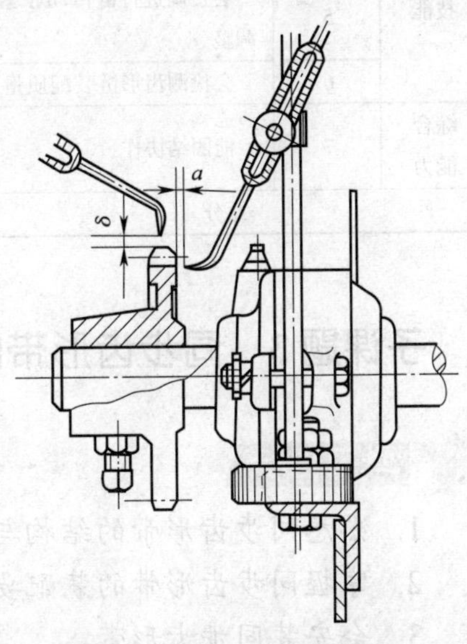

图2—2—10　链轮偏移量的检测

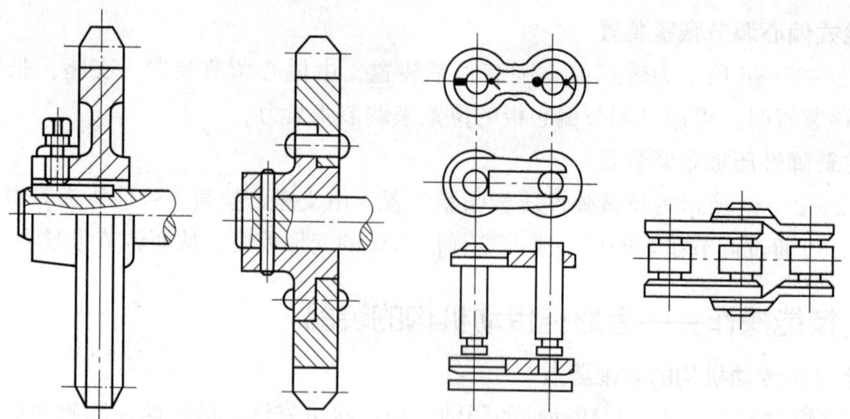

图 2—2—11　链轮和链节的装配形式

3. 评分标准

齿形链装配评分标准见表 2—2—2。

表 2—2—2　齿形链装配评分标准

时限	2 h	开始时间	结束时间		实考时间	
项目	序号	技术要求	配分	评分标准	检测记录	得分
理论基础	1	熟悉齿形链结构和工作原理	10	不熟悉不得分		
	2	熟悉齿形链装配的工艺步骤	10	不熟悉不得分		
操作技能	3	会正确使用安装工具	20	不正确不得分		
	4	会正确安装齿形链	20	不正确不得分		
	5	会正确进行链传动张紧力调整	10	不正确不得分		
	6	会检测齿形链装配质量	20	不合格不得分		
综合能力	7	能团结协作	10	不能团结协作不得分		
总分			100			

子课题 3　同步齿形带的装配

学习目标

1. 熟悉同步齿形带的结构与特点。
2. 掌握同步齿形带的装配要点。
3. 会安装同步齿形带。

同步齿形带是功率传递的主要部件，因其传动准确而被广泛应用于发动机动力传递、机器人机械手的运动控制、绘图仪中笔尖的运动控制、喷墨打印机中喷墨头的位置控制、数控机床中的进给装置以及纺织机械精确控制等。

一、同步齿形带的结构与特点

同步齿形带是一种工作面为齿形的环形胶带，工作时与轮齿相啮合，其材质有氯丁橡胶和聚氨酯两种，由齿背层、强力层、基体及有关表面层组成，其强力层是伸长率小、抗拉与抗弯疲劳强度高的钢丝绳或玻璃纤维绳，能保证带齿的节距不变，如图 2—2—12 所示。

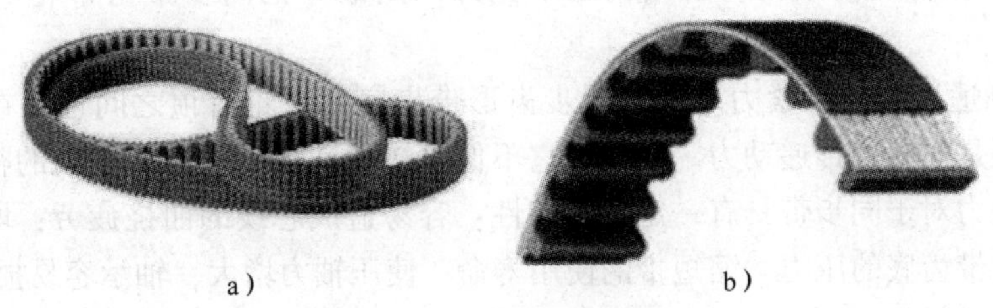

a）　　b）

图 2—2—12　同步齿形带结构

a）外形　b）结构

同步齿形带速比范围广，传动平稳，传动比准确，初张力小，无滑动，体积小，质量小，占地面积小，传动效率高，不需要润滑，工作时无噪声，维修简单，更换方便，价格低廉，低摩擦，传动可靠，但中心距要求严格、价格较高。

二、同步带传动特点

1. 同步带依靠啮合传动，工作时无滑动，具有恒定的传动比，传动比准确。
2. 对轴及轴承的压力较小，耐油耐磨性较好，抗老化性能好。
3. 传动平稳，具有缓冲、减振能力，噪声低。
4. 允许采用较小的带轮直径、较短的中心距和较大的速比，也适用于长距离的传动。
5. 传动系统结构紧凑，速度和功率范围较广，具有准确的同步传动功能，不需要润滑，无滑动误差，传动效率达 0.98，节能效果好；速比范围可达 1∶10，允许线速度可达 50 m/s，传动功率从几百瓦到数百千瓦，适宜多轴传动。
6. 一般使用温度为 -20 ~ 80℃，维护保养方便，不需润滑，无污染，维护费用低。

三、同步齿形带装配工艺

1. 安装前注意事项

（1）同步齿形带产品必须表面整洁，带没有扭曲变形，带齿饱满。

（2）同步齿形带产品严禁曲折，以免损伤骨架材料，影响带强度。

（3）同步齿形带产品严禁划伤以免带早期损坏。

（4）同步齿形带产品避免与化学品（尤其是强氧化性酸，如浓硫酸等）接触。

（5）同步齿形带产品尽量避免与油类、水长期接触。

（6）更换同步齿形带时，必须使带的张力降到最低才能取出，严禁在有高张力的情况下，利用非专业的工具硬撬下来。

2. 同步齿形带的安装方法

（1）安装同步齿形带时，如果两带轮的中心距可以移动，必须先将带轮的中心距缩短，装好同步齿形带后，再使中心距复位。若有张紧轮时，先把张紧轮放松，然后装上同步带，再装上张紧轮。

（2）往带轮上装同步齿形带时，切记不要用力过猛，或用螺丝刀硬撬同步齿形带，以防止同步齿形带中的抗拉层产生外观觉察不到的折断现象。设计带轮时，最好选用两轴能互相移近的结构，若结构上不允许，则最好把同步带与带轮一起装到相应的轴上。

（3）控制适当的初张紧力。虽然同步齿形带齿底与带轮齿顶之间也存在少量摩擦传动，但主要还是靠啮合传递动力。因此，它不像摩擦传动带那样需要很高的初张紧力，而且过高的张紧力对于同步带具有一定的危害性：容易造成芯线的曲挠疲劳；增大了带轮齿顶对同步齿形带齿底的压力，缩短带的使用寿命；使压轴力增大，轴承容易损坏。

初张紧力过低的危害：使带在运转中容易发生跳齿现象，在跳齿瞬间，可能因张紧力过大而使带断裂；系统传递精度变差；振动及噪声变大。

不同宽度的同步齿形带相对应的张紧力：宽 15 mm 对应张紧力为 176 N；宽 20 mm 对应张紧力为 235 N；宽 25 mm 对应张紧力为 294 N。用张力计测试带的张紧力方法如图 2—2—13 所示。

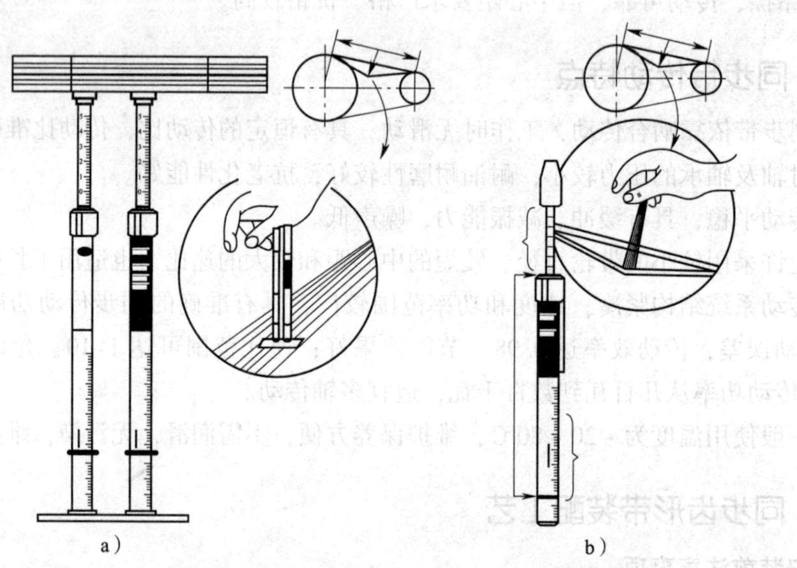

图 2—2—13　同步齿形带张紧力测试
a）宽型　b）窄型

（4）同步齿形带传动中，两带轮轴线的平行度要求比较高，否则同步齿形带在工作时会跑偏，甚至跳出带轮。轴线不平行将引起压力不均匀，使带齿早期磨损，如图 2—2—14 所示。

（5）支承带轮的机架，必须有足够的刚度，否则带轮在运转时就会造成两轴线不平行。

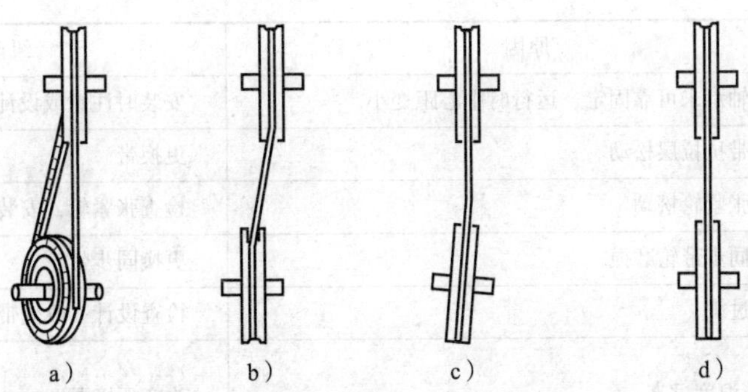

图 2—2—14　同步齿形带两带轮轴安装位置

a）、b）、c）不准确　d）准确

3. 同步带运转时注意事项

（1）同步带运转时，严禁固体物质轧入齿槽，因为同步带的抗拉层允许的伸长量极小，异物轧入时，同步带在不能伸长的情况下会被切断。

（2）同步齿形带对电动机的拉力比较大，所以必须经常检查电动机的紧固螺栓。

四、同步齿形带故障及纠正措施（见表 2—2—3）

表 2—2—3　同步齿形带故障及纠正措施

故障	原因	纠正措施
同步带断裂	1. 过载	减小载荷
	2. 从动轮惯性过大	选择正确的同步带轮
	3. 同步带轮直径小	重新设计传动啮合齿数
	4. 预紧力过大	调整合适的预紧力
	5. 同步带折扭，操作不良	储存、运输、安装过程中细心操作
	6. 过大的冲击载荷	防止意外故障，变更设计
	7. 同步带爬上挡圈	调整轴平行度，检查挡圈
	8. 碎片或外来物体落入传动装置内	清理污物和检查防护挡板
带齿剪断	1. 过载或过大冲击载荷	使载荷在正常范围内
	2. 啮合齿数不够	检查设计，使带齿数为奇数
	3. 预紧力过小	调整预紧力
	4. 同步带轮直径过小	增大带轮直径
	5. 环境温度过高或油等其他杂物混入	改变环境温度，使用防护罩
	6. 受到意外事故停转，负荷突然增大	检查设备防止再次发生意外事故
同步带纵裂	1. 同步带跑出同步带轮	调整平行度
	2. 同步带跑偏到挡圈上	调整平行度，检查挡圈
	3. 安装时同步带切在挡圈上	安装时注意

续表

故障	原因	纠正措施
同步带伸长	1. 轴承未可靠固定，运行时中心距变小	安装时注意或设计时改进结构
	2. 带抗拉层松动	更换带
	3. 张紧轮松动	检查张紧轮，安装时注意
	4. 同步带轮磨损	更换同步带轮
	5. 过载	检查设计，改变带宽
带背裂纹或带变软	环境温度过高	改变环境温度
运行噪声过大	1. 过载	检查设计
	2. 预紧力过大	调整预紧力
	3. 同步带轮不平行	调整平行度，安装时校准
	4. 同步带轮直径比带宽小	检查设计
	5. 同步带和同步带轮啮合不良	检查同步带和同步带轮
同步带带边过度磨损	1. 同步带轮不平行	调整平行度
	2. 轴承部位刚度不够	增加刚度，确保固定
	3. 挡圈弯曲	修正或更换挡圈
	4. 挡圈表面粗糙	修正或更换挡圈
	5. 同步带碰触传动装置的防护挡板或支架	检查防护挡板或支架
同步带带齿过度磨损	1. 过载	检查设计，选择正确带宽
	2. 预紧力过大	调整合适的预紧力
	3. 轮齿表面粗糙	检查、调整表面粗糙度
	4. 同步带轮严重径向跳动	检查调整径向圆跳动
	5. 混入粉尘或沙粒	避免杂物混入
	6. 剧烈振动	调整结构或使用减振装置
	7. 过多污物落入传动装置内	清理污物

五、技能操作——发动机同步齿形带的拆装

1. 工艺分析

根据如图 2—2—15 所示的发动机同步齿形带的工作示意图，进行带的拆装训练。

2. 工艺步骤

（1）用梅花扳手拧松并拆下同步齿形带的张紧轮紧固螺母，如图 2—2—16a 所示。

（2）转动张紧轮，拆下齿形带，如图 2—2—16b 所示，完成拆卸工作。

（3）转动曲轴到第一缸的上止点位置，再把凸轮轴齿轮上的标记对准气缸盖上的标记，按照曲轴旋转方向将同步齿形带套到齿形带轮上，如图 2—2—16c 所示。

图 2—2—15　发动机同步齿形带工作示意图

a）

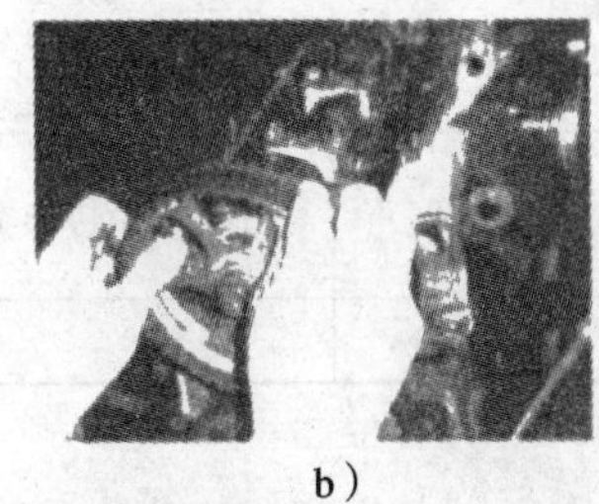

b）

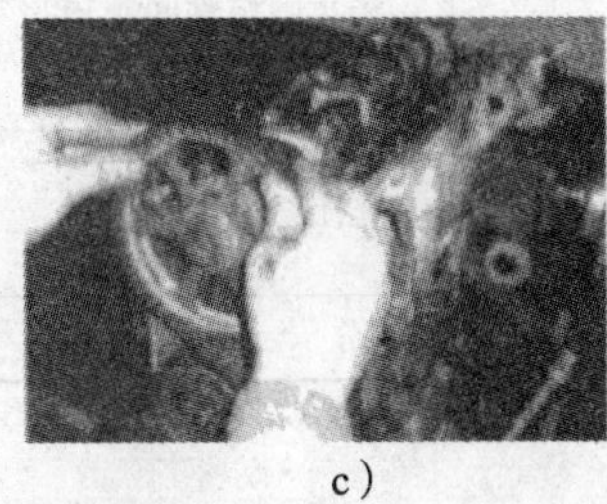

c）

图 2—2—16　发动机同步齿形带拆装

a）拆下紧固螺母　b）拆下齿形带　c）装上齿形带

（4）根据张紧轮旋转方向，左手用张紧专用扳手将张紧轮压在齿形带上，右手转动齿形带，将齿形带装上。

（5）张紧力的检查可以用张力计，也可以如图 2—2—17 所示，在凸轮轴齿轮和中间轴齿轮之间，用拇指和食指捏住齿形带两边，若刚好能扭 90°，则说明其张紧力是合适的。当符合规定张紧力时，用梅花扳手拧紧张紧轮紧固螺母，同步齿形带装配完毕。

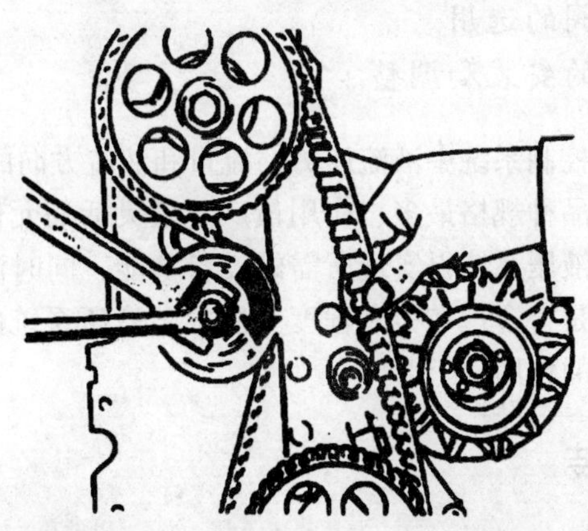

图 2—2—17　发动机同步齿形带张紧力检查

3. 评分标准

同步齿形带拆装评分标准见表2—2—4。

表2—2—4　　同步齿形带拆装评分标准

时限	2 h	开始时间		结束时间		实考时间	
项目	序号	技术要求		配分	评分标准	检测记录	得分
理论基础	1	熟悉同步齿形带工作原理和应用		20	不熟悉不得分		
	2	熟悉同步齿形带拆装的工艺步骤		10	不熟悉不得分		
操作技能	3	会正确安装选用齿形带		10	不正确不得分		
	4	会准确拆卸齿形带		10	不准确不得分		
	5	会准确安装齿形带		20	不准确不得分		
	6	会正确检查同步齿形带张紧力		20	不会检查不得分		
综合能力	7	能团结协作		10	不能团结协作不得分		
		总分		100			

课题三　液压传动装配

子课题1　液压阀的安装和调整

学习目标

1. 熟悉液压阀的工作原理和分类应用。
2. 掌握液压控制阀的选用。
3. 会进行液压阀的安装和调整。

在液压系统中，用于控制系统中液流压力、流量和液流方向的元件总称为液压控制阀。液压控制阀是液压技术中品种规格最多、应用最广泛最灵活的元件。通过液压阀的不同组合，可以组成多种类型的液压系统以实现所需的设备功能，同时液压阀的性能优劣以及与系统其他元件参数的匹配是否合理在很大程度上决定了液压系统的性能。因此，液压阀在液压系统中起着非常重要的作用。

一、液压阀的安装

1. 安装前准备工作

(1) 熟悉液压系统图、液压组装图（或管路布置图）、安装说明书及安装顺序等。

（2）清点液压阀并分类摆放。检查阀的包装，若包装有破损，应确认是否有杂物侵入阀内，必要时可以考虑拆卸清洗。

（3）检查液压阀。对于新购置的阀，检查其外观有无磕碰伤口，视情况决定退货或进一步检查阀内有无损坏而决定取舍。若是使用过的阀，应检测阀的性能。各类阀的一般检测内容有：

1）方向控制阀应检测其换向状况（操作力、电流大小等）、压力损失和内、外泄漏等。

2）压力控制阀应检测其调压状况（动作灵活性和可靠性等）、所调定压力的开启压力和闭合压力、外泄漏等。

3）流量控制阀应检测其调节状况、最小稳定流量、最大流量、外泄漏等。检测合格后，将阀调到安全位置。例如压力阀的调压螺钉应拧松，节流阀阀口应调到最大等。最后将阀口用堵头暂时封堵，用塑料袋包裹阀体后妥善放置，等待安装。

4）准备安装材料，如密封件、连接件、安装工具等。

2. 阀安装过程中的注意事项

在安装液压系统的过程中，阀的安装工作量相对较小（管路的配装工作量相对较大）。

（1）安装时应严格遵守安装顺序。

（2）应注意液压阀之间、阀与管路之间的连接形式，例如有螺纹、法兰、板式、叠加、集成、插接等。连接方式虽然不同，但在对接处都有密封装置，并且都是采用螺纹连接方式对阀体进行固定。

（3）由于密封材料多为耐油橡胶，安装时，为避免密封圈离槽、咬边，可在密封圈上涂液压油，或者在阀与阀的结合面上涂润滑脂。

（4）对于使用螺栓组连接的阀，拧紧方法与一般机械安装方法相同，即按对角顺序拧紧螺钉（或螺栓），且至少分两次将其拧紧，以使各个螺钉受力均匀。

（5）对于连接管路，一般采用配装法，即现场截取长度、现场扩口或焊接，这应该由有经验的人员操作。

（6）安装质量较大的阀时（有的大流量阀重达几十千克），应考虑吊装、临时支承等措施。

二、阀的调试内容及一般调试顺序

1. 阀的调试内容

（1）对于新购置的液压阀，要严格依照随机所带的安装说明进行调试。

（2）对于自行设计的液压系统，调试前应明确调试目的、要求和性能指标（指标不一定要求太高，满足使用即可）。

（3）必须根据具体情况，制定出详细的调试规程，并且详细记录调试过程及问题。

2. 阀的一般调试顺序

（1）空载运行调试

空载运行中试操作换向阀，逐步加载调节压力阀，最后调试流量阀即调试执行元件的速度。调试压力阀之前，应将“O”“Y”形机能的换向阀处在常态位置。对于能使泵卸荷的换向阀，应使其停在工作位置上（液压缸处在完全收回状态）。

（2）调试压力

调试压力时各个待调节的压力阀的调压弹簧都应该按从松到紧，压力值从低到高的顺序进行调节。应从压力调定值高的主要的溢流阀（如泵口溢流阀）开始，依次调整各个支回路的各种压力阀。调整完成后，将调压螺钉锁紧甚至加封。

（3）调试流量阀

调试流量阀（调执行元件的速度）时，应在正常工作压力和油温下进行。应关闭其余回路，依次对各个速度回路逐个调试。

调试期间，对所用到的电磁换向阀，应用手动操纵。调试后，要求执行元件的启动、停止应平稳，在最低速度运行时，不应出现爬行现象。

三、液压阀常见故障和排除方法

液压阀故障现象多种多样，在此仅对常见故障的一般处理方法举例说明，见表2—3—1。

表2—3—1　　液压阀常见故障和排除方法

液压阀		故障现象	可能原因	排除方法
压力阀	溢流阀	转动调压手把后，压力达不到调定值或没有压力	调压弹簧变形、断裂，弹簧不合适（刚度不够，弹簧短），阀口没关闭或关不严等	更换弹簧；拆洗阀腔、阀芯；检查阻尼孔并用有压空气吹洗。不得用硬度大于阻尼孔材料的金属丝强捅，以防将孔捅大而出现主阀不开口的现象
		压力不稳并且伴有异常噪声和振动	在阀口上游的阀腔内含有气体，锥阀或阀座圆度不够，阀芯上粘有杂物等	排气；更换阀芯或阀座；拆洗阀腔和阀芯。有些液压泵流量脉动大及载荷较大时，压力表针颤动并伴有机械噪声属正常现象。有经验时能区分声音是否异常
	减压阀	调压失灵	主阀芯阻尼孔堵塞，隔断出口油压信号，先导阀无法起作用，则出口油压调不上去；先导阀口关不严，出口油压会调不上去；阀芯被卡阻而不能调整减压缝隙，出口油压无法调整	拆洗阀腔和阀芯；更换先导阀阀芯和阀座
		不减压	主阀芯被卡阻，先导阀口堵塞等	拆洗阀腔和阀芯
		有异常噪声和压力波动	有关先导阀的原因与溢流阀相同；实际流量大于主阀额定流量时，产生的液动力会使主阀芯振动同时引起压力波动	有关先导阀的处理方法与溢流阀相同；使用减压阀时，阀的额定流量应大于阀的实际流量

续表

液压阀		故障现象	可能原因	排除方法
压力阀	顺序阀	顺序阀上、下游的执行元件同时动作	主阀阀口常开或没关严。若是先导式顺序阀，可能是阻尼孔堵塞；主阀芯被卡阻而不能复位等	拆洗阀腔和阀芯
		顺序阀下游执行元件不动作	阀口没打开。具体原因可能是阀芯被卡阻；若是直动式顺序阀，则可能是进油口处的控制油通道堵塞	拆洗阀腔和阀芯
流量阀	节流阀	流量调节失灵	用于调节的螺纹滑扣；阀芯被径向卡紧等	拆洗阀腔和阀芯；更换调节螺杆
		流量不稳定	调节手把没锁紧	更换调节螺杆或锁紧装置
	调速阀、溢流节流阀	调节失灵	用于调节的螺纹滑扣；节流阀、减压阀或溢流阀的阀芯卡阻等	更换螺纹连接件；拆洗阀腔和阀芯
		流量不稳定	除有与节流阀相同的原因外，还有可能是调速阀进出油口反接等原因	参见节流阀处理方法；改正油口接法。使用中，负载变化、油液温度的变化、实际流量小于节流阀的最小稳定流量都会引起流量不稳定。因此，应采用正常的使用方法
方向阀	单向阀	压力较低时，阀口有反向渗漏现象	阀芯或阀座的密封面上粘有油泥或其他污物；阀芯、阀座的加工或安装不符合规定的要求；阀芯轴线水平布置且正向压力又很低也会引起反向渗漏	拆洗阀芯和阀座；更换阀芯和阀座；对阀芯和阀座的接触面重新研配
		液控单向阀的阀口反向打不开	控制活塞被杂物卡阻；控制活塞装入时偏斜被强行压入	拆洗阀腔和阀芯；组装时单向阀阀芯、控制活塞装入后用手或工具应该能按动。使用时还应注意不允许单向阀的阀芯锥面向上配置；对于液控单向阀，从K油口进油的油压应足够高，以保证控制杆能可靠地顶开单向阀阀芯
		工作中，单向阀有尖叫声	实际流量超过阀的额定流量致使流速过高引起强烈的高频振动；与其他液压元件发生共振等	换流量大的单向阀；试换弹簧（改刚度）

续表

液压阀		故障现象	可能原因	排除方法
方向阀	换向阀	电磁换向阀阀芯不动或不到位	电压过低；电磁铁线圈烧毁；滑阀与阀体配合间隙过小，被污物卡阻等	用手操作电磁铁，若正常，则检查电源及电磁铁，然后作出相应处理，否则拆洗阀芯
		电液动换向阀阀芯不动或不到位	可调节流口堵塞；液动阀控制油的油压过低	调节可调节流口，必要时拆洗阀；检修控制油路；检查电磁阀（方法同上）

上述故障现象是假设液压阀在使用期间所发生的。若是在调试期间，有些不正常现象可能与安装有关。例如，螺栓组中各螺栓受力不均将会使阀体变形，引起阀芯不动或不到位等。因此，处理故障时要具体情况具体分析和对待。

液压系统使用过程中，80% 的故障原因是油液污染。因此，使用中应该严格保证油液的清洁。

四、技能操作——三位四通电磁换向阀拆装

1. 工艺分析

如图 2—3—1 所示为三位四通电磁换向阀的各零件分解示意图，图中已将安装步骤标出，现需按步骤安装阀成品。主要部件装配工艺分析如下：

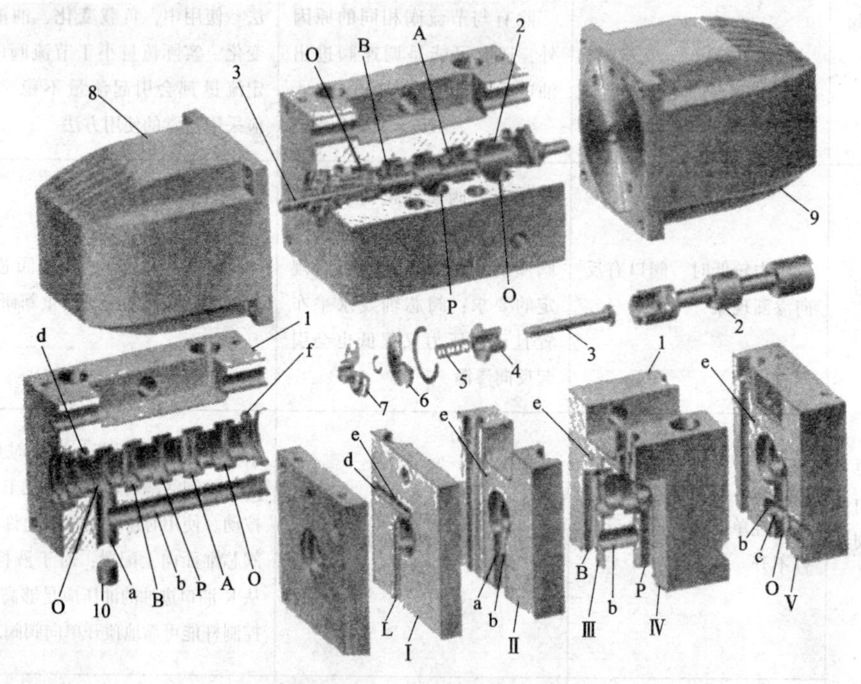

图 2—3—1　三位四通电磁换向阀

1—阀体　2—阀芯　3—推杆　4—定位套　5—弹簧　6、7—挡板　8、9—电磁铁　10—堵头

(1) 阀体与阀芯

阀体 1 与阀芯 2 的制造和装配要求极其严格。一般阀芯与阀孔的圆柱度误差为

0. 003 ~0. 005 mm，阀芯粗糙度值不大于 0. 20 μm，阀孔粗糙度值不大于 0. 40 μm，配合间隙也不宜过大。之所以这样要求，主要是为了减少泄漏和降低液压卡紧力。阀体多为铸铁件，阀芯多为钢件。

（2）电磁铁

电磁铁分为交流式和直流式两种，还可以分为干式和湿式两种。在使用时请一定注意，一个阀上的两个电磁铁绝不能同时通电。

2. 三位四通电磁换向阀拆装要点

（1）识读元件结构图，按拆装流程示意图（见图 2—3—1）进行拆与装。

（2）拆装时记录元件及解体零件的拆卸顺序和方向。

（3）拆卸下来的零件，尤其泵体内的零件，要做到不落地、不划伤、不锈蚀等。

（4）拆装个别零件需要专用工具。如拆轴承需要用轴承旋具，拆卡环需要用内卡钳等。

（5）在需要敲打某一零件时，请用铜棒，切忌用铁或钢棒。

（6）拆卸（或安装）一组螺钉时，用力要均匀。

（7）安装前要给元件去毛刺，用煤油清洗然后晾干，切忌用棉纱擦干，清洗时注意孔口，尤其是节流口不能堵塞。

（8）检查密封件有无老化现象，如果有，请更换新的。

（9）安装时不要将零件装反，注意零件的安装位置。有些零件有定位槽孔，一定要对准。

（10）安装完毕，检查现场有无漏装元件。

（11）装好后，推动电磁铁应急按钮，看阀芯在阀体中是否能顺利滑动。

3. 液压阀的装拆评分标准

三位四通电磁换向阀装拆评分标准见表 2—3—2。

表 2—3—2　　三位四通电磁换向阀装拆评分标准

时限	2 h	开始时间		结束时间		实考时间	
项目	序号	技术要求		配分	评分标准	检测记录	得分
理论基础	1	熟悉三位四通电磁换向阀结构		10	不熟悉不得分		
	2	熟悉三位四通电磁换向阀的工作原理		10	不熟悉不得分		
操作技能	3	会正确选择液压阀，编制三位四通电磁换向阀拆装流程图		10	不正确不得分		
	4	三位四通电磁换向阀装拆方法、步骤正确		20	不正确不得分		
	5	会判断三位四通电磁换向阀的常见故障		20	判断错误不得分		
	6	会检测三位四通电磁换向阀的装配质量		20	不正确不得分		
综合能力	7	能团结协作		10	不能团结协作不得分		
		总分		100			

子课题 2　液压系统的装接

学习目标

1. 掌握液压系统的基本回路。
2. 掌握液压系统整体连接和安装。
3. 熟悉液压系统常见故障原因分析及排除。
4. 会进行 M1432B 型磨床液压系统安装、调试。

液压传动是一门新的技术，它的发展历史虽然较短，但发展的速度却非常快。随着科学技术的发展，液压技术正向高压、高速、大流量、大功率、高效率、低噪声、高度集成化和小型化、轻型化、数字化方向发展。

一、外圆磨床液压系统工作原理

一台液压设备的液压系统不管多么复杂，都是由一些简单的基本回路组成的。基本回路是由有关液压元件组成的用来完成特定功能的典型回路，它包括压力控制回路、速度控制回路、方向控制回路、多缸动作回路等。

如图 2—3—2 所示为 M1432A 型万能外圆磨床的液压系统图。该液压系统由工作台直线往复运动及抖动子系统、砂轮架横向快速进退子系统、砂轮架进给子系统、尾架顶尖松开子系统、润滑子系统等组成，包括换向回路、调速回路、减压回路、调压回路等基本回路。

1. 工作台的往复运动

（1）工作台进给（右行），如图 2—3—3 所示。先导阀 1、换向阀 2 的阀芯均处于右端，开停阀 3 处于右位。

进油路：液压泵 19→换向阀 2 右位（P→A）→液压缸 22 右腔。

回油路：液压缸 22 左腔→换向阀 2 右位（B→T_2）→先导阀 1 右位→开停阀 3 右位→调速阀 5→油箱。

液压油推液压缸带动工作台向右运动，其运动速度由调速阀 5 来调节。

（2）工作台退回（左行），如图 2—3—4 所示。

进油路：液压泵 19→精过滤器 21→先导阀 1 右位（a_2→a_2）→抖动缸 6 左端。回油路：抖动缸 6 右端→先导阀 1 左位（a_1→a_1）→油箱。

1）工作台进给制动。当工作台右行到预定位置时，工作台上左边的挡块拨动与先导阀 1 的阀芯相连接的杠杆，使先导阀阀芯左移，开始工作台的换向过程。先导阀阀芯左移过程中，其阀芯中段制动锥的右边逐渐将回油路上通向调速阀 5 的通道（D_2→T）关小，使工作台逐渐减速制动，实现预制动。

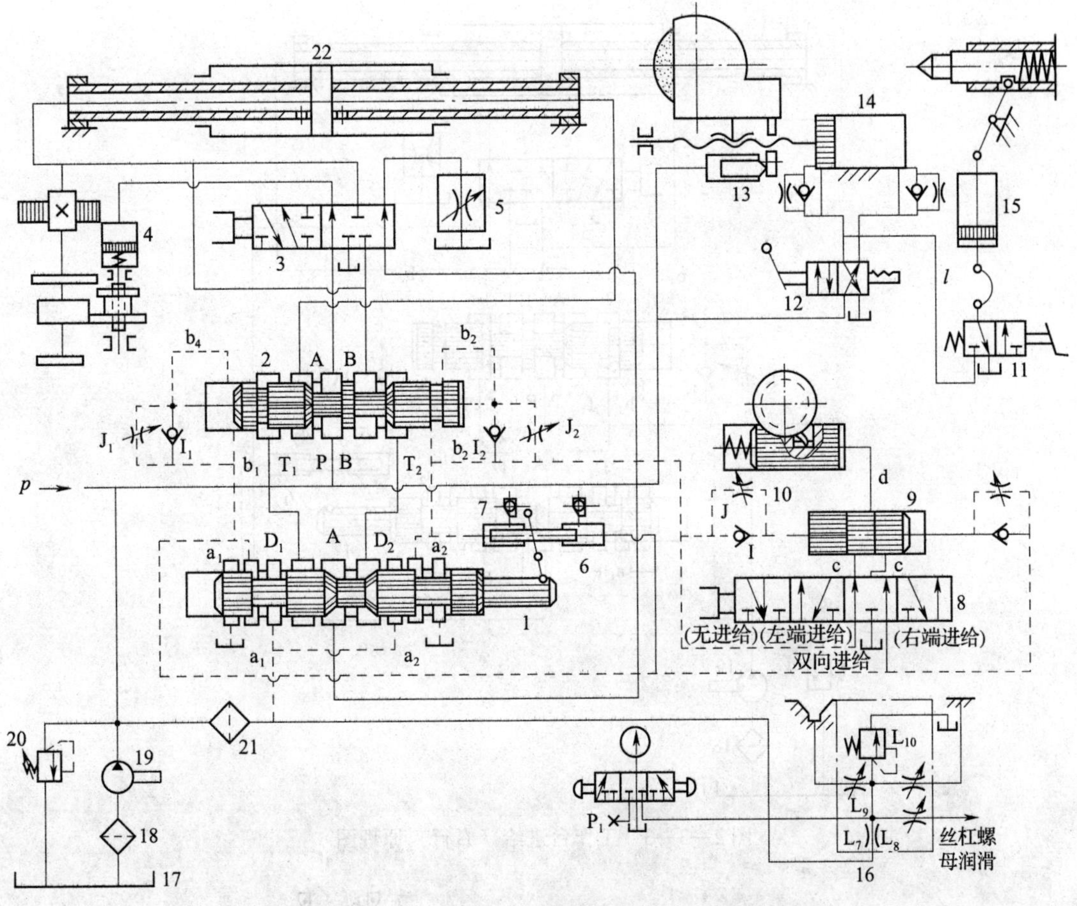

图 2—3—2　M1432A 型万能外圆磨床的液压系统图

1—先导阀　2—换向阀　3—开停阀　4—互锁缸　5—调速阀　6—抖动缸　7—挡块　8—选择阀　9—进给阀　10—进给缸　11—尾架阀　12—快动换向阀　13—闸缸　14—快动缸　15—尾架缸　16—润滑稳定器　17—油箱　18、21—过滤器　19—单向定量液压泵　20—溢流阀　22—工作台进给液压缸

2）工作台快退。当先导阀阀芯继续向左移动到先导阀芯右部环形槽，使 a_2 点与高压油路 a_2 相通，先导阀阀芯左部环槽使 $a_1 \rightarrow a_1$，接通油箱时，控制油路被切换。这时借助于抖动缸推动先导阀向左快速移动（快退）。因为抖动缸的直径很小，上述流量很小的压力油足以使之快速右移，并通过杠杆使先导阀阀芯快跳到左端。

3）工作台退回速停，如图 2—3—5 所示。因为先导阀阀芯跳到左端，从而使通过先导阀到达换向阀右端的控制压力油路迅速导通，同时又使换向阀左端的回油路也迅速开通。换向阀阀芯因回油畅通而迅速左移，实现第一次快跳。当换向阀阀芯快跳到制动锥的右侧，关小主回油路（$B \rightarrow T_2$）通道时，工作台便迅速制动（终制动）。换向阀阀芯继续迅速左移到中部台阶处于阀体中间沉割槽的中心处时，液压缸两腔都通压力油，工作台便停止运动。这时的控制油路是：

进油路：泵 19→精过滤器 21→先导阀 1 右位（$a_2 \rightarrow a_2$）→单向阀 I2→换向阀 2 右端。

回油路：换向阀 2 左端 b_1→先导阀 1 左位（$a_1 \rightarrow a_1$）→油箱。

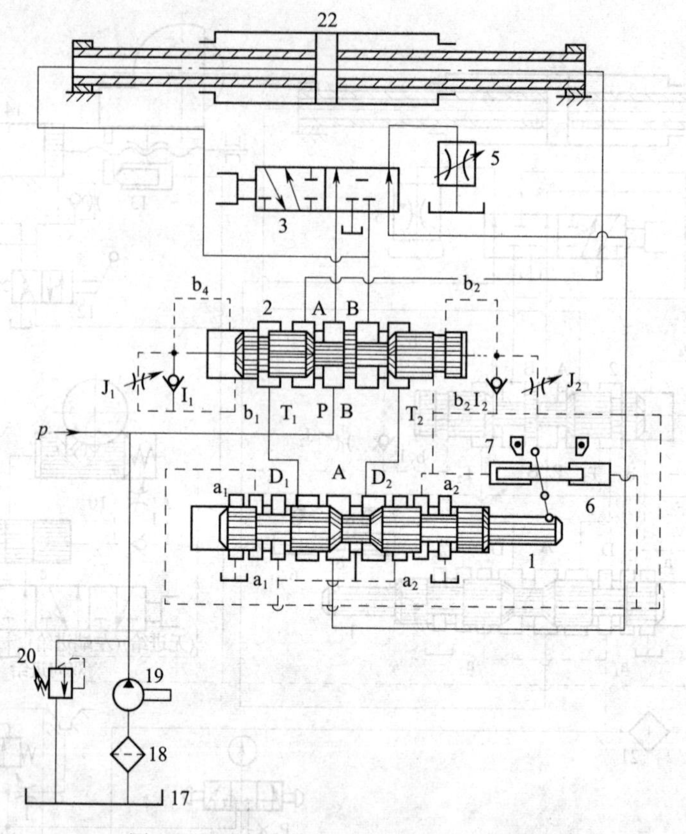

图 2—3—3　工作台进给（右行）原理图

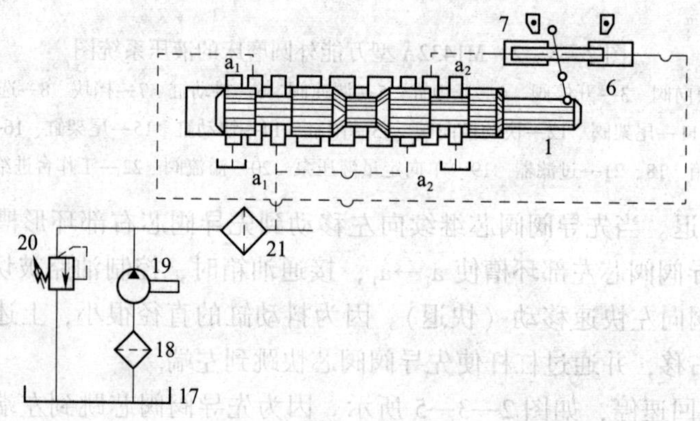

图 2—3—4　工作台退回（左行）原理图

4）工作台退回暂停，如图 2—3—6 所示。

工作台停止后，换向阀阀芯在控制压力油作用下继续左移，换向阀阀芯左端回油路改为：换向阀 2 左端→节流阀 J_1→先导阀 1 左位→油箱。这时换向阀阀芯按节流阀 J_1 调节的速度左移，由于换向阀阀体中心沉割槽的宽度大于中部台阶的宽度，因此阀芯慢速左移的一定时间内，液压缸两腔继续保持互通，使工作台在端点保持短暂的停留，其停留时间为 0 ~ 5 s 内，节流阀 J_1、J_2 调节。

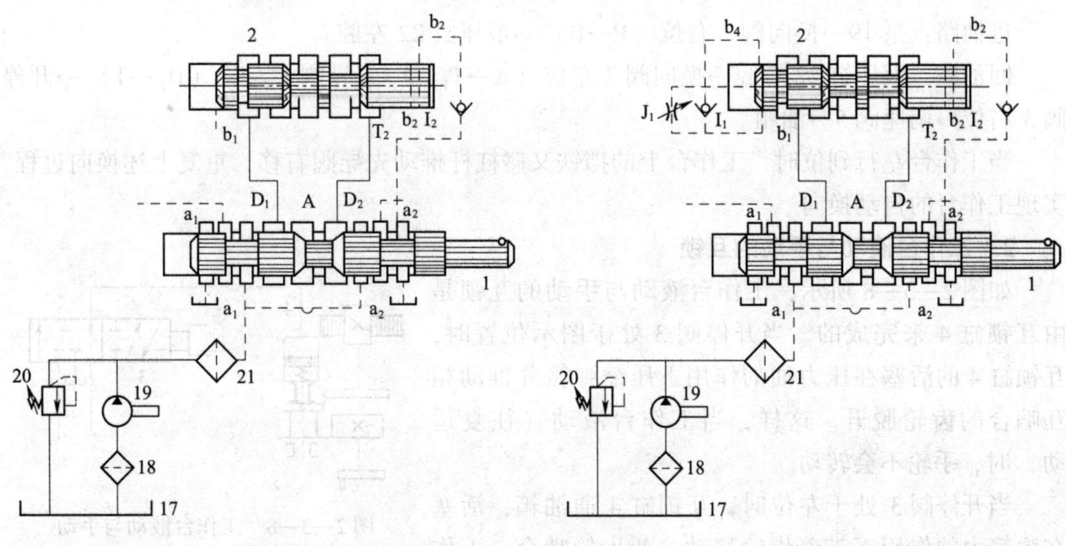

图 2—3—5　工作台退回速停原理图　　　　图 2—3—6　工作台退回暂停原理图

5）工作台迅速反向启动（自动进给左行），如图 2—3—7 所示。当换向阀阀芯慢速左移到左部环形槽与油路（$b_1 \rightarrow b_1$）相通时，换向阀左端控制油的回油路又变为换向阀 2 左端→油路 b_1→换向阀 2 左部环形槽→油路 b_1→先导阀 1 左位→油箱。这时由于换向阀左端回油路畅通，换向阀阀芯实现第二次快跳，使主油路迅速切换，工作台则迅速反向启动(左行)。这时的主油路是：

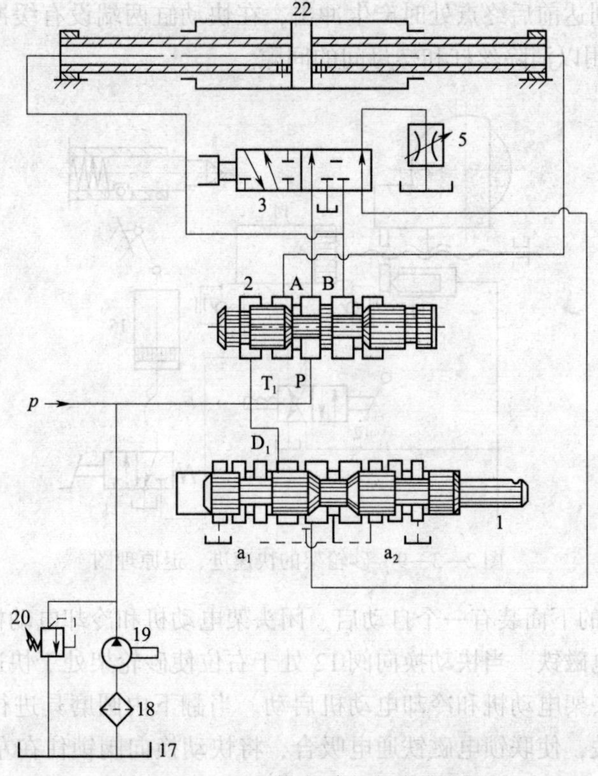

图 2—3—7　工作台反向启动原理图

进油路：泵 19→换向阀 2 右位（P→B）→液压缸 22 左腔。

回油路：液压缸 22 右腔→换向阀 2 左位（$A \to T_1$）→先导阀 1 左位（$D_1 \to T$）→开停阀 3 右位→调速阀 5→油箱。

当工作台左行到位时，工作台上的挡铁又碰杠杆推动先导阀右移，重复上述换向过程，实现工作台的自动换向。

2. 工作台液动与手动的互锁

如图 2—3—8 所示，工作台液动与手动的互锁是由互锁缸 4 来完成的。当开停阀 3 处于图示位置时，互锁缸 4 的活塞在压力油的作用下压缩弹簧并推动相互啮合的齿轮脱开。这样，当工作台液动（往复运动）时，手轮不会转动。

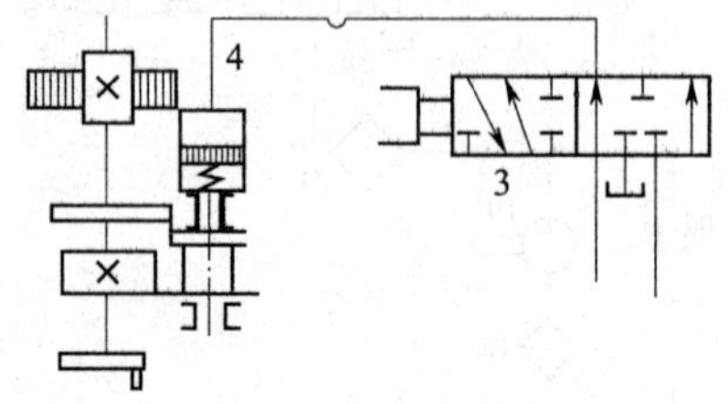

图 2—3—8 工作台液动与手动互锁原理图

当开停阀 3 处于左位时，互锁缸 4 通油箱，活塞在弹簧力的作用下带着齿轮移动，两齿轮啮合，工作台就可用手摇机构摇动。

3. 砂轮架的快速进退

如图 2—3—9 所示，砂轮架的快速进退运动是由手动二位四通换向阀 12（快动换向阀）来操纵，由快动缸来实现的。在图示位置时，阀 12 右位接入系统，压力油经阀 12 右位进入快动缸 14 右腔，砂轮架快进到前端位置，快进终点是靠活塞与缸体端盖相接触来保证其重复定位精度的；当快动缸左位接入系统时，砂轮架快速后退到最后端位置。为防止砂轮架在快速运动到达前后终点处时产生冲击，在快动缸两端设有缓冲装置，并设有抵住砂轮架的闸缸 13，用以消除丝杠和螺母间的间隙。

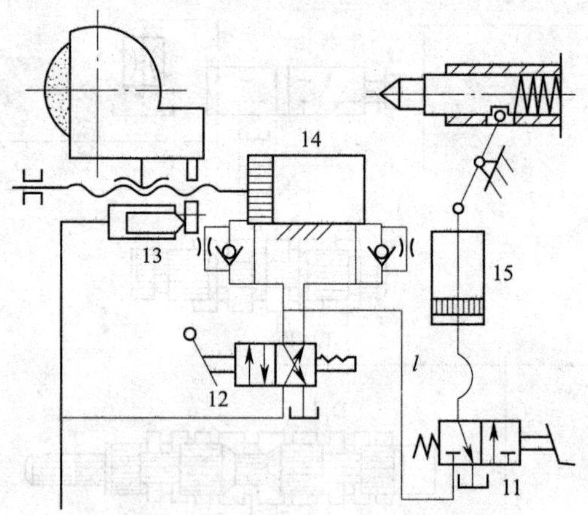

图 2—3—9 砂轮架的快速进、退原理图

快动换向阀 12 的下面装有一个自动启、闭头架电动机和冷却电动机的行程开关和一个与内圆磨具联锁的电磁铁。当快动换向阀 12 处于右位使砂轮架处于快进时，手动阀的手柄压下行程开关，使头架电动机和冷却电动机启动。当翻下内圆磨具进行内孔磨削时，内圆磨具压另一行程开关，使联锁电磁铁通电吸合，将快动换向阀锁住在左位（砂轮架在退的位置），以防止误动作，保证安全。

4. 砂轮架的周期进给

如图 2—3—10 所示，砂轮架的周期进给运动是由选择阀 8、进给阀 9、进给缸 10 通过棘爪、棘轮、齿轮、丝杠来完成的。砂轮架的周期进给运动包括左进给、右进给、双向进给、无进给，由选择阀 8 的位置决定。

图示为“双向进给”，进给阀在操纵油路的 a_1 和 a_2 点每次相互变换压力时，向左或向右移动一次，于是砂轮架便作一次间歇进给。进给量的大小由拨爪棘轮机构调整。进给快慢及平稳性则通过调节节流阀 J_3 和 J_4 来保证。

进给阀左移：压力油从 a_1 点→J_4→进给阀 9 右端；进给阀 9 左端→单向阀 I→先导阀 1→油箱，使进给阀左移。此时，进给缸 10→进给阀 9→选择阀 8→先导阀 1→油箱，进给缸柱塞在弹簧力的作用下复位。

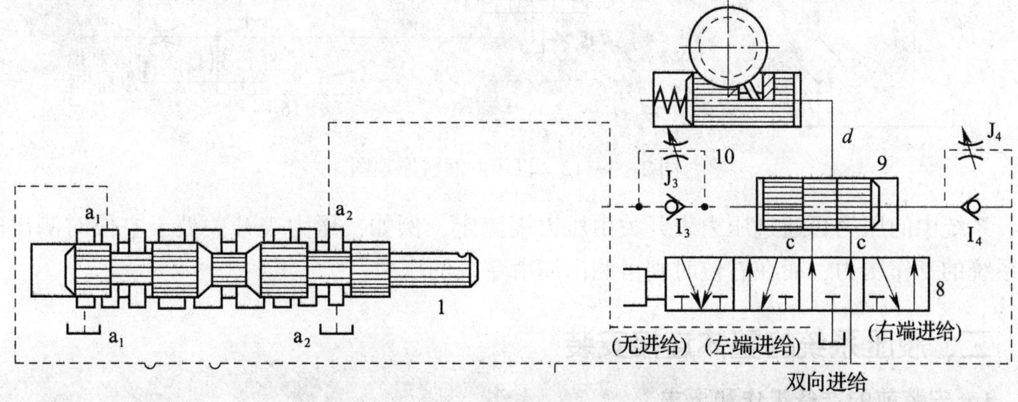

图 2—3—10　砂轮架的周期双向进给原理图

当工作台开始换向时，先导阀换位（左移），此时，周期进给油路为：

进给阀右移：压力油从先导阀 1→进给阀 9 左端；进给阀 9 右端→先导阀 1→油箱。

砂轮架进给：压力油经先导阀 1→选择阀 8→进给阀 9→进给缸 10，推进给缸柱塞左移，柱塞上的棘爪拨棘轮转动一个角度，通过齿轮等推砂轮架进给一次。

在进给阀活塞继续右移时，进给缸在弹簧力的作用下再次复位。当工作台再次换向时，再周期进给一次。

从上述周期进给过程可知，每进给一次是由一个压力脉冲推进给缸柱塞上的棘爪拨动棘轮转一角度。调节进给阀两端的节流阀就可调节压力脉冲的时间长短，从而调节进给量的大小。

5. 尾架顶尖的松开与夹紧

如图 2—3—11 所示，尾架顶尖只有在砂轮架处于后退位置时才允许松开。为操作方便，采用脚踏式二位三通阀 11（尾架阀）来操纵，由尾架缸 15

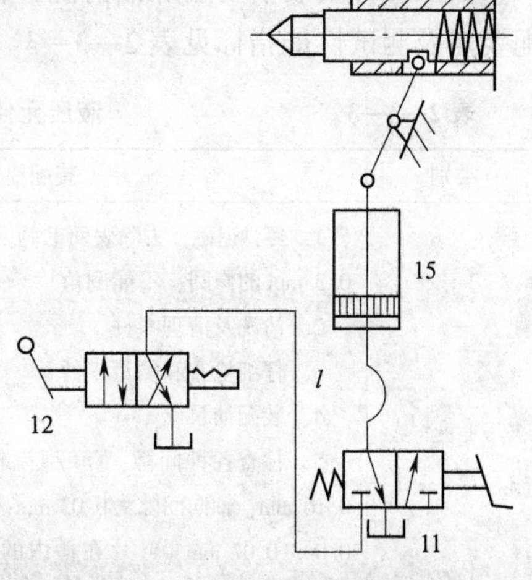

图 2—3—11　尾架顶尖的松开与夹紧原理图

来实现。由图可知，只有当快动换向阀12处于左位、砂轮架处于后退位置，脚踏尾架阀处于右位时，才能有压力油通过尾架阀进入尾架缸推杠杆拨尾架顶尖松开工件。当快动换向阀12处于右位（砂轮架处于前端位置）时，油路L为低压（回油箱），这时误踏尾架阀11也无压力油进入尾架缸14，顶尖也就不会推出。尾架顶尖的夹紧是靠弹簧力实现的。

6. 机床的润滑

如图2—3—12所示，液压泵19输出的油液有一部分经精滤油器21到达润滑稳定器16，经润滑稳定器进行压力调节及分流后，送至导轨、丝杠螺母、轴承等处进行润滑。

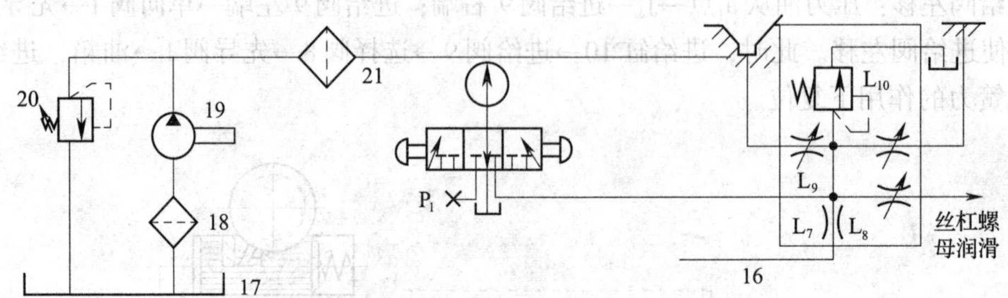

图2—3—12　机床的润滑原理图

系统中的压力可通过压力表开关由压力表测定，例如，压力表开关处于左位时测出的是系统的工作压力，而在右位时则可测出润滑系统的压力。

二、液压系统的整体连接安装

1. 安装前的准备工作和要求

液压系统的安装应按照液压系统工作原理图、管道连接图，有关的泵、阀、辅助元件使用说明书的要求进行。安装前应对上述资料进行仔细研究分析，按图样准备好所需的液压元件、部件、辅件，并逐一检查它们的完好程度。

2. 液压元件的安装和要求

液压元件安装前要用煤油清洗，自制的重要元件应进行密封和耐压实验。液压元件装配要点及测试性能指标见表2—3—3。

表2—3—3　　液压元件装配要点及测试性能指标

类别	装配要点	测试性能指标
泵类	1. 零件退磁，去除表面毛刺。在特定的锐角处，作0.2～0.3 mm的修圆，不能倒角 2. 清洗及清理零件 3. 仔细检查和测量零件 4. 装配油泵 5. 检查各种间隙：CB型齿轮泵的径向间隙为0.13～0.16 mm，轴向间隙为0.03 mm；YB型叶片泵的轴向间隙为0.04～0.07 mm，叶片在槽内的间隙为0.015～0.025 mm。注意叶片泵的转子和叶片在定子中的装配方向，紧固螺钉时用力要均匀，装配后用手转动主动轴，应灵活无阻滞现象	进行油泵性能试验时要注意： 1. 压力从零逐渐升高到额定值，各接合面不得漏油，无异常声音 2. 在额定压力下，能达到规定的输油量；压力波动不得超过规定值：CB型齿轮泵为±0.15 MPa；YB型叶片泵为±0.2 MPa

续表

<table>
<tr><th colspan="2">类别</th><th>装配要点</th><th>测试性能指标</th></tr>
<tr><td rowspan="3">阀类</td><td>压力阀</td><td>1. 清洗零件，尤其是各阻尼孔和回油孔
2. 阀体与阀座的配合间隙应符合要求，在全行程上移动灵活，无阻滞
3. 用耐油纸，严格按密封面的形状配做纸垫
4. 压力阀的安装位置应尽量靠近油泵，回油管长度宜短。接头要拧紧，以防吸入空气</td><td rowspan="3">1. 试验前松开调整螺栓。试验时压力值由低缓缓升到工作压力
2. 压力波动值要小于 ±0.15 MPa
3. 压力阀在机床中做循环试验时，要注意观察其运动部件情况，换向要平稳，无显著的冲击和噪声，在最大工作压力时不允许漏油</td></tr>
<tr><td>节流阀</td><td>节流阀的装配与压力阀的装配要点基本相同，但应严格控制滑阀和阀体的配合间隙，一般在 0.015 mm 以内</td></tr>
<tr><td>方向阀</td><td>方向阀的滑阀与阀体的配合间隙不应超过 0.015 mm</td></tr>
<tr><td colspan="2">油缸</td><td>1. 保证与机床上相关导轨面的平行度，其平行度一般在导轨全长内不得超过 0.1 mm
2. 为了防止热胀的影响，在行程大和温度高时，双出杆液压缸的活塞杆一端必须保持浮动</td><td>检查导轨和油缸的质量，应符合要求</td></tr>
</table>

3. 液压系统辅件的安装

(1) 管接头的安装要点

1) 管接头的连接要求结构简单，连接方便、可靠。

2) 管子扩口可用手动滚压式扩孔工具和 90°锥体冲铆。铜管扩口前要退火，扩口前应在管子上套好接头。

3) 装配管接头时，先将固定接头旋入液压元件，再旋入连接螺母（勿使油管一起转动）。

4) 在油管两端面的连接螺母都旋入相应的液压元件后再拧紧接头。

5) 装配高压胶管接头时，先将胶管的外胶层剥去一定长度（在剥离处倒角 15°，切勿损伤内层钢丝）后装入外套，胶管部分与外套螺纹部分之间留 1 mm 左右的距离，并在胶管外露端做标记，再把接头芯拧入接头外套及胶管中。

(2) 液压管路的安装和要求

1) 液压系统的全部管路在正式安装前，要准确下料和弯制进行配管试装，试装后拆开油管进行清洗（稀酸溶液酸洗→苏打水中和→温水清洗）、干燥和涂油后再正式安装。

2) 管路排列要整齐美观，便于识别和安装。管道布置要整齐，油路走向应平直，距离短，尽量少转弯，并做好标识。

3) 管径不宜选得过大，以免使结构庞大，造成系统压力损失。管道长度要短，过渡要光滑，转弯次数要少，管道的方向和截面要尽量避免突变。

4) 弯曲时，可在管内填黄沙或塞进一根螺旋弹簧，防止弯曲时将管子挤扁。

5) 油管安装要牢固，管接头安装要密封可靠。用螺纹连接时，在连接处用尼龙薄膜作填料。用法兰连接时，接合面处用石棉、橡胶或软金属衬垫，系统中所有元件应能单独拆卸。

6) 吸油管上应有过滤器，回油管应插入油箱的油面以下，以防飞溅形成泡沫而混入空气，凡有外泄油管的阀（减压阀、顺序阀等），其泄油路都应单设回油管，并且不能插入油中。

7）系统中蓄能器、压力表、流量计等辅件应采用活接头连接，保证拆装方便，对其他元件无影响。

三、液压系统的清洗

液压系统安装后，对系统的管路要进行清洗，要求较高的系统可分两次进行。

第一次清洗时，将油箱洗净后注入油箱容量60%～70%的工作用油或试车油。油温升至50～80℃时进行清洗效果较好。清洗时在系统回油口处设置孔径为0.18 mm的滤油网。清洗时间过0.5 h后再换孔径为0.1 mm的滤油网。为提高清洗质量，应使液压泵间断转动，并在清洗过程中轻击管路，以便将管内附着物洗掉。清洗时间长短根据液压系统的复杂程度、过滤精度及系统的污染情况而定，通常为十几个小时。

第二次清洗时，将实际使用的工作油液注入油箱，系统进入正式运转状态，使油液在系统中进行循环，空负荷运转13 h。

四、液压系统的调试

特别要注意的是液压系统的调试。液压设备在安装完毕或在维修、重新装配以后，必须经过调试才能使用。液压设备在调试时，要仔细观察设备的动作和自动工作循环，有时还要对各个动作的运动参数（如压力、转矩、速度、行程等）进行必要的测定和调试，以保证系统工作可靠。此外，对液压系统的功率损失、油温等也应进行必要的计算和测定，防止因电动机超载和温升过高而影响液压设备的正常运转。

1. 调试前检查内容

（1）选用油是否符合要求，油箱中油是否达到规定标高。

（2）各液压元件是否有缺陷，安装是否正确可靠，泄漏是否符合规定指标。

（3）各控制手柄是否在关闭和卸荷位置。

2. 空载试车

（1）将油箱中的油液加至规定的高度。

（2）启动液压泵，以额定转速、规定转向运转，检查是否有异常声响，泵是否漏气（油箱液面上有无气泡），泵的卸荷压力是否在允许范围内。有两台以上大功率主泵时，一般先启动控制辅泵，调整控制油路压力，之后再启动主泵。

（3）压力调整在运动元件处于停止或低速运动时进行，压力应逐渐升高到规定值。同时调整高速润滑系统的压力和流量。

（4）打开排气阀，操纵手柄使各执行元件逐一空载运行，速度由慢到快，行程由小到大，直至低速全程运行以排除系统中的空气。

（5）检查系统的密封和泄漏情况。

（6）工作部件运动后，检查油箱液面是否下降和滤油器是否露出油面，并使液面始终在油标指示位置。

（7）在空载运行条件下，调整各调压弹簧的设定值（溢流阀、顺序阀、减压阀、压力继电器、限压式变量泵等)。调整挡铁及限位开关位置、各液压阻尼开口尺寸、保压或延时时间、电磁铁的动作等，并消除“爬行”和冲击，检查各动作的协调性。

3. 负载试车

先空载运行 12 h，观察连接部位是否有泄漏。然后在正常负载下试车，检查运动和力矩、动作的准确性及定位精度、各液压元件的泄漏、噪声等各项指标。最后进行最大负载试车。

五、液压系统常见故障分析与排除方法

当液压设备使用时出现故障后，应根据故障的现象对故障点的液压系统各元件组成、工作原理进行全面分析，找出可能产生故障的一切因素，再逐步分析、检查，最后找出造成故障的主要原因。

液压设备常见故障有欠（失）压、液压冲击、振动和噪声、泄漏、温升、油液污染及爬行等。不同的液压设备还会出现其他特殊的故障现象。液压系统常见故障、产生原因及排除方法见表 2—3—4。

表 2—3—4　　液压系统常见故障、产生原因及排除方法

故障现象	产生原因	排除方法
1. 系统欠压或失压	液压泵不供油或供油不足	检查泵的转速及转向；检查传动系统
	液压油油温过高引起黏度下降，泄漏增加	检查冷却系统及油的黏度是否符合要求
	溢流阀工作不正常，如阀内脏物堵住阻尼孔或先导阀关不严，先导阀阀座脱落或弹簧折断而失去作用，阀的远控口误作泄漏口接通油箱等	对阀清洗、更换或修理
2. 泵的供油压力能够由溢流阀调节，但液压缸没有足够推力	管路或其中节流小孔、阀孔被污物堵塞，或油缸中密封件磨损过多，使压力腔和回油腔之间泄漏严重	检查管路和液压缸工作情况
3. 流量太小或完全不流油	若油泵运转但无液压油输出，则可能原因有：油箱油面太低；吸油管或吸油滤网堵塞；吸油管密封不好，吸入空气；油的黏度太高，吸油阻力过大	清洗吸油管和滤网，更换密封件或更换较低黏度的液压油
	泵有油输出，但流量不足，可能原因有：泵内机件磨损，形成内漏；油的黏度过低以致泵的容积效率太低	更换或修理内部机件，更换适当黏度的油
	泵工作正常，但阀或液压缸等元件漏损太大或工作不良，如流量调节阀调节不好	更换有关零件和密封件
4. 压力波动和流量脉动	油中混入大量空气	检查油箱的泡沫和气泡情况，更换新油，消除吸入管路中的漏气现象
	溢流阀或安全阀工作不稳定	检查阀内是否有脏物，阀座是否磨损或压力弹簧是否损坏。清洗阀件，更换零件或换新阀

续表

故障现象	产生原因	排除方法
5. 电磁换向阀动作不灵	电磁换向阀呈冲击状态，产生脉动压力	检查各部分磨损情况及电磁铁安装有无松动
	滑阀的配合部位有杂质	拆开清洗
	安装表面不平，压紧力不均匀，使阀体变形	重新安装
	电磁铁行程或电磁铁推杆长度不正确，使滑阀换向行程过大或过小	调整行程
	电磁铁通电状态不正常，电压及其变化幅度超过规定值	检修电路
6. 振动和噪声	泵和电动机的同轴度误差较大	安装时注意同轴度要求并使用弹性联轴节
	使用金属片风扇和薄板金属罩盖的电动机，间隔小产生汽笛作用	以塑料风扇叶代替并把风扇叶电动机的间隔加大或加上一个橡皮垫作为隔离层
	泵和电动机装在油箱上面，引起振动和噪声	在泵的安装板与油箱之间装一个厚的橡胶垫
	系统存在空气，产生“空穴现象”，原因有：高度太大；吸油管道太细；油液黏度太大；滤油网堵塞；吸油管路密封不好或油面太低，滤油网部分外露导致空气进入系统	降低吸油高度和加大吸油管道直径以减少吸油阻力，保证各管路连接处及各元件的连接处严格密封
	管路和元件内油液由于振动及液压冲击产生振动及噪声。如执行部分在制动、停止、换向、启动过程中产生的液压冲击，换向阀在换向过程中受冲击，油流在管内换向时的压力变化，油液在弯管处对管壁的冲击以及流动油液中产生涡流或局部流速过大	控制执行运动部件的速度，调节好换向的缓冲装置，使之平稳换向。管路尽量避免急剧的弯曲。对容易振荡的管路，用弹性托架或使用弹性托架的管夹固紧
7. 工作部分低速运动的不均匀（爬行）	液压系统存有空气	在油缸端部设置排气阀以排出系统内的空气，消除漏气现象
	工作部件的动压导轨润滑不良，缺乏润滑油或导轨刮研点子过多或过少，润滑条件差，不能形成油膜，致使摩擦因数变化	选择黏度较大的润滑油，可以减少爬行现象。在润滑油中加入适量的二硫化钼添加剂可以减少摩擦因数的变化。必要时修刮导轨
	动压导轨的楔条和压板过紧，导轨和油缸平行度误差过大，油缸活塞杆密封圈压得过紧，活塞杆轴线弯曲等，使运动时的阻力时增时减，而使工作台运动不均匀	检查运动部件在导轨上移动的松紧程度，校直活塞杆轴线
	系统压力脉动大，或系统压力过低	调整密封圈的压力，使活塞杆在整个行程中受到的力基本一致。检查溢流阀阀座及阻尼部件，使系统压力稳定增大，提高系统工作压力

六、技能操作——M1432B 型磨床液压系统安装、调试

1. 工艺分析

如图 2—3—13 所示为 M1432B 万能磨床液压系统工作原理图，现需根据此图将各液压元件安装到位，并调试合格。

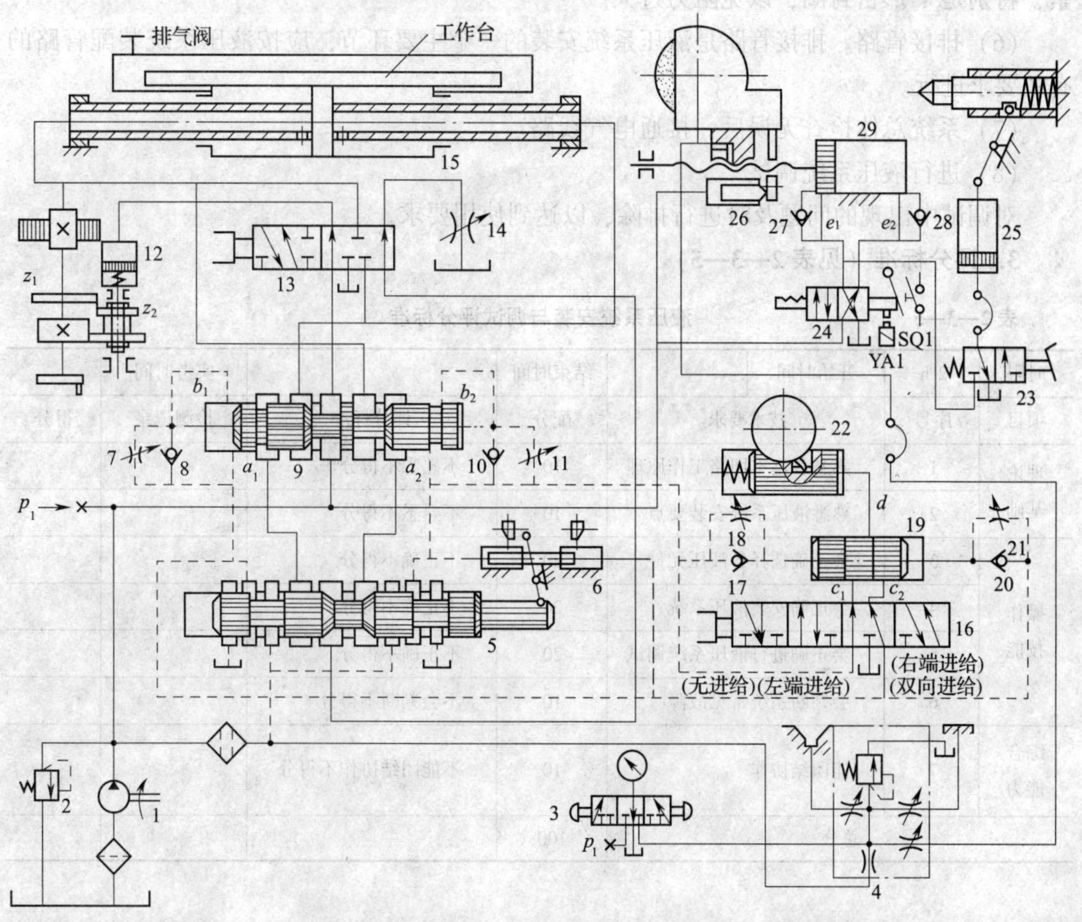

图 2—3—13　M1432B 万能磨床液压系统工作原理图

2. 工艺步骤

（1）根据图样了解实习设备的工作循环要求和性能要求，熟悉液压系统原理和各组成元件的功能。

（2）不论油池是设在机床床身内还是设有单独油箱，供油系统安装的训练主要有：油泵与电动机的正确连接，达到良好的同轴度要求；进油管与泵的正确连接，达到良好的密封性。

（3）液压控制板的安装。先按各控制板上所要装接的元件名称和数量，合理确定好安装位置及方向后，用拓印的方法将各元件的固定连接孔及进出油孔等位置复印在控制板上。

再完成控制板钻孔、攻螺纹等加工工作，去毛刺清洗并将各管接头紧密地装接好，再将控制板安装在床身或机座上。中、低压管接头的连接螺纹都采用圆锥管螺纹。这种螺纹

连接时一般不需任何填料，靠螺牙的变形即保证所需的密封性。还可用虫胶漆或薄膜密封胶带作填料，以消除连接螺纹对密封的影响。

（4）将各阀件安装到控制板上。装接时要检查各阀口处的O形密封圈是否完好，用螺钉连接时要按顺序逐步均匀旋紧，使元件的连接面与控制板紧密接触。

（5）安装油缸元件。保证与相关导轨的平行度要求，活塞杆处的密封圈不要调整得太紧，特别是V形密封圈，以免阻力过大。

（6）排接管路。排接管路是液压系统安装的一个主要环节，应按液压系统装配管路的有关要求进行。

（7）系统总体检查无误后，接通电气线路。

（8）进行液压系统调试。

对调试中出现的问题及时进行排除，以达到使用要求。

3. 评分标准（见表2—3—5）

表2—3—5　　液压系统安装与调试评分标准

时限	2 h	开始时间	结束时间		实考时间	
项目	序号	技术要求	配分	评分标准	检测记录	得分
理论基础	1	熟悉各基本回路工作原理	10	不熟悉不得分		
	2	熟悉液压系统安装要点	10	不熟悉不得分		
操作技能	3	会正确选择各液压元件	20	不正确不得分		
	4	会正确安装液压系统	20	不正确不得分		
	5	会正确进行液压系统调试	20	不正确不得分		
	6	会判断系统常见故障	10	不会判断不得分		
综合能力	7	能团结协作	10	不能团结协作不得分		
		总分	100			

课题四　轴承和轴组装配

子课题1　可调式滑动轴承的装配和调整

学习目标

1. 掌握间隙可调式滑动轴承结构及工作原理。
2. 会进行可调式滑动轴承的安装与调试。

在高速和精密机械的主轴部件中，一般都采用滑动轴承。与滚动轴承相比，滑动轴承最突出的优点是抗振性好、运转平稳、寿命长、噪声小，同时还可达到很高的旋转精度和刚度。滑动轴承有整体式滑动轴承、剖分式滑动轴承、自位式滑动轴承、间隙可调式滑动轴承四种。下面重点介绍可调式滑动轴承的装配和调整。

一、间隙可调式滑动轴承结构及工作原理

调节轴承间隙是维持机器运转精度的重要手段。如图 2—4—1 所示为间隙可调式滑动轴承结构。该轴承属于整体式滑动轴承，具有锥形轴套，可利用轴套两端的螺母使轴套沿轴向移动，从而调整轴承的间隙。间隙可调式滑动轴承常用于对轴承间隙要求高的场合，如一般的主轴支承。

这类轴承的锥形轴套有内柱外锥式（见图 2—4—1a）和内锥外柱式（见图 2—4—1b）两种结构。

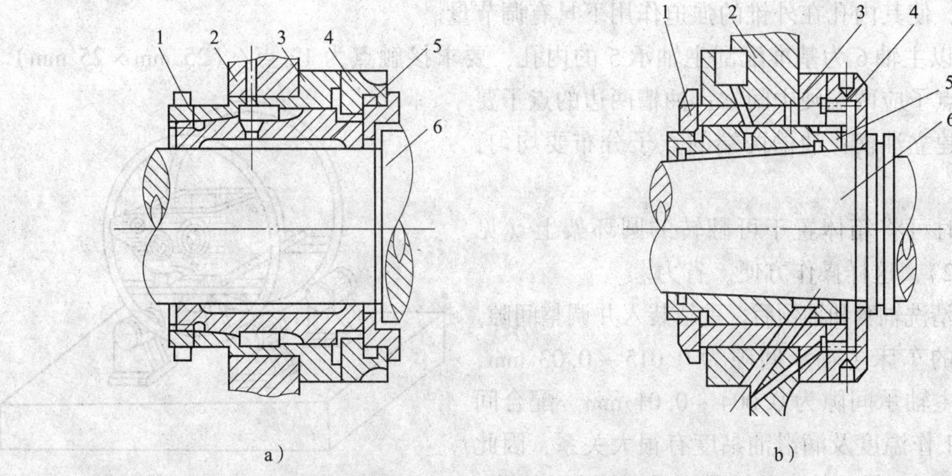

图 2—4—1　间隙可调式滑动轴承
a）内柱外锥式　b）内锥外柱式
1、4—螺母　2—箱体　3—主轴承外套　5—主轴承　6—主轴

内柱外锥式是由外锥面内圆孔的轴承和圆柱轴颈相配合，外锥面则与另一带有内锥孔的套筒相配合，其调隙原理是依靠轴承的切槽弹性变形调节与轴颈的间隙。轴承外锥面上切有 4 ~ 6 条槽，其中一条槽切通，切通后，为了增加轴承弹性，可在槽中装置垫片。调整间隙时，将左端螺母拧松，拧紧右端螺母，主轴承就向右移，轴承间隙就增大；反之，轴承间隙就减小。因此该轴承常用于磨损较快而便于调节间隙的场合。

内锥外柱式是具有内锥孔的轴承与具有同样锥度的轴颈相配合。调整间隙时，通常是使轴的位置不变，移动主轴承的位置来调整间隙大小。拧松左边螺母，拧紧右边螺母，主轴承就向右移动，轴承间隙减小；反之，轴承间隙增大。由于该轴承的滑动表面是锥形，因此，在沿轴线的长度方向各点的圆周速度不同，磨损情况也不同，有时轴承温升过高易引起抱轴。所以要求轴承不仅能承受径向力，而且还能承受一定的轴向力。

二、间隙可调式滑动轴承的装配

滑动轴承的装配方法取决于它的结构形式，其主要技术要求是在轴颈与轴承之间获得

合理的间隙，保证轴颈与轴承的良好接触和充分润滑，使轴颈在轴承中旋转平稳可靠。

1. 内柱外锥式滑动轴承的装配工艺要点

内柱外锥式滑动轴承的结构如图 2—4—1a 所示，其装配工艺要点如下：

（1）做好箱体 2、主轴承外套 3 和主轴承 5 的清理工作。

（2）将轴承外套 3 压入箱体 2 孔中，其配合为 H7/r6。

（3）用专用心轴或主轴直接研点，修刮主轴承外套 3 的内锥孔，并保证前后轴承同轴度要求及接触点为 12 ~ 16 点/（25 mm × 25 mm）。

（4）在轴承上钻出与油槽相接的进油孔和出油孔。

（5）以主轴承外套 3 的内孔为基准，研点配刮主轴承 5 的外锥面，接触点为 12 ~ 16 点/（25 mm × 25 mm）。

（6）把主轴承 5 装入主轴承外套锥孔内，两端分别拧入螺母 1、4，并调整主轴承 5 的轴向位置，使其内孔在外锥的强迫作用下具有调节量。

（7）以主轴 6 为基准配刮主轴承 5 的内孔，要求接触点为 12 点/（25 mm × 25 mm）。轴瓦上的点子应两端硬中间软；油槽两边的点子要软，以便建立油楔；油槽两端的点子分布要均匀，以防漏油。

刮削时可将箱体置于可翻转的圆环架上（见图 2—4—2），这样操作方便、省力。

图 2—4—2　刮削轴承用圆环架

（8）清洗轴套和轴颈后，重新装入并调整间隙。一般精度的车床主轴承间隙为 0.015 ~ 0.03 mm，精密机床主轴承间隙为 0.004 ~ 0.01 mm。配合间隙与轴承工作温度及润滑油黏度有很大关系，因此在热态工作时，转速较高的轴承应采用较大的间隙。

2. 内柱外锥式滑动轴承的间隙调整与计算

内柱外锥式滑动轴承调整间隙的方法如图 2—4—1a 所示，先将小端螺母 1 拧紧，使配合间隙消除，然后再拧松小端螺母 1 至一定角度 α 并拧紧大端螺母 4，即可得到要求的间隙值。拧松角度 α 时可按下式计算：

$$\alpha = \Delta \times \frac{l}{D-d} \times \frac{360}{P_0}$$

式中　Δ——要求的间隙值，mm；

$\frac{l}{D-d}$——轴承外锥面锥度的倒数；

P_0——螺母的导程，mm。

例 2—3：C615 型普通车床主轴轴颈为 67 mm，轴承为内柱外锥式，其 $l = 70$ mm，$D = 93$ mm，$d = 86$ mm，$P_0 = 3$ mm。如要求使轴承间隙缩小 0.02 mm，其螺母应转过多少角度？应如何调节（结构可参照图 2—4—1a）？

解：
$$\alpha = \Delta \times \frac{l}{D-d} \times \frac{360}{P_0} = 0.02 \times \frac{70}{93-86} \times \frac{360}{3} = 24°$$

根据上述计算，在调节时，首先应将螺母 1 放松（逆旋 24°），然后将螺母 4 拧紧（顺旋24°）即可。

三、技能操作——内锥外柱式滑动轴承装配

1. 工艺分析

如图2—4—3所示为精密磨床砂轮架主轴部件。其前轴承为内锥外柱式动压轴承，后轴承为径向推力滚动轴承。现需将两个轴承安装到位，并调试合格。

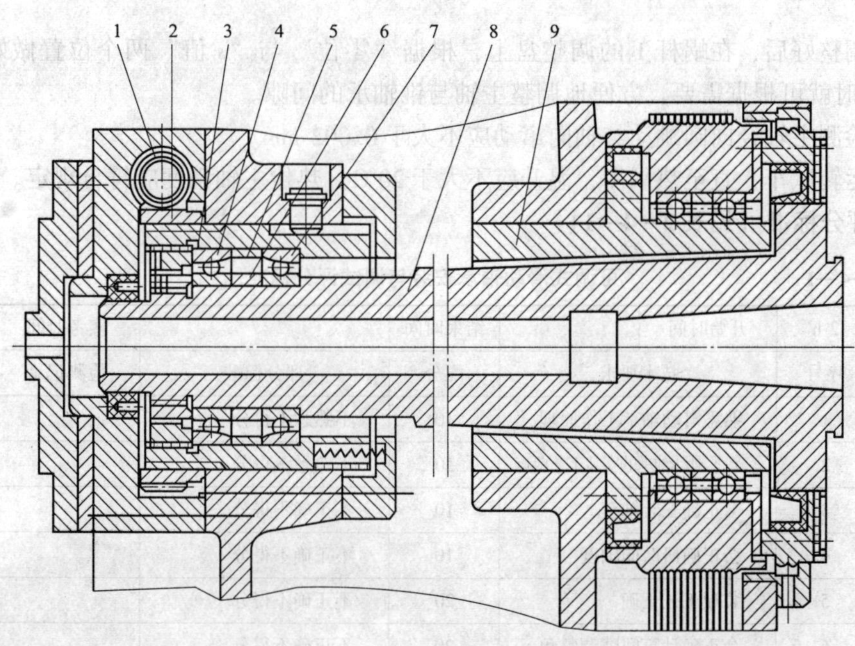

图2—4—3 精密磨床砂轮架主轴部件

1—蜗杆 2—齿圈螺母 3—螺纹套 4、7—滚动轴承 5—外衬圈 6—内衬圈 8—主轴 9—锥轴承

2. 工艺步骤

（1）轴承装配

1）涂色法初检锥轴承9的锥孔与主轴锥颈的接触面，应不小于85%。

2）用相配主轴作心轴，按壳体孔配磨锥轴承9的外圆及肩面。外圆与壳体孔的配合间隙为0.008～0.012 mm，表面粗糙度 *Ra* 值小于0.21 μm。

3）用端面刮规，以壳体孔为基准，修刮壳体孔端面，接触点为8～10点/（25 mm×25 mm）。

4）前端装锥轴承9，后端壳体孔中装刮削用定位套（外圆采用1∶3 000锥度与壳体孔配合，内孔与同心刮削心轴的配合间隙为0.002～0.007 mm），用同心刮削心轴修刮锥轴承9的锥面，接触点为16点/（25 mm×25 mm）。

5）复检主轴与轴承的接触面积不小于85%。

6）彻底清洗壳体及全部零件。

7）按顺序装配，滚动轴承4与7安装前，配磨好内外衬圈5与6的厚度差，以达到规定的预紧要求，并采用定向装配法提高主轴回转精度。

(2) 轴承间隙调整

在冷态下调整主轴 8 与锥轴承 9 的间隙。

1) 调节蜗杆 1 传动齿圈螺母 2，使螺纹套 3 与主轴等左移，同时在弹簧力作用下使主轴 8 与锥轴承 9 相互贴紧，消除其径向间隙。然后在轴端装上百分表，将读数调到零位。

2) 相反方向转动蜗杆 1，观察百分表读数。当主轴向右轴向移动达到规定数值 s 时，即已将主轴与锥轴承的径向间隙 Δ 调整到位。它们之间关系为 $\Delta = Ks$（式中，K 为锥轴承的锥度）。

3) 调整好后，在蜗杆 1 的调整盘上，根据“零位”与“s 值”两个位置做好等分标记，使用时就可根据需要，方便地调整主轴与锥轴承的间隙。

4) 检测主轴径向圆跳动与轴向窜动应不大于 0.002 mm。

5) 运转试车，直至热平衡，温升应不大于 20℃。热检主轴精度应符合规定。

3. 评分标准（见表 2—4—1）

表 2—4—1　　可调式滑动轴承安装与调试评分标准

时限	2 h	开始时间		结束时间		实考时间	
项目	序号	技术要求		配分	评分标准	检测记录	得分
理论基础	1	熟悉滑动轴承工作原理		10	不熟悉不得分		
	2	熟悉滑动轴承的安装工艺要点		20	不熟悉不得分		
操作技能	3	会正确安装轴套		10	不正确不得分		
	4	会正确研磨同轴度		10	不正确不得分		
	5	装配工艺正确		20	不正确不得分		
	6	会正确计算间隙调整角		20	不正确不得分		
综合能力	7	能团结协作		10	不能团结协作不得分		
总分				100			

子课题 2　多瓦式动压滑动轴承的装配和调整

学习目标

1. 掌握动压滑动轴承工作原理。
2. 熟悉滑动轴承的分类及材料。
3. 会进行多瓦式滑动轴承的装配与调整。

液体摩擦滑动轴承又称动压滑动轴承。工作时，当轴颈转速达到一定程度时，轴颈和轴承之间被一层润滑油膜所隔开，使两滑动表面不直接接触，滑动摩擦变为润滑油层间的液体摩擦，它的摩擦因数为 0.001 ~0.008。与非液体摩擦滑动轴承相比，动压滑动轴承的摩擦因数大大减小，增加了轴承的承载能力，延长了使用寿命。

一、动压滑动轴承工作原理

利用润滑油的黏性和高速旋转把油液带进轴承的楔形空间而建立起压力油膜，使轴颈与轴承之间被油膜隔开，这种轴承称为动压滑动轴承。

动压滑动轴承靠主轴旋转将润滑油不断带入轴颈与轴瓦之间的楔形缝隙中，形成压力油膜并具有承载能力，如图 2—4—4 所示。

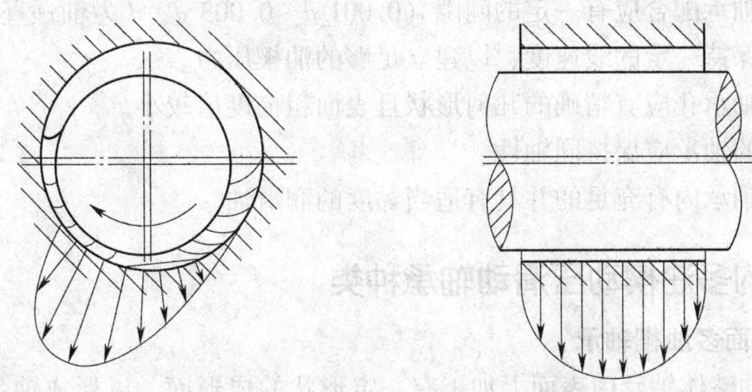

图 2—4—4　动压滑动轴承工作原理

1. 在轴承中形成液体摩擦的原理

(1) 轴在静止时

由于本身重量而处于最低位置（见图 2—4—5a），此时润滑油被轴颈挤出，在轴颈和轴承的侧面间形成楔形的油膜。

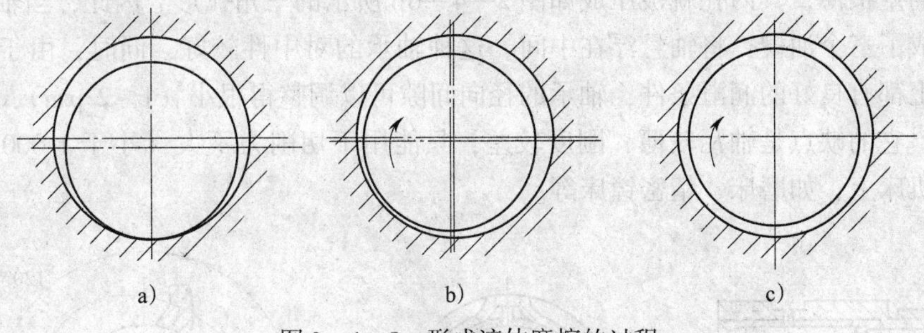

图 2—4—5　形成液体摩擦的过程

a）静止时　b）开始旋转时　c）一定转速时

(2) 当轴颈沿箭头方向旋转时

因金属表面的附着力和油本身的黏性，轴颈就带着油层一起转动。当油层经过楔形缝时，由于油的分子受到挤压和本身的动能，对轴产生一定的压力，在油楔压力作用下，轴在轴承中逐渐浮起（见图 2—4—5b）。

(3) 当轴达到一定速度时

轴颈与轴承表面完全被油膜隔开（见图 2—4—5c），这就形成了液体摩擦。

主轴转速越高，轴承间隙越小，润滑油黏度越大，则压力油膜的承载能力越大。动压滑动轴承运转所产生的油楔数目不同，有单油楔和多油楔之分。单油楔轴承在运转过程中轴心不稳定，旋转精度低。多油楔轴承能在主轴轴颈周围形成均匀分布的几个油楔，空载时，油楔仍保持一定压力，将轴颈推向轴承孔的中心位置。当主轴承受外载荷时，轴颈将沿载荷作用方向稍做偏移，使承载的油楔变薄而压力升高，相对方向的油楔变厚而压力降低，结果使几个油楔形成的油膜压力的合力与外载荷保持平衡。多油楔动压滑动轴承使主轴运转稳定，旋转精度高，抗振动和冲击的能力强，所以在精度要求高的机床上应用很普遍。

2. 动压滑动轴承形成液体摩擦的条件

（1）轴颈与轴承配合应有一定的间隙（0.001 d ~ 0.003 d，d 为轴颈直径）。

（2）轴颈应保持一定的线速度，以建立足够的油楔压力。

（3）轴颈、轴承孔应有精确的几何形状且表面粗糙度值较小。

（4）多支承的轴承应保持同轴性。

（5）应保持轴承内有充足的并具有适当黏度的润滑油。

二、常见的多油楔动压滑动轴承种类

1. 整体成形面多油楔轴承

在这种轴承的整体轴套内表面上加工有一定形状的成形面，以形成轴颈与轴承间的楔形缝隙。

2. 薄壁变形多油楔轴承

这种轴承依靠装配时的弹性变形形成楔形缝隙。

如图 2—4—6 所示为整体薄壁弹性变形动压滑动轴承。这种轴承的形状和内柱外锥式轴承相似，只是轴套与箱体锥孔仅有三条较窄的弧面接触。将轴套沿锥孔轴线向右移动时，由于轴瓦的壁很薄，其内孔就被压成如图 2—4—6b 所示的三角弧形。因此，当轴高速旋转时，就形成了三个油楔，将轴悬浮在中间。这种轴承的对中性较好，同时，由于保证了在整个圆周上都有良好的润滑条件，轴承的径向间隙可以调整得很小（1 ~ 2 μm），因此工作精度很高。它的缺点是轴瓦较薄，刚度较差，只能用于切削力不大（小于 1 000 N）的高速、精密机床上，如磨床、精密镗床等。

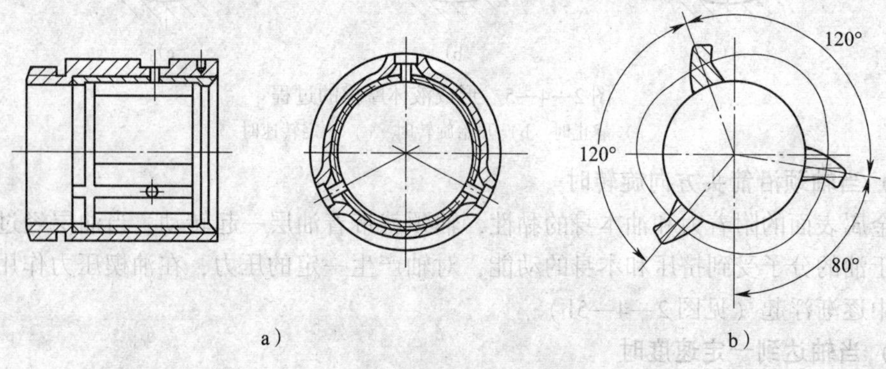

图 2—4—6 整体薄壁弹性变形动压滑动轴承

a）单油楔 b）多油楔

3. 多瓦式调位多油楔轴承

这种轴承是靠各个扇形轴瓦绕球头支承螺钉摆动，在主轴旋转的同时自动调位，以形成轴瓦与轴颈间的楔形缝隙。按轴瓦的数目可分为“三瓦”和“五瓦”两种；按轴瓦的长短可分为“短瓦”和“长瓦”两种，短瓦的长径比一般为1.2～1.5。由于短三瓦调位轴承可调整至较小间隙，有一定的油膜刚度和旋转精度，因此广泛用于各种外圆磨床和卧轴平面磨床。短五瓦调位轴承具有很高的承载能力和刚度，但制造和调整较复杂，适用于载荷较大的磨床。

三、多瓦式动压轴承的装配

如图2—4—7所示为磨床砂轮架中常采用的短三瓦动压轴承结构。该轴承由三块扇形轴瓦1组成。每块轴瓦都支承在球面支承螺钉2的球面上，使轴瓦在工作时可摆动。调节球面支承螺钉的位置，可调整主轴与轴瓦内孔间的间隙。调整完毕后，拧入空心螺钉3和拧紧锁紧螺钉4，最后旋上封口螺钉5。短三瓦动压轴承装配时的主要工艺如下：

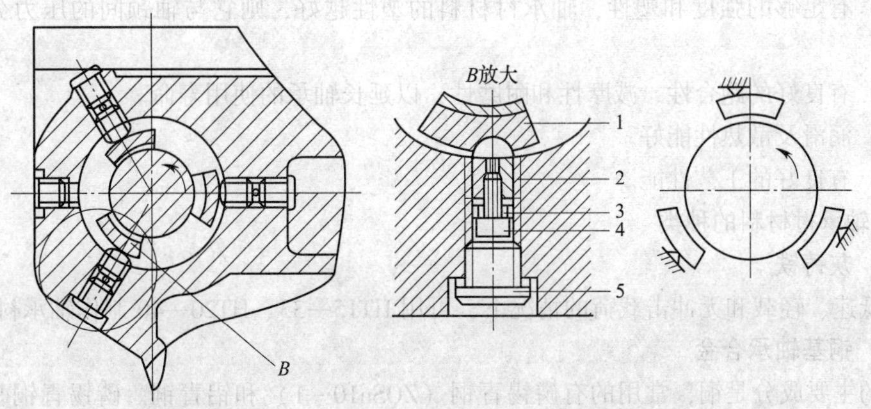

图2—4—7　短三瓦动压轴承结构

1—轴瓦　2—球面支承螺钉　3—空心螺钉　4—锁紧螺钉　5—封口螺钉

1. 研磨轴瓦

轴瓦经过精加工后，装配前需用主轴或专用研磨心棒进行研磨。研磨时使用氧化铬研磨剂。研磨时主轴或者研磨心棒边旋转边做微量的轴向移动，其旋转方向与工作时的转向相同。研磨后的轴瓦接触面积达85%以上，表面粗糙度值达 *Ra*0.01 μm。

2. 调整主轴与轴瓦的间隙

清洗零件，装好所有零件后进行间隙调整。

(1) 在壳体孔中装上定心工艺套1，如图2—4—8所示，用球面支承螺钉调节三块轴瓦的位置，使主轴中心线与工艺套中心一致，如果两端的定心工艺套都能进出自如，转动轻便，即表示已达到要求。定心工艺套内孔与轴的配合松紧，是根据主轴定心精度的高低来确定的。

(2) 主轴中心调整以后，旋入空心螺钉，使它与球面支承螺钉接触，然后再把空心螺钉退回一段距离（约2 mm），旋入锁紧螺钉，并用力拧紧。由于球面支承螺钉的螺纹有一定间隙，被拉紧时要缩回一段微小距离，因此这样调整后用手可转动主轴。若感觉轻便，则再检查轴承间隙（一般为0.01～0.015 mm），符合要求时装配结束。

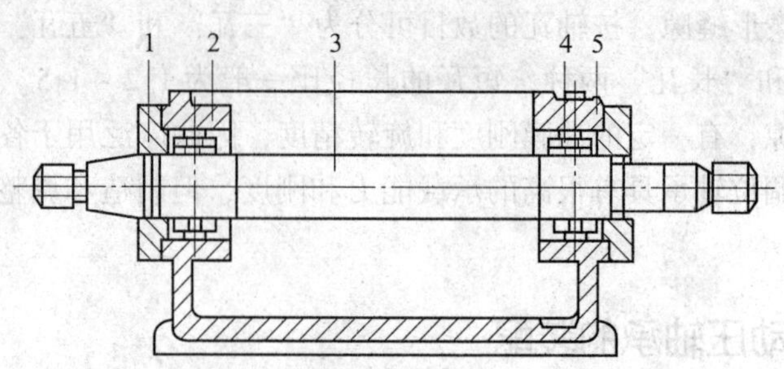

图2—4—8 用工艺套定心

1—定心工艺套 2—壳体 3—主轴 4—扇形瓦 5—可调式支承

四、滑动轴承衬的材料

1. 对轴承衬（或轴瓦）材料的要求

（1）有足够的强度和塑性，轴承衬材料的塑性越好，则它与轴颈间的压力分布越均匀。

（2）有良好的跑合性、减摩性和耐磨性，以延长轴承的使用寿命。

（3）润滑及散热性能好。

（4）有良好的工艺性能。

2. 轴承衬材料的种类

（1）灰铸铁

在低速、轻载和无冲击载荷的情况下，可用HT15—33、HT20—40制作轴承衬。

（2）铜基轴承合金

它的主要成分是铜，常用的有磷锡青铜（ZQSn10—1）和铝青铜。磷锡青铜是一种很好的减摩材料，机械强度也较高，适用于中速、重载、高温及在冲击条件下工作的轴承。铝青铜有良好的抗胶合性，但强度较磷锡青铜低。

（3）含油轴承

它采用青铜、铸铁粉末，加以适量的石墨粉压制成形后，经高温烧结形成多孔性材料，在120℃时浸透润滑油，冷至常温，油就储存在轴承孔隙中。当轴颈在轴承中旋转时，产生抽吸作用和摩擦热，油就膨胀而挤入摩擦表面进行润滑；轴停止运转后，油也因冷却而缩回轴承孔隙中去。

含油轴承价廉，又能节约有色金属，但性脆，不宜承受冲击，常用于低速或中速、轻载及不便润滑的场合。

（4）塑料轴承

除了以布为基体的塑料轴承外，还有多种尼龙轴承，如尼龙6、尼龙1010等，已应用于机床、汽车等机械中。塑料轴承具有跑合性好、磨损后的屑粒较软不伤轴颈、抗腐蚀性好、可用水或其他液体润滑等优点，但导热性差，吸水后会膨胀。

（5）轴承合金（巴氏合金、乌金）

它是锡、铅、铜、锑等的合金。轴承合金具有良好的减摩性和耐磨性，但强度较低，不能单独做轴瓦，通常将它浇铸在青铜、铸铁、钢材等基体上使用。常用的有锡基轴承合金

(ZChSnSb11—6，主要成分是锡）和铅基轴承合金（ZChPbSb—6—16—2、ZChPbSb15—5，主要成分是铅），前者的机械性能和抗腐蚀性比后者好，但价格贵。它常用于重载、高速和温度低于110℃的重要轴承，如汽轮机、大型电动机、内燃机和高速机床主轴的轴承。

五、技能操作——多瓦式滑动轴承的装配

1. 工艺分析

如图2—4—9所示是多瓦式滑动轴承的结构原理图，需对短三瓦自动调位轴承（见图2—4—9b）进行装配与调试。

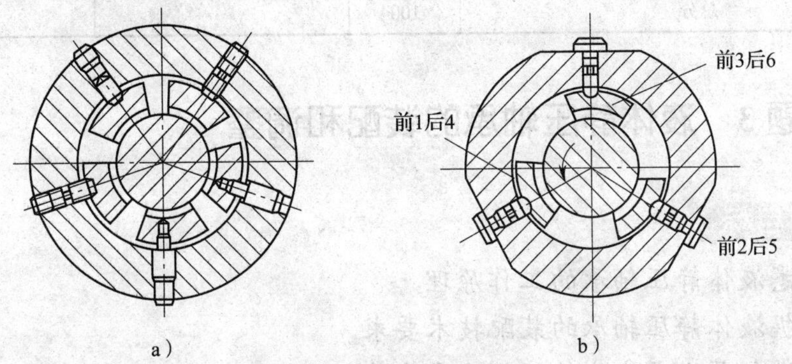

图2—4—9　多瓦式滑动轴承

a）五瓦式　b）三瓦式

2. 工艺步骤

（1）将前后两轴承的六块轴瓦及其球面螺钉按研配对号装入箱体孔。注意两端油封上的回油孔要装在上部位置，这样可以使前后轴瓦工作时完全浸在油中，否则会因油面降低而影响润滑。

（2）在箱体孔两端各装一工艺套，其内径比主轴轴径大0.04 mm，外径比箱体孔小0.005 mm，其用途是使主轴轴线与箱体孔轴线重合。

（3）调节前后轴瓦的六个球面螺钉，应达到如下要求：

1）用0.02 mm塞尺在前后两工艺套的内孔中四周插入检查，要求在主轴四周塞尺都能插入，使主轴与箱体孔的轴线一致。

2）使主轴与前后轴瓦都保持0.005～0.01 mm的间隙。间隙的测量方法为：使用百分表触及主轴前后端近工艺套处，用手抬动主轴前后端，百分表上读数即为间隙值。

3）用手转动主轴时应轻快无阻，主轴径向圆跳动误差在0.01 mm以下即可。

3. 评分标准（见表2—4—2）

表2—4—2　　多瓦式滑动轴承安装与调试评分标准

时限	2 h	开始时间	结束时间		实考时间	
项目	序号	技术要求	配分	评分标准	检测记录	得分
理论基础	1	熟悉动压轴承工作原理	10	不熟悉不得分		
	2	熟悉轴瓦间隙调整工艺	20	不熟悉不得分		

续表

项目	序号	技术要求	配分	评分标准	检测记录	得分
操作技能	3	会正确用定位工艺套定心	20	不正确不得分		
	4	会正确调整球面支承螺钉	20	不正确不得分		
	5	装配工艺正确	10	不正确不得分		
	6	会检测轴承安装质量	10	不会检测不得分		
综合能力	7	能团结协作	10	不能团结协作不得分		
总分			100			

子课题 3　液体静压轴承的装配和调整

1. 熟悉液体静压轴承的工作原理。
2. 掌握液体静压轴承的装配技术要求。
3. 会进行薄膜式液体静压轴承的安装与调试。

静压轴承是利用外界的油压（气压）系统供给一定压力，使轴颈处于完全液体（气体）摩擦状态，主轴在静止或旋转状态下均不与轴承直接接触。液体静压轴承是以液压油为介质，利用外部油泵供给压力油，在轴承油腔内形成静压承载油膜，使主轴在油腔内浮起的完全液体摩擦静压滑动轴承。因此，无论主轴是处于静止还是转动状态，轴与轴承之间都是纯液体摩擦，能承受一定的外力作用，摩擦损耗几乎为零。在主轴旋转精度要求高的场合应用越来越广泛。

一、液体静压轴承的基本结构与工作原理

1. 液体静压轴承的分类

（1）液体静压轴承根据受力情况分为径向轴承、推力轴承和径向推力轴承三种，如图 2—4—10a、b 所示。

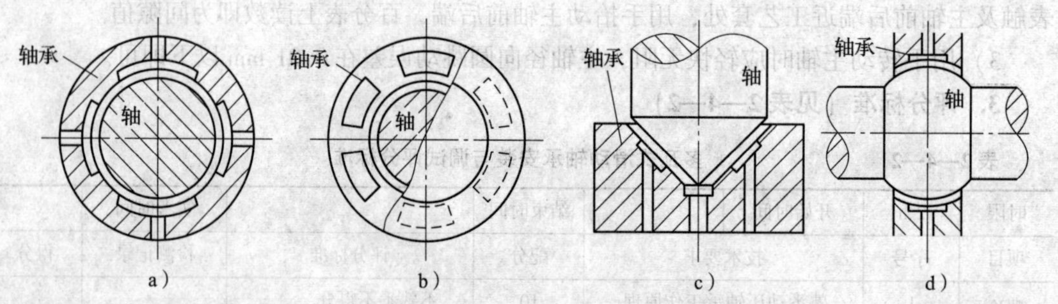

图 2—4—10　液体静压轴承的分类
a）径向轴承　b）推力轴承　c）锥式　d）球面式

(2) 液体静压轴承按结构形状又分为锥式和球面式，如图 2—4—10c、d 所示。

2. 液体静压轴承的基本结构

液体静压径向轴承的常用结构如图 2—4—11 所示。在轴承的内圆柱面上，均匀分布四个矩形油腔和回油槽，油腔和回油槽之间的圆弧面称为周向油封面，轴承两端面和油腔间的圆弧称为轴向油封面。主轴装入轴承后，轴承油封面与轴颈之间保持适当间隙，以限制压力油很快泄出；压力油通过供油总管分别经过节流器供给每个油腔，使轴颈浮起。

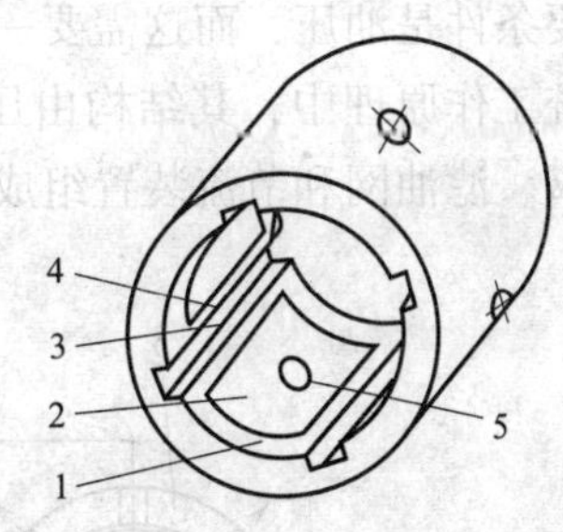

图 2—4—11　液体静压径向轴承结构
1—轴向油封面　2—油腔　3—回油槽
4—周向油封面　5—进油孔

3. 液体静压轴承的工作原理

静压轴承系统一般由轴承本体、节流器和供油系统三部分组成。现以供油压力恒定系统为例介绍，如图 2—4—12 所示为静压轴承的工作原理。

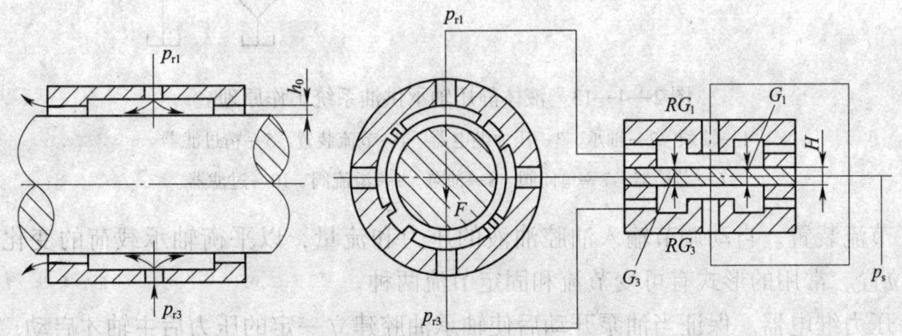

图 2—4—12　液体静压轴承工作原理

外部供给的压力油通过补偿元件后，从供油压力降至油腔压力，再通过油封面与轴颈间的间隙，从油腔压力降至环境压力。

多数轴承在轴不受力时，轴颈与轴承同心，各油箱的间隙、流量、压力均相等，这称为设计状态。

当轴受外力时，轴颈位移和各油腔的平均间隙、流量、压力均发生变化，这时轴承外力与各油腔油膜力的矢量和相平衡。补偿元件起自动调节油腔压力和补偿流量的作用，其补偿性能会影响轴承的承载能力、油膜刚度等。供油压力恒定系统中的补偿元件称为节流器，常见的有毛细管节流器、小孔节流器、滑阀节流器、薄膜节流器等。供油流量恒定系统中的补偿元件有定量泵和定量阀。

4. 液体静压轴承供油系统

(1) 静压轴承在工作过程中具备的基本条件

1) 轴颈必须始终悬浮在压力油中。

2) 主轴在外加载荷的作用下，应具有足够的刚度，即轴线的位置偏移要小。

(2) 液体静压轴承供油系统组成

根据以上静压轴承在工作过程中具备的基本条件可知供油系统保证静压轴承正常工作

的重要条件是油压，而这需要一套专门的供油系统。如图 2—4—13 所示的液体静压轴承供油系统工作原理中，其结构由压力继电器、精过滤器、过滤器、蓄能器、单向阀、油泵、溢流阀、滤油网和节流装置组成。其中部分元件的作用如下：

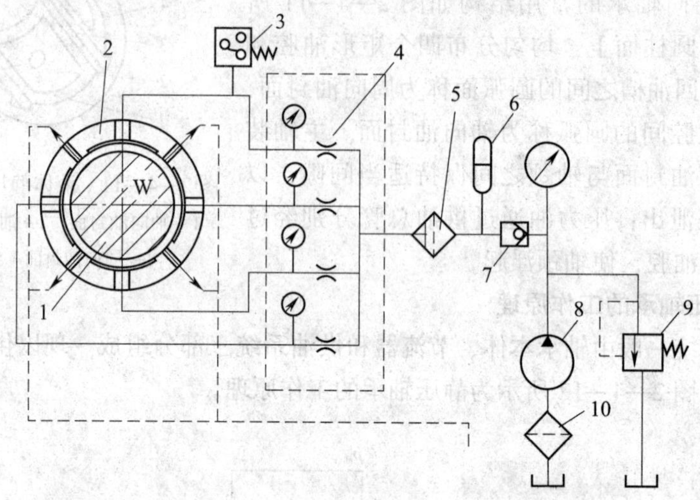

图 2—4—13　液体静压轴承供油系统工作原理

1—轴颈　2—轴承　3—压力继电器　4—节流装置　5—精过滤器
6—蓄能器　7—单向阀　8—油泵　9—溢流阀　10—过滤器

1）节流装置。自动调节输入油腔油液的压力和流量，以平衡轴承载荷的变化，稳定轴颈的位置。常用的形式有可变节流和固定节流两种。

2）压力继电器。保证当油泵开动后使轴承油腔建立一定的压力后主轴才启动。

3）精过滤器。防止节流器被堵塞，要求过滤精度为 0.02 ~ 0.03 mm。

4）蓄能器。当突然停电或供油系统发生故障时，仍能保持一定压力油供给静压轴承，不致因断油而磨损、擦伤轴承。

5．液体静压轴承的特点

静压轴承是利用静压润滑原理润滑的滑动轴承。通过外部压力油，在轴承内建立静压承载油膜把主轴支承起来，以实现液体润滑，在任何转速下（包括启动和停车）轴颈和轴承均有一层油膜分离摩擦表面。

由于轴与轴承之间有相当高的压力油，其油膜具有良好的刚度和抗振性能，因此静压轴承的承载能力取决于泵的压力和支承的结构尺寸，与轴的转速和油的黏度无关，即使使用低黏度液体、水和液压介质等也能承受载荷的变化。静压轴承的摩擦副处于流体润滑状态，不发生金属接触，因此有极低的摩擦因数，一般为 0.000 3 ~ 0.000 1。

综上所述，液体静压轴承具有摩擦因数小、旋转精度高、油膜刚度大、能抑制油膜振动、启动功率小、使用寿命长等优点，在极低（甚至为零）的速度下也能应用，广泛用于高精度、重载、低速的场合。它的缺点是需要一套专用供压系统，该系统结构复杂、使用成本高，高速时功耗较大。

二、液体静压轴承的装配技术要求

1. 装配技术要求

（1）主轴颈与轴承的配合间隙 h_0

1）当轴颈 D 为 60～100 mm 时，h_0为 0.02～0.04 mm。

2）当轴颈 $D<60$ mm 时，$h_0 \leqslant 0.001D$。

（2）轴承与箱体的配合

1）轴承外径 $D<100$ mm 时，过盈量为 0.003～0.007 mm。

2）100 mm $<D<$ 200 mm 时，应在过盈 0.003 mm 与间隙 0.003 mm 之间。

3）$D>200$ mm 时，应有 0.003～0.007 mm 的间隙。

（3）空运转试验主轴能浮起，用手能轻松转动，四个油腔的压力相等并能保持稳定，供油压力与各油腔压力的比值相等，比值一般为 2。

（4）工作试验时，压力稳定，主轴旋转无振动。

2. 静压轴承的装配与调整要点

（1）仔细清理及清洗各装配件。

（2）将静压轴承压入轴承壳体时，要防止擦伤外圆表面，以免引起油腔互通。如外径较大或过盈量较大，尽量经冷缩后装入。

（3）静压轴承压入壳体后，应进行研磨，使前后轴承同轴，并保证与轴颈的间隙符合要求。必要时，按研磨后的孔径来研磨轴颈，以获得要求的间隙。研磨孔时，应使孔轴线处于竖直方向。

（4）节流间隙调整

1）节流间隙 G_0。节流间隙 G_0影响油路系统的压力变化。要求液压泵供油系统压力达到设计要求，其压力波动量不宜过大。油腔部分的压力波动量应在 ±（20～25）kPa 范围以内。

2）节流比 β。薄膜节流器静压轴承最有利的节流比 β 为 2，一般 β 在 1.7～2 范围内有较好的稳定性和工作可靠性。

当 β 值不符合要求时，可改变薄膜节流间隙 G_0，或改变轴承间隙 h_0，一般改变节流间隙比较方便。

当节流比 β 较大时，轴承压力偏低，可增大 G_0；当节流比 β 较小时，油腔压力偏高，可减少 G_0。

改变节流间隙 G_0 大小，可以根据不同结构采用手工研磨节流器壳体平面或节流圆台平面，或在两壳体平面之间采用不同厚度的铜垫片的方法。

防止节流器堵塞的最小间隙 $G_{min}=0.04$ mm。

（5）薄膜厚度 H 的调整。静压轴承的刚度与薄膜厚度 H 及其变形有关。当 G_0 已定，β 也有相应范围，可根据轴承额定载荷的大小，对 H 进行调整修正，以便获得相应的供油压力 p。

修正膜片厚度 H 时，应在油泵供给压力调至最大工作压力时进行。因为在相同油泵压力 p 下，如果 H 变薄（变形系数增大），主轴便有从正位移变为负位移的趋势；而 H

值一定，p 变大，主轴位移也会有从正变为负的趋势。为保证供油压力的可靠性，膜片材料用弹性较好的65 Mn 弹簧钢，经热处理后的硬度为 42 ~ 45HRC，平行度误差小于 0. 01 mm。

膜片厚度 H 的最佳值可根据轴承刚度情况通过逐步磨削和研磨修整来达到。

三、液体静压轴承的润滑

1. 静压轴承对润滑油的要求

由于静压轴承是流体润滑状态，不发生金属接触，因此静压轴承所用油的润滑性能并不重要，但应满足下列要求：

（1）不易挥发，使油在长时间运转过程中保持稳定的黏度。

（2）抗氧化性能好，使油在运转期间不至于氧化结胶而堵塞通道。

（3）没有腐蚀性。

2. 静压轴承对润滑油的选用

静压轴承所用的润滑油主要根据其节流形式来选择。

（1）毛细管节流形式一般采用 15 号轴承油和 32 号液压油或 10 号变压器油和 32 号汽轮机油，反之，则用黏度较高的油。

（2）小孔节流形式一般采用 50% 的 2 号轴承油 +50% 的 5 号轴承油，也可用白煤油和 32 号汽轮机油的混合油（黏度调成 $5mm^2/s$，40℃），并把它加热到 70℃，加入 0. 2% 的 2，6 - 二叔丁基对甲酚或其他抗氧化添加剂。

（3）薄膜反馈节流形式一般采用 15 号轴承油、32 号液压油或 46 号液压油，也可用 10 号变压器油、32 号汽轮机油或 46 号汽轮机油。在高速轻载荷的情况下，用 15 号轴承油；在低速重载荷的情况下，用 46 号液压油；在中速中载荷时，则用 32 号液压油。

四、静压轴承装配常见故障及处理

静压轴承装配常见故障及处理方法见表 2—4—3。

表 2—4—3　液体静压轴承装配常见故障及处理方法

序号	故障现象	原因	处理方法
1	主轴不能浮起	（1）油腔错位，使润滑油过少或无法进入油腔 （2）轴承有漏油现象 （3）节流器装配质量不好或堵塞 （4）轴和轴承的同轴度误差大，或推力静压轴承的垂直度误差大	（1）调整油腔位置 （2）修整或更换轴承 （3）清洗节流器，更换油膜、滤油器，调整节流器间隙 （4）修整同轴度或垂直度
2	节流比 β 不在工作范围内	节流间隙 G_0 未调整好	调整节流间隙 G_0

续表

序号	故障现象	原因	处理方法
3	轴承刚度不好	节流比 β 未调好或薄膜厚度 H 不对	调整 β 至工作范围，用加载法检查主轴旋转的稳定性 H 太大应修整，H 太小应更换
4	主轴振动	由于主轴变形弯曲，轴承轴颈的圆度误差造成油腔压力波动	平衡外负载回转件，修整或更换主轴轴承

五、技能操作——薄膜式液体静压轴承的安装与调试

1. 工艺分析

如图 2—4—14 所示为 M7140 平面磨床主轴结构图，现需将主轴（两轴段的直径分别为 ϕ90 mm 和 ϕ75 mm）前端的薄膜式液体静压轴承按图安装到位，并调试至合格。静压轴承的结构图如图 2—4—15 所示，其供油系统工作原理如图 2—4—13 所示。静压轴承安装技术要求如下：

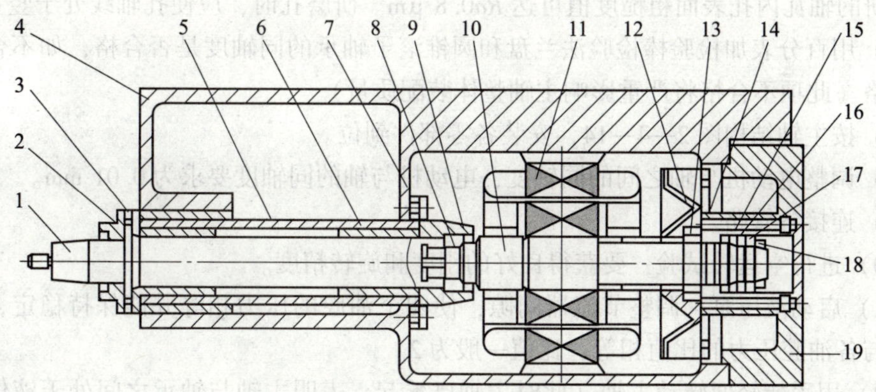

图 2—4—14　M7140 平面磨床主轴结构图

1—主轴　2、19—端盖　3—前轴瓦　4、5—钢套　6—后轴瓦　7—法兰盘　8—圆锥滚子轴承　9—调整螺母　10—电动机轴　11—电动机转子　12—压盖　13、18—圆螺母　14—定位套　15—轴承　16、17—垫片

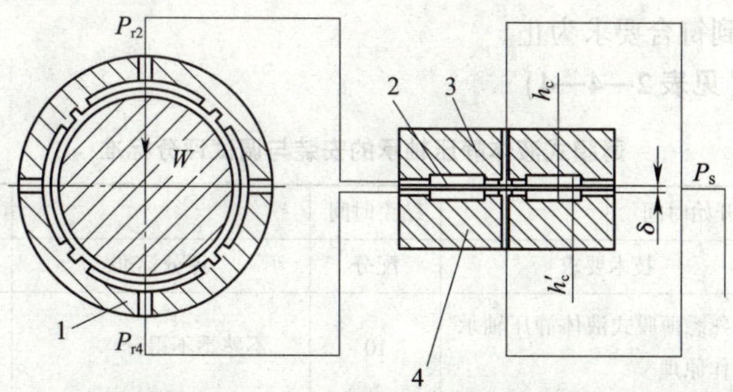

图 2—4—15　薄膜式液体静压轴承结构图

1—静压轴瓦　2—薄膜　3—节流器　4—薄膜双向节流器

（1）前轴瓦的前端面与主轴的轴肩端面的平面度必须在 0.001 mm 以内。

（2）前轴瓦的前端面及主轴的轴肩端面与主轴轴线的垂直度必须在 0.001 mm 以内。

（3）防止主轴旋转时前轴瓦的前端面和主轴的轴肩端面产生划痕。

（4）轴瓦的回油槽的深度为 0.8 mm，宽度为 4 mm。回油槽要严格按照此尺寸加工，以防止油腔压力不足。

（5）轴瓦与主轴的间隙要求直径方向为 0.07 mm。

2. 工艺步骤

（1）仔细清理及清洗各装配件。

（2）按液压系统装配要求检查各液压元件是否合格。

（3）检查节流器薄膜片的厚度、平行度、平面度和表面粗糙度是否合格，如不合格，需将其修整至合格（薄膜片的平行度要求为 0.02 mm/总面积、平面度要求为 0.02 mm/总面积、表面粗糙度值要求 *Ra*0.8 μm）。

（4）用冷缩法安装静压轴承前轴瓦。

（5）研磨轴瓦内孔圆度。研磨分三次进行，分别用不同的研磨棒先粗研，再精研。精研时用外径尺寸比轴瓦内径小 0.015 ~ 0.025 mm 的研磨棒进行干研。干研的次数不能多，经过精研的轴瓦内孔表面粗糙度值可达 *Ra*0.8 μm。研磨孔时，应使孔轴线处于竖直方向。

（6）用百分表加检验棒检验法兰盘和圆锥滚子轴承的同轴度是否合格，如不合格要调整至合格（此项不合格将严重影响主轴整体装配质量）。

（7）按主轴结构图 2—4—14，安装各零部件到位。

（8）调整电动机与轴之间的同轴度，电动机与轴的同轴度要求为 0.01 mm。

（9）连接各管路。

（10）进行空运转试验，要获得良好的刚度和旋转精度。

（11）启动液压泵，调整节流器间隙，使四个油腔的压力相等并能保持稳定，要求供油压力与各油腔压力的比值相等，比值一般为 2。

（12）用手能轻便转动主轴（此时主轴已浮起，表明主轴与轴承之间处于液体摩擦状态），空运转试验达到要求。

（13）启动液压泵后运转启动主轴，进行工作试验。要求各油腔压力表读数相同，压力稳定，主轴旋转平稳无振动。不允许有压力下降和波动现象。如不符合要求，必须进一步调整，直到调整到符合要求为止。

3. 评分标准（见表 2—4—4）

表 2—4—4　　薄膜式液体静压轴承的安装与调试评分标准

时限	2 h	开始时间		结束时间		实考时间	
项目	序号	技术要求		配分	评分标准	检测记录	得分
理论基础	1	熟悉薄膜式液体静压轴承工作原理		10	不熟悉不得分		
	2	熟悉薄膜式液体静压轴承的安装工艺要点		10	不熟悉不得分		

续表

项目	序号	技术要求	配分	评分标准	检测记录	得分
操作技能	3	会正确检验薄膜片精度	20	不正确不得分		
	4	会正确检验薄膜式液体静压轴承同轴度	10	不正确不得分		
	5	装配工艺正确	20	不正确不得分		
	6	会正确调试薄膜式液体静压轴承	20	不正确不得分		
综合能力	7	能团结协作	10	不能团结协作不得分		
		总分	100			

课题五　部件装配与整机装配

子课题1　动平衡

1. 掌握动平衡的基本原理。
2. 掌握动平衡方法。
3. 会对旋转体进行动平衡调整。

机械设备运行中的旋转零部件，如主轴、传动轴、电动机、汽轮机的转子等统称为回转体。在理想状态下，回转体及与其安装连接的各类零件都具有相同的回转中心，且在旋转时同一回转圆周上的离心力都是相等的。但在实际情况中，由于材料内部组织密度不均匀，形状不对称或制造、装配误差等原因，使旋转体在旋转时其重心位置与旋转轴线不重合，在高速旋转时重心偏移（简称偏重）将产生一个很大的不平衡离心力。这个离心力将通过轴承或轴作用到机械及基础上，引起剧烈振动，产生噪声，加速轴和轴承的磨损，使其精度降低，机械的寿命缩短，严重时能造成破坏性事故。因此在设备运转中常需对回转体零部件进行平衡，使其达到允许的平衡精度等级，或使机械振动幅度降到允许的范围内。

一、动平衡的定义及条件

1. 动不平衡概念

旋转体上不平衡量所产生的离心力如果形成力偶，则旋转体在旋转时不仅会产生垂直于旋转轴线方向的振动，还要产生使轴线倾斜的振动，也就是会让旋转体产生摆动，这种不平衡称为动不平衡。

2. 动平衡适用对象

动平衡适用于盘状转子和轴向尺寸较大（转子轴向宽度 b 与其直径 D 之比 $b/D \geqslant 0.2$）

的转子，其质量的分布不能近似地认为是位于同一回转面内，而应看作分布于垂直于轴线的许多互相平行的回转面内，如内燃机曲轴、电动机转子、机床主轴等。

3. 动平衡的条件

动平衡的条件是惯性力矢量和为零，同时惯性力产生的力矩矢量和也为零，即：

$$F = F_b + \sum F_i = 0$$

$$M = M_b + \sum M_i = 0$$

转子动平衡条件为：

$$\sum F = 0$$

$$\sum M = 0$$

4. 动平衡计算

如图 2—5—1 所示为一长转子。已知 m_1、m_2 和 m_3 以及 r_1、r_2 和 r_3。

当转子以角速度 ω 回转时，各偏心质量所产生的离心惯性力 P_1、P_2 和 P_3 将形成一空间力系。

（1）将力 P 分解为相互平行的两个分力，如图 2—5—2a 所示：

$P_{\mathrm{I}} = Pl_1/L$，$P_{\mathrm{II}} = P$（$L—l_1$）$/L$

（2）选定两个回转平面Ⅰ及Ⅱ作为平衡基面，如图 2—5—2b 所示，将各离心惯性力分别分解到平衡基面Ⅰ及Ⅱ内，即将 P_1、P_2 和 P_3 分解为平衡基面Ⅰ内的 $P_{1\mathrm{I}}$、$P_{2\mathrm{I}}$、$P_{3\mathrm{I}}$ 和平衡基面Ⅱ内的 $P_{1\mathrm{II}}$、$P_{2\mathrm{II}}$、$P_{3\mathrm{II}}$，则一个空间力系转化为两个平面汇交力系。

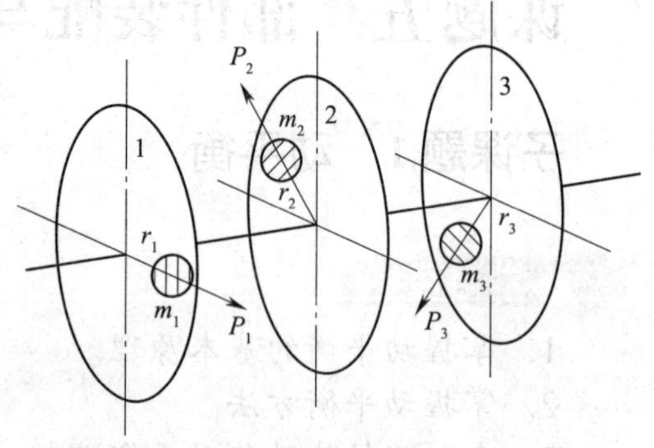

图 2—5—1 某长转子不平衡质量分布示意

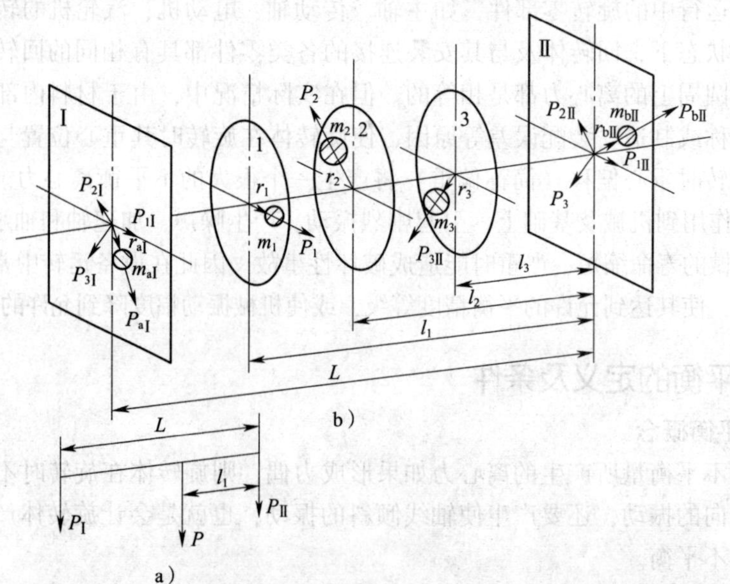

图 2—5—2 动平衡计算力分解示意图

(3) 在平衡基面Ⅰ及Ⅱ内适当地各加一平衡质量，使两个基面内的惯性力之和分别为零，则转子达到动平衡。

平衡基面Ⅰ及Ⅱ内的平衡质量的大小和方位的确定同静平衡计算方法。

二、动平衡原理和方法

1. 动平衡原理

动平衡是在转子两个校正面上同时进行校正平衡，校正后的剩余不平衡量，应保证转子在动态时在许用不平衡量的规定范围内，又称双面平衡。因此，动平衡就是消除或减小动不平衡的方法。

动平衡测量时要求转子能在支承系统上被驱动而旋转，支承系统必须有必要的自由度，以保证支承系统在转子不平衡离心力的作用下产生与转子不平衡量成正比的有规律振动。这样，转子与支承系统就组成了一定形式的质量—弹簧系统，通过测量支承的振动而获得转子校正平面上的不平衡量大小和相位，进而实施校正（去重或加重），这就是动平衡的基本原理。

2. 动平衡的方法

不平衡力是造成转子动不平衡的主要原因。产生不平衡力的因素很多，例如转子材质的不均匀性，联轴器的不平衡、键槽不对称，转子加工误差，转子在运动过程中产生的腐蚀、磨损及热变形等。据统计，有50%左右的机械振动是由不平衡力引起的。这些因素造成的不平衡量一般都是随机的，无法进行计算，需要通过重力试验（静平衡）和旋转试验（动平衡）来测定和校正。

随着工业生产的飞速发展，旋转机械逐步向精密化、大型化、高速化方向发展，使机械振动和安全问题越来越突出，因此，转子动平衡成为高速传动技术发展的必要手段。其中应用最广的动平衡方法是工艺动平衡法和整机现场动平衡法。

(1) 工艺动平衡法

工艺动平衡法即是采用动平衡试验机。动平衡试验机有框架式动平衡机、弹性支梁动平衡机、摆动式动平衡机、电子动平衡机、动平衡仪等。

电子动平衡机工作原理如图2—5—3所示，操作过程如下：

将不平衡零件安置在有弹性的轴承上，当零件旋转时，轴承在离心力偶的作用下发生振动。不平衡量越大，轴承的振动越大。电子动平衡机是通过一套电气设备控制一个闪光灯，一方面在仪器4上指示出不平衡量的大小，另一方面使闪光灯3同步发出闪光，在被测的旋转零件上显示出重心偏移的位置，如不平衡量在“3”位置，则闪光灯经常照着这个“3”字。开关6可左右分别接通，不平衡量互不影

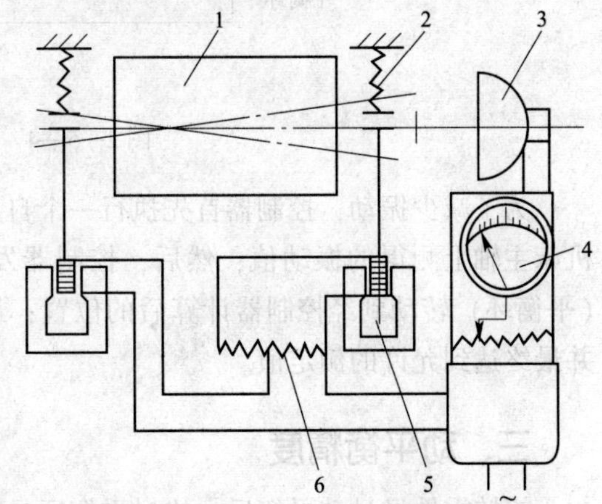

图2—5—3 电子动平衡机工作原理

1—零件 2—弹性支架 3—闪光灯 4—仪器 5—线圈 6—开关

响。测得不平衡量的位置和大小后，用配重法或去重法，使零件得到平衡。

动平衡试验机虽能较好地对转子本身进行平衡，但是当转子尺寸相差较大时，往往需要不同规格尺寸的动平衡试验机，试验时需将转子从机器上拆下来，这样明显是既不经济，也十分费工（如大修后的汽轮机转子）。而且是动平衡试验机无法消除由于装配或其他随动元件引发的系统振动。

（2）现场动平衡法

现场动平衡法是转子在正常安装与运转条件下进行平衡。现场动平衡不仅可以减少拆装转子的劳动量，也不需要动平衡试验机；同时由于试验的状态与实际工作状态一致，有利于提高测算不平衡量的精度，降低系统振动，可获得较高的平衡精度。国际标准 ISO 1940—1973（E）“旋转刚体的平衡精度”中规定，平衡精度为 G0.4 的精密转子，必须使用现场动平衡，否则动平衡毫无意义。

将组装完毕的旋转机械在现场安装状态下进行的动平衡操作称为整体现场动平衡。这种方法是将机器作为动平衡机座，通过对传感器测得的转子有关部位的振动信息进行数据处理，以确定在转子各平衡校正面上的不平衡及其方位，并通过去重或加重来消除不平衡量，从而达到高精度动平衡的目的。

如图 2—5—4 所示为现场动平衡的原理图，工作时，两个测量振动的传感器安装在机床主轴的外壳上，测量机床主轴在两个平面上的振动。控制器处理来自主轴外壳上振动传感器和刀柄上平衡环位置的信号。借助这三个信号，控制器能测出主轴的转速、相位角和平衡环的位置，并将它们的值显示出来。

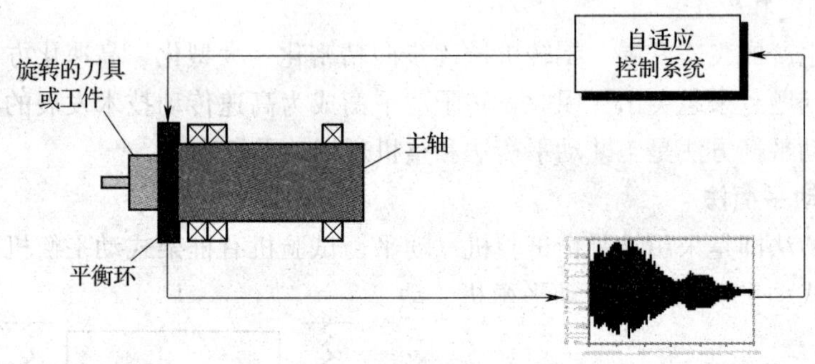

图 2—5—4　现场动平衡原理

为了减少振动，控制器首先执行一个自动动平衡程序：用一个允许的额定值去比较从机床主轴上测得的振动值；然后，控制器发出传输能量的脉冲信号，帮助调平衡的转子（平衡环）转动到经控制器计算后的位置；最后通过反复的测量、比较与调整，逐渐逼近并最终达到允许的额定值。

三、动平衡精度

旋转零件经过动平衡后，绝对平衡还是做不到的，总有一些剩余的不平衡量。平衡精度就是旋转零件经平衡校正后，允许存在的剩余不平衡量的大小。

对于具体的机械设备，在保证其安全经济运转的基础上，根据工作条件和结构特点不同，都规定一个合理的平衡精度。

平衡精度常用剩余不平衡力矩和重心振动速度两种表示方法。

1. 剩余不平衡力矩 *M*

$$M = TR = We$$

式中 M——剩余不平衡力矩，g·mm；

T——剩余不平衡质量，g；

R——剩余不平衡质量所处的半径，mm；

W——旋转零件质量，kg；

e——旋转零件重心偏心距，μm。

用剩余不平衡力矩来表示平衡精度时，如果两个旋转零件的剩余不平衡力矩相同，而它们的质量不同，显然对于质量大的旋转零件引起的振动较小，而对于质量小的旋转零件引起的振动就大，所以它是一个相对量。一定值的剩余不平衡力矩只能运用于某一具体的机械设备。

2. 偏心速度 V_e

所谓偏心距就是旋转件的重心偏离旋转中心的距离。因此，偏心速度是指旋转件在旋转时的重心振动速度。

$$V_e = \frac{e\omega}{1\ 000}$$

式中 V_e——重心振动速度，mm/s；

e——旋转件许用偏心距，μm；

ω——旋转件角速度，$\omega = 2\pi n/60$，rad/s；

n——转速，r/min。

重心振动速度 V_e 的许用值与平衡精度有关。以重心 C 点在旋转时的线速度 $e\omega$ 为平衡精度等级，记为平衡精度等级 G，即 $G = e\omega$，单位为 mm/s，并以 G 的大小作为精度标号，精度等级之间的公比为 2.5，由 0.4 ~ 4 000 mm/s，共分为 11 个等级，其中 G0.4 最高，G4 000 最低。

精度等级的应用原则为：机械的旋转精度、使用寿命等要求越高，其平衡精度等级也越高。动平衡精度等级及其应用见表 2—5—1，转速与偏心距的关系如图 2—5—5 所示。

表 2—5—1　动平衡精度等级及其应用

动平衡精度	精度代号	精密数值范围（mm/s）	转子类型举例	工作转速范围 n（r/min）
一级	G0.4	0.16 ~ 0.40	精密磨床转子，陀螺转子	
二级	G1.0	0.40 ~ 1.00	特殊要求的小型电动机转子，磨床驱动件	1 500 ~ 60 000
三级	G2.5	1.00 ~ 2.5	汽轮机，燃气轮机，增压器转子，机床主轴	600 ~ 30 000
四级	G6.3	2.5 ~ 6.3	电动机，水轮机转子，机床等一般转动部件	<30 000
五级	G16	6.3 ~ 16	螺旋桨，传动轴，多缸发动机曲轴	<15 000
六级	G40	16 ~ 40	火车轮轴，变速箱轴	<6 000

续表

动平衡精度	精度代号	精密数值范围（mm/s）	转子类型举例	工作转速范围 n（r/min）
七级	G100	40 ~ 100	多缸和高速发动机曲轴，汽车发动机整机	<3 000
八级	G250	100 ~ 250	高速四缸柴油机曲轴驱动件	<3 000
九级	G630	250 ~ 630	弹性支承船用柴油机，曲轴驱动件	<1 000
十级	G1 600	630 ~ 1 600	大型四冲程柴油机曲轴驱动件	<1 000
十一级	G4 000	1 600 ~ 4 000	单数气缸低速船用柴油机曲轴驱动件	<600

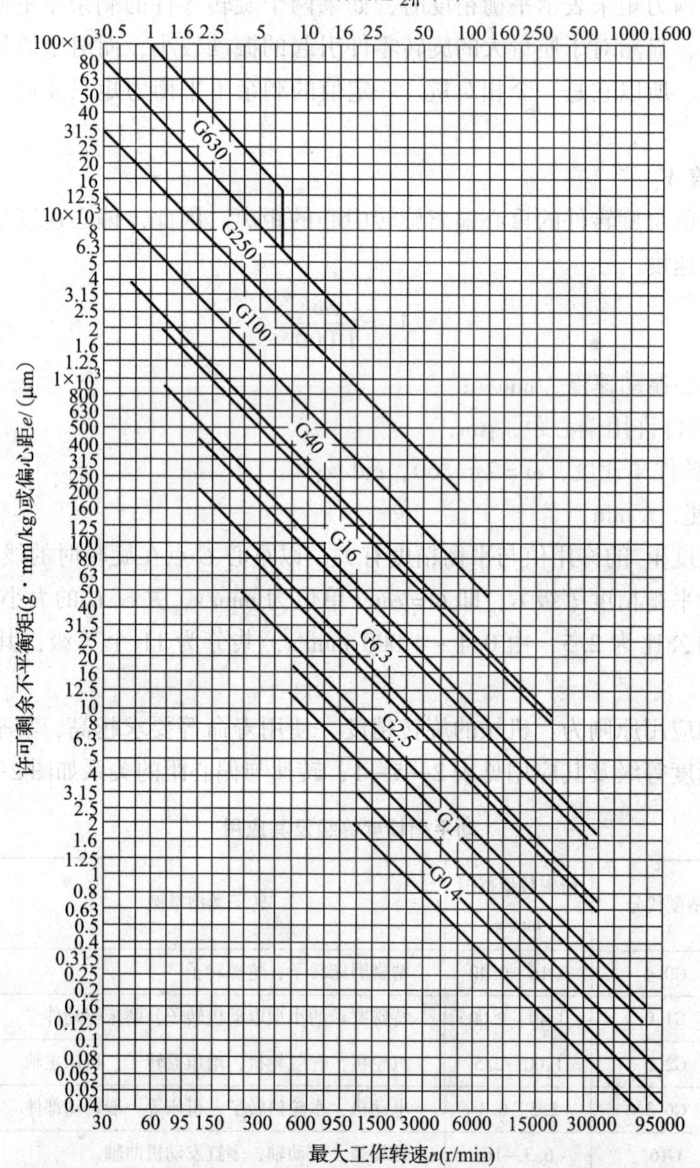

图 2—5—5　平衡精度 G、偏心距 e（纵轴）与转速 ω（横轴）的关系

另外，对于单面平衡的旋转零件其许用值就取表中数值。对于双面平衡的旋转零件，当轴向对称或近似对称时，其许用值取表中数值的1/2；当轴向不对称时，则根据转子质量沿轴向的分布情况来决定许用值的分配。

低速动平衡的平衡转速较低，通常为150～500 r/min；高速动平衡通常要在旋转件的工作转速下进行。

在日常工作中，平衡精度 G、旋转零件重心偏心距 e 和旋转件速度 ω 三者之间，只需要知道其中任意两个，就能很快地通过表2—5—1查出另一个的值。

例2—4：有一旋转体规定平衡精度等级为G6.3，则表示平衡后的许用偏心速度为多少？

解：直接查表2—5—1得：许用偏心速度为6.3 mm/s。

例2—5：有一旋转体质量为1 000 kg，转速为10 000 r/min，平衡精度等级规定为G1，求平衡力矩 M 及允许的偏心距 e 各为多少？

解：

$$V_e = \frac{e\omega}{1\,000}$$

$$e = \frac{1\,000 V_e}{\omega} = \frac{1\,000 \times 1 \times 60}{2\pi \times 10\,000} = 0.95\ (\mu\text{m})$$

其剩余不平衡力矩 M 为：

$$M = We = 1\,000\ \text{kg} \times 0.95\ \mu\text{m} = 950\ (\text{g} \cdot \text{mm})$$

假定此旋转体两个校正面在轴向与旋转体的重心等距，则每一校正面上允许的不平衡力矩可取 $M/2 = 475$ g · mm，这相当于在半径475 mm处允许的剩余不平衡量为1 g。

四、技能操作——磨床砂轮的动平衡

1. 工艺分析

通常，经静平衡后的砂轮，其偏心的两点会处于轴平面上且等距非对称地分布于轴的两侧，当砂轮高速旋转时，偏心点就会产生较大的离心作用，使主轴出现振动。因此，对于厚度较厚、直径较大以及组合式的金刚石砂轮必须进行动平衡检查。

磨床砂轮的动平衡是用全自动砂轮动平衡机在线完成的。磨床砂轮在线动平衡校正的应用优势有如下几点：

（1）可延长传统砂轮和金刚石砂轮修整装置使用寿命。

（2）可确保磨床主轴与轴承使用寿命，延长磨床维修间隔，降低磨床维修成本。

（3）可大幅改善被研磨工件的圆度、圆柱度和表面粗糙度。

（4）可延长被研磨工件使用寿命，减少研磨烧伤裂损现象，并控制其低频工作噪声。

（5）提高研磨加工精密度、稳定性和批量一致性。

如图2—5—6所示为磨床砂轮在线动平衡校正系统检测中的全自动砂轮动平衡机工作原理，砂轮在高速旋转时产生的离心力使动平衡机的摇摆架作径向振动，振动量被测振丝传递给传感器，传感器再将振幅转换成电压信号并经模拟解算电路选频放大器滤去干扰信号后，由阴极输送到显示系统，显示系统包括闪光灯和微安表两个部分，闪光灯确定不平衡部位，微安表指示砂轮的不平衡值。测出不平衡值后，就可以进行相应的去重和加重工作，经过不断地检测和调整，最终完成动平衡工作。

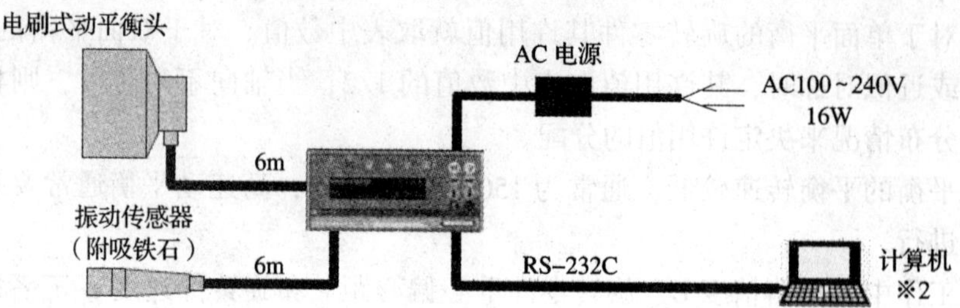

图 2—5—6　全自动砂轮动平衡机工作原理

2. 工艺步骤

（1）将砂轮直接安装在磨床上

不需要预先在平衡架上进行静平衡。

（2）接线

如图 2—5—7 所示连接各测试数据线。

（3）选择平衡精度

根据需要可在菜单上自由选择设定。

（4）开始检测

平衡头采用无电刷运转装置，磨床在工作中的砂轮平衡状态由计算机监测，中文液晶显示，转速自动采样，中心频率自动跟踪滤波，随机动态监测。如果平衡状态变坏，自动调整，使磨床砂轮始终处于平衡状态，延长主轴、轴承工作寿命。

图 2—5—7　磨床砂轮动平衡校正系统接线示意图

（5）平衡

测出砂轮的不平衡部位和不平衡量之后，就可以用钻孔去重法或加重法进行校正，但钻孔最多不得超过三处。

3. 评分标准（见表 2—5—2）

表 2—5—2　　动平衡评分标准

时限	2 h	开始时间		结束时间		实考时间	
项目	序号	技术要求		配分	评分标准	检测记录	得分
理论基础	1	熟悉动平衡工作原理		10	不熟悉不得分		
	2	熟悉动平衡方法		10	不熟悉不得分		
操作技能	3	会正确进行平衡精度计算		20	不正确不得分		
	4	会正确接线		10	不正确不得分		
	5	会正确检测砂轮的动不平衡		20	不正确不得分		
	6	会正确完成动平衡		20	不正确不得分		
综合能力	7	能团结协作		10	不能团结协作不得分		
		总分		100			

子课题 2　机床主轴部件的装配

1. 熟悉机床主轴部件的结构及应用。
2. 掌握磨床磨头的装配要点。
3. 会进行磨床磨头的安装与调试。

机床主轴指的是机床上带动工件或刀具旋转的轴，通常由主轴、轴承、传动件（齿轮或带轮）等组成，其主要用来支承传动零件如齿轮、带轮，传递运动及扭矩。除了刨床、拉床等主运动为直线运动的机床外，大多数机床都有主轴部件。

一、机床主轴部件精度

主轴部件的运动精度和结构刚度是决定加工质量和切削效率的重要因素。衡量主轴部件性能的指标主要有旋转精度、刚度和速度适应性。

1. 旋转精度

主轴回转轴线瞬间变化造成的回转误差有径向跳动、轴向窜动和摆动，评定的主要指标是主轴前端的径向跳动和轴向窜动。零件的加工精度主要取决于刀具与工件相对运动的稳定性，即主轴在较高转速下要有高的旋转精度。而高质量的主轴件和高精度的滚动轴承及其装配方式，是提高主轴旋转精度的关键。

2. 动、静刚度

动、静刚度主要取决于主轴的弯曲刚度、轴承的刚度和阻尼。

3. 速度适应性

速度适应性是指允许的最高转速和转速范围，主要取决于轴承的结构和润滑以及散热条件。

二、主轴部件典型结构及应用

主轴部件典型结构及应用见表 2—5—3。

表 2—5—3　　主轴部件典型结构及应用

分类形式	部件名称	适用机床	
按采用轴承类型分	滚动轴承主轴部件	双列向心短圆柱滚子轴承或圆柱滚子轴承（承受径向力，中速、重载）	车床
		推力轴承（承受轴向力）	摇臂钻床
		向心推力球轴承（高速轻载）	内圆磨床
	滑动轴承主轴部件	动压滑动轴承（高速轻载）	外圆磨床

续表

分类形式	部件名称	适用机床
按工作时主轴部件的运动情况分	主轴仅做旋转运动	车床、磨床
	主轴既做旋转运动，又做轴向进给	钻床、镗床
	主轴既做旋转运动，又做轴向调整运动	滚齿机
	主轴既自转又公转（行星运动）	行星内圆磨床

三、磨床磨头装配要点

1. 装配前准备工作

磨床磨头的装配质量在很大程度上决定了磨床的工作精度和加工质量。因此，装配时应认真仔细地做好每一项工作。装配前，首先要做好以下各项准备工作：

（1）清洁工作，包括对各零部件的清洁、清理工作，特别是主轴轴颈、轴瓦、密封圈、推力轴承、壳体孔等重要零部件的清洁工作，轴承的进出油孔、密封圈、推力轴承、轴瓦支承处的螺孔要事先攻好螺纹，再清洗干净，用压缩空气吹干净。

（2）主轴动平衡，要求动平衡精度不低于Ⅱ级。

（3）主轴、轴瓦、轴承精度的复检。

做好以上准备工作后，即可进行磨头的装配了。

2. 磨头装配和试运转过程中的注意事项

（1）轴与轴瓦的接触面积须在装配前检查。

（2）手动旋转主轴时，旋向要与实际旋转方向一致，不能反向旋转。否则，有可能损伤轴瓦。

（3）磨头装配好后，对主轴各工作精度、轴瓦间隙再次测量后方可试运转。

（4）磨头试运转期间人不能离开现场，尤其是试运转开始后的20 min内，更要密切注意磨头的动态。一旦发现有异常（如温升过快、有异常声音、漏油等）应立即停车。

（5）磨头试运转后，对主轴的各项精度要重新测量。

（6）磨头装配好后，要妥善放置，避免振动、受热受潮、灰尘进入。

四、高精度滚动轴承主轴组的装配与调整

1. 影响滚动轴承主轴组旋转精度的因素

（1）滚动轴承精度

主要体现在滚动体的形状精度和尺寸一致性差，轴承间隙不合适等。

（2）主轴本身精度

主要体现在主轴前端定位表面对支承轴颈的同轴度和垂直度误差超差。

（3）主轴与滚动轴承的配合精度

1）主轴支承轴颈和箱体孔的尺寸和形状误差。

2）主轴轴孔对主轴支承轴颈的同轴度误差。

3）箱体孔和主轴前后支承轴颈的同轴度误差。

4）调整螺母、过渡套垫脚、主轴等零件端面的垂直度误差。

2. 提高滚动轴承主轴旋转精度的装配工艺措施

（1）采用选配方法

根据轴承内外圈的精度情况，选配合适的轴颈和支承孔的尺寸来达到较高的配合精度，减少配合件的形状误差对轴承精度的影响，以达到提高主轴旋转精度和延长使用寿命的目的。

（2）采用轴承预紧方法

在装配时按要求对轴承进行预紧，使滚动体与滚道在预紧载荷下消除间隙，并形成一定的接触变形，以抵抗外加负荷对滚动体与滚道产生的间隙，从而提高主轴的刚度和旋转精度。

（3）采用定向装配方法

在装配时找出轴承的最大径向跳动误差方向和主轴有关表面的最大径向跳动误差方向，按一定的方向进行装配。

3. 磨床内圆磨头的装配

（1）内圆磨头的结构

如图 2—5—8 所示为 M1432 外圆磨床的 HJX13 型内圆磨具。主轴 1 由前后各一对按“同方向”排列的角接触球轴承支承。中间套 5 安装在套筒 4 内，右端有八个小孔，内装八根

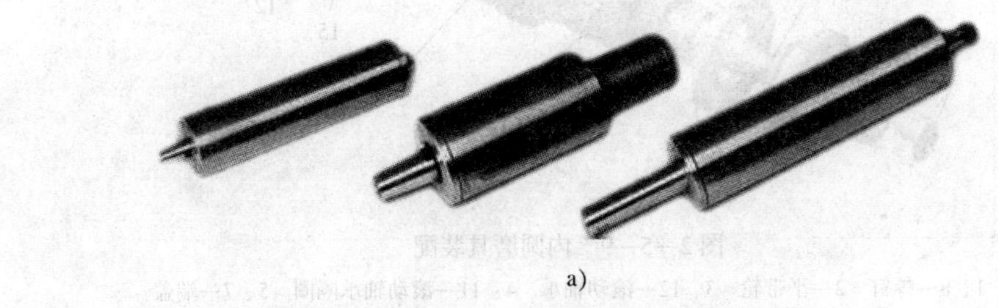

a）

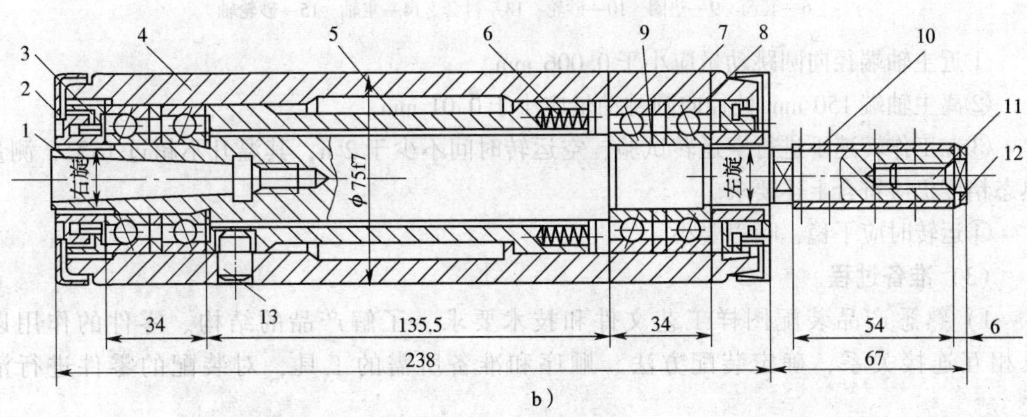

b）

图 2—5—8 内圆磨具

a）实物外形 b）结构图

1—主轴 2—防尘盖 3—油封盖 4—套筒 5—中间套 6—弹簧 7—外隔圈

8—轴承 9—内隔圈 10—平带轮 11—螺钉 12—垫圈 13—定位销

弹簧6，用来消除两对轴承的轴向间隙。用定位销13固定中间套5，使其不会产生轴向位移。

主轴两端装有左旋和右旋螺纹的防尘盖2，防尘盖2内端面开槽，与油封盖3配合，形成迷宫式防尘装置。主轴右端用螺钉11固定平带轮10，由电动机通过平带传动，使内圆磨具主轴高速旋转（转速为10 000～20 000 r/min）。

（2）内圆磨具的装配（见图2—5—9）技术要求

1）主轴的轴向窜动量要小于0.005 mm。

2）插入150 mm长的标准量棒测量主轴锥孔的径向圆跳动量。

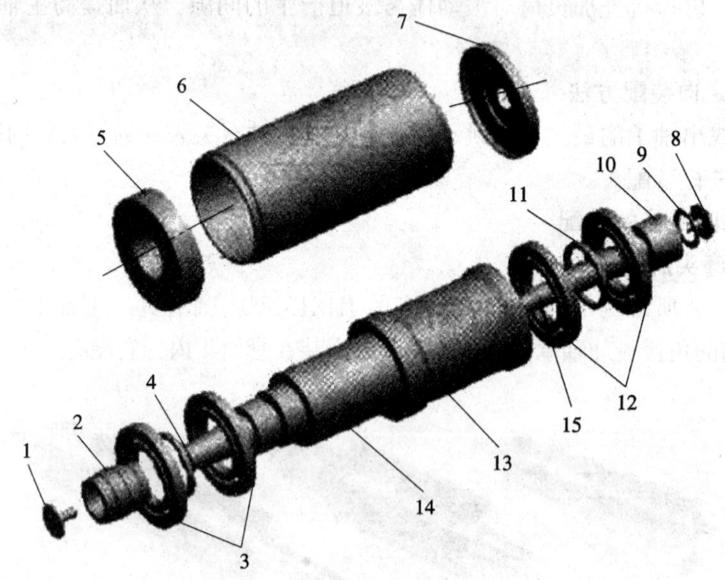

图2—5—9　内圆磨具装配

1、8—螺钉　2—平带轮　3、12—滚动轴承　4、11—滚动轴承隔圈　5、7—端盖
6—套筒　9—垫圈　10—砂轮　13—衬套　14—主轴　15—砂轮轴

①近主轴端径向圆跳动量应小于0.006 mm。

②离主轴端150 mm处径向圆跳动量应小于0.01 mm。

③在工作转速下进行空运转试验，空运转时间不少于2 h，其温升不超过15℃，测量热态精度仍应符合上述要求。

④运转时应平稳，噪声要小。

（3）准备过程

1）熟悉产品装配图样工艺文件和技术要求，了解产品的结构、零件的作用以及相互连接关系，确定装配方法、顺序和准备所需的工具，对装配的零件进行清洗。

2）零件精度的检查

①轴承选择。每组轴承的内径及外径差要在0.02～0.03 mm，用内径、外径千分表（尺）进行测量。

②主轴精度的检查。内圆磨具主轴精度要求见表2—5—4。

表 2—5—4　　内圆磨具主轴精度要求

序号	项目	公差
1	表面 1、4 的圆度	0.002 mm
2	表面 1、4 的径向圆跳动量	0.003 mm
3	表面 2、3 的端面圆跳动量	0.005 mm
4	锥孔表面的接触率	≥60%
5	锥孔斜向圆跳动量	0.006 mm
6	轴颈与轴承内圈配合间隙	0.004 mm

具体检查过程如下：

如图 2—5—10 所示，测量轴颈 1、4 的尺寸。在偏摆仪上以中心孔定位，用百分表测量表面 1、4，同时检查端面 2、3 的跳动量。

如图 2—5—11 所示，用莫氏 3 号塞规着色检查接触面，3 条素线上的接触率≥60%，大端稍高。测量主轴锥孔对表面 1、4 的径向圆跳动量。

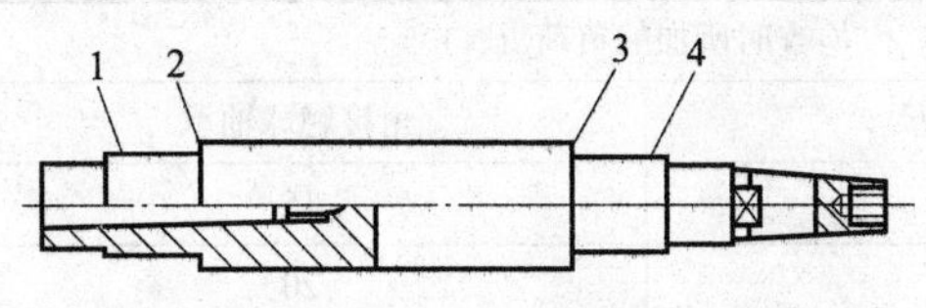

图 2—5—10　内圆磨具主轴

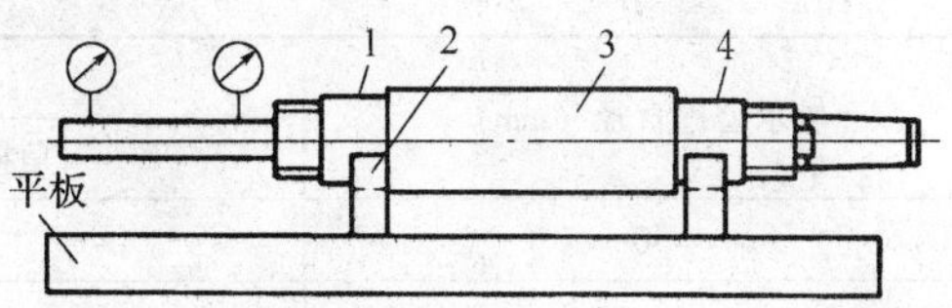

图 2—5—11　内圆磨具主轴锥孔测量

以上如有超差应予以修正。

3）套筒精度的检查。如图 2—5—12 所示为检查内孔与外圆的跳动量，跳动量应小于 0.005 mm。检查内孔尺寸，应与前轴承保持 0.004 ~ 0.008 mm 的间隙，与后轴承保持 0.006 ~ 0.01 mm 的间隙，以便主轴在发热膨胀时连同轴承可以在套筒孔内向带轮方向移动。如间隙太小可研磨修整，并用轴承试配，试配前先抹上机油，试配时以双手拇指推入为好，不能过紧或过松。

图 2—5—12　套筒径向跳动量检查

4）螺母、油封盖、中间套的检查。用涂色法检查螺母油封盖端面与轴承内外圈，中间套与轴承的外圈端面接触率，如在 80% 以下，应用金刚砂研磨至所要求的程度（注意螺纹与端面的垂直度要求）。接触率低会加大轴的径向跳动量，影响工作表面的粗糙度。

5）零件的清洗。仔细清洗是保证设备正常工作及延长使用寿命的重要环节之一。清洗轴承时，切勿以压缩空气吹转轴承，否则压缩空气中的硬性微粒会将滚道拉毛。

（4）装配过程

1）轴承的预紧。此处采用的是角接触球轴承，装配时只需进行轴向预紧。轴向预紧的关键是控制轴向预加负荷和测量内外隔圈厚度差。

①轴向预加负荷的控制。可以通过研磨轴承中的一个环的端面或采用两个不等厚度的间隔套筒（或称隔套）放在一对轴承的内外环之间，使滚珠与滚道紧密接触，使轴承获得预加负荷。选用预加负荷的原则是：力求既有预期的刚度又尽可能减少对轴承不利的预加负荷。

②内外隔圈厚度差的测量方法。调整预加负荷来确定两个轴承内外隔圈的厚度差（内外隔圈的两个平台的平行度要求在 0.002 mm 以内），方法有以下两种：

a. 测量法。如图 2—5—13 所示，将轴承放在圆座体上，上压重物（见表 2—5—5）。轴承在重压的作用下消除了间隙并使滚珠与滚道产生一定的弹性变形，用百分表测量轴承内、外环端面的尺寸差。

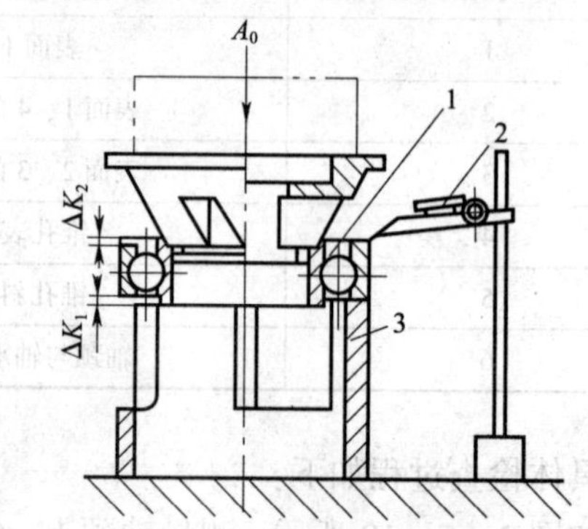

图 2—5—13　滚动轴承内外隔圈厚度差测量
1—滚动体　2—百分表　3—圆座

表 2—5—5　检查径向跳动时所加的负荷

轴承公称直径（mm）	检查时所加的负荷（N）	
	角接触轴承	角接触球轴承
30	40	15
30 ~ 50	80	20
50 ~ 80	120	30
80 ~ 120	150	50

如图 2—5—14 所示，当轴承按“背对背”方式安装时，测量两个轴承的 ΔK_1 及 $\Delta K_1'$ 值；按“面对面”方式安装时测 $\Delta K_1'$ 及 $\Delta K_2'$ 值；按“同向排列”方式安装时，一个轴承测 ΔK_1，另一个轴承测 ΔK_2 值。

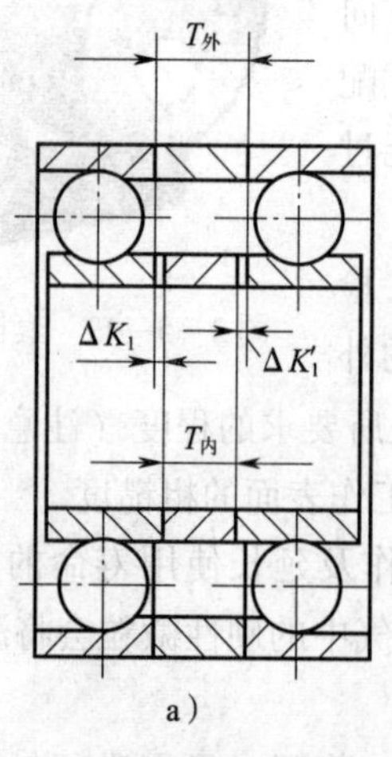

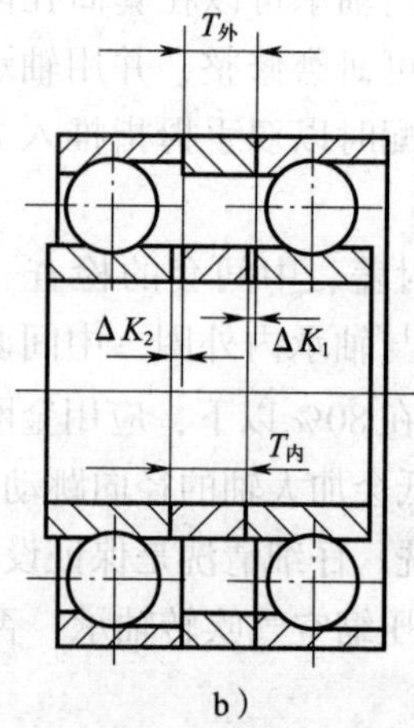

图 2—5—14　成对滚动轴承安装时隔圈厚度
a）背对背安装　b）同向排列安装

如图 2—5—14a 所示“背对背”安装的一对轴承，测得 $\Delta K_1 = +0.07$ mm，$\Delta K'_1 = +0.08$ mm（每隔 120°测一次，求出平均值），如内隔圈的厚度 $T_{内} = 6.25$ mm，则外隔圈的厚度 $T_{外} = T_{内} + (\Delta K_1 + \Delta K'_1) = 6.25$ mm + (0.07 mm + 0.08 mm) = 6.40 mm。如图 2—5—14b 所示“同向排列”安装的两只轴承，右轴承测得 $\Delta K_1 = +0.16$ mm，左轴承测得 $\Delta K_2 = -0.12$ mm，如内隔圈的厚度 $T_{内} = 6.25$ mm，则外隔圈的厚度 $T_{外} = T_{内} + (\Delta K_1 + \Delta K_2) = 6.25$ mm + (0.16 mm − 0.12 mm) = 6.29 mm

b. 手感法。这种方法不需要任何测量仪器和设备，只凭安装人员的工作经验来确定内外隔圈厚度差。由于手感法有时可获得比较正确的预加负荷，因此应用也很广泛。

2）磨头主轴部件装配（参见图 2—5—8）。将仔细清理和清洗过的零件进行装配，顺序如下：

①将中间套 5 装入套筒 4 内，对准销孔后，装定位销 13，使中间套 5 定位。

②将选择好的八根弹簧 6 装入中间套弹簧孔内，再装右垫圈。

③把后组轴承 8 和内外隔圈 7、9 装入主轴 1 上，将主轴 1 穿入中间套 5，并使后组轴承和套筒 4 配合好，然后装右端封油盖、防尘盖。

④将左端前组轴承及内外隔圈装在主轴前轴颈上，用手拉动主轴（向左），检查后组轴承能否在套筒 4 内移动和靠弹簧力的弹力退回，以保证当主轴工作发热伸长时，可带动轴承向右移动，不致因热变形而引起主轴弯曲。

⑤定向装配轴承。将一组轴承内圈的径向跳动最高点装在主轴砂轮端轴颈径向跳动最低处，并都对准同一方向。将两组轴承外环的径向跳动最高处对准装入壳体内孔。

⑥装配后检查时，首先测量主轴轴向窜动及径向圆跳动量，其数值应在规定范围内（HJX13—25 型内圆磨具：轴向窜动量 <0.005 mm，锥孔径向圆跳动量在 150 mm 长的试棒端应在 0.01 mm 内）。

⑦装配后在工作转速下进行空运转试验，时间一般不少于 2 h，且运转平稳，噪声小，然后重新测量精度，仍应在公差范围之内。

五、技能操作——平面磨床磨头安装与调试

1. 工艺分析

如图 2—5—15 所示为 M7120A 型平面磨床的磨头结构，其主要由两部分组成，磨头壳体和磨头主轴、轴瓦。壳体的前部有一长圆孔，内装有两套短三瓦轴承。

由两个单独封闭油室隔开，以及控制轴向窜动的两套球面止推轴承，主轴尾部装有电动机转子，电动机定子固定在壳体上。主轴各部件的作用如下：

(1) 油封环 2、15 主要起封油作用，前后各一套与两端盖组成封闭的润滑腔。

(2) 平衡环 18 控制轴向窜动并起平衡作用。

(3) 球面止推轴承 3、圆柱销 4、左球面环 5 共同控制轴向窜动，靠 3 的端面产生的油膜来润滑端面，左右各一套，弹簧 6 及圆柱销 21 起自动补偿止推轴承的轴向磨损及定位作用，同时还具有缓冲轴向冲击的作用。

(4) 球面支承螺钉 12、压紧螺母 13 起调整轴承间隙的作用，调整好后拧紧。

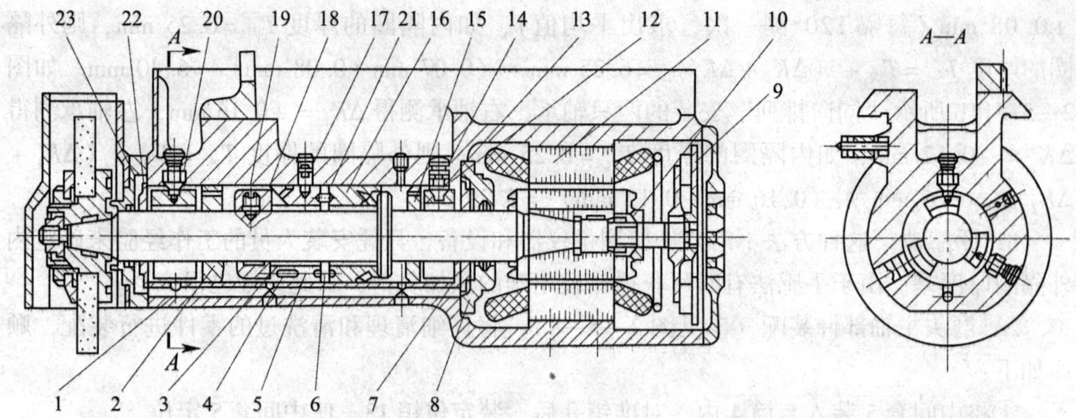

图 2—5—15　M7120A 型平面磨床磨头的结构

1—壳体　2、15—油封环　3—球面止推轴承　4、21—圆柱销　5—左球面环　6—弹簧　7、22—端盖　8—后法兰盖　9—风叶　10—螺母　11—定子　12—球面支承螺钉　13—压紧螺母　14—后轴瓦　16—右球面环　17、19—定位螺钉　18—平衡环　20—前轴瓦　23—法兰盘

（5）定位螺钉 17 在磨头装配完毕后，用以支承球面环，以防止轴向窜动。

（6）支承螺钉对封油环 2、15 起固定作用，以防止主轴转动时漏油。

2. 工艺步骤

（1）装配前的准备工作

1）清洁工作包括对各零部件的清洁、清理，特别是主轴轴颈、轴瓦、油封环、止推轴承、壳体孔等重要零部件的清洁。

2）对主轴进行动平衡测试，要求动平衡精度不低于二级。

3）按图样要求对主轴、轴瓦、轴承精度等进行复检。

（2）磨头的装配

1）装配技术要求

①主轴的轴向窜动量不大于 0. 005 mm。

②主轴的径向圆跳动量不大于 0. 005 mm。

③主轴与轴瓦的冷态间隙：前轴承为 0. 008 ~ 0. 01 mm，后轴承为 0. 01 ~ 0. 012 mm。低速运转 2 h 后再高速运转 2 h 的温升不超过 20℃。

2）装配工艺过程。装上止推轴承及轴承内部的弹簧，各弹簧的弹性、长短要一致；装上左端的紧定螺钉。

①把主轴压入壳体内的装配位置，用定位螺钉将止推轴承位置锁定。

②装上前后两个油封环，注意回油孔位置位于上方，拧入定位螺钉，装配时用专用工具将定位螺钉和油封口上的螺钉对准，装配油封环也要用专用工具，以防装偏。

③装入前后六块轴瓦及球头支承螺钉，位置要正确，且使轴瓦上的箭头方向与主轴的实际转向一致。

④装上前后定心套，使主轴基本上位于前后壳体孔的中心位置。

⑤用十字扳手（见图 2—5—16）、螺钉旋具、活扳手调整主轴、轴瓦之间的间隙。

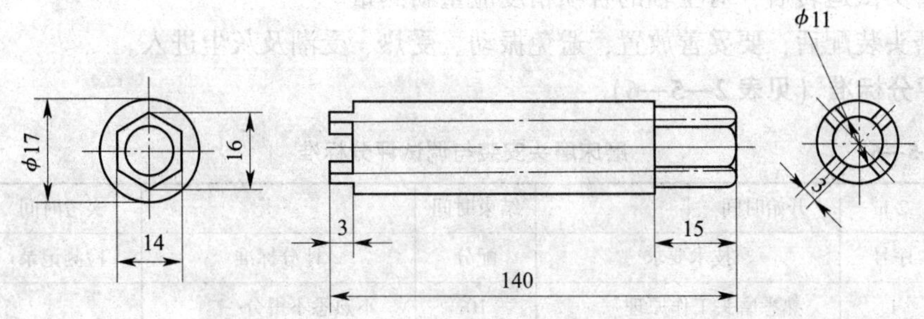

图 2—5—16 磨头主轴、轴瓦之间间隙调整用十字扳手

⑥用铜棒以适当的力量在轴承承载方向敲击主轴，重新测量间隙，若不符合要求，应重新调整。调整完毕，卸下前后定心套。

⑦装上前后法兰，用塞尺检查圆周各处间隙应均匀，装上其他零件及润滑油管等。

3）磨头的试运转及精度测量。试运转：先低速运转 2 h，后高速运转 2 h，检查温升（不超过 20°C），并检查主轴精度。主轴装配精度检测如图 2—5—17 所示。

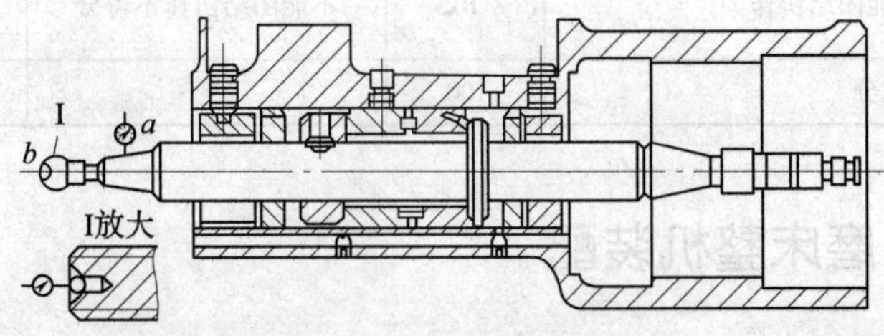

图 2—5—17 主轴装配精度检测

(3) 磨头的装配及试运转注意事项

1）主轴与轴瓦的接触面积须在装配前检查。

2）手转动主轴时，旋向应与实际旋转方向一致，不能反向，避免损伤轴瓦。

3）磨头装配后，对主轴各工作精度、轴承与轴瓦之间间隙要再次测量（见图 2—5—18），合格后方可试运转。

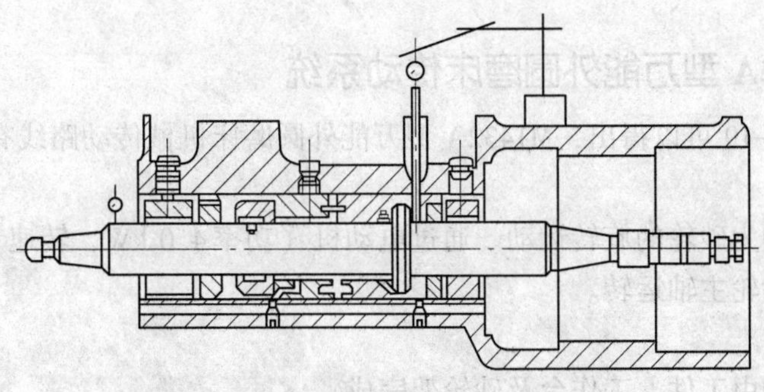

图 2—5—18 主轴与轴瓦之间间隙调整

4）磨头运转期间，人不能离开设备。尤其是运转开始时的 20 min，更要密切注意磨头的动态，一旦发现有异常应立即停车。

5）磨头试运转后，对主轴的各项精度应重新测量。

6）磨头装配后，要妥善放置，避免振动、受热、受潮及灰尘进入。

3. 评分标准（见表2—5—6）

表2—5—6　　磨床磨头安装与调试评分标准

时限	2 h	开始时间		结束时间		实考时间	
项目	序号	技术要求		配分	评分标准	检测记录	得分
理论基础	1	熟悉磨头工作原理		10	不熟悉不得分		
	2	熟悉静压磨头安装工艺要点		10	不熟悉不得分		
操作技能	3	会正确安装成对滚动轴承		10	不会不得分		
	4	会正确调整轴承间隙		20	不会不得分		
	5	装配工艺正确		20	不正确不得分		
	6	会正确进行试车		20	不会不得分		
综合能力	7	能团结协作		10	不能团结协作不得分		
总分				100			

子课题3　磨床整机装配

学习目标

1. 熟悉外圆磨床的传动系统。
2. 熟悉磨床整机装配要点。
3. 会进行磨床整机装配。

M1432A型万能外圆磨床主要用于磨削内、外圆柱面和圆锥面及端面，但磨削效率不高，自动化程度较低，适用于单件、小批量生产。

一、M1432A型万能外圆磨床传动系统

分析图2—5—19可以得出，M1432A型万能外圆磨床机械传动路线有：

1. 主运动

磨床的主运动为砂轮的旋转运动。通过电动机（功率4.0 kW，转速1 440 r/min）由V带轮副直接带动砂轮主轴运转。

2. 进给运动

进给运动分别由工件、工作台及砂轮架完成。

（1）工件的圆周进给运动

由双速电动机头架通过V带轮塔轮变速组和拨盘带动工件旋转，实现圆周进给运动，可获得6种不同转速。其传动路线表达式为：

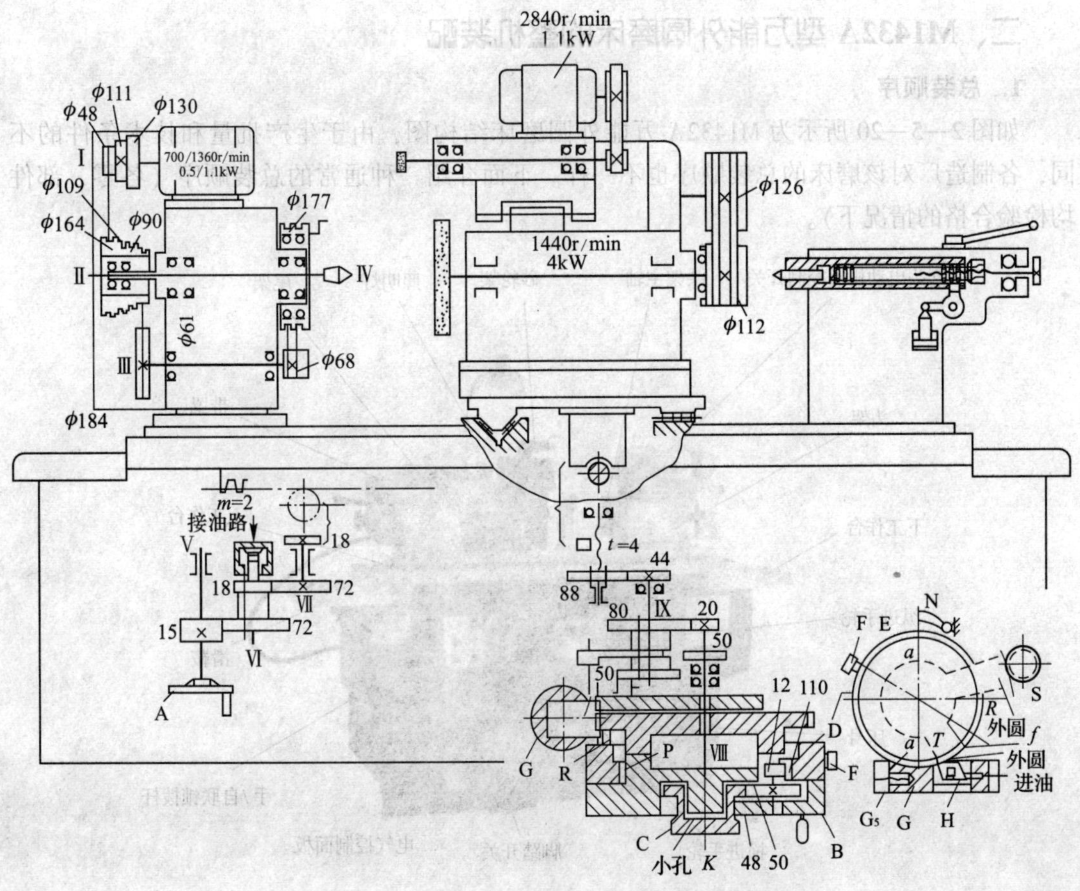

图 2—5—19　M1432A 万能外圆磨床机械传动系统

$$
\mathrm{I}-\frac{60}{178}-\mathrm{II}-\left\{\begin{array}{c}\frac{172.7}{95}\\ \frac{178}{142.4}\\ \frac{75}{173}\end{array}\right\}-\mathrm{III}-\frac{46}{179}-\text{拨盘（工件）}
$$

（2）工作台的纵向往复进给运动

工作台的纵向往复运动由液压驱动，也可手动调整。手轮 A 转一转，工作台的移动量 f 为：

$$
f=1\times\frac{15}{72}\times\frac{18}{72}\times18\times2\times\pi\approx6\ (\mathrm{mm})
$$

（3）砂轮架的横向进给运动

转动手轮 B 可使砂轮架作横向进给运动，其传动路线表达式为：

$$
\text{手轮 B—}\mathrm{VIII}\text{—}\left\{\begin{array}{c}\frac{50}{50}\\ \frac{20}{80}\end{array}\right\}\text{—}\mathrm{IX}\text{—}\frac{44}{88}\text{—横向进给丝杠—砂轮架}
$$

二、M1432A 型万能外圆磨床的整机装配

1. 总装顺序

如图 2—5—20 所示为 M1432A 万能外圆磨床结构图，由于生产批量和技术条件的不同，各制造厂对该磨床的总装顺序也不一样。下面介绍一种通常的总装顺序（各零、部件均检验合格的情况下）。

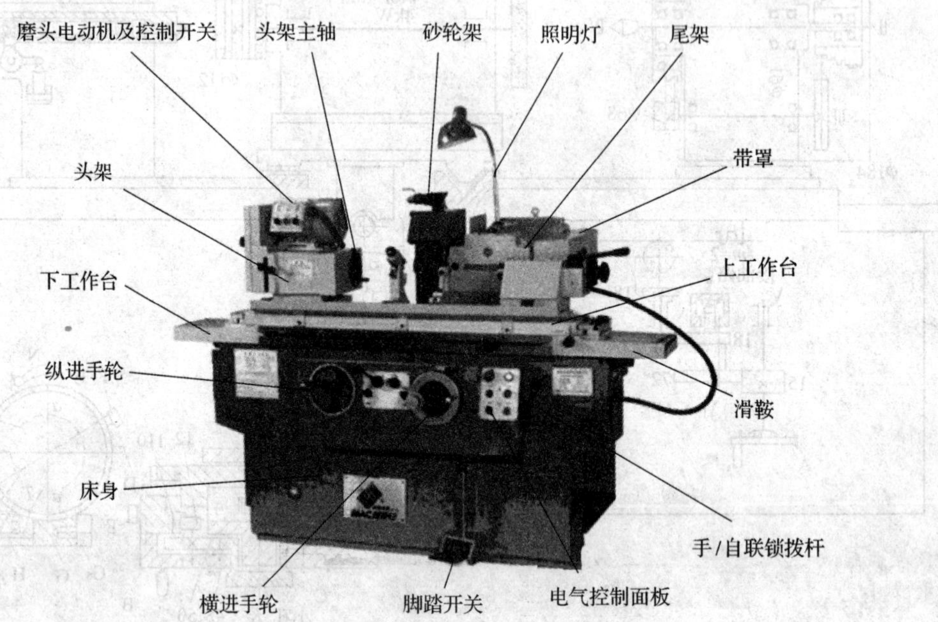

图 2—5—20　M1432 A 万能外圆磨床结构图

（1）安装并调整磨床床身，使床身在纵横方向均达到水平。

（2）装配砂轮架滑鞍座与滑鞍。

（3）装配进给机构、手摇机构和液压操纵箱。

（4）装配油泵电动机与油泵。

（5）装配液压系统各油管与活塞油缸。

（6）装配机床的下工作台。

（7）装配机床的上工作台。

（8）装配机床的头架底座。

（9）装配机床的头架及尾架。

（10）装配砂轮架和磨床的内圆磨具。

（11）安装砂轮架上的电动机、电器及线路。

（12）安装各种防护罩。

（13）接通线路，进行调试验收。

2. 各部件装配要点

（1）安装和调整床身

床身安装要求在纵横两个方向都达到水平，纵向允差为 0. 02 mm/1 000 mm，横向允差

为0.01 mm/1 000 mm，如图2—5—21所示。图2—5—21a表示在床身的底面放置调整垫铁。图2 5—21b表示在床身导轨的中间位置放置水平仪。调整垫铁，观察水平仪，直到床身水平。

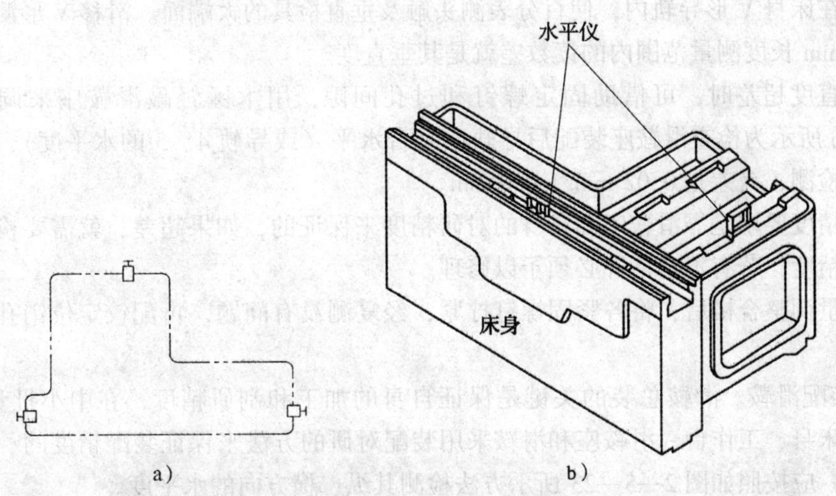

图2—5—21 床身的安装和调平

a）底面放置调整垫铁 b）水平仪检测床身水平

（2）装配滑鞍座与滑鞍

在机床维修中，为了减少床身刮研后的装配变形，一般是先装配进给机构、手摇机构及操纵箱，再进行滑鞍座、滑鞍与床身的刮研和装配（即将总装顺序中的2和3交换）。这种方法也可在总装中应用，此处是按前述的总装顺序介绍的。

1）装配滑鞍座。如图2—5—22所示，使滑鞍座的底平面3与床身表面2贴合，用紧固螺钉预紧后进行调整和检测。

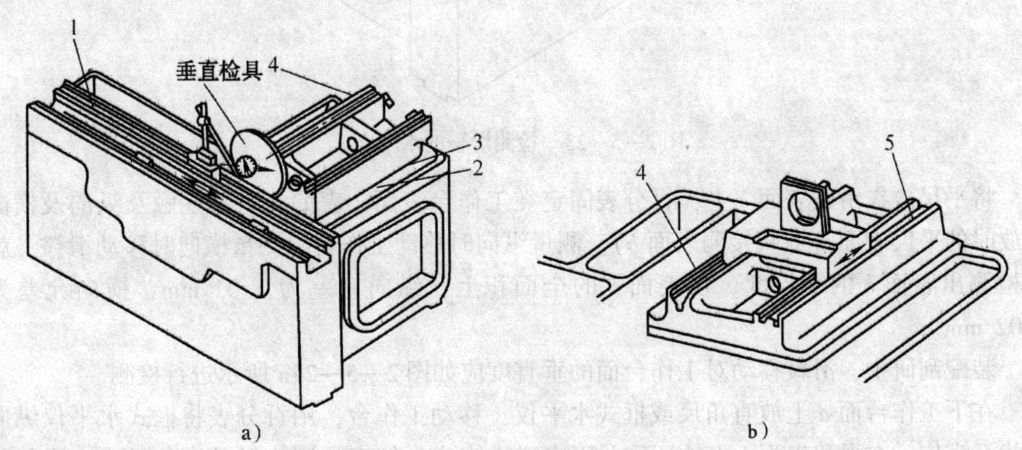

图2—5—22 滑鞍座装配与检验简图

a）检测滑鞍座导轨对床身导轨在水平面内的垂直度 b）检测滑鞍座导轨的水平度

1—床身V形导轨 2—床身表面 3—滑鞍座底平面 4—滑鞍座V形导轨 5—滑鞍座平导轨

如图 2—5—22a 所示为检测滑鞍座导轨对床身导轨在水平面内的垂直度，允差为 0. 02 mm/250 mm。

具体方法是：在滑鞍座 V 形导轨 4 内放垂直检具，将百分表固定在 V 形测量座上，把测量座放在床身 V 形导轨内，使百分表测头触及垂直检具的大端面。滑移 V 形测量座，表针在 250 mm 长度测量范围内的读数差就是其垂直度。

当垂直度超差时，可借助固定螺钉和过孔间隙，用木锤轻敲滑鞍座来调整。如图 2—5—22b 所示为检查滑鞍座装配后导轨面是否水平（或导轨 4、5 的水平度），用桥形板和水平仪检测，允差是 0. 02 mm/1 000 mm。

这项精度要求是靠滑鞍座和床身的对研精度来保证的，如果超差，就需要检查每个单件的刮研精度，若有不合格件必须予以修理。

当测量调整合格后，将各紧固螺钉拧紧，经复测没有问题，再配铰定位销孔，装定位销。

2）装配滑鞍。滑鞍总装的关键是保证自身的加工和刮研精度，在中小批量生产中，一般是对床身、工作台、滑鞍座和滑鞍采用装配对研的方法来保证装配精度的。若用这种方法装配，应按照如图 2—5—23 所示方法检测其纵、横方向的水平度。

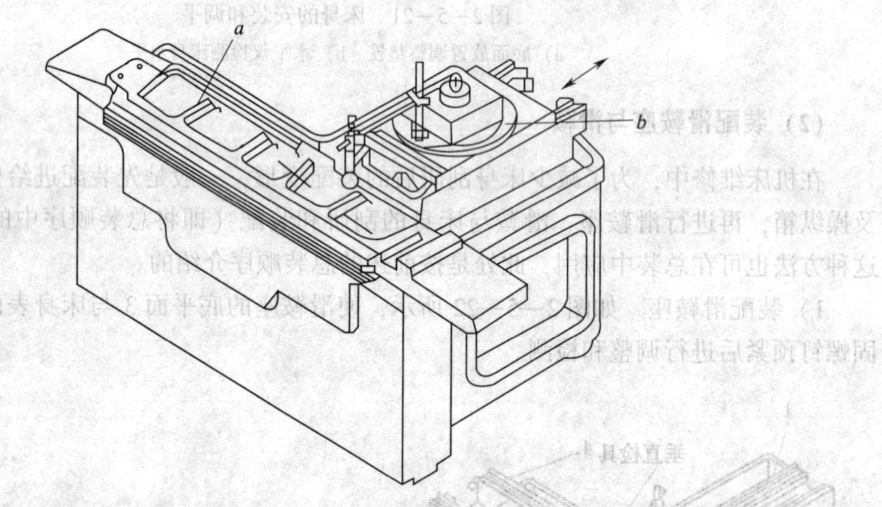

图 2—5—23　检测滑鞍的水平度

将平尺放在滑鞍表面 *b* 上，百分表固定在工作台表面，表的测头分别触及纵向及横向安放时的平尺表面（或直接测表面 *b*）。测量纵向时移动工作台，测量横向时移动滑鞍，就能检测出表面 *b* 的平行度。在表面 *b* 的全面积上，纵向允差为 0. 01 mm，横向允差为 0. 02 mm。

装配刮研中，滑鞍移动对工作台面的垂直度应如图 2—5—24a 所示进行检测。

在下工作台面 *a* 上放直角尺或框式水平仪，移动工作台，用百分表将框式水平仪纵向面找至零位。在滑移表面 *b* 上放压重并固定磁力表座，使表的测头触及直角尺或水平仪的横向面，移动滑鞍进行检测。精度要求是：在滑鞍全行程上允差为 0. 01 mm。

装配刮研中，还应保证滑鞍对下工作台表面 *a* 纵横移动的平行度，检测方法如图 2—5—24b 所示。

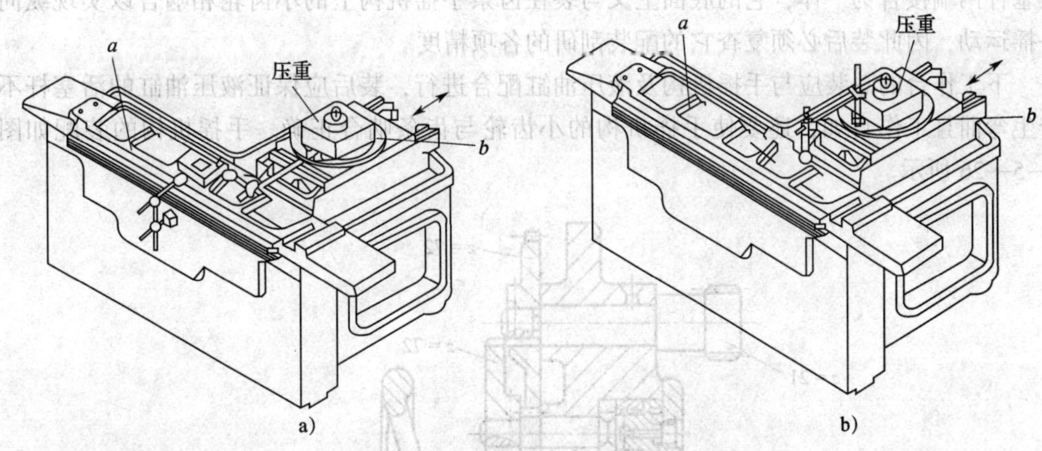

图 2—5—24　检测滑鞍移动对工作台精度

a）垂直度　b）平行度

在滑鞍表面 b 上放压重，并固定磁力表座，使百分表测头触及下工作台表面 a，移动滑鞍测横向平行度，移动工作台测其纵向平行度，在纵横全行程上允差为 0.02 mm。

完成装配刮研并达到各项精度后，取下滑鞍及工作台，按总装顺序进行装配。

滑鞍与横向进给机构的总装应配合进行。滑鞍连同其传动装置如图 2—5—25 所示装在滑鞍座上。

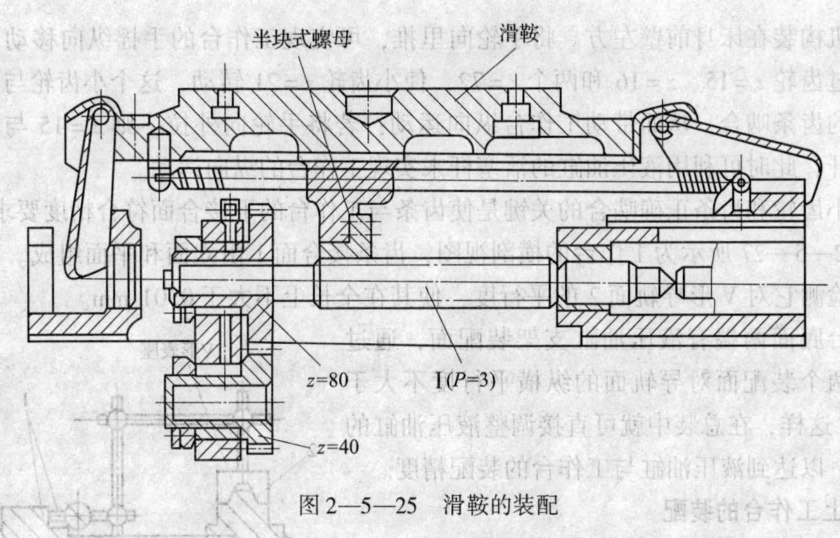

图 2—5—25　滑鞍的装配

图 2—5—25 中轴与齿轮（$z=40$）的孔相配合，用键作为传动连接。

当转动手轮时，通过齿轮 $z=40$、$z=80$ 使螺距为 3 mm 的丝杠Ⅰ转动，丝杠Ⅰ与装在滑鞍下面的半开式螺母啮合，从而使滑鞍连同砂轮架做横向进给运动。

滑鞍的总装，除使齿轮的啮合间隙和啮合位置符合图样要求外，还应保证床身及下工作台配装对研的各项精度。

（3）下工作台的装配

下工作台的精度已在装配对研中得到保证，但由于工作台的下面通过支架与液压油缸活塞杆两端接合为一体，它的底面上又与装在齿条手摇机构上的小齿轮相啮合以实现纵向手摇运动，因此装后必须复查它的配装刮研的各项精度。

下工作台的总装应与手摇机构及液压油缸配合进行，装后应保证液压油缸的活塞杆不产生弯曲且工作自如，还要使手摇机构的小齿轮与齿条啮合正确。手摇机构的装配如图2—5—26所示。

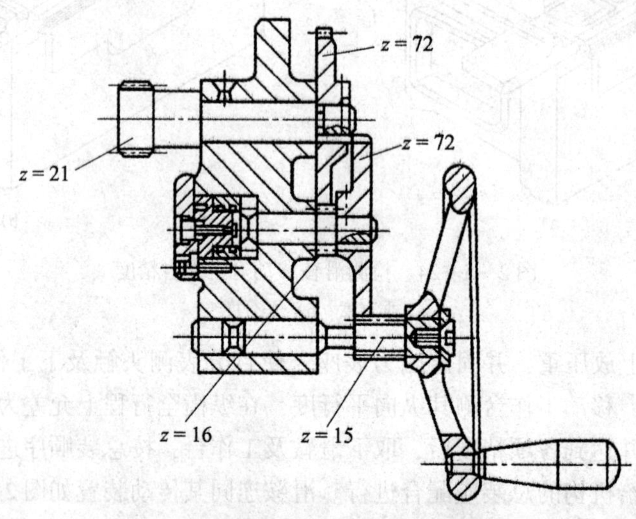

图2—5—26　手摇机构装配

手摇机构装在床身前壁左方。将手轮向里推，可实现工作台的手摇纵向移动，即转动手轮，通过齿轮 $z=15$、$z=16$ 和两个 $z=72$，使小齿轮 $z=21$ 转动，这个小齿轮与固定在工作台底面的齿条啮合，从而带动工作台纵向运动；若将手轮向外拉，则 $z=15$ 与 $z=72$ 两个齿轮脱开，此时可利用液压油缸的活塞杆来实现工作台的纵向运动。

保证小齿轮和齿条正确啮合的关键是使齿条与工作台的下接合面符合精度要求。

如图2—5—27所示为工作台的横剖视图，齿条接合面1由立面和平面组成。刮研中用图示方法检测它对V形导轨面2的平行度，使其在全长上不大于0.01 mm。

工作台底面两端有液压油缸支架装配面，通过刮研使这两个装配面对导轨面的纵横平行度不大于0.01 mm。这样，在总装中就可直接调整液压油缸的两个支架，以达到液压油缸与工作台的装配精度。

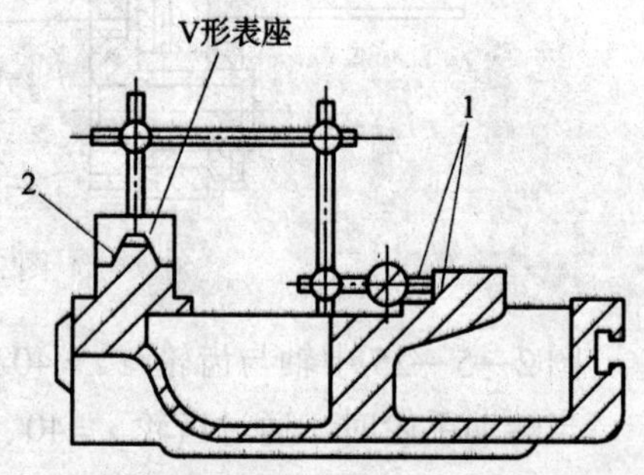

图2—5—27　工作台横剖视图
1—齿条接合面　2—V形导轨面

（4）上工作台的装配

将上工作台部件（包括转轴和调整装置）装配在下工作台上，按如图2—5—28所示的方法检测上表面对纵横移动的平行度。

1）将磁力表座固定在床身前面，表的测头触及上工作台导轨的前侧面，转动手摇机构，使床身纵向移动，将导轨前侧面与纵向移动方向调成平行（利用调整装置），然后将两头的紧固压板压牢。

2）在滑鞍上面固定磁力表座，使百分表的测头触及上工作台表面。

转动手摇机构手轮，检测工作台表面对滑鞍纵向移动的平行度，在全行程上允差为0.02 mm。转动横进机构手轮，检测工作台表面对滑鞍横向移动的平行度，在工作台表面全宽上允差为0.01 mm。

若达不到要求，应检查工作台自身的加工精度，找出原因，进行修复。

(5) 头架部分的装配

头架部分包括头架底座和头架。

1）头架底座的总装。如图2—5—29所示，将头架底座安装在上工作台上面后应保证其上平面对工作台表面及滑鞍移动的平行度，在其上平面全长上允差为0.005 mm。检测方法比较简单，在工作台表面安放滑动表座，百分表的测头触及头架底座表面，推移表座，可测出头架底座上平面对工作台表面的平行度。

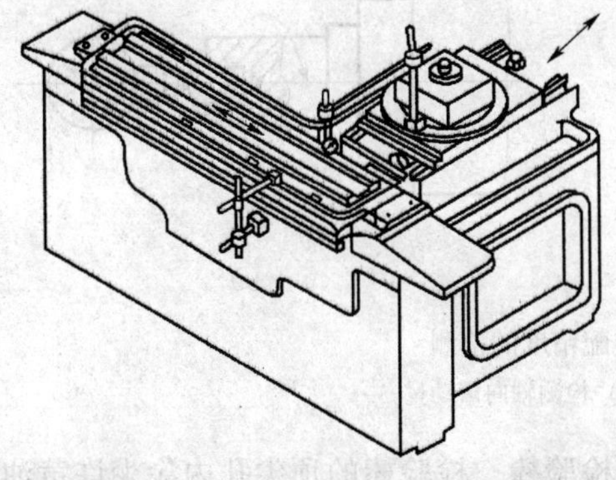

图2—5—28　工作台表面的检测

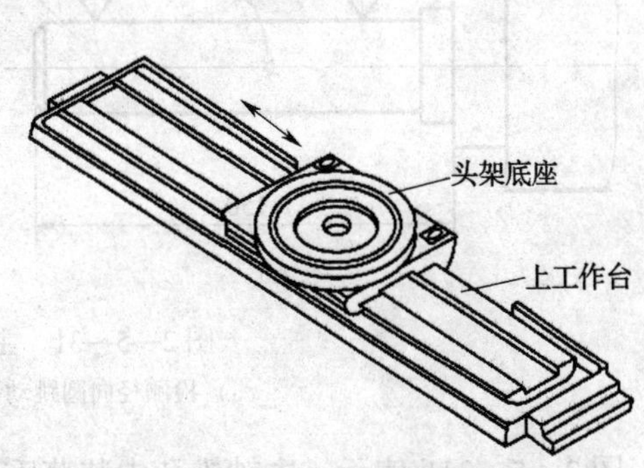

图2—5—29　头架底座的装配检测

若将磁力表座固定在滑鞍上，使百分表测头触及头架底座上平面，再摇横进手轮使滑鞍移动，就能检测头架底座上平面对滑鞍移动的平行度。如果精度达不到要求，可修刮底座的上平面。

2）头架的总装。装配前应检查各零件的加工精度，特别是必须保证头架体的对研精度合格。头架部件如图2—5—30所示。

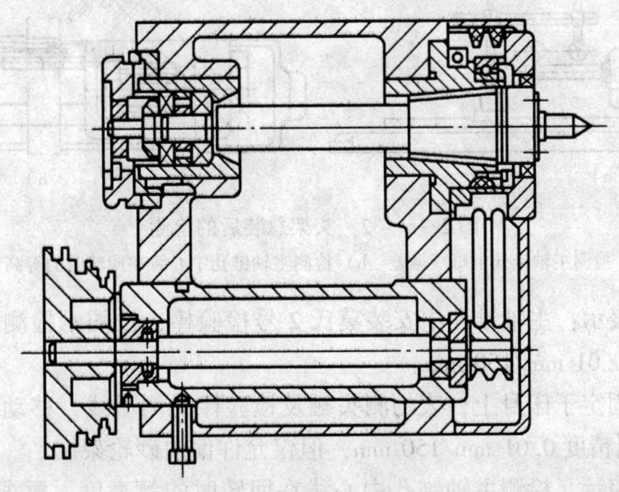

图2—5—30　头架部件

为保证主轴的装配精度，应注意主轴后轴承的装配，主轴后轴承是两个 D 级精度的 46107 成对安装角接触球轴承，装前可用预加负荷凭手感来控制内、外隔圈厚度差的方法，调整滚动轴承内外滚道与滚珠之间的预紧力。

头架装配后检查主轴孔的径向圆跳动量和轴向窜动量，方法如图 2—5—31 所示。图 2—5—31a 表示：主轴锥孔中装入莫氏 3 号检验棒，外伸长为 150 mm，转动主轴，用百分表检测检验棒外径就能测出主轴锥孔的径向圆跳动量。精度要求是：近主轴处允差为 0. 007 mm，离主轴 150 mm 处允差为 0. 011 mm。

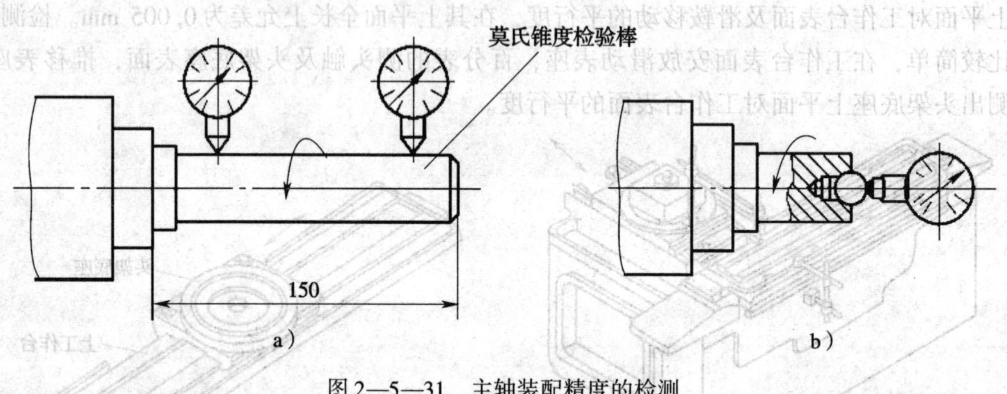

图 2—5—31　主轴装配精度的检测

a）检测径向圆跳动量　b）检测轴向窜动量

图 2—5—31b 表示：主轴锥孔中装莫氏 3 号检验棒，检验棒的顶尖孔内涂少许黄油并放上钢球，使百分表测头触及钢球表面，转动主轴，百分表上的读数差即是主轴的轴向窜动量，精度允差为 0. 01 mm。

头架部装合格后，进入总装。将头架装在头架底座上，如图 2—5—32 所示检测主轴锥孔中心线对导轨的等高度及回转头架对导轨的等高度。

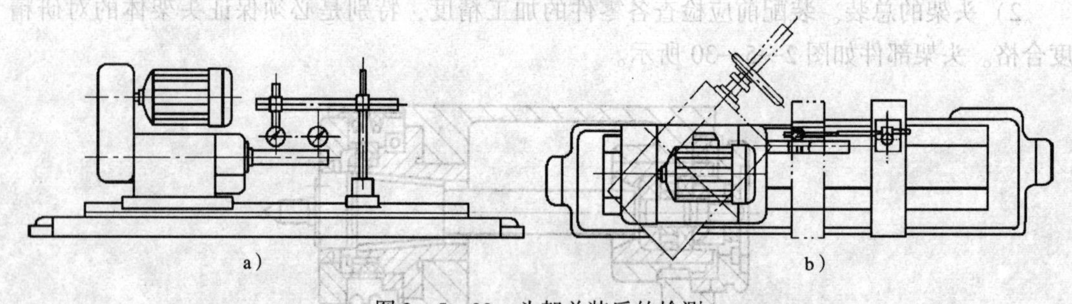

图 2—5—32　头架总装后的检测

a）检测主轴锥孔上母线偏差　b）检测主轴锥孔中心线在回转时的等高度

图 2—5—32a 表示：主轴锥孔中安装莫氏 2 号检验棒，按图示检测上母线偏差，只允许向上偏，允差为 0. 01 mm/150 mm。

若将磁力表座固定于床身上，表的测头触及检验棒的侧母线，移动工作台，通过调整头架（转位），达到精度 0. 01 mm/150 mm，但仅允许偏向砂轮架。

图 2—5—32b 表示：检测主轴锥孔中心线在回转时的等高度，要求头架回转 45°，在 100 mm 长度上检测检验棒的上母线，允差为 0. 015 mm。

上述检测若达不到要求，可修复头架底座和头架接合面。确认合格后，再装配头架电动机。

(6) 尾架的总装

尾架套筒锥孔中心线对工作台移动的平行度，是在尾架的刮研和部装中应保证的项目。为保证总装精度，在加工和检测中，必须兼顾头架中心线和尾架中心线对工作平台移动的平行度，同时，要避免尾架锥孔中心线低于头架主轴锥孔中心线，否则会造成头架底座总装后的返工。

将尾架装在上工作台上面，采用如图 2—5—33 所示的方法检测头架和尾架中心线对工作台移动的平行度。

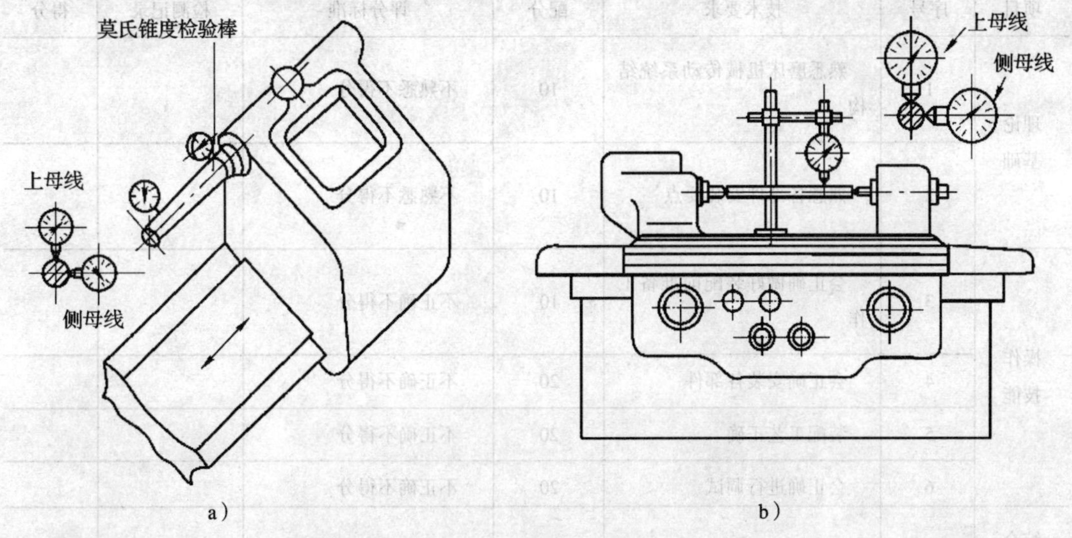

图 2—5—33　头架和尾架装配后的检测

a）检测尾座中心线对工作台移动的平行度　b）检测头架和尾架锥孔中心线对工作台移动的平行度

图 2—5—33a 表示：尾座中心线对工作台移动平行度的检测。把莫氏 3 号检验棒装入尾架套筒锥孔内，百分表固定在滑鞍上，表的测头分别触及检验棒的上母线和侧母线，移动工作台，百分表的读数差值就是尾架套筒锥孔中心线对工作台移动的平行度。精度要求是：上母线允差为 0. 01 mm/150 mm，且仅允许外伸端向上偏；侧母线仅允许向砂轮架方向偏，允差值同上母线。

图 2—5—33b 表示：头架和尾架锥孔中心线对工作台移动平行度的检测。将莫氏 3 号顶尖分别装入头架和尾架的锥孔内，两顶尖间顶一圆柱检测棒，百分表固定在滑鞍上，表的测头触及检验棒的上母线和侧母线，移动工作台，百分表的读数值就是头架主轴锥孔中心线和尾架套筒锥孔中心线对工作台移动（或床身导轨）的平行度。精度要求是：上母线允差为 0. 02 mm/300 mm，且仅允许尾架高；侧母线允差为 0. 01 mm/300 mm，且仅允许尾架的尾部偏向操作者一侧。

上述两项精度如果超差，可修刮尾架与导轨接合的底面或侧面。

(7) 砂轮架和内圆磨头装配

砂轮架在总装中，应保证其主轴中心线对头架主轴中心线的等高度，允许的偏差是

0.02 mm，不合格时，可修磨调整垫板。

内圆磨头安装如其他部件，安装过程略。

M1432A 型万能外圆磨床的整机装配完成后还要进行机床精度测试与验收，这将会在后面的章节中介绍。

三、评分标准（见表 2—5—7）

表 2—5—7　磨床整机安装与调试评分标准

时限	2 h	开始时间		结束时间		实考时间	
项目	序号	技术要求		配分	评分标准	检测记录	得分
理论基础	1	熟悉磨床机械传动系统结构		10	不熟悉不得分		
	2	熟悉各部件安装要点		10	不熟悉不得分		
操作技能	3	会正确做好装配前准备工作		10	不正确不得分		
	4	会正确安装各部件		20	不正确不得分		
	5	装配工艺正确		20	不正确不得分		
	6	会正确进行调试		20	不正确不得分		
综合能力	7	能团结协作		10	不能团结协作不得分		
		总分		100			

课题六　综合加工二

子课题 1　送料机构组合

学习目标

1. 能正确识读装配图。
2. 会进行凸轮轮廓划线。
3. 会进行凸轮表面加工。
4. 会进行凸轮机械安装与调试。

一、凸轮送料机构组合图样及分析

1. 图样（见图 2—6—1 至图 2—6—7）

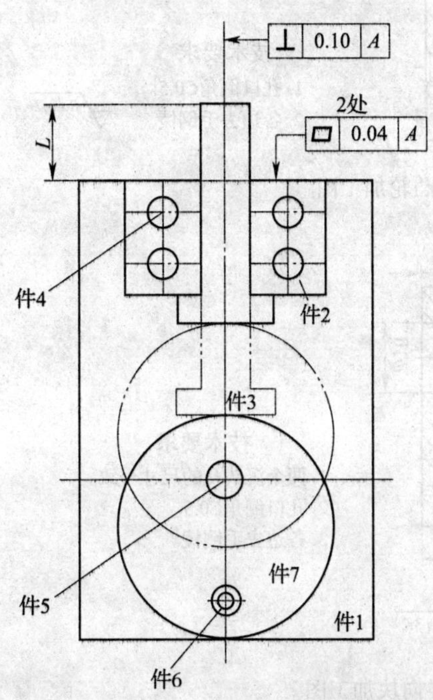

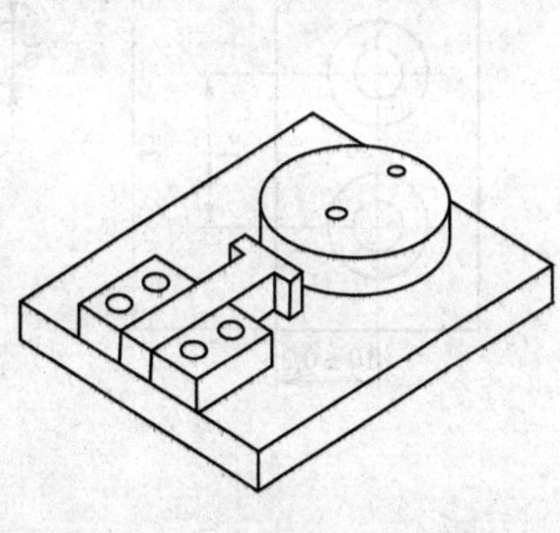

技术要求

1. 装配：件2由4个M5螺栓固定在件1上；件7由ϕ8H8圆柱销定位连接；M5螺栓拧入件7螺纹孔形成凸轮手柄。
2. 运动过程：件7旋转时推动件3，件3在件2的定位槽内上升（下降），其配合间隙不大于0.04mm。
3. 装配后，运动件应活动顺畅无卡滞；固定件应稳定牢固不移动。

图 2—6—1 凸轮送料机构装配图

1—底板 2—导向块 3—平底推料杆 4—螺钉（4 × M5 × 15 mm）

5—凸轮定位销（ϕ8 mm × 15 mm） 6— 手柄（M6 内六角螺栓） 7—凸轮

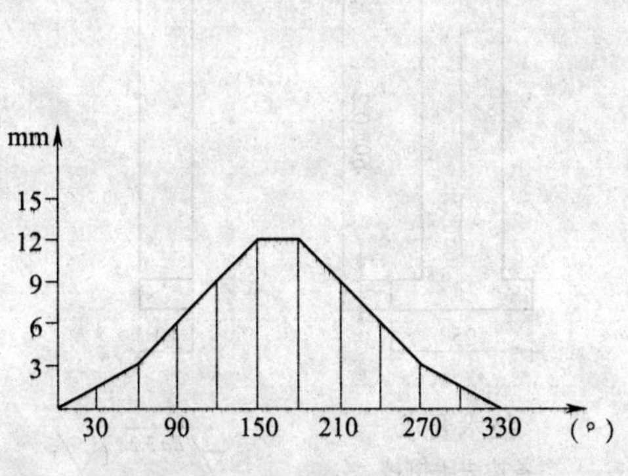

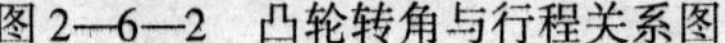
图 2—6—2 凸轮转角与行程关系图

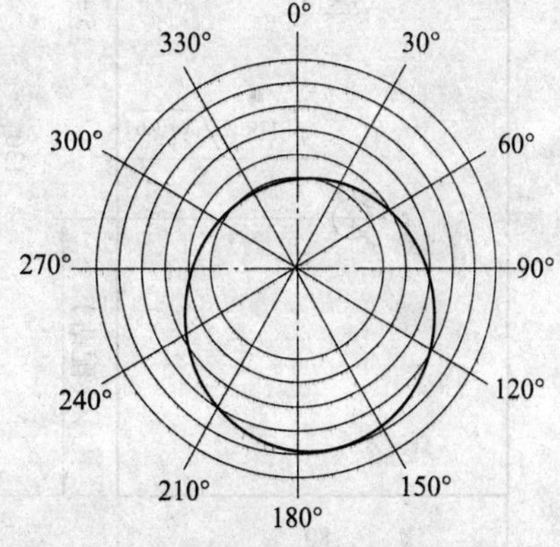

图 2—6—3 凸轮轮廓划线示意图

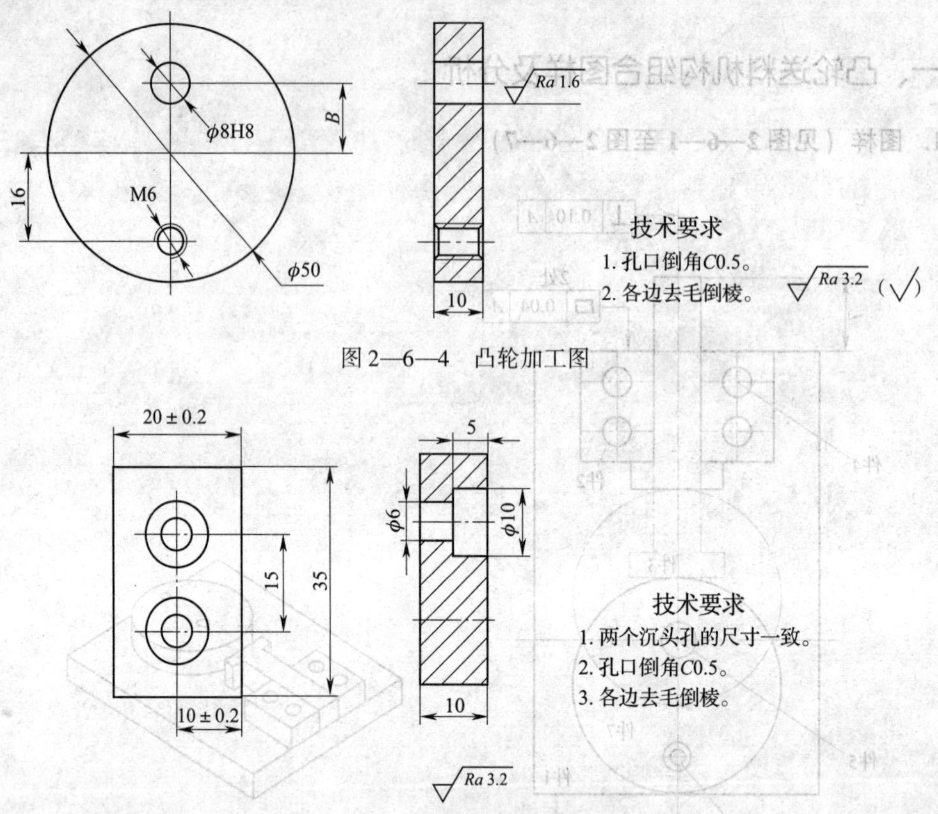

图 2—6—4　凸轮加工图

图 2—6—5　导向块加工图

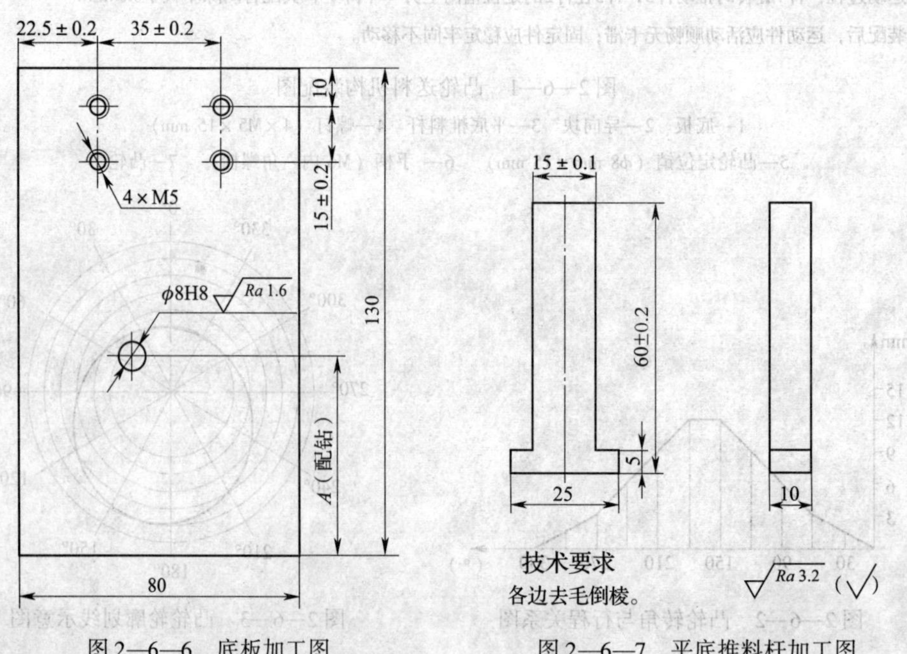

图 2—6—6　底板加工图

图 2—6—7　平底推料杆加工图

2. 工艺要点分析

(1) 课题特点

本课题是将凸轮的旋转运动转换成推料杆的直线运动。本组合要完成凸轮、推料杆等零件的加工并完成整个机构的组装，实现送料功能。

(2) 难点加工

1）凸轮的划线与加工是本课题的难点。凸轮的划线需严格按照行程和转角关系（见图2—6—2）进行，将凸轮的轮廓线划出后即可用曲线锯削的方法锯割成凸轮毛坯，然后再按外圆面方法进行锉削。凸轮的各段直径的控制，可通过其回转中心的安装孔进行孔距测量判断。

2）其余制件按图样加工成形后，装配在底板上。各安装销孔与底板需进行配钻、铰。

二、凸轮送料机构加工工艺步骤（见表2—6—1）

表2—6—1　　凸轮送料机构加工工艺步骤

序号	工艺内容	备注
1	读图及计算：熟悉图形，计算各工序尺寸并确定公差	
2	检查来料，复核尺寸	
3	加工件7（凸轮）： （1）按图样划出凸轮基圆中线 （2）用反转法按凸轮转角与行程关系图，在坯料上划出凸轮轮廓线 （3）钻基圆中心孔 $\phi8$ mm 销孔和手柄安装孔 M6 底孔 $\phi5$ mm （4）用曲线锯法锯出凸轮毛坯 （5）锉削凸轮外表面各段圆弧至达到各项技术要求 （6）攻出 M6 手柄安装螺孔	以基圆孔为基准
4	加工件1（底板）： （1）加工外形尺寸至图样要求 （2）划凸轮安装孔中心线 （3）配钻、扩、铰凸轮安装孔至合格，装入 $\phi8$ mm 圆柱销，以凸轮能灵活转动为准	松配合
5	加工件3（平底推料杆）： （1）划轮廓线 （2）锯削外形至达到几何精度要求 （3）镗削达到要求	底平面留修整余量
6	加工件2、4： （1）加工外形尺寸至图样要求 （2）划两孔中心线 （3）与底板配钻 $2\times\phi6$ mm 定位孔，保证两孔中心距为 15 mm，锪 $2\times\phi10$ mm 孔，深 5 mm （4）两块加工好后，装配调整两孔轴线间平行尺寸为（35 ±0.2）mm，保证两导向块间的平行度误差小于 0.05 mm	修孔

续表

序号	工艺内容	备注
7	装配与调整： （1）将各件安装到底板上 （2）调整导向块，使推料杆在导向块内滑动自如无卡滞 （3）配钻 4×M5 的底孔，并攻螺纹 （4）修配推杆底部达到推料杆行程要求	
8	去毛刺，复检各尺寸、几何公差及间隙，交工件	

三、注意事项

1. 配合时应先将件 1 和件 7 配合一体确保凸轮旋转灵活可靠。
2. 推料杆底部要留一定的修整余量，确保推料杆行程可靠。
3. 件 2、3、4 之间间隙调整要使推料杆垂直运动，不得有歪斜。
4. 件 2、4 安装定位后，需对 4 个螺钉作微调，以保证平底推料杆运动自如无卡滞。

四、评分标准（见表 2—6—2）

表 2—6—2　　凸轮送料机构评分标准

时限	5 h	开始时间		结束时间		实考时间	
项目	序号	技术要求		配分	评分标准	检测记录	得分
底板	1	（15±0.20）mm		5	超差不得分		
	2	（35±0.20）mm		5	超差不得分		
	3	（22.5±0.20）mm		5	超差不得分		
	4	M5		2×4	超差不得分		
	5	ϕ8H8		2	超差不得分		
	6	表面粗糙度 Ra1.6 μm		1	不合格不得分		
	7	表面粗糙度 Ra3.2 μm		0.5×4	不合格不得分		
导向块	8	（20±0.20）mm		5	超差不得分		
	9	（10±0.20）mm		5	超差不得分		
	10	沉头孔深 5 mm		5	超差不得分		
	11	ϕ6 mm		1	超差不得分		
	12	ϕ10 mm（平底）		2	超差不得分		
	13	表面粗糙度 Ra3.2 μm		0.5×12	不合格不得分		
平底推料杆	14	（15±0.10）mm		5	超差不得分		
	15	（60±0.20）mm		5	超差不得分		
	16	表面粗糙度 Ra3.2 μm		0.5×8	不合格不得分		

续表

项目	序号	技术要求	配分	评分标准	检测记录	得分
凸轮	17	ϕ8H8	2	超差不得分		
	18	M6	2	超差不得分		
	19	表面粗糙度 *Ra*1.6 μm	1	不合格不得分		
配合	20	配合间隙不大于0.04 mm	5×2	超差不得分		
	21	推杆行程 *L*	9	超差不得分		
	22	⊥ 1/21 *A*	5	超差不得分		
	23	▱ 1/15 *A*	5	超差不得分		
其他	24	导向板不固定（有松动）		每处扣3分		
	25	凸轮旋转不顺畅		扣10分		
	26	毛刺、缺陷		每处扣1~5分		
	27	安全文明生产		违者酌情扣1~10分		
总分			100			

子课题2　钻夹具装配

1. 熟悉百分表测量斜面对称度的工艺步骤。
2. 掌握V形架中心位置精度的调整方法。
3. 会制作、安装、调整合格的钻夹具。

一、钻夹具图样及分析

1. 加工图样（见图2—6—8至图2—6—17）

2. 工艺要点分析

（1）课题特点

本课题为钻夹具装置，由V形架定位、钻模导向、滑块压紧、底板部分组成。V形架的定位决定了钻孔精度，因此V形架的V形对中是加工重点，V形架安装和调整成为本课题的难点。

（2）重点、难点加工

1）V形架V形对中加工。如图2—6—18所示，在加工V形架时，采用V形架辅助测量V形的两边。用百分表打平V形面，且两边尺寸一致。加工过程中若第二边的工序尺寸与第一边相比超差，还需再修锉第一边工序尺寸与第二边工序尺寸一致，这样才能保证V形相对于对称中心对称。V形加工好后，要用圆柱芯棒测量出V形架的中心高15.69 mm，为后面的加工做准备。

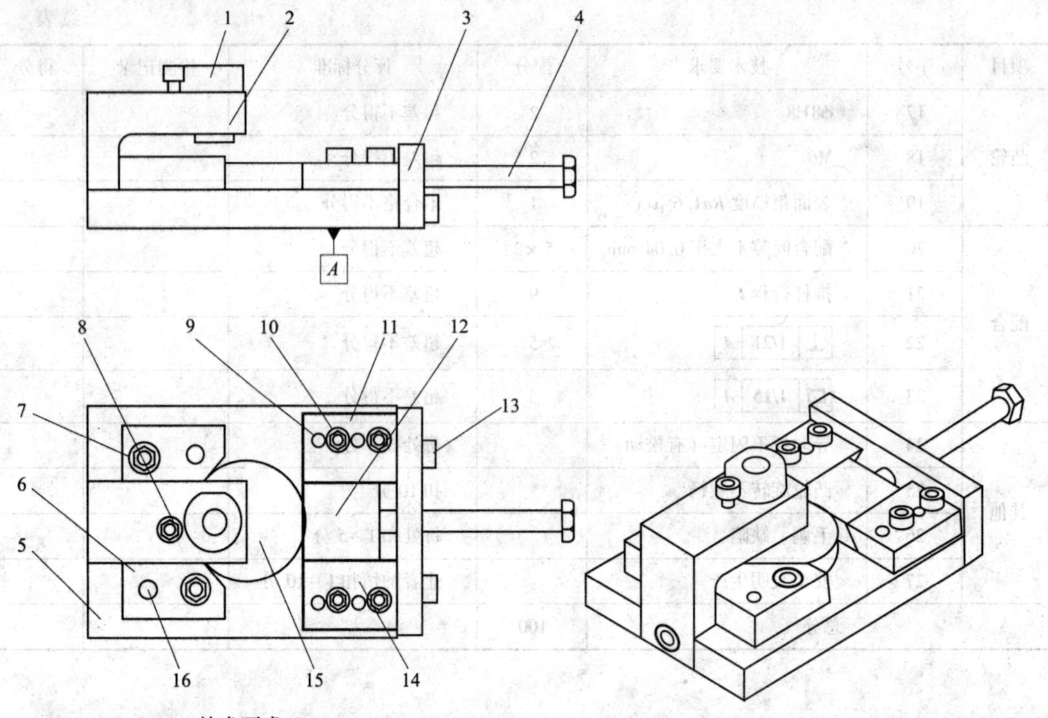

技术要求

1. 件2按件5配作，配合间隙≤0.02mm。

2. 件12、件11、件14装配间隙≤0.02mm，件12移动灵活，无阻滞现象。

3. 装配后钻套轴线与基准*A*垂直度误差≤0.02mm。

4. 装配后外形美观，滑块夹紧零件可靠。

图 2—6—8　钻夹具装配总装图

1—钻套　2—钻模板　3—立板　4—六角螺栓　5—底板　6—V 形定位件　7、8、10、13—内六角螺钉　9—圆柱销　11、14—左、右压板　12—滑块　15—制件　16—圆柱销

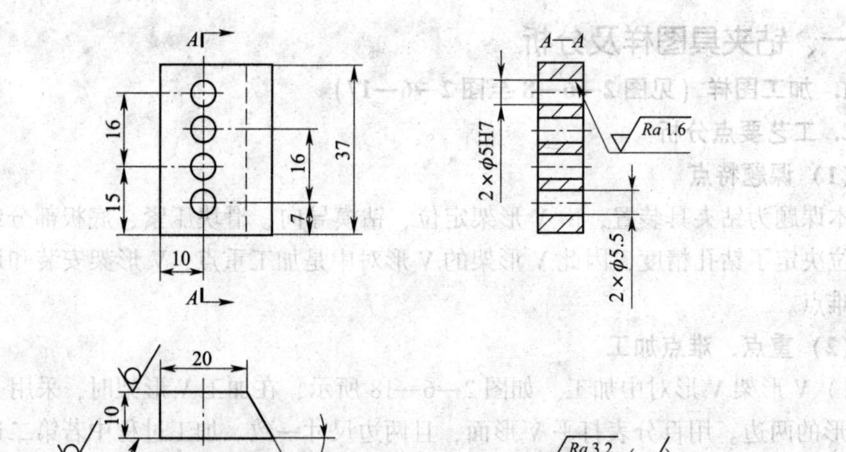

图 2—6—9　左压板

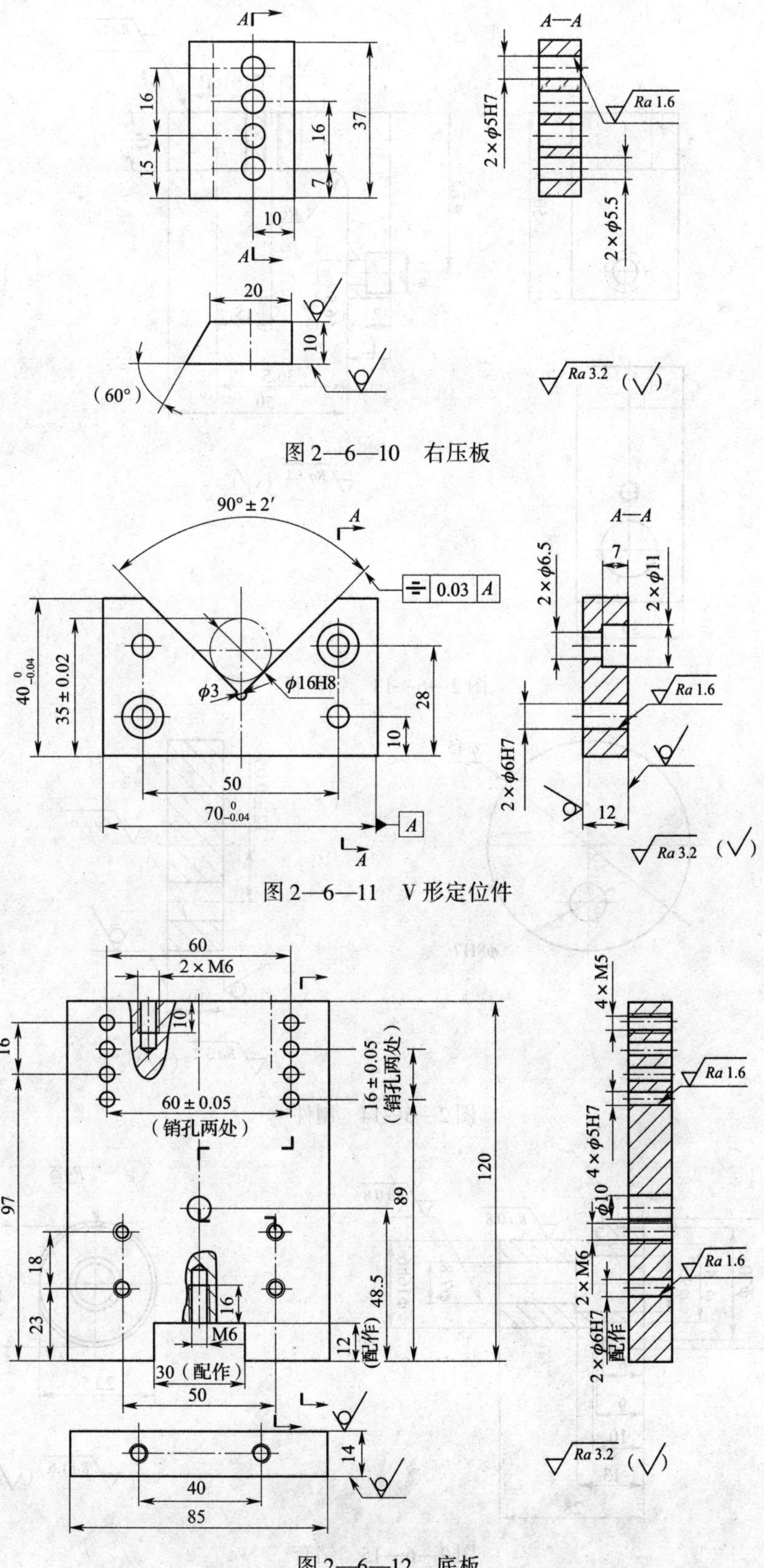

图 2—6—10 右压板

图 2—6—11 V 形定位件

图 2—6—12 底板

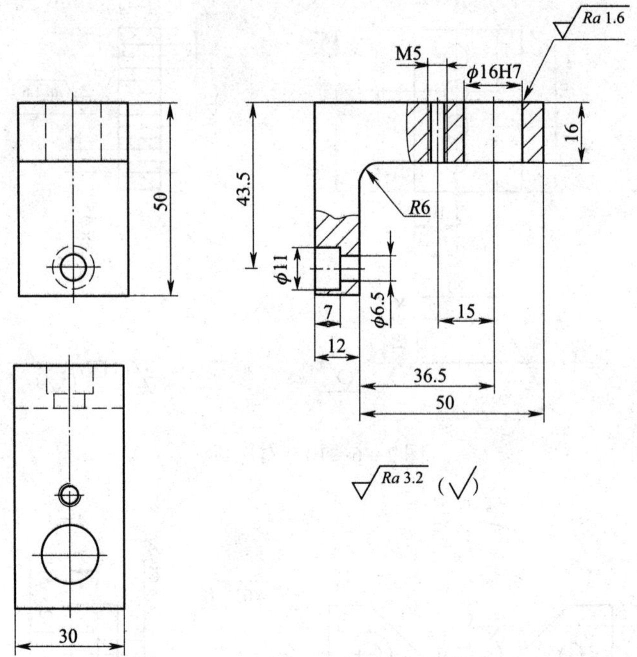

图 2—6—13　钻模板

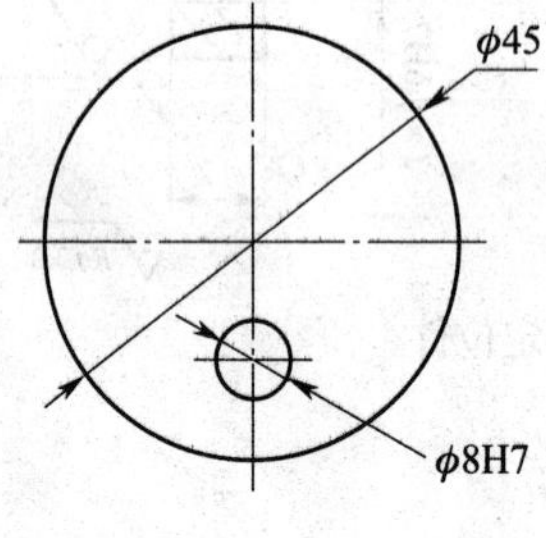

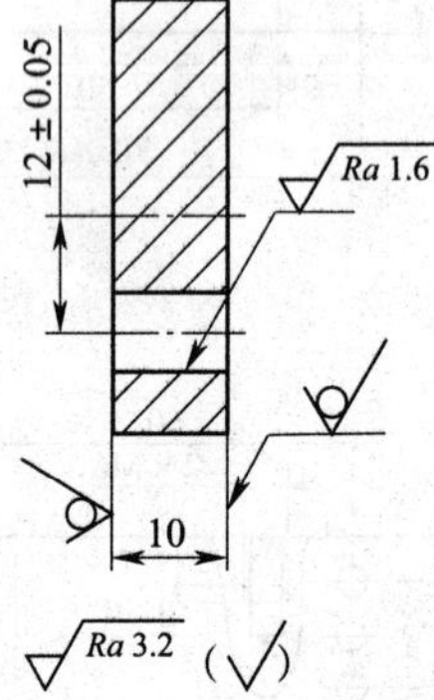

图 2—6—14　制件

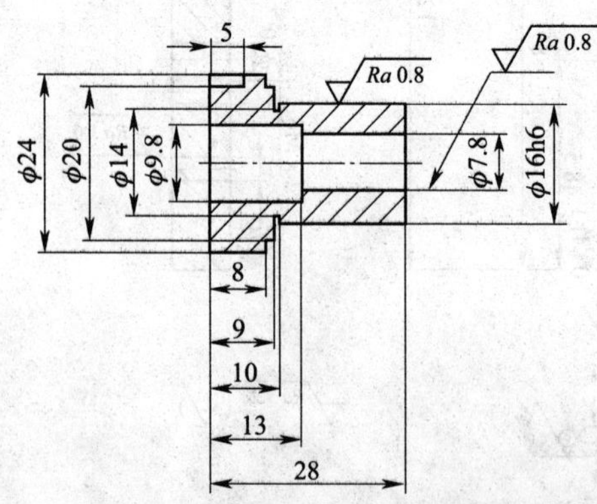

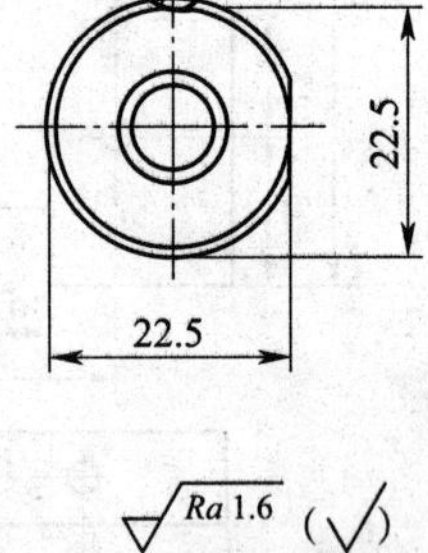

图 2—6—15　钻套

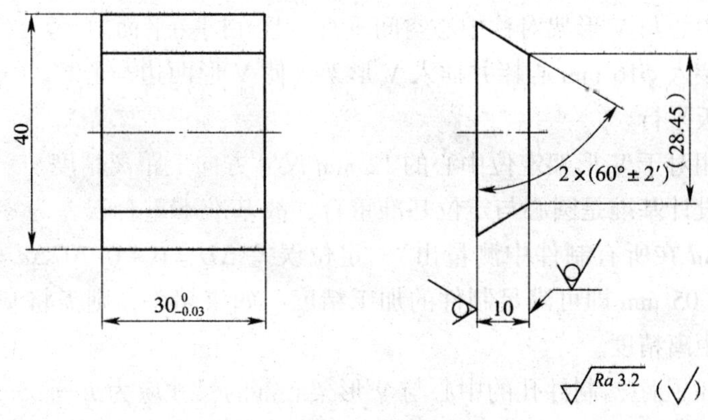

图 2—6—16　滑块

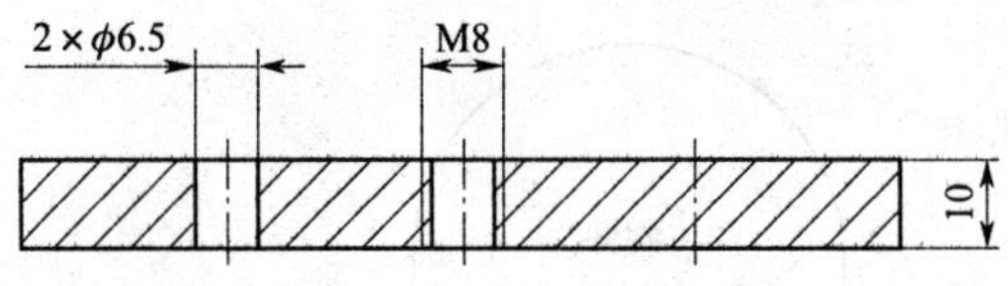

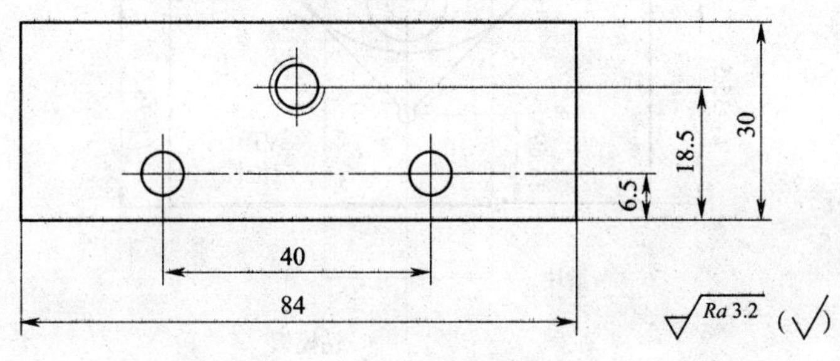

图 2—6—17　立板

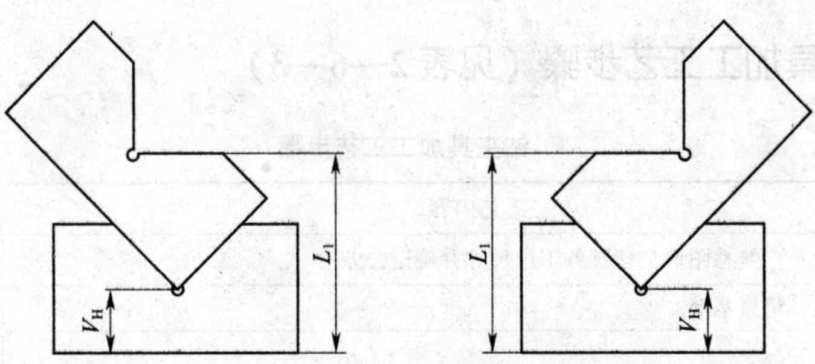

图 2—6—18　V 形架对称度控制

2）V 形架安装和调整。本课题中当钻模板位置确定后，V 形架与钻模中心的位置精度决定了钻孔的位置精度。根据制件图样要求，钻孔位置在圆片的中心线上，并有（12 ± 0. 05）mm 的孔距精度。制件圆片以 90°V 形架定位，其外形尺寸变化引起定位误差，而影响钻孔精度，因此计算出该定位误差并加以调整即可获得合格的加工精度。安装、调整 V 形架需分两部分进行。

①调整钻模中心与 V 形架对称中心空间垂直，且在同一平面内。

在钻模孔中装入 $\phi16$ mm 心棒并插入 V 形架，使 V 形两边与心棒均匀接触，并保证 V 形架底边与钻模板平行。

②钻模中心相对于 V 形架定位中心的 12 mm 尺寸方向上距离精度。

该制件孔的设计基准是圆心与定位基准重合，故基准不重合误差为零，而基准位移误差为 $0.707\Delta d$（Δd 在所有制件中测量出），定位误差 $\Delta D=0+0.707\Delta d=0.707\Delta d$。一般（$\Delta D/2$）小于 ±0.05 mm 即可满足制件的加工精度，如果超差，则需将制件分组加工，每一组重新调整该距离精度。

为保证 12 mm 孔距，制件孔的中心与 V 形架底部的尺寸应为 $L_3=35.5$ mm，钻模孔中心与钻模板之间的尺寸为 $L_4=36.5$ mm，在 V 形架底部与钻模板之间垫 1 mm 量块即可使钻模板中心与制件加工中心同轴，即完成调整，如图 2—6—19 所示。

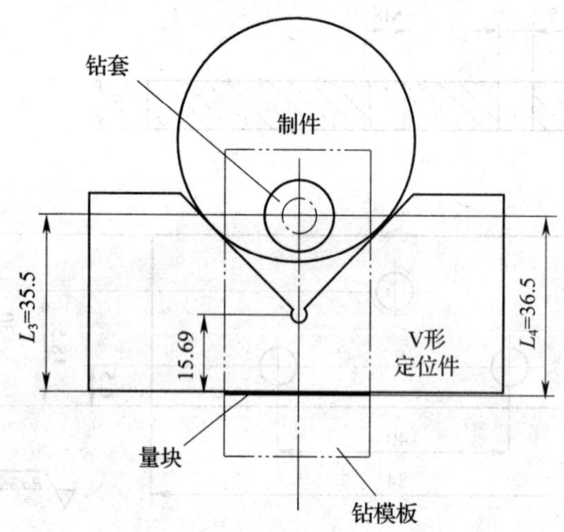

图 2—6—19　V 形架安装尺寸图

二、钻夹具加工工艺步骤（见表 2—6—3）

表 2—6—3　　钻夹具加工工艺步骤

序号	工艺内容	备注
1	读图及计算：熟悉图形，计算各工序尺寸并确定公差	
2	检查来料，精修基准	
3	加工件 5（底板）： （1）划出所有加工线 （2）锉削凹槽两边，控制工序尺寸为 30 mm （3）锉削槽底，配作钻模板，配入后配作工序尺寸 12 mm，使两边间隙≤0.02 mm （4）分别钻出各底孔 $4\times\phi4.2$ mm（M5）、$3\times\phi5$ mm（M6）、$\phi9.8$ mm（$\phi10$ mm） （5）各孔倒角至合格 （6）攻出 4 × M5、3 × M6 螺纹孔	

续表

序号	工艺内容	备注
4	钻模板钻加工： （1）钻出 $\phi 4.2$ mm（M5 底孔） （2）钻出 $\phi 6.5$ mm 通孔，再用 $\phi 11$ mm 的平底钻钻出深度为 7 mm 的阶梯孔 （3）各孔倒角至合格 （4）铰 $\phi 16$ mm 的孔至合格	
5	立板钻孔： （1）钻出 $\phi 6.8$ mm（M8 底孔） （2）钻出 $2\times\phi 6.5$ mm （3）各孔倒角至合格 （4）攻出 M8 螺纹孔	
6	划线：按左右压板、滑块、V 形定位件各件的外形尺寸划开料线，并复核划线尺寸	
7	锯开各料	
8	加工右压板： （1）锉削外形基准 （2）锉削外形尺寸为（37 ±0.30）mm （3）锉削斜面，先保证斜面角度 60° ±2′，斜面控制工序尺寸为 $L_7 = 33.66$ mm。如图 2—6—20 所示，保证平行度误差≤0.02 mm	百分表
9	加工左压板：同右压板	
10	加工滑块： 斜面 1 加工同右压板，保证 60° ±2′，斜面 2 加工如图 2—6—21 所示，双斜面控制工序尺寸为 $L_8 = 57.55$ mm，保证 60° ±2′，平行度误差≤0.02 mm	百分表
11	加工 V 形定位件： （1）精修基准 （2）锉削外形尺寸（70 mm×40 mm） （3）划所有加工线 （4）锯去 V 形余料 （5）锉削 V 形一边，如图 2—6—18 所示，计算工序尺寸并测量保证 （6）锉削 V 形另一边，测量、保证工序尺寸，保证 90° ±2′、加上 $\phi 16$ h8 心棒后，保证（35 ±0.02）mm	或正弦规打表
12	右压板钻孔：$2\times\phi 4.8$ mm（$\phi 5$H7 底孔）、$2\times\phi 5.5$ mm	
13	左压板钻孔：同上	
14	V 形定位件钻孔：$2\times\phi 5.8$ mm（$\phi 6$H7 底孔）、$2\times\phi 6.5$ mm 阶梯孔，方法同前	

续表

序号	工艺内容	备注
15	装配与调整： （1）将钻模板插入凹槽中，用刀口角尺测量垂直，进行调整。将内六角螺钉进行锁紧 （2）组装压板和滑块，要进行打表，选底板一个好一点的面为基准面，将圆柱销放在压板的60°内，将底板靠在平口钳上，以底板基准面打圆柱销，使其平板底面与圆柱销水平，进行调试，保证间隙≤0.02 mm 并使滑块自由滑动后，锁紧内六角螺钉 （3）配铰 φ5H7 孔：用 φ4.2 mm 引钻，然后用 φ4.8 mm 钻出底孔，依次配铰 4×φ5H7 的孔至合格 （4）组装 V 形架：调整 V 形架中心与底板中心重合，在钻模板中放入 φ16 mm 的圆柱销，进行计算，在 V 形架与钻模板之间放入 1 mm 等高的量块，使其保证 12 mm 的距离 （5）钻 V 形架的两定位孔：将 φ4.2 mm 的钻头引钻，配扩成 φ5.8 mm，最后配铰成 φ6H7 至合格，插入圆柱销试配	
16	试件加工： （1）试件（圆片）倒毛刺处理，装入 V 形架 （2）将 M8 的立板螺丝进行旋进，顶住试件，轻轻敲击圆片，使定位准确 （3）钻底孔直径 φ7.8 mm 铰削至 φ8H7	
17	检验加工质量，调整至制件质量合格	
18	去毛刺，复检各尺寸、几何公差及间隙	

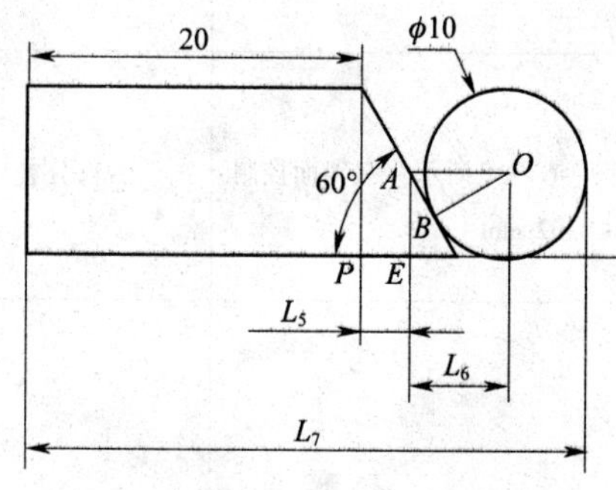

图 2—6—20　右压板斜面加工测量

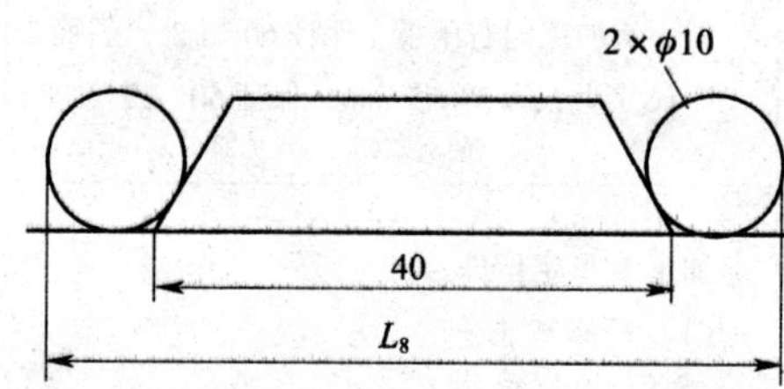

图 2—6—21　滑块双斜面加工测量

三、注意事项

1. V 形架的 V 形加工必须要对称。
2. V 形架安装时，与钻模板的配合尺寸要计算准确。
3. 用心棒法测量斜面时，应小心轻测，以免心棒移位导致测不准。
4. 有配铰关系的各孔件，应配铰后才能分装。
5. 安装各件时，先装定位销再拧紧紧定螺栓。

四、评分标准（见表2—6—4）

表2—6—4　钻夹具装配评分标准

时限	5 h	开始时间		结束时间		实考时间	
项目	序号	技术要求		配分	评分标准	检测记录	得分
左压板	1	ϕ5H7		1×2	超差不得分		
	2	表面粗糙度 *Ra*1.6 μm		1×2	不合格不得分		
	3	表面粗糙度 *Ra*3.2 μm		0.5×4	不合格不得分		
右压板	4	ϕ5H7		1×2	超差不得分		
	5	表面粗糙度 *Ra*1.6 μm		1×2	不合格不得分		
	6	表面粗糙度 *Ra*3.2 μm		0.5×4	不合格不得分		
V形块定位件	7	$70_{-0.04}^{0}$ mm		2	超差不得分		
	8	$40_{-0.04}^{0}$ mm		2	超差不得分		
	9	(35±0.02) mm		3	超差不得分		
	10	90°±2′		3	超差不得分		
	11	⌯ 1/14 *A*		4	超差不得分		
	12	ϕ6H7		1×2	超差不得分		
	13	表面粗糙度 *Ra*1.6 μm		1×2	不合格不得分		
	14	表面粗糙度 *Ra*3.2 μm		0.5×7	不合格不得分		
底板	15	ϕ5H7		1×4	超差不得分		
	16	ϕ6H7		1×2	超差不得分		
	17	表面粗糙度 *Ra*1.6 μm		1×6	不合格不得分		
	18	表面粗糙度 *Ra*3.2 μm		0.5×3	不合格不得分		
滑块	19	$30_{-0.03}^{0}$ mm		2	超差不得分		
	20	60°±2′		3×2	超差不得分		
	21	表面粗糙度 *Ra*3.2 μm		0.5×4	不合格不得分		
钻模板	22	ϕ16H7		1	超差不得分		
	23	表面粗糙度 *Ra*1.6 μm		1	不合格不得分		
制件	24	(12±0.05) mm		6×2	超差不得分		
	25	ϕ8H7		4×2	超差不得分		
	26	表面粗糙度 *Ra*1.6 μm		3×2	不合格不得分		
组合	27	件5与件2配合间隙		2×3	超差不得分		
	28	件11、12、14配合间隙		3×2	超差不得分		
	29	件12移动灵活无阻滞		3	不合格不得分		
	30	毛刺、缺陷			每处扣1~5分		
	31	安全文明生产			违者酌情扣1~10分		
		总分		100			

子课题3　长轴定位机构装配

学习目标

1. 熟悉V形块中心高计算。
2. 掌握百分表测量水平面内平行度的方法。
3. 会用百分表调整两中心线同轴。

一、长轴定位机构图样及分析

1. 加工图样（见图2—6—22至图2—6—32）

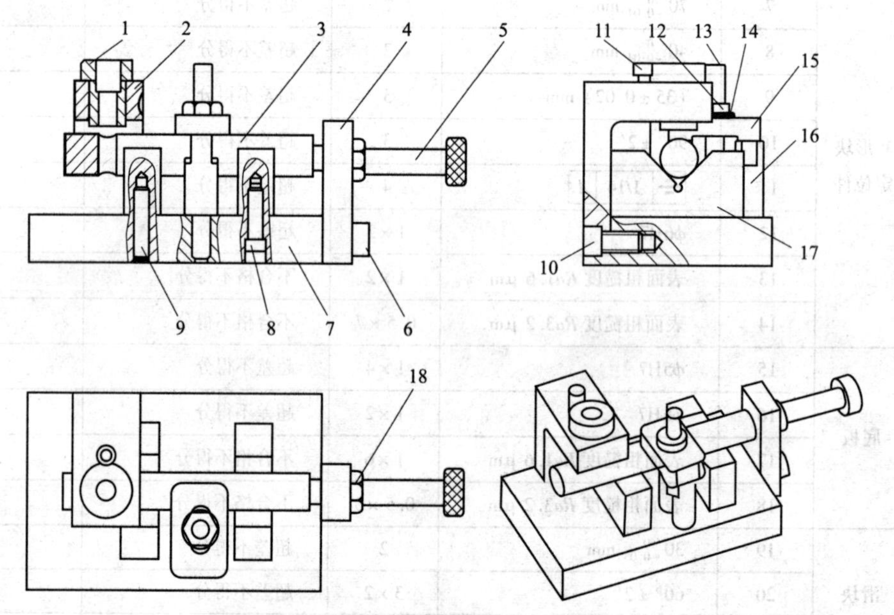

技术要求

1. 装配时应保证零件的原始标记全部向外。

2. 制件进行钻孔时，需提前示意，并在监督下完成钻孔加工，否则该制件不得分。

3. 件2与件7配合部分间隙≤0.03mm。

序号	名称	规格	数量	序号	名称	规格	数量
10	内六角螺钉	M8-20	1				
09	圆柱销	ϕ6g6-30	4				
08	内六角螺钉	M5-20	4	18	锁紧螺母	M10×1	1
07	底板		1	17	V形块		2
06	内六角螺钉	M8-20	1	16	压板等高垫块		1
05	定位螺栓	M10×1-60	1	15	压板		1
04	定位螺栓固定板		1	14	垫圈	ϕ8.5-2	1
03	制件	ϕ16h8-110	4	13	压板螺栓		1
02	钻套安装板		1	12	六角螺母	M8	1
01	钻套		1	11	内六角螺钉	M5-15	1

图2—6—22　长轴定位机构总装图

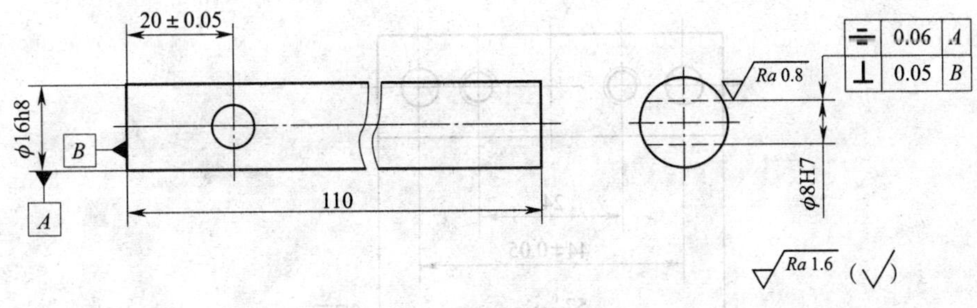

图 2—6—23　制件加工图

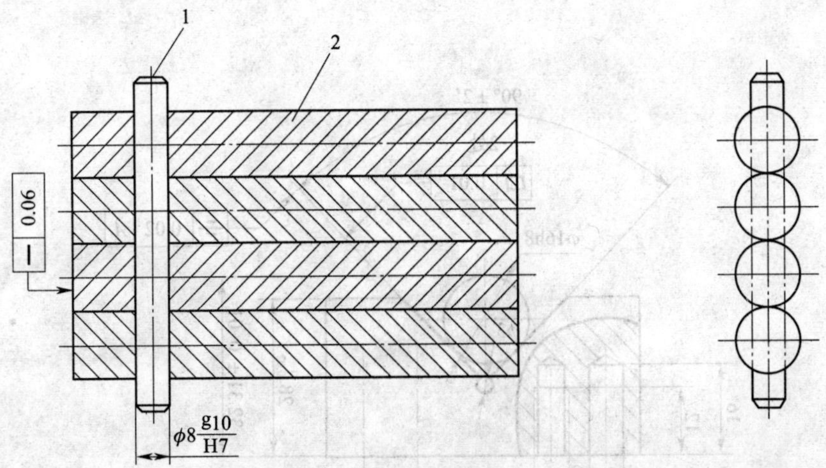

2	制件	φ16h8×110	4	
1	心轴	φ8g10×80	1	
序号	名称	规格	数量	备注

图 2—6—24　产品组装图

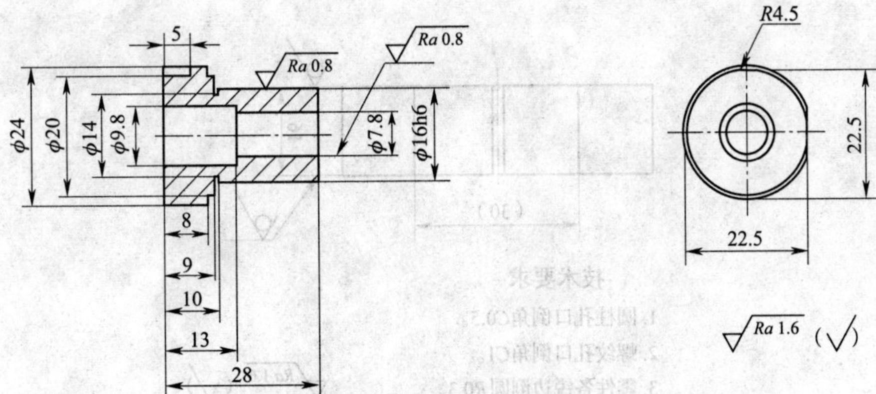

图 2—6—25　钻套加工图

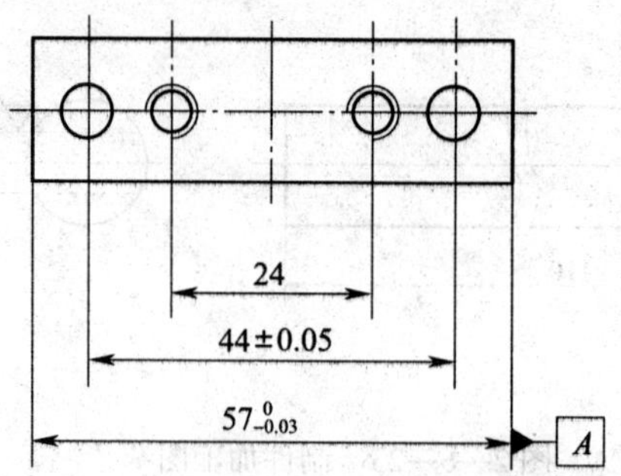

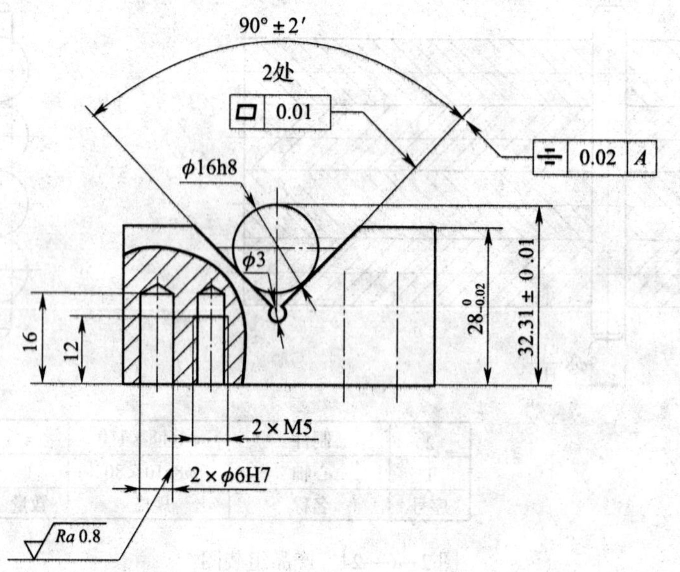

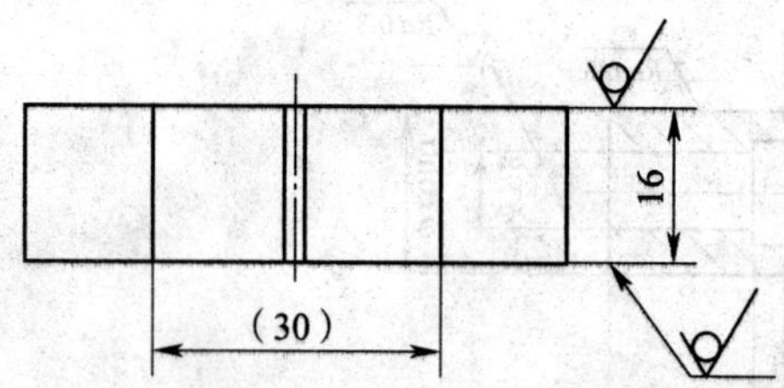

技术要求

1. 圆柱孔口倒角C0.5。
2. 螺纹孔口倒角C1。
3. 零件各锐边倒圆R0.3。

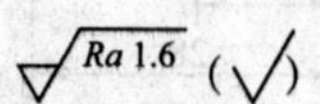

图 2—6—26　V 形块加工图

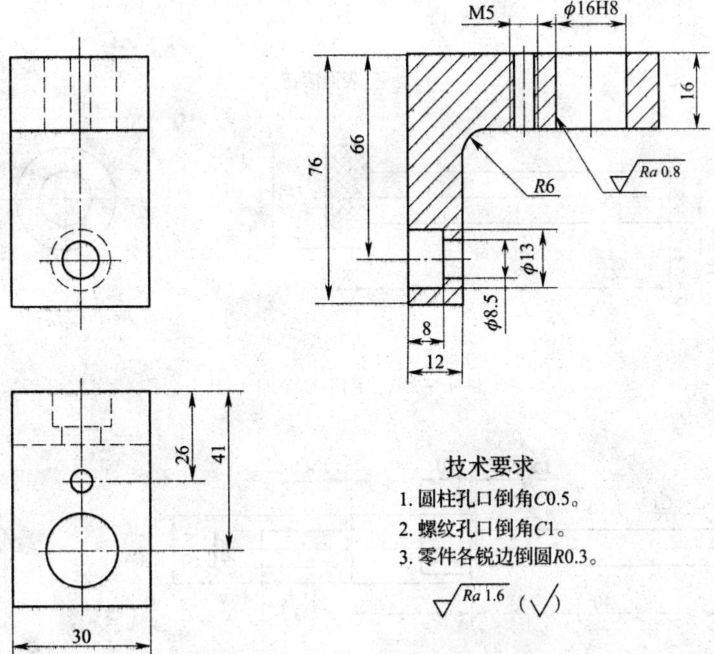

图 2—6—27　钻套安装板加工图

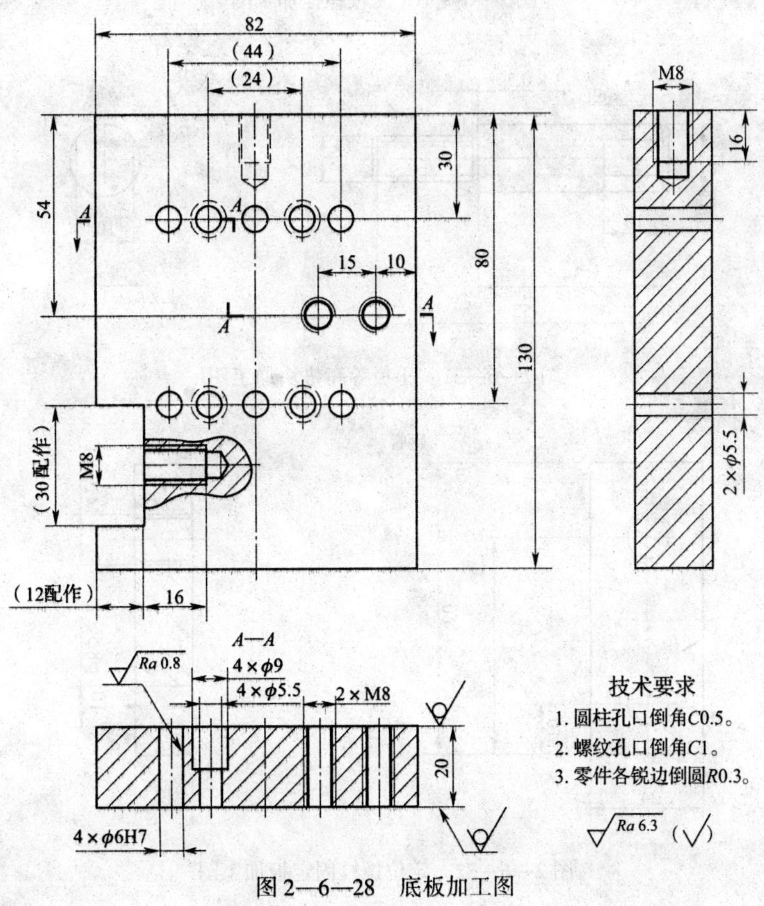

图 2—6—28　底板加工图

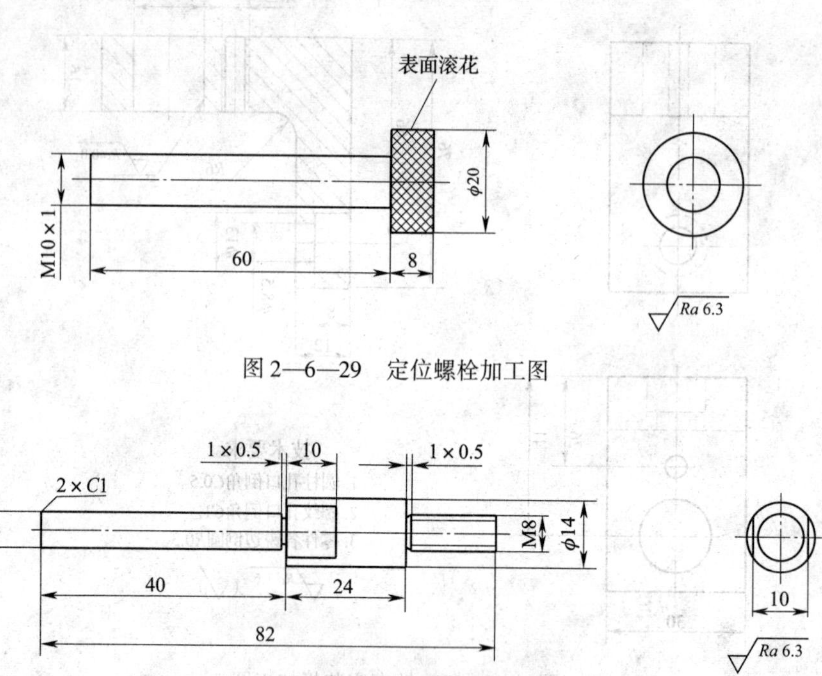

图 2—6—29　定位螺栓加工图

图 2—6—30　压板螺栓加工图

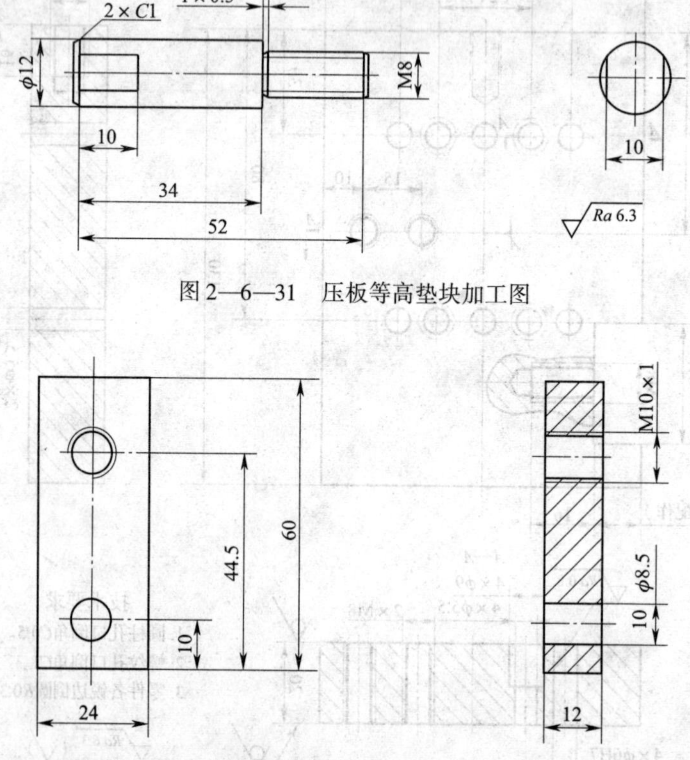

图 2—6—31　压板等高垫块加工图

图 2—6—32　定位螺栓固定板加工图

2. 工艺要点分析

(1) 课题特点

本课题可实现长轴径向钻孔，故加工过程中主要考虑制件的可靠定位与压紧。由于制件是圆轴，一般钻圆轴的径向孔较困难，因此加入钻套引导钻削，使钻孔的垂直度得到保证。同时制件轴线的平行由两个V形块的等高保证。由于钻的是通孔，在钻头的轴向无定位距离要求。制件孔距和压紧均由定位螺栓调整实现，此结构简单，定位、压紧可靠。本课题的重点是两V形块中心等高、同轴控制，难点是钻套轴线与V形块对称中心同平面。

(2) 重点、难点加工

1）两V形块中心等高、同轴加工。

V形块的等高加工主要是控制V形块的中心高一致，在加工V形时要测准V形两边相对于中心的对称度，两块V形四个V形面的工序尺寸均要加工成同一尺寸。

两V形块中心的同轴加工需在安装时，在两V形块上装入检测心棒，用百分表检测心棒的轴向水平等高无误差即可，示意图如图2—6—33所示。

图2—6—33 两V形等高测量示意图

2）钻套轴线与V形块对称中心同平面。

加工时需用试钻的方法进行。钻模板与底板槽底的配合留有0.1 mm的修配余量，目的是使钻套轴线在该方向上有调整余量。试钻时，将制件钻孔正面做好标记，可用ϕ8 mm中心钻钻出定位孔，再钻出ϕ6 mm孔，测量孔与轴两侧母线的距离是否一致，如有偏差（一般是偏向钻模板方向），只需将钻模板修配2倍偏移量即可。如若偏差方向相反，则需将两V形块重装安装调整，这将很费时。

二、长轴定位机构加工工艺步骤（见表2—6—5）

表2—6—5　　长轴定位机构加工工艺步骤

序号	工艺内容	备注
1	读图及计算：熟悉图形，计算各工序尺寸并确定公差	
2	检查来料，精修基准	

续表

序号	工艺内容	备注
3	加工件7（底板）： （1）划出所有加工线 （2）锉削凹槽两边，控制工序尺寸为30 mm，配作钻套安装板30 mm，使得两边间隙≤0.03 mm （3）锉削槽底，控制工序尺寸70 mm，配作钻套安装板12 mm（留0.1 mm余量），使得底部间隙≤0.03 mm （4）分别钻出各底孔4×ϕ6.8 mm（M8）、6×ϕ5.5 mm、4×ϕ5.8 mm、4个阶梯孔ϕ9 mm深10 mm，并保证各孔距	修孔
4	钻套安装板钻孔： （1）划出所有加工线 （2）钻出ϕ4.2 mm并攻M5螺纹 （3）钻出ϕ8.5 mm通孔后，用ϕ13 mm的平底钻钻出深度为8 mm的阶梯孔 （4）铰ϕ16H8保证孔距及几何精度合格	修孔
5	定位螺栓固定板钻孔： （1）划出所有加工线 （2）钻出ϕ9.1 mm（M10×1的底孔）、ϕ8.5 mm （3）各孔倒角至合格 （4）攻螺纹：4×M5、4×M8、M10	
6	加工V形块： （1）划开料线，并复核划线尺寸 （2）锯开料 （3）精锉外形基准至合格 （4）锉削外形尺寸（27.99 mm×56.99 mm） （5）划所有加工线 （6）钻出ϕ3 mm工艺孔 （7）锯去V形余料 （8）锉削V形一边，正弦规上打表，保证平面度合格 （9）锉削V形另一边，正弦规上打表，保证90°±2′、对称度要求，加上ϕ16h8心棒后，保证（32.31±0.01）mm （10）复核2件V形块的中心高必须等高 （11）钻2×ϕ4.2 mm深12 mm孔 （12）孔口倒角C1（ϕ4.2 mm） （13）攻2×M5至合格	2件
7	组装及调整： （1）将两个V形块安装到底板上（螺栓松连接） （2）调整两V形块的对称中心同轴且与底板平行度合格并拧紧螺栓 （3）将钻套安装板配入底板 （4）以底板销孔配钻、铰V形块定位销孔至合格 （5）装入定位销 （6）依次在底板上装入压板螺栓、压板等高垫块和压板 （7）依次将定位螺栓固定板和定位螺栓装入底板 （8）装入钻套及拧入紧定螺栓	百分表

续表

序号	工艺内容	备注
8	试钻： （1）装入制件（ϕ16 mm 圆柱销） （2）调整钻套中心轴与两 V 形块对称中心轴同平面 （3）调整定位螺栓伸长量，调节制件孔距 （4）压紧压板固定制件 （5）试钻、铰 4×ϕ8H7 至合格，插入 ϕ8g10 圆柱销后 4 个制件端面直线度误差不大于 0.06 mm	
9	复检各尺寸、几何公差及间隙	

三、注意事项

1. 钻模板安装时一定要注意与底板的垂直度要求，否则会钻出斜孔。

2. 两 V 形块的对称中心、底板的对称中心和钻模的轴线要在同一平面内才能保证制件孔质量。

3. 两 V 形块的定位销孔不能先加工，要在各参数调整合格后，由底板配钻、铰出。

4. 两 V 形块的中心高一定要等高。

四、评分标准（见表 2—6—6）

表 2—6—6　　长轴定位机构评分标准

时限	5 h	开始时间	结束时间		实考时间	
项目	序号	技术要求	配分	评分标准	检测记录	得分
V 形块定位件	1	$57^{\ 0}_{-0.03}$ mm	2×2	超差不得分		
	2	$28^{\ 0}_{-0.02}$ mm	2×2	超差不得分		
	3	(32.31±0.01) mm	2×2	超差不得分		
	4	90°±2′	2×2	超差不得分		
	5	(44±0.05) mm	2×2	超差不得分		
	6	▱ 1/12	2×2	超差不得分		
	7	⌯ 1/13 A	2×2	超差不得分		
	8	ϕ6H7	1×4	超差不得分		
	9	表面粗糙度 Ra0.8 μm	1×4	不合格不得分		
	10	表面粗糙度 Ra1.6 μm	0.5×10	不合格不得分		
底板	11	ϕ6H7	1×4	超差不得分		
	12	表面粗糙度 Ra0.8 μm	1×4	不合格不得分		
	13	表面粗糙度 Ra1.6 μm	1×3	不合格不得分		

续表

项目	序号	技术要求	配分	评分标准	检测记录	得分
钻套安装板	14	ϕ16H8	2	超差不得分		
	15	表面粗糙度 *Ra*0.8 μm	1	不合格不得分		
制件	16	(20 ±0.05) mm	2 ×4	超差不得分		
	17	ϕ8H7	1 ×4	超差不得分		
	18	⊥ 1/16 *B*	2 ×4	超差不得分		
	19	⌯ 1/17 *A*	2 ×4	超差不得分		
	20	— 0.06	4	超差不得分		
	21	表面粗糙度 *Ra*0.8 μm	1 ×4	不合格不得分		
组合	22	件 2 与件 7 配合间隙	2 ×3	超差不得分		
	23	制件定位固定可靠	3	不合格不得分		
其他	24	毛刺、缺陷		每处扣 1 ~5 分		
	25	安全文明生产		违者酌情扣 1 ~10 分		
总分			100			

模块三 设备安装与调试

课题一　装配质量检验

子课题 1　机床导轨精度检验

1. 掌握合像水平仪工作原理及应用特点。
2. 熟悉自准直仪的工作原理及应用特点。
3. 熟悉经纬仪的结构组成。
4. 熟悉激光干涉仪的工作原理及应用特点。
5. 会进行机床导轨精度检验。

机械设备的精度是用各种相应的测量仪器测量出来的，测量出来的误差与允许值进行比较才能得出合格与否的结论，精度越高的仪器测出的工件精度也就越高。测量时一定要用精度等级相符合的仪器进行测量才是正确的。

一、合像水平仪

合像水平仪与框式水平仪一样都是根据测出被测表面因不平直而存在倾斜角度的原理来工作的。假设节距（相邻两测点的距离）确定，这个变化的微小角度与被测相邻两点的高低差就有确切的对应关系。通过对逐个节距的测量，得出变化的角度，即可求出被测表面的直线度误差值。

1. 合像水平仪的结构与工作原理

合像水平仪的结构如图 3—1—1 所示，它由底板和壳体组成外壳基体，其内部则由杠杆 1、水准仪 2、两个棱镜 3、目镜 4、测微旋钮 5、测微螺杆 6 组成的测量系统及放大镜 7 和标尺指针 8 所组成。

使用时将合像水平仪放于桥板上相对不动，再将桥板放于被测表面上。如果被测表面无直线度误差，并与自然水平面基准平行，此时水准仪的气泡就位于两棱镜的中间位置，气泡边缘通过合像棱镜 3 所产生的影像，在目镜 4 中观察到重合现象，如图 3—1—2a 所示。但在实际测量中，由于被测表面安放位置不理想和被测表面本身不直，导致气泡移动，出现如图 3—1—2b 所示的不重合情况。此时可转动测微螺杆 6，使 S 趋于 0，使得杠杆 1 向上转过一个角度 α，此时气泡返回至重合状态。

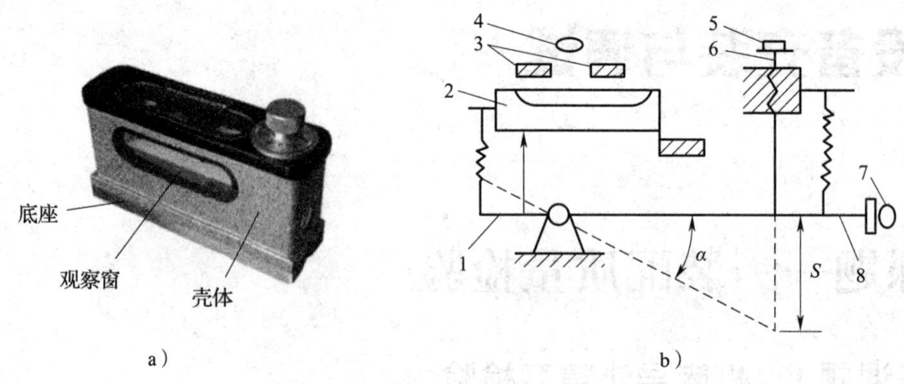

图 3—1—1　合像水平仪

a）实物外观图　b）结构原理图

1—杠杆　2—水准仪　3—棱镜　4—目镜　5—测微旋钮　6—测微螺杆　7—放大镜　8—标尺指针

2．读数方法

(1) 粗读数

由侧面的标尺指引所指示的刻线位置为粗读数，通过观察窗的放大镜读出，每格示值为 0.5 mm/1 000 mm。

(2) 细读数

调节旋钮的微分刻度盘上所示的读数为细读数，每格示值为 0.01 mm/1 000 mm。

(3) 总读数

粗读数与细读数之和即为总读数。

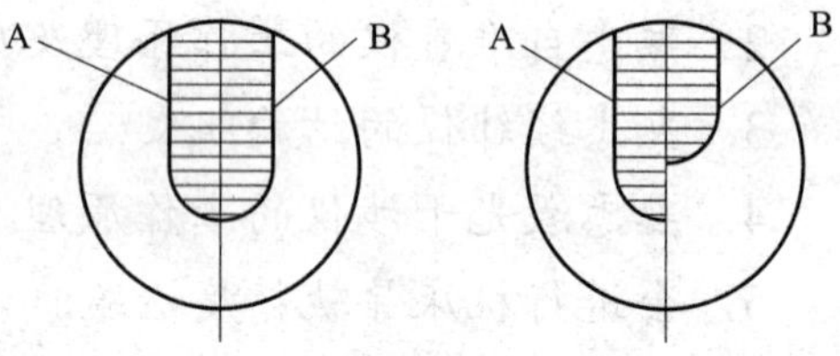

A　B　A　B

a）　b）

图 3—1—2　合像水平仪气泡图

a）重合　b）不重合

3．特点

由于合像水平仪的水准仪位置可以调整，而且成像采用了光学放大，并以双像重合来提高对准精度，使水准仪的曲率半径减小，因此与普通水平仪相比，它在测量时气泡达到稳定的时间短，测量精度高，测量范围大（±10 mm/m），主要用于平面度、直线度误差的测量，是机械设备安装、调试和精度检验的常用量仪之一，也常用来测量较大平面的平面度。又由于合像水平仪的测量效率高，价格便宜，携带方便等优点，因此在检测工作中得到了广泛的采用。

二、自准直仪

自准直光学量仪是根据光学自准直原理制造的测量仪器，常用的有测微准直望远镜及经纬仪等。

1. 光学自准直原理

如图 3—1—3a 所示，物镜焦点 F 处发出的光线经物镜折射后成为与主光轴平行的光束，此光束遇到与主光轴垂直的平面反射镜 PP 后，按原路返回，通过物镜后仍会聚于物镜焦点 F 上，即 F 点和它的自准像 F' 完全重合。则光学自准直原理是：在物镜焦平面上的物体通过物镜及物镜后面的反射镜作用，仍可在物镜焦平面上形成物体实像的光学现象称为“自准直”。

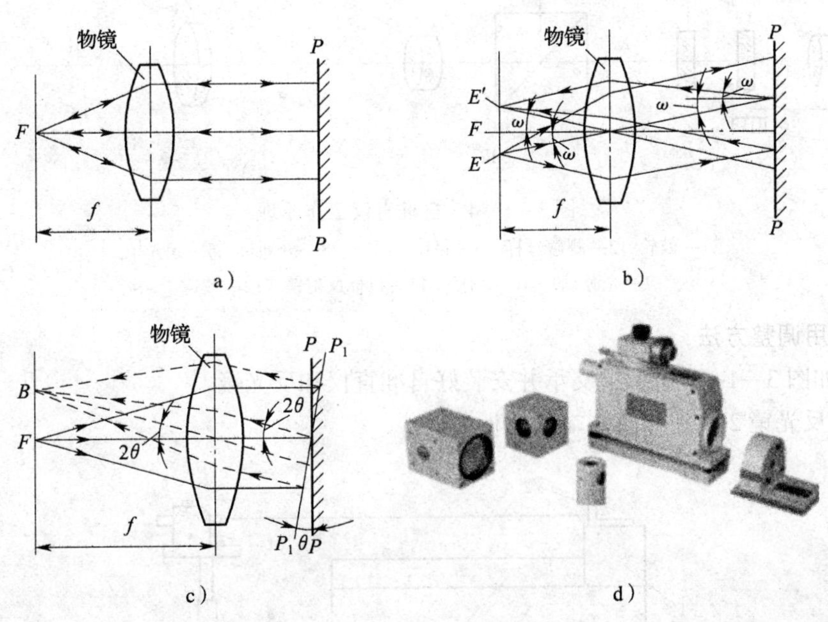

图 3—1—3　光学自准直原理

a) 自准像完全重合　b) 自准像对称于主光轴　c) 自准像产生了偏离　d) 实物图

如图 3—1—3b 所示，物镜焦平面上任意点 E 发出的光束经物镜折射后（假设 E 点和物镜中点的连线与主光轴的夹角为 ω），变成与主光轴成 ω 角的平行光束，经垂直于主光轴的平面反射镜 PP 反射后，透过物镜会聚在物镜焦平面上成像 E'，E' 和 E 相对于主光轴对称。如图 3—1—3c 所示，若平面反射镜在水平面内相对主光轴偏转 θ 角，根据反射定律，被平面反射镜反射的光线将调转 2θ 角，这时自准像 B 相对于物点在焦平面内产生了偏移，偏移量大小为 BF 的距离。自准直仪的实物外观图如图 3—1—3d 所示。

2. 自准直仪的作用与精度

国产自准直仪的主要技术参数大致相同，主要用于小角度精密测量（如多面体的检定），也可用于测量机床和仪器导轨的直线度、平行度以及相对位置度。自准直仪的测微鼓轮示值读数每格为 1″，测量范围为 0′ ~ 10′，测量工作距离为 0 ~ 9 m。

3. 自准直仪的工作原理

如图 3—1—4 所示，棱镜 12 将光源发出的光线折向测量光轴，经物镜 9、10，成为平行光线射出，再经目标反射镜 11 反射回来，使十字线成像于分划板 5、4 的刻线面上。旋转鼓轮 1 带动测微丝杆 2 移动，对准双刻线（刻在可动分划板 4 上），由目镜 3 观察，使双刻线与十字线重合，然后在鼓轮 1 上读数。

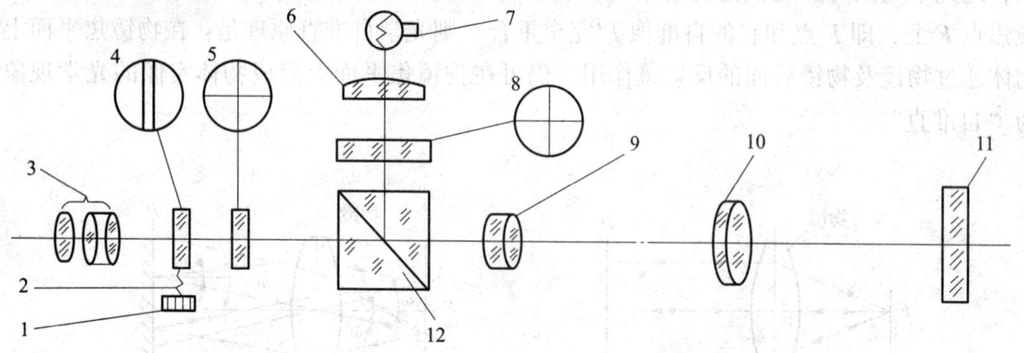

图 3—1—4　自准直仪工作原理

1—鼓轮　2—测微丝杆　3—目镜　4、5、8—分划板　6—聚光镜　7—光源　9、10—物镜　11—目标反射镜　12—棱镜

4. 使用调整方法

（1）如图 3—1—5 所示，支承并安装好自准直仪和反光镜。

1）将反光镜 2 放在导轨一端的桥板 1 上。

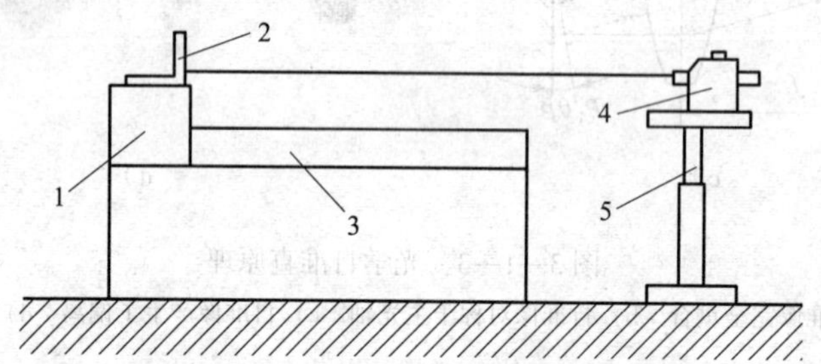

图 3—1—5　光学自准直仪测量导轨

1—桥板　2—反光镜　3—机床导轨　4—自准直仪　5—调节支架

2）在导轨另一端放置调节支架 5 及自准直仪 4，左右摆动反光镜 2，适当调整自准直仪 4 的高度，观察目镜直至反射回来的亮十字像位于视场中心为止 。

3）将反光镜和桥板移至最靠近自准直仪的一端，按上一步进行调整，将反光镜固定在桥板上，同时将 4、5 固定。

（2）移动反光镜和桥板，每隔一个跨板长移动一次，同时记下读数值，直至测量完全长。

三、经纬仪

经纬仪实物外观图如图 3—1—6b 所示。经纬仪是一种精密测角量仪，经常与平行光管配合，以组成一个测量光学系统，用以测量分度误差，测角精度一般为 2″。如图 3—1—6a 所示，经纬仪主要由以下几部分构成：

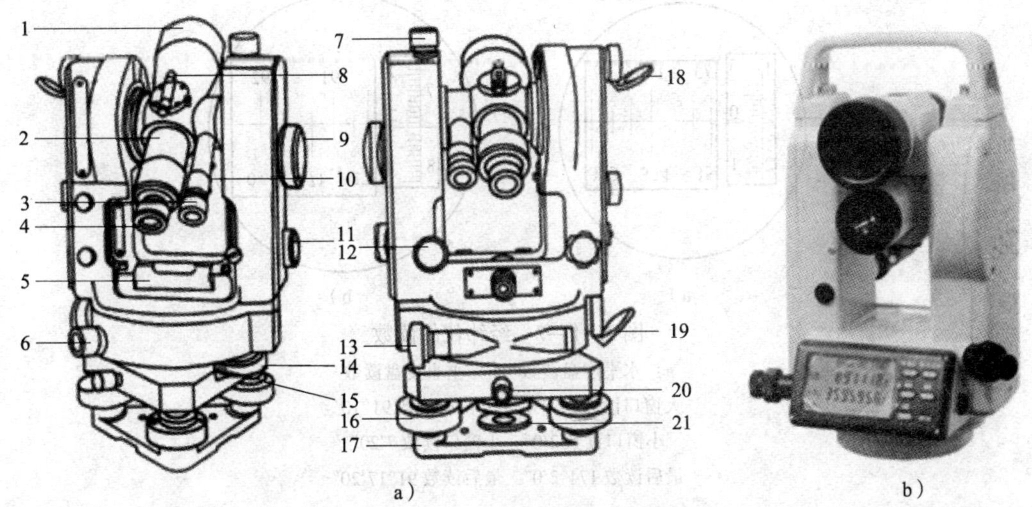

图 3—1—6　经纬仪外观及结构

a）结构组成　b）外观图

1—望远镜物镜　2—望远镜调焦手轮　3—读数显微镜目镜　4—望远镜目镜　5—水准器　6—照准部制动手轮　7—望远镜制动手轮　8—光学瞄准器　9—测微手轮　10—读数显微镜镜管　11—换像手轮　12—望远镜微动手轮　13—照准部微动手轮　14—换盘手轮护盖　15—换盘手轮　16—脚螺旋　17—三角基座底板　18—竖盘照明反光镜　19—水平度盘反光镜　20—三角基座制动手轮　21—紧固螺母

1. 望远镜

望远镜用以照准空间的远距离目标，其放大倍率一般为 20～40 倍。望远镜由物镜、目镜、调焦镜及分划板等部件组成。经纬仪的望远镜一般采用内调焦式。调焦时分划板的位置不动，由调焦透镜改变物镜的成像位置。

2. 轴系

经纬仪具有竖轴与横轴。经纬仪的照准部分及度盘均可经竖轴做水平 360°的旋转。横轴就是望远镜的旋转轴，它可使望远镜在垂直面内做较大角度的俯仰。

3. 度盘

经纬仪上装有用光学玻璃制成的水平度盘和垂直度盘。

4. 读数系统

J2 经纬仪的读数窗如图 3—1—7 所示。其中图 3—1—7a 为水平度盘读数，图 3—1—7b 为垂直度盘读数。读数时，整度数由大窗中央或偏左的正写数目字读得，再读度盘对整度数之间的格数，数得的格数乘以 10′即得整分数，余下的读数从左边的小窗内读到。测微尺上下共 600 格，每小格为 1″，共计 10′，左边的数目字为分，右边的数目字乘 10″，再数到指标线的格数即为秒数。度盘上的读数加上测微尺上的读数即为全部的正确读数。

5. 基座

J2 经纬仪的基座与照准部可分开。在基座上有竖轴轴套，用锁紧螺钉将照准部与基座连成一体。基座上有圆水准仪、水平调整螺钉及三角基座底板等部件。

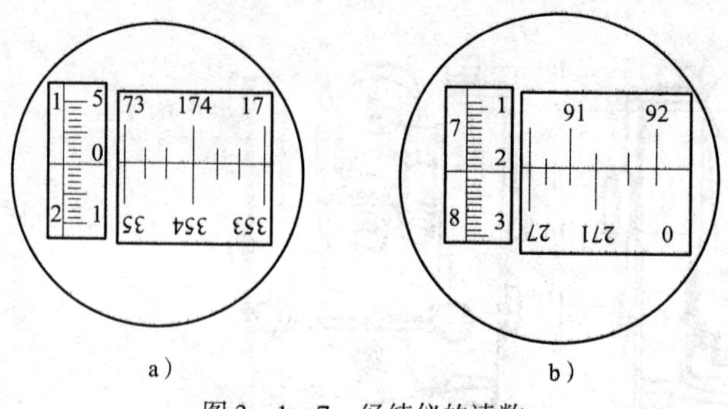

a）　　　　　　b）

图 3—1—7　经纬仪的读数

a）水平度盘读数　b）垂直度盘读数

大窗口读数 174°0′　大窗口读数 91°10′

小窗口读数 2′0″　小窗口读数 7′20″

最后读数 174°2′0″　最后读数 91°17′20″

6. 脚架

经纬仪用于野外测量时，用三脚架支承，由紧固螺钉与仪器的紧固螺母紧固。

7. 视距测量

望远镜分划板上有上、下两短线即视距线，用以测量目标到测点的距离。

望远镜测距公式为：

$$D = KL + C$$

式中　D——目标到测点的距离；

L——视距线在标尺上所截长度；

K——系数，$K = 100$；

C——常数。

对于内调焦望远镜，$C = 0$。因此，内调焦望远镜测距公式为：$D = 100L$。

8. 度盘换位

打开换盘手轮护盖 14，转动换盘手轮 15，即可实现水平、垂直度盘的换位。

四、激光干涉仪

激光干涉仪是根据激光干涉信号与测量镜位移之间的对应关系来实现位移测量。目前应用的激光干涉仪主要是基于迈克尔逊干涉仪的单频激光干涉仪和双频激光干涉仪。

1. 激光干涉仪的结构和工作原理

激光干涉仪主要运用光波干涉原理，在大多数激光干涉测长系统中，都以稳频氦氖激光器为光源，并采用迈克尔逊干涉仪或类似的光路结构。激光与普通光相比具有方向性好、高亮度、高度单色性、高度相干性的特点。

双频激光干涉仪是在单频激光干涉仪的基础上发展而来的一种外差式干涉仪。如图 3—1—8 所示为双频激光干涉仪的实物图样，其测距原理如图 3—1—9 所示。

（1）激光干涉法测距原理

根据光的干涉原理，两列具有固定相位差、相同频率、相同振动方向或振动方向之间夹角很小的光相互交叠，将会产生干涉现象，出现一个光强变化，产生“明—暗—明”循环。

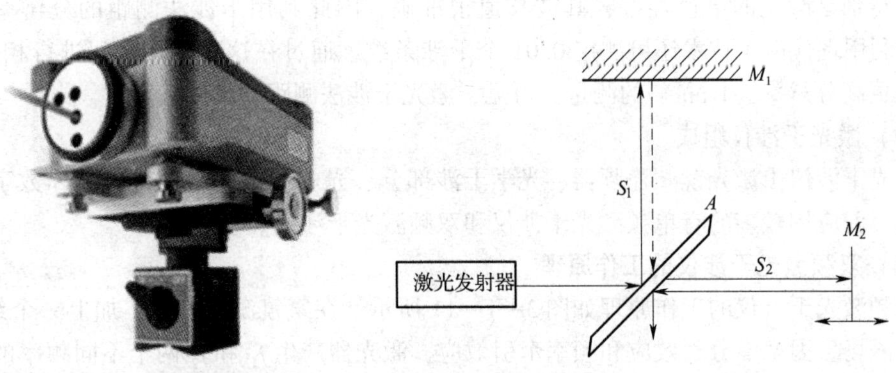

图 3—1—8　激光干涉仪　　　图 3—1—9　激光干涉法测距原理

如图 3—1—9 所示，由激光发射器发射的激光经分光镜 A 分成反射光束 S_1 和透射光束 S_2。两光束分别由固定反射镜 M_1 和可动反射镜 M_2 反射回来，两者在分光镜处汇合成相干光束。由于反射镜 M_2 移动，使测量光路的长度发生改变，进而使干涉光束的相对相位也发生改变，由此产生相长干涉和相消干涉现象，并且不断地循环。如果两列光 S_1 和 S_2 的路程差为 $N\lambda$（λ 为波长，N 为整数），实际合成光的振幅是两个分振幅之和，此时光强最大；如果 S_1 和 S_2 的路程差为 $\lambda/2$（或波长的奇数倍），合成光的振幅是两个分振幅之差，值为零，此时光强最小。路程差的变化导致叠加光束强度的明暗周期变化，如图 3—1—10 所示。

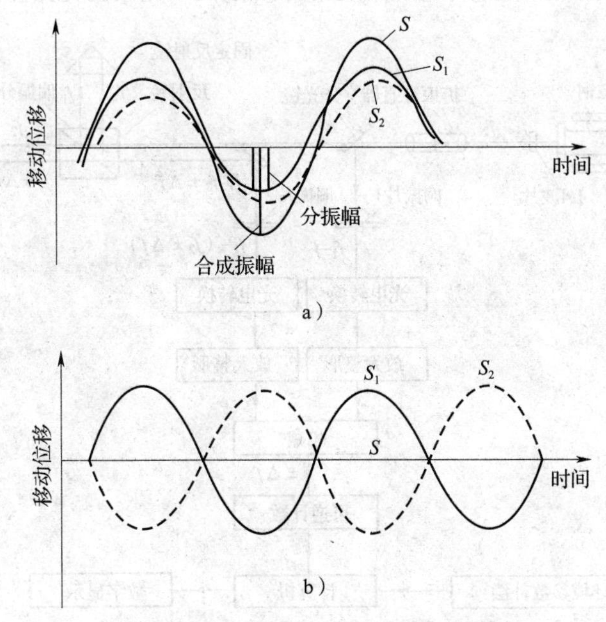

图 3—1—10　激光干涉法测距波形图

a）合成光的振幅相加　b）合成光的振幅相减

激光干涉仪就是利用这一原理使激光束产生明暗相间的干涉条纹，由光电转换元件接收并转换为电信号，经处理后由计数器计数，从而实现对位移量的检测。由于激光的波长极短，特别是激光的单色性好，其波长值很准确，因此利用干涉法测距的分辨率至少为 0.5λ，利用现代电子技术还可测定 0.01 个干涉条纹。通过在这些循环之间进行相位细分，可实现更高分辨率（1 nm）的测量，可见，激光干涉法测距的精度极高。

（2）激光干涉仪组成

激光干涉仪由激光镜、稳频器、光学干涉部分、光电接收元件、计数器和数字显示器组成。目前应用较多的有单频激光干涉仪和双频激光干涉仪。

（3）双频激光干涉仪的工作原理

双频激光干涉仪的工作原理如图 3—1—11 所示。在氦氖激光器上，加上一个约 0.03T 的轴向磁场。因塞曼分裂效应和频率牵引效应，激光器产生f_1 和f_2 两个不同频率的左旋和右旋圆偏振光，经 1/4 波片后成为两个互相垂直的线偏振光，再经分光镜分为两路。一路经偏振片 1 后成为含有频率为f_1-f_2 的参考光束，另一路经偏振分光镜后又分为两路：一路成为仅含有f_1 的光束，另一路成为仅含有f_2 的光束。当可动反射镜移动时，含有f_2 的光束经可动反射镜反射后成为含有$f_1-f_2\pm\Delta f$ 的光束，Δf 是可动反射镜移动时因多普勒效应产生的附加频率，正负号表示移动方向。这路光束和由固定反射镜反射回来，仅含有f_1 的光束经偏振片 2 后会合成为$f_1-(f_2\pm\Delta f)$ 的测量光束。测量光束和上述参考光束经各自的光电转换元件、放大器、整形器后进入减法器相减，输出成为仅含有 $\pm\Delta f$ 的电脉冲信号。经可逆计数器计数后，由电子计算机进行当量换算（乘 1/2 激光波长）后即可得出可动反射镜的位移量。即：干涉测量技术的基本原理是把两束相干光波形合并相干（或引起相互干涉），其合成结果为两个波形的相位差，用该相位差来确定两个光波的光路差值的变化。

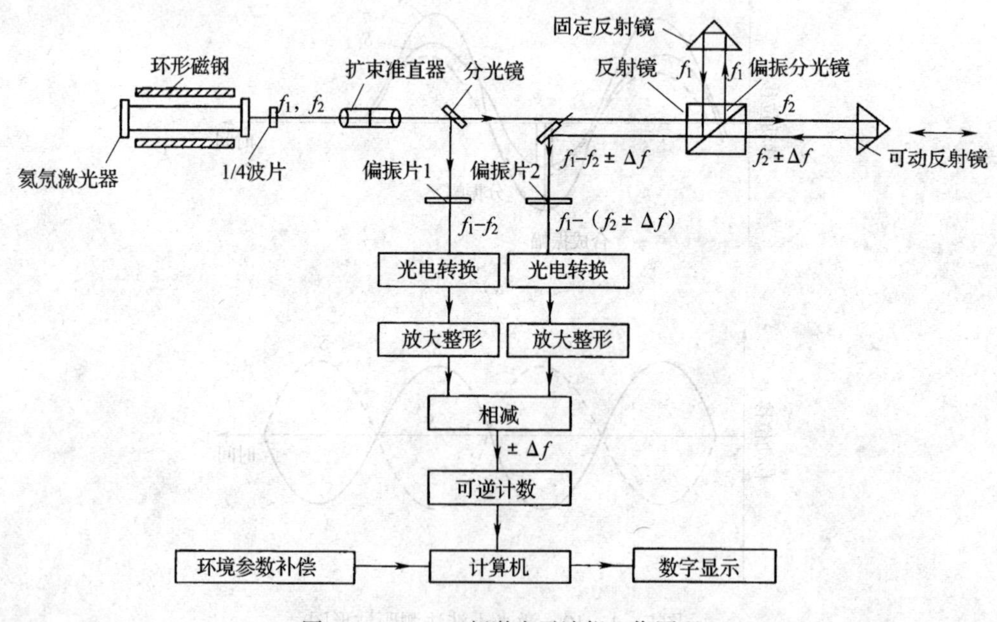

图 3—1—11　双频激光干涉仪工作原理

2. 双频激光干涉仪优点

（1）精度高

双频激光干涉仪以激光波长作为标准对被测长度进行度量，即使不做细分也可达到微米量级，细分后更可达到纳米量级。双频激光干涉仪利用放大倍数较大的前置交流放大器对干涉信号进行放大，即使光强衰减 90%，也依然可以得到有效的干涉信号，避免了直流放大器存在的直流电平信号漂移问题，应用范围广。双频激光干涉仪是一种多功能激光检测系统，可以实现非接触式精密测量，容易安装和对准，易于消除误差。

(2) 环境适应能力强

双频激光干涉仪利用频率变化来测量位移，它将位移信息载于 f_1 和 f_2 的频差上，对由光强变化引起的直流电平信号变化不敏感，因此抗干扰能力强，环境适应能力强。

(3) 实时动态测量，测量速度高

现代的双频激光干涉仪测速普遍达到 1 m/s，有的甚至达到每秒十几米，适于高速动态测量。双频激光干涉仪的发明使激光干涉仪最终摆脱了计量室的束缚，把几何量计量发展推向了又一个新高峰。双频激光干涉仪是目前精度最高、量程最大的长度计量仪器，以其良好的性能，在许多场合特别是在大长度、大位移精密测量中广泛应用。配合各种折射镜、反射镜等相应附件，双频激光干涉仪可以在恒温、恒湿、防振的计量室内检定量块、量杆、刻尺、坐标测量机等，也可以在普通车间内为大型机床的刻度进行标定；既可以对几十米的大量程进行精密测量，也可以对手表零件等微小运动进行精密测量；既可以对如位移、角度、直线度、平面度、平行度、垂直度、小角度等多种几何量进行精密测量，也可以用于特殊场合，诸如半导体光刻技术的微定位和计算机存储器上记录槽间距的测量等。双频激光干涉仪属于可溯源的计量型仪器，常用于检定数控机床、数控加工中心、三坐标测量机、测长机、光刻机等的坐标精度及其他线性指标，还可用作测长机、高精度三坐标测量机等的测量系统。

3. 双频激光干涉仪的使用

双频激光干涉仪在几何精度检测、位置精度检测及自动补偿、数控机床动态性能检测及动补偿等方面应用很广泛。下面简单介绍一下双频激光干涉仪在评定机床定位精度方面的应用，大致操作步骤如下：

(1) 安装组件。双频激光干涉仪的所有组件均放置在坚固的便携箱内，将激光头、云台、三脚架从便携箱内取出来放置在工作环境一段时间，以适应环境温度。

(2) 将三脚架的腿展开放置在平面上，从可调柱上移去云台固定螺钉，使用固定螺钉把云台固定在三脚架上，把激光头放置在可调云台上，使用自带的卡簧，把激光头牢固地固定在三个卡孔内，这样激光头部分就安装完成了，如图 3—1—12 所示。

(3) 布置反射镜、分光镜等。具体布局如图 3—1—13 所示，将激光器放在花岗岩工作台上或三脚架上，反射镜放在机床的移动工作台上，分光镜安装在机床的固定部件上或磁性支架上，通常为主轴或轴座上。而且分光镜要安放在激光器与反射镜之间的光路上。

(4) 连接激光头电源，通过激光头后部的开关，打开激光器（灯为绿色时表示激光在正常的波长范围内工作稳定，一般激光头需预热 12 min 左右）。

(5) 将激光束与被测轴调整平行（这个操作环节很重要）后，使用相关的连接电缆将激光头、数据处理器、计算机或笔记本电脑连接起来。

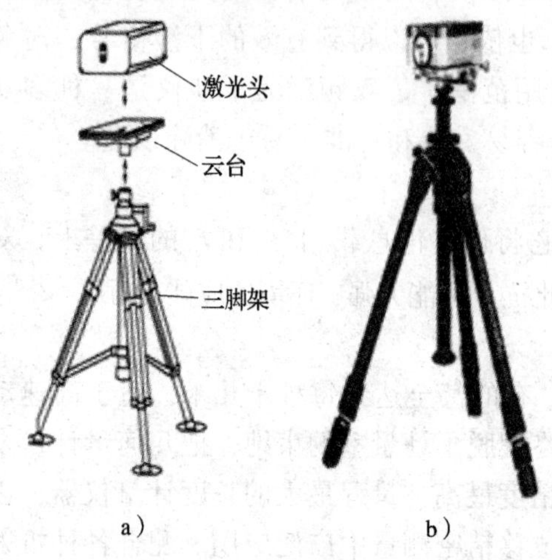

图 3—1—12　激光头、云台和三脚架的拆装

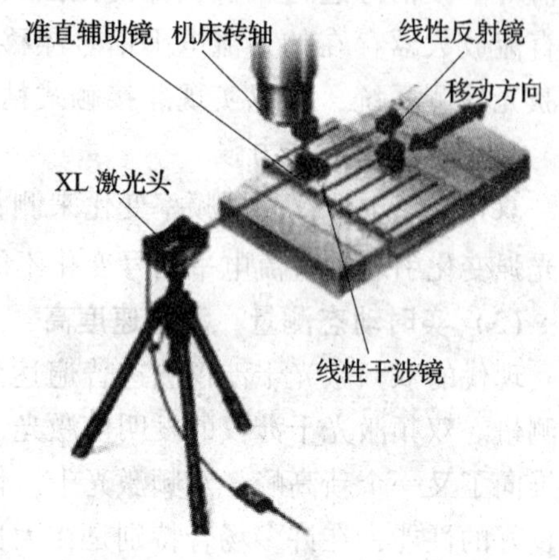

图 3—1—13　测量时的整体布局

（6）在每一坐标轴的工作行程内均匀选取不少于 10 个测量点（目标位置），机床按事先编制好的程序以同一进给速度在测量点间移动，在此期间计算机系统会自动采集数据，重复测量 3 次，即可由软件系统计算出测量误差，并给出误差图表，按照所采用的标准评定出定位精度和重复性误差。若超差，可按误差补偿表进行补偿，再重新测量 3 次，直至将机床的误差补偿到要求的技术指标范围之内。

注意：使用激光干涉仪测量时，必须考虑到如仪器的安装误差、环境误差、机床表面温度等误差源对测量准确度的影响，并采取相应措施消除或减少这些误差源。

五、误差分析及预防措施

机械产品的工作性能和寿命，总是与组成产品的零件加工质量和产品的装配精度直接有关。零件的加工质量对产品的工作性能和使用寿命影响更大。

机械加工精度是机械加工质量的核心部分。本单元内容主要讨论工艺系统各环节中存在的各种原始误差对加工精度的影响以及保证零件加工精度的措施。

1. 提高测量准确度的方法

（1）影响测量数据准确性的因素

在测量过程中，导致测量误差的因素很多，测量时应找出这些因素，并采取相应措施，设法减少或消除其对测量结果的影响，以保证测量的准确度。

影响测量数据准确性的因素见表 3—1—1。

表 3—1—1　影响测量数据准确性的因素

序号	因素	产生原因	误差表现
1	计量器具误差	计量器具本身的设计、制造、装配、使用调整不准确而引起的各项误差	误差的总和表现在计量器具的示值误差和重复性上
2	测量方法误差	测量方法不完善产生的测量误差（计算公式不准确、测量方法选择不当、工件装夹不合理）	定值或不定值误差

续表

序号	因素	产生原因	误差表现
3	标准器误差	标准器本身存在的误差（量块的制造误差、线纹尺的刻线误差等）	定值误差
4	环境误差	测量时的环境条件不符合标准要求所引起的误差（温度①、湿度、气压、振动、灰尘等引起的误差）	变值或随机误差
5	人为误差（粗大误差）	测量人员疏忽大意或者环境突变所造成的误差	误差不确定

注：①为该项误差对测量结果的影响最为突出。

（2）减小或消除测量误差的方法

测量误差按其特性可分为系统误差、随机误差和粗大误差三类。各类误差减小或消除的方法见表3—1—2。

表3—1—2　减小或消除测量误差的方法

序号	种类	含义	减小或消除的方法
1	系统误差	在同一条件下，多次测量同一量值，误差的数值和符号保持不变或按一定规律变化的误差，称为系统误差。前者称为定值系统误差，如千分尺的校对棒的误差、游标卡尺零位未校准而产生的误差。后者称为变值系统误差，如表盘偏心误差等。还有的变化规律非常复杂，称为复杂系统误差	（1）定期检定计量器具 （2）按修正值修正测量结果 （3）正确调整、合理使用计量器具，常用的方法有抵消法、反向测量补偿法、基准变换消除法、对称测量法等
2	随机误差	在同一条件下，多次测量同一值时，其数值和符号不是定数而是变化出现的误差，称为随机误差。零部件配合不稳定、零部件的变形、环境变化、温度波动、测量力不稳定、仪器中油膜的变化、视差等都是产生随机误差的因素	具有偶然性，不能事先知道，因而不能在测量结果中修正，或从根本上消除。应从各类误差产生的根源上加以控制，使之减小，还可以按照正态分布概率估算随机误差的大小，以判断测量精度
3	粗大误差	由于操作者疏忽大意或客观条件突然剧变造成的	视误差大小，利用莱茵达准则、肖维勒准则先判断是否含有粗大误差，然后再决定是否消除

2. 对测量中所用检验工具、辅具的技术要求

在对各种设备、部件以及整机的尺寸精度、形状精度、位置精度、表面粗糙度、接触精度等进行测量时，通常要用适当的通用检验工具、辅具和专用检验工具、辅具与量具相配合来进行。例如用短桥板和平尺、水平仪配合检验两直线导轨的平行度；检验主轴回转精度时，常用检验心棒、钢球、百分表等。这些通用的、专用的检验工具、辅具都必须达到如下技术要求：

（1）测量中所用的检验工具必须符合本身应有的精度和技术条件要求。

（2）选用的检验工具的精度应和被测件的精度相适应。例如用检验平尺检验导轨的直线度时，平尺的精度等级不应低于被测导轨的精度。

（3）测量工具、辅具的温度应与被测件温度一致，以减小温度引起的测量误差。在精密测量时，应保证测量温度在20℃左右。

（4）检验工具、辅具的使用和维护保养及检定应按规定进行，以保证检验工具、辅具的精度。

六、机械装配中常用的精度检验方法

1. 直线度误差的测量

（1）直线度误差的测量方法（见表3—1—3）

表3—1—3　　直线度误差的测量方法

分类	含义	常用方法
直接测量法	将被测物体与选定的不同形式的测量基准进行比较，直接测出直线度误差	实物基准法、重力水平基准法、光线基准法
间接测量法	不用预先选定基准，而是通过两个或两个以上被测件相互比较，用误差分离的方法求得各表面的直线度误差	跨距法、比较法

（2）直线度误差的评定方法

直线度误差的评定方法有最小条件评定法和两端点评定法。通过对测量结果进行数据处理，可得到实际的直线度误差。数据处理有两种方法：作图法和计算法。

（3）计算法计算直线度误差

计算法的实质是将各段读数的坐标位置进行变换，使两端点最终能与横坐标轴重合（或平行）。此时，导轨的误差值Δ就等于其中最大纵坐标值与最小纵坐标值的代数差的绝对值。用计算法时，不需要作图。变换各段读数的终点累积值必然为零，否则说明计算有误。变换后各段端点坐标值均为正值时，误差曲线形状为凸；均为负值时，误差曲线形状为凹；有正有负时，误差曲线形状为波折。该方法简便、实用，能满足一般精度要求，故在生产实践中被广泛采用。对于高精度的零件，如直线度曲线出现波折时，可按最小区域法确定其直线度误差。端点连线计算法可按以下步骤进行：

1）记录原值。按顺序记录各段测量读数，X_1、X_2、X_3、…、X_n。

2）求平均值。求出各段读数代数和的平均值。

$$X_{平均} = \frac{X_1 + X_2 + X_2 + \cdots + X_n}{n}$$

3）求相对值。将各段读数分别减去平均值。

$$X_{相对1} = X_1 - X_{平均}$$
$$X_{相对2} = X_2 - X_{平均}$$
$$\cdots$$
$$X_{相对n} = X_n - X_{平均}$$

4）求累积值。将减后的各段读数进行累积，累积之前的值为0，累积到最后一个值也为0。

$$X_{累计1} = 0 + X_{相对1}$$
$$X_{累计2} = X_{累计1} + X_{相对2}$$
$$X_{累计3} = X_{累计2} + X_{相对3}$$
$$\cdots$$
$$X_{累计n} = X_{累计n-1} + X_{相对n} = 0$$

即累积值的排列为：0、$X_{累计1}$、$X_{累计2}$、$X_{累计3}$、…、$X_{累计n-1}$。

5）误差值（格数）。由4）中找出$X_{累计max}$和$X_{累计min}$，误差格数值$n = |X_{max} - X_{min}|$，此时的误差单位是格数。

6）计算误差值（mm）。

$$\Delta = ncL$$

式中 n——最大误差格数（格）；

C——水平仪精度（0.01 mm/1 000 mm、0.02 mm/1 000 mm等）；

L——水平仪桥板长度，一般有200 mm、250 mm、300 mm等。

例3—1：用200 mm×200 mm、精度为0.02 mm/1 000 mm的框式水平仪测量一长度为2 000 mm的平导轨在垂直面内的直线度，采用的水平仪垫铁长度为250 mm。依次对导轨进行测量（规定气泡的偏移方向和水平仪移动方向相同时读数为正，反之为负）。测得8段的水平仪读数依次为：+3、0、−1、0、−1、+3、+1、−1（单位为格），试用计算法求该导轨的直线度误差和误差形状。

解：①记录原值：+3、0、−1、0、−1、+3、+1、−1。

②求平均值：$X_{平均} = \frac{(+3+0-1+0-1+3+1-1)}{8} = 0.5$（格）

③求相对值：例：$X_{相对1} = +3 - 0.5 = 2.5$、$X_{相对2} = 0 - 0.5 = -0.5$

即：　2.5、−0.5、−1.5、−0.5、−1.5、2.5、0.5、−1.5。

④求累积值：例：$X_{累积1} = 0 + 2.5 = 2.5$，$X_{累积2} = 2.5 - 0.5 = 2$

即：　0、2.5、2、0.5、0、−1.5、1、1.5、0。

以上数值中有正有负，可判断出该导轨的误差形状为波折。

⑤误差值（格数）：在④中找出$X_{累积max} = 2.5$和$X_{累积min} = -1.5$，

误差值$n = |X_{max} - X_{min}| = |2.5 - (-1.5)| = 4$（格）

⑥计算误差值（mm）：$\Delta = ncL$

$$\Delta = ncL = 4 \times 0.02/1000 \times 250 = 0.02(\text{mm})$$

因此，该导轨直线度误差值为0.02 mm，误差形状为波折。

2. 平面度误差的测量

(1) 平面度误差的测量方法(见表3—1—4)

表3—1—4 平面度误差的测量方法

分类	适用场合	采用的量具	采用方法
直接测量法	较小平面	标准平板、平晶等	干涉法、斑点法
间接测量法	较大平面	水平仪、自准直仪等	水平面法、对角线法

(2) 间接测量法原理

平面可以看成是由许多平行或交叉的直线组成的。平面度误差也可以看成是若干直线度误差的合成。因此,在测量平面度误差时,可以在被测表面上选测若干个截面上的直线度误差,然后将各截面上相应点的测量值换算为相对两端点连线的误差值,这样就把平面度误差的测量转化为直线度误差的测量。

由此可知,采用间接测量法须对被测平面的许多截面进行测量,而这些单一截面各点偏差值的基准线是不统一的,因此尚需将各截面相应点的偏差值通过某些相关点换算为相对某统一基准的偏差值,这就是误差联系法。测量截面平面度的常见方法有水平面法和对角线法。

1)水平面法。作为评定基准的包容面,其基准需要根据最小条件原则来确定。与直线度误差的测量一样,在不影响使用性能的情况下,允许用近似的方法进行评定。

2)对角线法。该方法的过渡基准是通过被测表面的一条对角线,且平行于被测表面的另一条对角线的平面。测量时先按“米”字形布线方式测出各截面相对于端点连线的偏差,通过其中某些点的联系,然后再经数据处理,换算为对过渡基准平面的统一坐标值,此时各点误差的最大代数差即为平面度误差。

(3) 平面度误差最小条件评定法

判断基准是否已经转换到了符合最小条件的位置,可按以下法则:

1)交叉法则。在被测表面的平面度误差示意图中,当有至少两个等值最高点分布在至少两个等值最低点连线的两侧(或在连线上)时(见图3—1—14),则过两个等值点且平行于另两个等值点连线的平面即为理想平面位置。

2)三角形法则。在被测表面的平面度误差示意图中,当由至少三个等值最高(低)点所组成的三角形内(或边界上)有一个最低(高)点时(见图3—1—15),则过三个等值最高(低)点的平面即为理想平面位置。

3)连线法则。在被测表面的平面度误差示意图中,当最高(低)点的位置在两个等值最低(高)点的连线上时(见图3—1—16),则过两等值最高(低)点的平面即为理想平面位置。

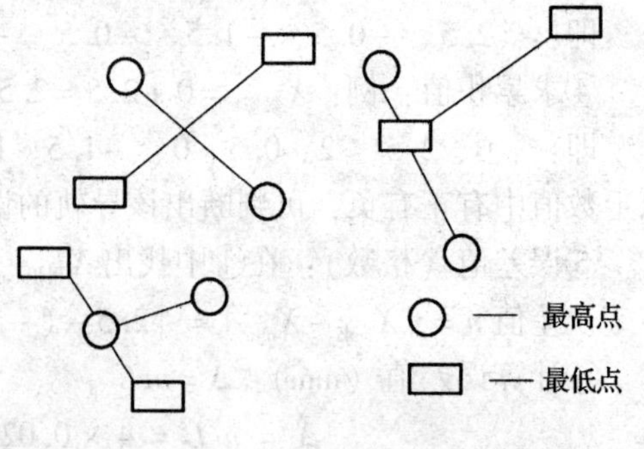

图3—1—14 交叉法则

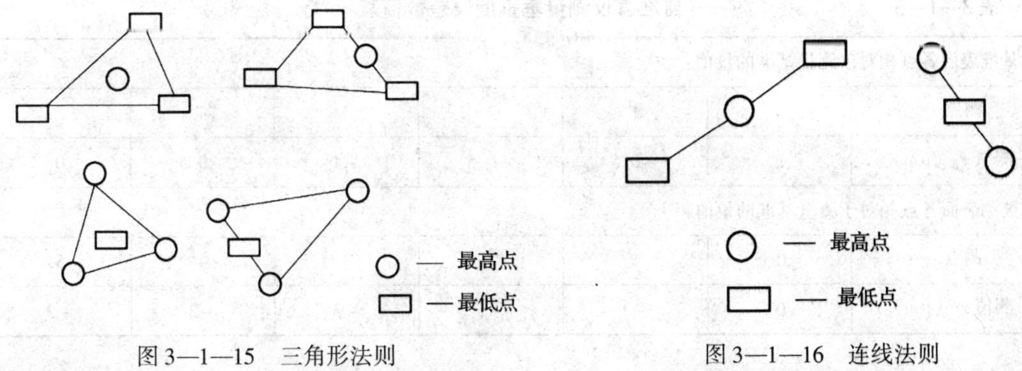

图 3—1—15　三角形法则　　　　图 3—1—16　连线法则

找理想平面位置的方法很多，最简便易行的方法是基面旋转法（或称逐次逼近法）。其步骤如下：

第一步，沿垂直于平面的方向平移平面，平移量为加最小负值或减最大正值，使原始数据图中的数值均变为同号。

第二步，选择旋转轴与单位旋转量 q，并计算出各点旋转量 Q。旋转轴的选择以最有利于减小最大值为原则，可以通过零值的任一列、行或斜线为旋转轴；单位间距旋转量的大小应既能减小最大值，而又不使其余值出现异号。

第三步，以最小条件判别法来鉴别旋转后的数据。如符合最小条件，即可由其中的两个极值点间的差值确定平面度误差。

3．垂直度误差的测量

小型工件可采用光隙法、测微法、方箱法等；大型工件可采用水平仪或自准直仪测量。如图 3—1—17 所示为使用自准直仪测量垂直度误差的示意图。其方法为：

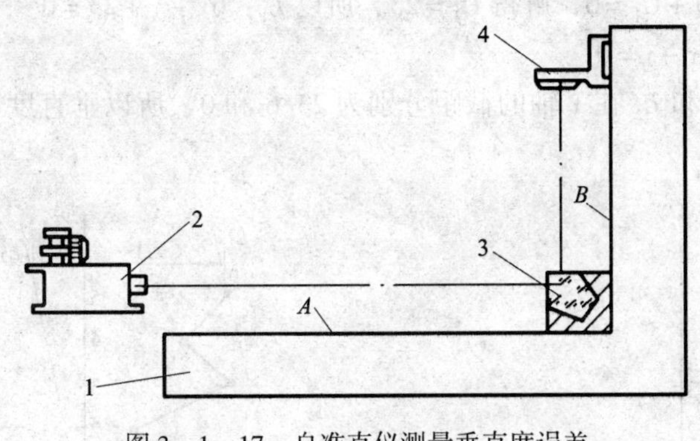

图 3—1—17　自准直仪测量垂直度误差

1—被测工件　2—自准直仪　3—棱镜　4—反射镜

（1）先测出 A 面的直线度误差。

（2）利用 3 和 4 测出 B 面的直线度误差。

（3）数据处理求出 A、B 间的垂直度误差。

例 3—2：用图 3—1—17 的方法测量垂直度误差，测得基准表面各点相对于测量基准的量值见表 3—1—5，求其垂直度误差。

表 3—1—5　　自准直仪测量垂直度误差数值表

基准表面各点相对于测量基准的量值：

测点 x_i	0	1	2	3	4	5
测值 y_i（μm）	0	−0.5	+0.5	−1	−0.5	0

被测表面各点相对于测量基准的量值：

测点 y_i	0	1	2	3	4	5
测值 x_i（μm）	0	−2	−1	−3	−2	−3

解：①根据基准表面的测量值，按比例作图，如图 3—1—18a 所示，过 2、5 点的直线 L 是符合最小条件的基准直线。

②画被测表面的误差曲线（见图 3—1—18b）。

③用垂直于 L 的两条平行直线 L_1、L_2 包容误差曲线，两平行直线的距离（即在 x 轴上的截距差）就是所求的直线度误差值。

基准直线的方程：

因直线 L 经过（2，+0.5）和点（5，0），根据两点直线方程得：

$$\frac{y-(+0.5)}{0-(+0.5)}=\frac{x-2}{5-2},\text{解得 } x+6y-5=0$$

因 L_1 和 L_2 都垂直于 L，故有一般方程为：

$$L_1: Bx-Ay+C_1=0$$
$$L_2: Bx-Ay+C_2=0$$

其中，$A=1$，$B=6$。L_1 过点（−3，5），L_2 过点（0，0）。

由 $6\times(-3)-5+C_1=0$，解得 $C_1=23$，所以 L_1：$6x-y+23=0$

同理解得 L_2：$6x-y=0$

在 $y=0$ 处，L_1 和 L_2 在 x 轴的截距分别为 23/6 和 0，所以垂直度误差 $\Delta=23/6-0=3.83$（μm）

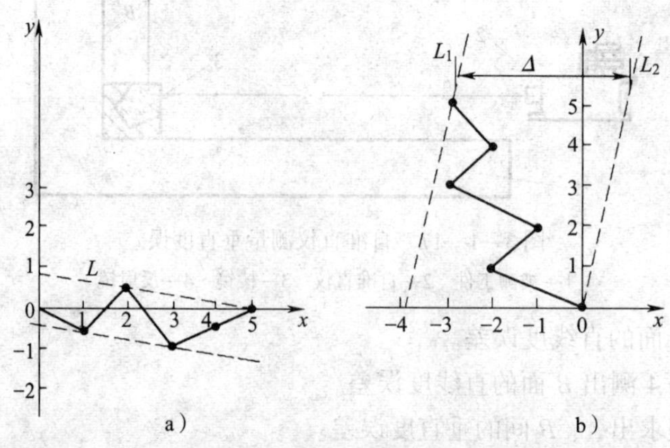

图 3—1—18　垂直度误差测量曲线

a）基准表面测量值曲线图　b）被测表面误差曲线图

4. 分度误差的测量

(1) 多面棱体测量法

如图 3—1—19 所示，多面棱体是以底面为基准的一个正棱柱体，多面棱体本身具有圆周封闭性，因此有很高的测量精度。多面棱体的面数主要有 4、6、8、12、24、36、72 等。制造多面棱体的材料主要有石英、光学玻璃或高强度合金钢等。多面棱体的检定极限误差为 ±0.5″～±1″，工作角偏差为 ±3″～±5″。

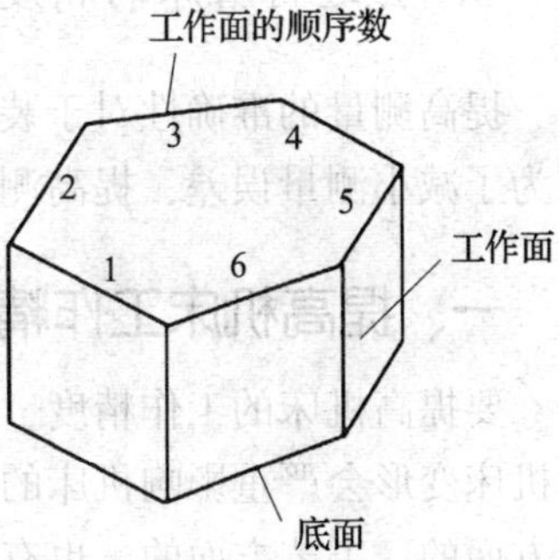

工作面的顺序数
工作面
底面

图 3—1—19　多面棱体

(2) 自准直仪作用

自准直仪以其光轴对多面棱体工作面作瞄准定位用。

(3) 多面棱体误差测量步骤（见图 3—1—20）

1）将多面棱体放在被测转台或光学分度头主轴上。

2）使转台刻度对准零值。

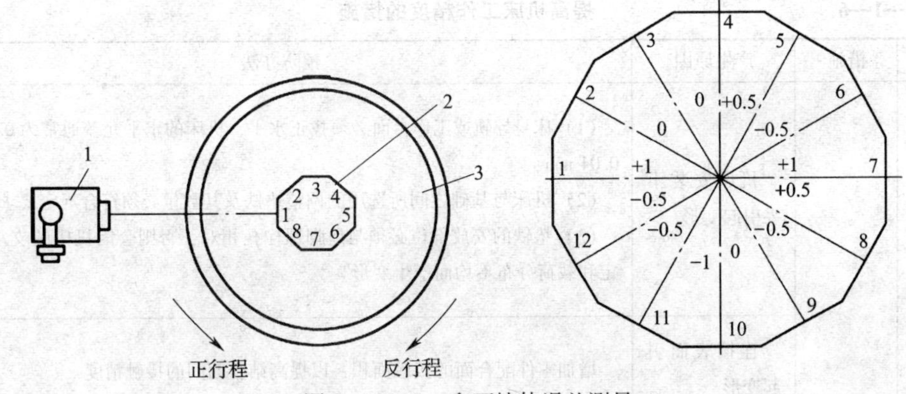

图 3—1—20　多面棱体误差测量

3）用自准直仪对准多面棱体第 1 工作面并读数。

4）正行程转动转台，转动角度为 360°/*N*（*N* 为多面棱体的面数）并逐一读数。

5）反行程转动转台，转动角度为 360°/*N*（*N* 为多面棱体的面数）并逐一读数。

6）根据多面棱体检定结果修正测量结果，并得出最大误差数值。

对大多数自准直仪，当反射面逆时针稍作旋转时（俯视），读数是增加的。所以当正行程检测时应将测量结果与多面棱体检定记录的正行程数值相加，而反行程检测时则应与反行程检定记录的数值相减。由于正反行程的检定结果数值相同，符号相反，因此实际上可以都加正行程的修正值。

子课题 2　机床整机精度检验

学习目标

1. 掌握提高机床工作精度的措施。
2. 会分析产生加工误差的原因。

3．会进行磨床的精度检验。

提高测量的准确性对于装配质量检验是十分重要的。测量数据是判断质量的依据，因而为了减小测量误差，提高测量数据的准确性就显得非常有必要。

一、提高机床工作精度的措施

要提高机床的工作精度，主要应从机床变形和机床振动两方面着手采取相应措施。因为机床变形会严重影响机床的工作精度，而造成机床变形的具体原因是多方面的，既有设计方面的、工艺方面的，也有使用方面的。因此，防止机床变形除从正确的结构设计加以解决外，还必须在工艺上和使用条件上加以控制。机床在工作过程中的振动，是一种极有害的现象。它使被加工工件的表面质量恶化（有明显的振痕）和表面粗糙度值变大、刀具加速磨损、机床连接部分松动、零件过早磨损及产生振动噪声等。提高机床工作精度的具体措施见表3—1—6。

表3—1—6　　提高机床工作精度的措施

<table>
<tr><th>序号</th><th>措施</th><th>产生原因</th><th colspan="2">预防办法</th></tr>
<tr><td rowspan="5">1</td><td rowspan="5">防止机床变形</td><td>机床安装不妥引起变形</td><td colspan="2">（1）床身导轨或工作台面必须找正水平，机床的水平允差通常为0.015～0.04 mm
（2）机床与基础之间所选用的调整垫铁及其数量必须符合规定要求
（3）垫铁的安放部位必须与地脚螺栓孔相对，否则会因机床的支承不稳定和载荷分布不均而产生变形</td></tr>
<tr><td>连接表面引起变形</td><td colspan="2">增加零件配合面的接触面积，以提高结合面间的接触精度</td></tr>
<tr><td>薄弱零件本身的变形</td><td colspan="2">（1）提高结构细长或壁厚较薄的零件的刚度，以减小加工变形
（2）如导轨镶条应将配合表面刮平直，装配间隙要调整得最小，否则就极易产生受力变形，降低刀架刚度，在机床切削时产生刀架系统的振动</td></tr>
<tr><td rowspan="2">机床的热变形</td><td>内部热源</td><td>（1）减少切削热产生
（2）减少摩擦热：改善摩擦离合器、轴承、电动机、导轨、齿轮等运动副的传动部分的润滑条件，采用低黏度润滑油、锂基润滑脂
（3）减少机床各部位之间的温度差
（4）在机床装配的最后必须进行空运转</td></tr>
<tr><td>外部热源</td><td>（1）控制环境中不同温度层和热辐射（如阳光、照明灯等）的影响
（2）将精密机床放在恒温室内工作
（3）在装配时，要关注环境温度变化对设备精度的影响</td></tr>
</table>

续表

<table>
<tr><th>序号</th><th>措施</th><th>产生原因</th><th>预防办法</th></tr>
<tr><td rowspan="2">2</td><td rowspan="2">防止机床振动</td><td>内部振源</td><td>（1）电动机、机床旋转零部件进一步做好平衡
（2）减少运动传递过程中因齿轮啮合时的冲击、带轮的圆度误差和传动带厚薄不均引起的张紧力变化以及滚动轴承滚动体的尺寸和形状误差引起的载荷波动等引起的振动
（3）减少往复运动零部件的冲击
（4）减少液压传动系统的压力脉动和液压冲击引起的振动
（5）增加连接支承阻尼：如将外圆磨床砂轮电动机的底座装在砂轮架上并采用硬橡胶、木板或其他吸振材料隔振
（6）高速旋转件在形状上做成对称的
（7）多根传动带传动时，各传动带长度要相等、厚薄要均匀、张紧力不宜过大，轴承间隙调整得合适</td></tr>
<tr><td>外部振源</td><td>（1）合理选择机床安装场地，使其远离振源
（2）精密机床的基础可做成防振的结构形式，如下图所示
木板 炉渣 机床基础
隔墙
基础的防振结构</td></tr>
</table>

二、产生加工误差的原因分析

1. 理论误差

由于采用近似的加工方法而产生的误差称为理论误差。采用近似的加工方法可以简化机床及工艺装备，只要误差值不超过允许值，这应是一种较好的加工方法。

（1）采用近似的刀具形状

用成形刀具加工复杂的曲线表面时，要使刀具刃口完全符合理论曲线的轮廓，有时相当困难，所以往往采用圆弧、直线等近似、简单的线型。这种近似作法，对于简化机床和刀具的设计及制造，是十分必要的，但由此带来的原始误差必须控制在允许的范围内。

例如用模数铣刀铣齿形，其一由于齿轮模数铣刀的成形面轮廓不是纯粹的渐开线，因此加工的齿形就会产生一定的原理误差；其二由于模数相同而齿数不同的渐开线齿轮，其基圆半径不同，因而齿形也不同，这就要求每种相同模数不同齿数的齿轮都要有一把专用铣刀，但为了经济起见，实际上只用一套（8～26 把）模数铣刀来分别加工在一定齿数范围内的所有齿轮。由于每把铣刀均是按一种模数的一种齿数设计和制造的，因此用其加工齿数不同的齿轮时，就会产生齿形的原理误差。

（2）采用近似的成形运动轨迹

如磨削内燃机活塞裙部椭圆时，就是利用简单可靠的四连杆机构来产生近似的椭圆形运动，形成的表面椭圆十分接近，但仍有很小的误差。用尖刀车削外圆柱面也是一种近似的加工方法，也会产生原理误差，即车削后得到的表面实为螺旋面，而不是光滑的圆柱面。

(3) 采用近似传动比的成形运动

如车削模数蜗杆时，由于蜗杆的螺距是 π 的倍数，而 π 是一个无理数，只能用近似传动比（22/7）的挂轮来实现 π，因而产生由近似传动比的成形运动所引起的加工原理误差。

采用近似的加工方法，虽然会引起加工原理误差，但往往能简化工艺过程，简化机床、刀具或工艺装备的结构。所以，只要加工原理误差不超过允许的公差范围，近似加工反而能取得比理论上更准确的加工方案、更高的加工精度和更佳的经济效果。

2. 装夹误差

工件在装夹过程中产生的误差称为装夹误差。装夹误差包括夹紧误差和定位误差。

(1) 夹紧误差

夹紧误差主要是指由于夹紧力使工件变形，加工后夹紧力消失，零件变形恢复而在加工面上产生的误差。夹紧误差一般不计算，只是进行工艺验证。

工件在装夹过程中，由于刚度较低或着力点不当，都会引起工件的变形，造成加工误差，特别是薄壁套、薄板等零件，更容易产生加工误差。如图 3—1—21 所示为用三爪自定心卡盘夹较薄壁套筒，假定坯件是正圆形，夹紧后坯件呈三棱形，虽然加工出的孔为正圆形，但松开后，套筒弹性恢复使孔变成三棱椭圆形，如图 3—1—21a、b、c 所示。为了减少套筒的夹紧变形量，对于薄壁环形零件可以采用较宽的弧形卡爪夹持，以减少薄壁件的变形，如图 3—1—21d 所示；也可在套筒外面加一个厚壁开口过渡环，如图 3—1—21e 所示，使夹紧力均匀地分布在套筒上，以减少套筒的变形。此外，如果结构上允许，也可采用轴向夹紧方法防止夹紧变形。

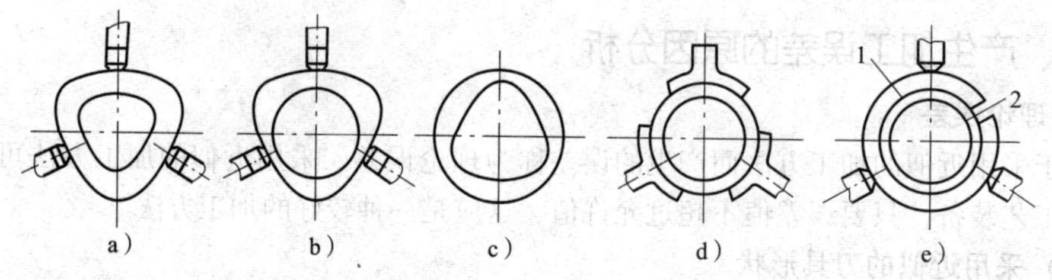

图 3—1—21 三爪自定心卡盘夹薄壁套筒

a）工件夹紧 b）加工后的工件 c）松开后的工件 d）较宽的弧形卡爪夹紧 e）使用厚壁开口过渡环

1—开口过渡环 2—工件

磨削薄片零件时（见图 3—1—22），假定坯件翘曲，当它被电磁工作台吸紧时，产生弹性变形，磨削后取下工件，工件的弹性恢复，使已磨平的表面又产生翘曲，如图 3—1—22a、b、c 所示。如果在工件和电磁工作台之间垫入一层薄橡胶（厚度在 0.5 mm 以下）或纸片（见图 3—1—22d、e），当工作台吸紧工件时，橡胶垫受到不均匀的压缩，使工件变形减少，翘曲部分就将被磨去。如此进行正反两面轮番多次磨削后，就可得到较平的表面（见图 3—1—22f）。

(2) 定位误差

定位误差是指一批零件在夹具中定位时，工件的设计基准（或工艺基准）在加工方向上相对于夹具（机床）的最大变动量，包括基准位移误差和基准不符误差。

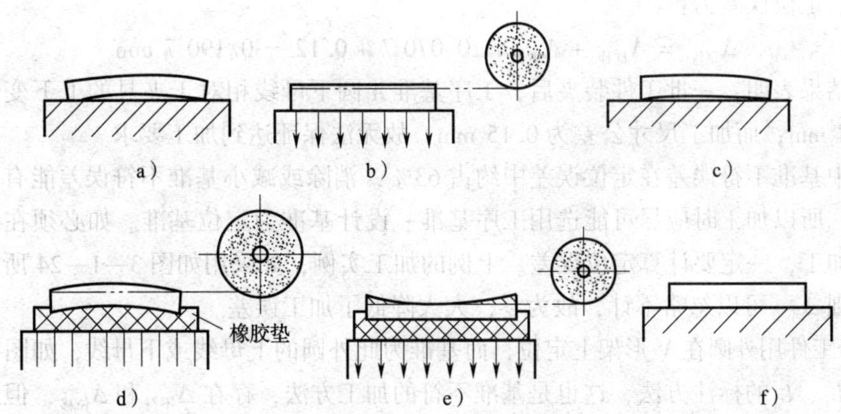

图 3—1—22 薄片工件磨削

a）毛坯 b）磁性工作台吸紧 c）磨后松开（工件翘曲）

d）磨削凸面（加垫） e）磨削凹面 f）磨后松开（工件平直）

1）定位误差计算。一般情况下，基准不符误差与基准位移误差没有联系，定位误差为这两种误差数值之和，即：

$$\Delta_{定位} = \Delta_{位移} + \Delta_{不符}$$

例 3—3：已知工件 A、B 外圆直径分别为 $40_{-0.10}^{\ 0}$ mm 及 $20_{-0.10}^{\ 0}$ mm，它们的同轴度公差值为 $\phi0.07$ mm，按如图 3—1—23 所示的加工要求和加工方法进行加工，计算定位误差并判断能否达到加工要求。

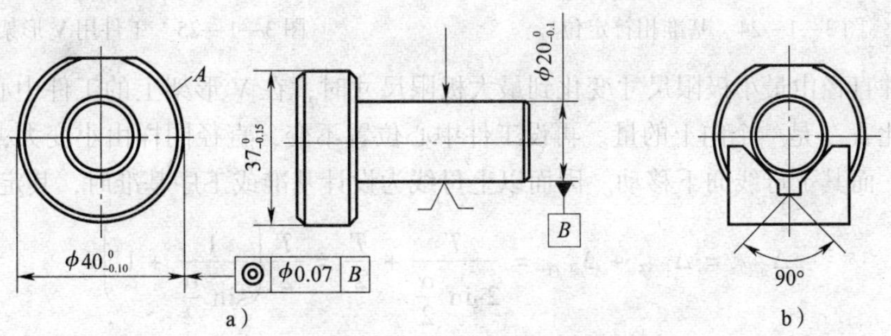

图 3—1—23 定位误差计算实例

a）工序简图 b）装夹方法

解：由于 $37_{-0.15}^{\ 0}$ mm 加工尺寸的工序基准为 A 圆下母线，而定位基准是 B 圆中心线，属基准不符。基准不符误差为垂直方向上 A 圆下母线与 B 圆中心距离的变动量，包括 A 圆、B 圆的同轴度误差及 A 圆下母线到 A 圆中心线距离的变动量。

$$\Delta_{不符} = \frac{T_A}{2} + f = \frac{0.1}{2} + 0.07 = 0.12(\mathrm{mm})$$

B 圆在 90°的 V 形架上定位，其中心线在垂直方向上的变动量为基准位移误差：

$$\Delta_{位移} = \frac{T_B}{2\sin\frac{\alpha}{2}} = \frac{0.1}{2 \times 0.707} = 0.070\ 7(\mathrm{mm})$$

因此，定位误差为：

$$\Delta_{定位} = \Delta_{位移} + \Delta_{不符} = 0.0707 + 0.12 = 0.1907\ \text{mm}$$

计算结果表明，一批工件装夹后，工序基准 A 圆下母线相对于夹具的上下变动量达到了 0.190 7 mm，而加工尺寸公差为 0.15 mm，故无法保证达到加工要求。

本例中基准不符误差在定位误差中约占 63%，消除或减小基准不符误差能有效地提高加工精度，所以加工时应尽可能选用工序基准、设计基准为定位基准。如必须在基准不符的情况下加工，一定要计算定位误差。上例的加工实例，如采用如图 3—1—24 所示方法进行装夹，则 $\Delta_{不符}$ 可以忽略不计，故为零，大大降低了加工误差。

2）若工件用外圆在 V 形架上定位，而基准为此外圆的上母线或下母线，如图 3—1—25 所示尺寸 L_1、L_2 的标注方法，这也是基准不符的加工方法，存在 $\Delta_{不符}$ 和 $\Delta_{位移}$，但这两种方法误差的大小均与外圆直径与方向有关系。

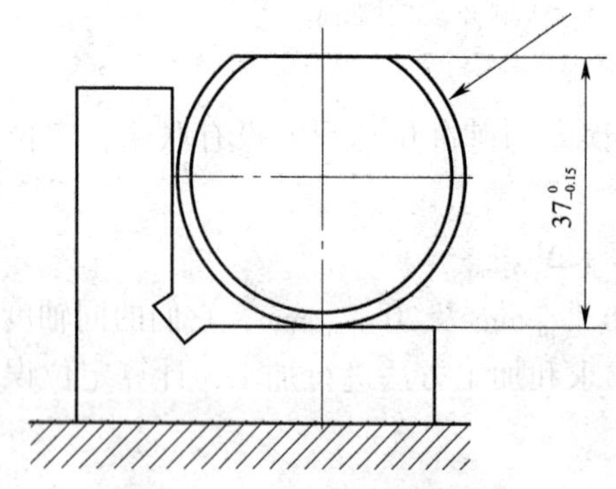

图 3—1—24　基准相符定位

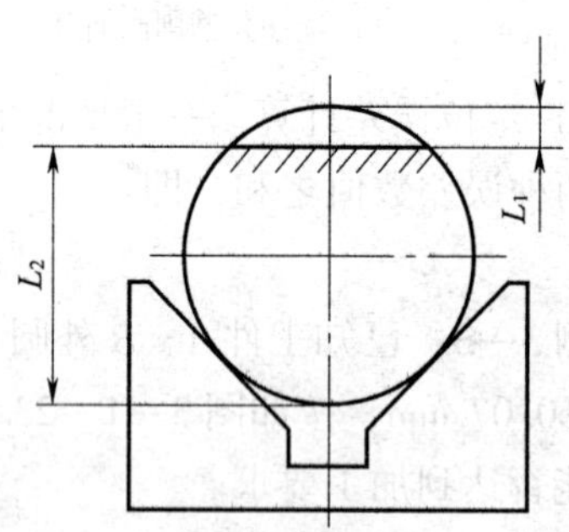

图 3—1—25　工件用 V 形架定位

当工件直径由最小极限尺寸变化到最大极限尺寸时，在 V 形架上的工件中心由下向上移动，因此 $\Delta_{位移}$ 是一个向上的量。再设工件中心位置不变，直径同样由小变大，其上母线向上移动，而其下母线向下移动。因而以上母线为设计基准或工序基准时，其定位误差为：

$$\Delta_{定位} = \Delta_{位移} + \Delta_{不符} = \frac{T}{2\sin\frac{\alpha}{2}} + \frac{T}{2} = \frac{T}{2}\left(\frac{1}{\sin\frac{\alpha}{2}} + 1\right)$$

工件以下母线为工序基准，$\Delta_{位移}$ 与 $\Delta_{不符}$ 的变化方向相反，其定位误差为：

$$\Delta_{定位} = \Delta_{位移} + \Delta_{不符} = \frac{T}{2}\left(\frac{1}{\sin\frac{\alpha}{2}} - 1\right)$$

3. 机床误差

机床自身的误差将对加工件的精度产生重要的影响。而机床的各种误差则对工件产生不同的影响，具体有以下几方面：

（1）机床主轴误差

1）主轴回转误差的概念及其影响因素。回转运动的精度主要取决于加工过程中其回转中心相对于刀具或工件的位置精度，即主要取决于机床主轴的回转精度。

主轴回转误差可分为三种基本形式：轴向窜动、径向圆跳动和角度摆动。轴向窜动是指任一瞬时主轴回转轴线沿平均回转轴线的轴向运动。纯径向圆跳动是指任一瞬时主轴回转轴线始终平行于平均回转轴线方向的径向运动。纯角度摆动是指任一瞬时主轴回转轴线与平均回转轴线成一倾斜角度，但其交点位置固定不变的运动。

在主轴回转过程中，上述三种基本形式往往是同时存在的，以一种综合结果体现出来。在任一瞬间，主轴回转中心的实际位置是难以预测的，因此，这种现象也称为主轴轴心漂移。

2）主轴回转误差对加工精度的影响。切削加工过程中，机床主轴的回转误差使得刀具和工件间的相对位置不断改变，影响成形运动的准确性，在工件上引起加工误差。主轴回转误差对加工精度的影响，随加工方法的不同而异。

例如，车削内外圆表面时，主轴的纯径向圆跳动对工件的圆度影响很小，但对内外圆表面加工精度及套类零件的内外圆柱面的同轴度影响较大。主轴的纯轴向窜动对内、外圆加工没有影响，但所加工的端面会切出如同端面凸轮一样的形状，并在端面中心附近出现一个凸台。当加工螺纹时，必然会产生单个螺距内的周期误差。至于主轴的纯角度摆动也因加工方法而异，车削时仍然能够得到一个圆的工件，但工件成锥形镗孔时，由于主轴的纯角度摆动而使回转轴线与工作台导轨不平行，镗出的孔将成椭圆形。

（2）导轨误差

导轨是机床中确定主要部件相对位置的基准，也是运动的基准，它的各项误差将直接影响被加工零件的精度。对机床导轨的精度要求，主要有以下三个方面：

1）在水平面内的直线度。

2）在垂直面内的直线度。

3）前后导轨的平行度（扭曲）。

为了减少机床导轨误差对加工精度的影响，在机床设计和制造时，应从结构、材料、润滑方式、保护装置等方面采取相应的措施，同时在使用过程中，要保证地基质量和安装质量，细心维护，注意润滑，严格遵守操作规程。

（3）传动链误差

为减少传动链误差对加工精度的影响，可采取下列措施：

1）减少传动链中的元件数目，缩短传动链，以减少误差来源。

2）提高传动元件特别是末端传动元件的制造精度和装配精度。

3）传动链中齿轮间存在间隙，同样会产生传动链误差，因此要设法消除其间隙。

4）采用误差校正机构来提高传动精度。

4. 夹具误差

使用夹具进行加工时，工件的精度往往取决于夹具的精度。

夹具误差主要是指定位元件、导向元件、对刀装置、分度机构及夹具体等零件的制造、装配误差及有关工作面的磨损。这些误差对加工精度有很大影响，因此在设计和制造夹具时，应对影响工件精度的尺寸严格控制。

如图 3—1—26 所示为在工件上钻两个孔的钻孔夹具。工件的孔距尺寸 L_1 及 L_2 由定位块 1 与钻套 2 的距离 L_1' 以及两个钻套间的距离 L_2' 保证。定位板 4 的顶面 D 应与夹具底面 E 平行，否则工件孔与其底面将产生垂直度误差。为了保证工件的加工精度，必须控制夹具的制造误差，一般将夹具的制造公差定为工件相应尺寸公差的1/5～1/3。若工件尺寸 L_1 的偏差为 ±0.06 mm，则夹具尺寸的制造偏差 $\Delta L_1'$ 可取 ±0.02 mm。

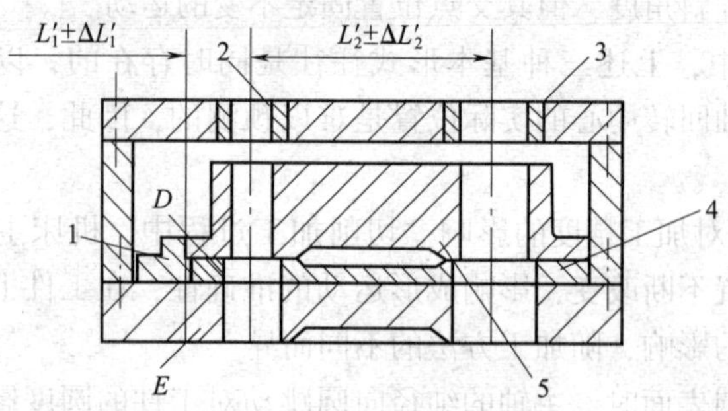

图 3—1—26　夹具误差的影响

1—定位块　2、3—钻套　4—定位板　5—工件

5. 刀具误差

机械加工中常用的刀具有一般刀具、定尺寸刀具及成形刀具。刀具的制造误差、装夹误差及其磨损都会产生加工误差，刀具误差对加工精度的影响随刀具的种类不同而异。

一般刀具（如普通车刀、刨刀、单刃镗刀等）的制造误差，对加工精度没有直接影响。

定尺寸刀具（如钻头、铰刀、拉刀、槽铣刀等）的尺寸误差，直接影响工件的尺寸精度，例如铰刀的尺寸决定着铰孔的尺寸。另外，刀具的工作条件，如机床主轴的跳动或因刀具安装不当引起的径向或端面圆跳动等，都会使工件产生加工误差。

成形刀具（如成形车刀、成形铣刀以及齿轮滚刀等）的制造误差，主要影响被加工面的形状精度。

刀具在使用过程中的磨损，也影响工件的尺寸精度。例如，车削外圆时，会因为车刀的磨损而使工件的直径逐渐增大。为了减少刀具的制造误差和磨损对加工精度的影响，除合理规定定尺寸刀具和成形刀具的制造误差外，还应根据工件材料及加工要求，准确选择刀具材料、切削用量、冷却润滑，并准确刃磨，以减少刀具磨损。

6. 工艺系统变形的误差

机床、夹具、刀具和工件在加工时是一个整体，称为工艺系统。工艺系统受到力与热的作用都会产生变形，其中任何一个部分的变形都将影响工件的加工精度。

(1) 工艺系统受力变形所引起的加工误差

在切削加工中，工艺系统在切削力、夹紧力、传动力、重力、惯性力等外力作用下会产生相应的变形（弹性变形及塑性变形），使工件和刀具的静态相对位置发生变化，从而产生加工误差。

例如，车削细长轴时，粗车外圆走刀结束后，若按原吃刀刻度再进行走刀，刀具仍然可以从工件上切下一层金属，这说明粗车时在切削力作用下工件因弹性变形而出现“让刀”现象。随着刀具的进给，在工件全长上背吃刀量由大变小，然后再由小变大，即工件两端切去的金属多，中间切去的金属少，结果使工件产生腰鼓形圆柱度误差。再如精磨外圆时，一般到磨削后期需进行无进给磨削（也称“光磨”），此时砂轮无进给，但磨削时火花继续存在，且先多后少，直至消失。这就是用多次无进给磨削消除工艺系统的受力变形，以保证零件的加工精度和表面粗糙度。

1）影响工艺系统刚度的主要因素

①机床各部件的刚度。刚度是指抵抗变形的能力。在切削加工中，工艺系统各部件在同样外力的作用下，变形小的工艺系统具有较大的刚度，而变形大的工艺系统刚度则较小。机床各部件的刚度除受本身的结构、尺寸、材料的影响外，还与轴承的刚度、导轨与轴承的间隙、连接面的多少等因素有关。

②工件的刚度。工件的刚度与工件的结构、尺寸及形状有关，也与其在机床上的装夹及支承情况有关。

③刀具的刚度。刀具的刚度与其尺寸、结构和装夹方法有关。

④夹具的刚度。夹具的刚度与机床部件刚度类似，主要受其中各有关零件之间的间隙、薄弱零件的变形和接触变形、各组成零件本身的弹性变形和局部塑性变形的影响。

2）切削力对加工精度的影响

①切削力大小的变化对加工精度的影响。在切削加工中，往往由于被加工表面的几何形状误差或材料的硬度不均匀引起切削力大小的变化，从而造成工件加工误差。如图 3—1—27 所示，由于毛坯圆度误差 Δ_m，车削时刀具的背吃刀量在 a_{p1} 和 a_{p2} 之间变化。因此，切削分力 F_p 也随背吃刀量 a_p 的变化在最大和最小之间变化，从而使工艺系统产生相应的变形，即由 y_1 变到 y_2（刀具相对于被加工面产生 y_1 和 y_2 的位移）。这样就形成了加工后工件的圆度误差。这种加工之后工件所具有的与加工之前相类似的误差的现象，称为“误差复映”现象。“误差复映”规律是普遍存在的，加工之前工件（毛坯）所具有的各种误差，总是以一定程度复映到加工后的工件上，因此在加工时，应采取措施减小误差复映，保证加工精度。

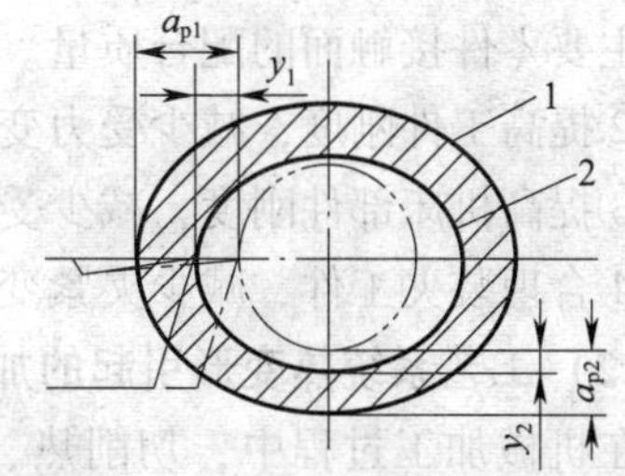

图 3—1—27　毛坯形状“误差复映”
1—毛坯表面　2—工件表面图

②切削力作用点位置的变化对加工精度的影响。工件的加工精度不仅受切削力大小变化的影响，而且也受切削力作用点位置变化的影响。例如，在车床上以两顶尖支承工件车光轴，当车刀作纵向进给时，切削力作用点不断移动，机床、工件在这些点处的刚度是不相同的，因此，车出的工件各纵向断面内的直径尺寸也就不同，因而形成几何形状误差。立式车床、龙门刨床、龙门铣床等的横梁及刀架，大型铣镗床滑枕内的轴等，其刚度均随刀架位置或滑枕伸出长度不同而异。因为机床、夹具、工件等都不是绝对刚体，它们都会变形，故前述两种误差形式都会存在，且既有形状误差，又有尺寸误差，对加工精度的影响为前述几种误差形式的综合。

因此，当工艺系统各处的刚度值不同时，产生的工件形状误差值也不同，工艺系统各处的刚度相差越大，产生的形状误差也越大。由此可以得到结论，从减少形状误差来看，工艺系统各部分刚度不要相差过大。在很多情况下，某一部分刚度过多高于其他部分刚度的意义不大。找出刚度薄弱环节加以提高，使其和其他部分的刚度大体接近的办法常称为刚度平衡，这是提高工艺系统刚度、减少加工误差的一个有效途径。

3）其他力引起的加工误差

①夹紧力对加工精度的影响。工件在装夹时，由于工件刚度较小或夹紧力作用点或作用方向不当，都会引起工件的相应变形，造成加工误差。

②重力引起的加工误差。在工艺系统中，由于零部件的自重也会产生变形。如龙门铣床、龙门刨床刀架横梁的变形，铣床滑枕的变形，镗床镗杆伸长下垂变形等，都会造成加工误差。

③惯性力引起的加工误差。惯性力对加工精度的影响与切削速度有密切的关系，速度越高，周向离心力越大，由于转子自身的不平衡而造成的离心力也呈周期性变化，引起变形和径向圆跳动而产生振动，这种振动属于工艺系统受迫振动。

4）减少工艺系统受力变形的主要工艺措施。为保证产品质量和提高生产率，需从以下几方面做到尽可能减少工艺系统受力变形。

①提高接触刚度。提高接触刚度是提高工艺系统刚度的关键。常用的方法是改善工艺系统主要零件接触面的配合质量。

②提高工件刚度，减少受力变形。

③提高机床部件刚度，减少受力变形。

④合理装夹工件，减少夹紧变形。

（2）工艺系统热变形引起的加工误差

在机械加工过程中，切削热、摩擦热及阳光和取暖设备的辐射热等的影响，使工艺系统各部分的温度升高不等，产生复杂的变形，从而改变了工件、刀具及机床之间的相互位置，破坏了工件和刀具之间相对运动的准确性，改变了已调整好的加工尺寸，尤其在精加工和大型工件加工中所造成的加工误差不可忽略，占总加工误差的40%～70%。工艺系统热变形的重点在机床和工件上。另外，刀具和夹具的热变形也有一定的影响。

（3）工件内应力所引起的加工误差

具有内应力的零件处于一种不稳定状态中，它内部的组织有强烈要恢复到一种没有应力的状态的倾向。即使在常温下，其内部组织也不断地发生着变化，直到内应力消失为止。用这些零件所装配的机器，在使用中也会变形，甚至可能影响整台机器的质量，带来严重后果。产生这种内应力的因素有三类，即毛坯制造中产生的内应力（热应力）、冷校直带来的内应力（塑变应力）、切削加工的附加应力。

减少或消除残余应力的措施如下：

1）合理设计零件结构。在机器零件的结构设计中，应尽量简化结构，减少尺寸和壁厚差，增大零件的刚度，以减少在铸、锻件毛坯制造中产生的残余应力。

2）对工件进行热处理和时效处理。对铸、锻、焊接件进行退火或回火，零件淬火后进行回火，对精度要求高的零件如床身、丝杠、箱体、精密主轴等在机加工后进行时效处理。对一些要求很高的零件如精密丝杠、标准齿轮、精密床身等，则要在每次切削加工后都要进行时效处理。常用的时效处理方法有：

①高温时效。将工件以50～160℃/h的速度，均匀地加热到500～600℃，保温4～6 h

后，以 20～50℃/h 的冷却速度随炉冷却到 100～200℃取出，在空气中自然冷却。高温时效一般适用于毛坯或在粗加工后进行。

②低温时效。将工件均匀地加热到 200～300℃，保温 3～6 h 后取出，在空气中自然冷却。低温时效一般适用于半精加工后进行。

③合理安排工艺过程。将粗、精加工分开，在不同工序中进行，使粗加工后有一定的时间让残余应力重新分布，以减少对精加工的影响。在加工大型工件时，粗、精加工往往在一个工序中来完成，这时应在粗加工后松开工件，让工件有自由变形的可能，然后再用较小的夹紧力夹紧工件后进行精加工。

三、磨床的精度检验

在磨床上加工工件所能达到的精度，与机床、砂轮、夹具、磨削用量、工艺过程及操作技能等一系列因素有关。而磨床的精度则是影响加工精度最重要的一个因素。

磨床精度主要有两大类，即静态精度和工作精度，其中静态精度又包括几何精度、传动精度、定位精度，对它们的定义和应用见表 3—1—7。

表 3—1—7　磨床精度的分类、定义和应用

序号	分类		定义	应用
1	静态精度	几何精度	指磨床某些基础零件本身的几何形状精度、相互位置的几何精度及其相对运动的几何精度	砂轮主轴的回转精度、床身导轨的直线度、工作台的平面度、工作台移动方向与砂轮轴线的平行度、头架和尾座的中心连线对工作台移动的平行度等
2		传动精度	指机床内联系传动链两端件运动之间相互关系的准确性	螺纹磨床的传动链要准确地保证主轴每转 1 圈，工作台纵向要均匀而协调地移动工件的一个导程
3		定位精度	指磨床运动部件从某一个位置运动到预期的另一个位置时所达到的实际位置精度	对磨床砂轮架快速引进就规定了多次重复定位的定位精度允许值为 0.001 2～0.002 mm
4	工作精度		机床在外载荷、温升、振动等作用下的精度。工作精度是各种因素对工件加工精度的综合反映	在两顶尖间磨外圆试件的精度；用卡盘装夹、磨削试件的精度

1. 砂轮主轴的回转精度

砂轮主轴的回转精度指砂轮主轴前端的径向圆跳动和轴向窜动。砂轮主轴带动砂轮高速旋转以完成磨削的主运动，其回转精度直接影响工件的加工精度及表面质量。例如，当砂轮主轴径向圆跳动超差时，工件表面会出现直波形振痕；当轴向窜动大时，工件表面会出现螺旋形痕迹；若两者均超差，还会使磨削作用不均匀，引起工件圆度和端面圆跳动超差。

一般外圆磨床、平面磨床砂轮主轴的径向、轴向跳动公差为0.005～0.01 mm；高精度磨床的公差应小于0.005 mm。

2. 头架主轴的回转精度

头架主轴用于带动工件做圆周进给运动，在内、外圆磨床上，它的回转运动误差将会使工件表面不圆或端面不平，在螺纹磨床上会使被磨削螺纹产生螺距误差。

3. 导轨精度

导轨精度是指导轨在空载和切削时所具有的导向精度，导向精度是指运动部件沿导轨运动时的直线度以及其他运动与基面之间的相互位置的准确性。运动部件的轨迹误差必定引起工件的尺寸误差和几何误差，其中包括：

(1) 工作台在垂直平面内移动的直线度误差

如图3—1—28所示为工作台移动的直线度误差对加工精度的影响，在内、外圆磨床上表现为工件中心高度发生变化，引起工件直径变化，影响其素线的直线度。但是由于工件的位移量 h 是在砂轮的切线方向，如图3—1—28a所示，由此引起的直径变化并不大，因此对加工精度影响不明显。但是，在平面磨床上磨削平面时，这项误差使工件在法线方向产生位移，如图3—1—28b所示，工作台的误差 h 将直接反映在工件上（其值为使磨削出的平面产生平面度或位置度误差）。

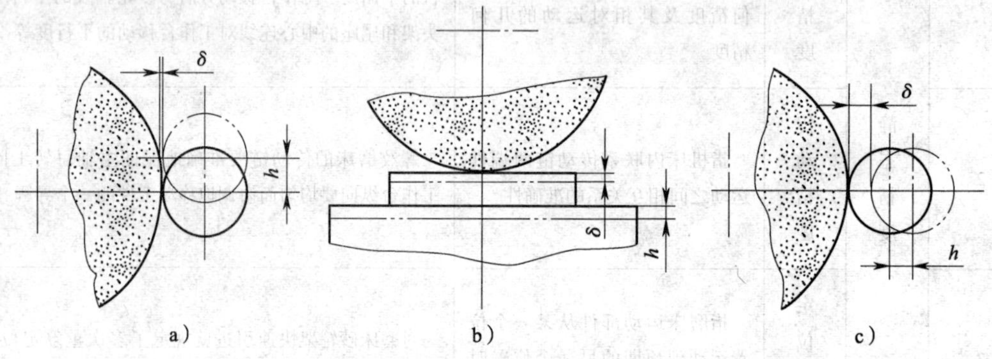

图3—1—28　工作台移动的直线度误差对加工精度的影响

a）工件在砂轮切线方向产生位移（内、外圆磨）　b）工件在砂轮法线方向产生位移（平面磨）
c）工件在砂轮法线方向产生位移（内、外圆磨）

(2) 工作台在水平面内移动的直线度误差

对于工件的内、外圆磨削来说，产生的位移 h 在砂轮的法线方向上直接影响工件的加工精度，如图3—1—29c所示。用砂轮端面磨削工件垂直面时，直线度误差也直接反映到工件表面上，影响位置精度。

(3) 导轨的平行度误差

如果导轨的平行度超差，工作台移动时将发生倾斜，无论内、外圆磨削或平面磨削，都会使工件产生相对于砂轮沿接近法线方向的位移，对加工精度影响较大。如图3—1—29所示为工作台移动时发生倾斜对外圆磨削的影响。

上述三项误差对修整后砂轮的圆周工作面影响很大。

如果工作台移动只有水平面内的直线度误差，则修整后的砂轮为圆锥体；如果只有垂直面内的直线度误差，则修整后的砂轮是双曲线形。

磨床上的砂轮架导轨在水平面内存在的直线度误差对加工表面的影响如图 3—1—30 所示。当砂轮架前后移动时，砂轮主轴中心线方向将产生偏斜，如图 3—1—30a 所示。若采用切入法磨削时，则工件产生锥度，如图 3—1—30b 所示。修整后的砂轮移动到磨削位置时，砂轮的工作表面与工作台移动方向不平行，使砂轮单边接触工件，从而出现螺旋形痕迹，如图 3—1—30c 所示。砂轮的修整位置与磨削位置应尽量接近，这样就能大大减少导轨直线度误差对工件加工精度的影响。

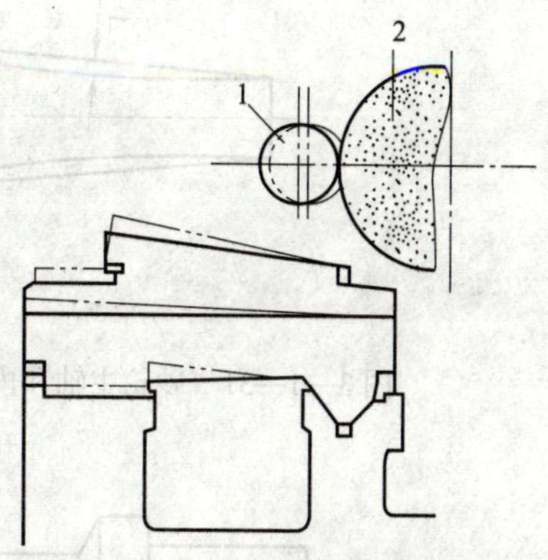

图 3—1—29　工作台移时发生倾斜对外圆磨削的影响
1—工件　2—砂轮

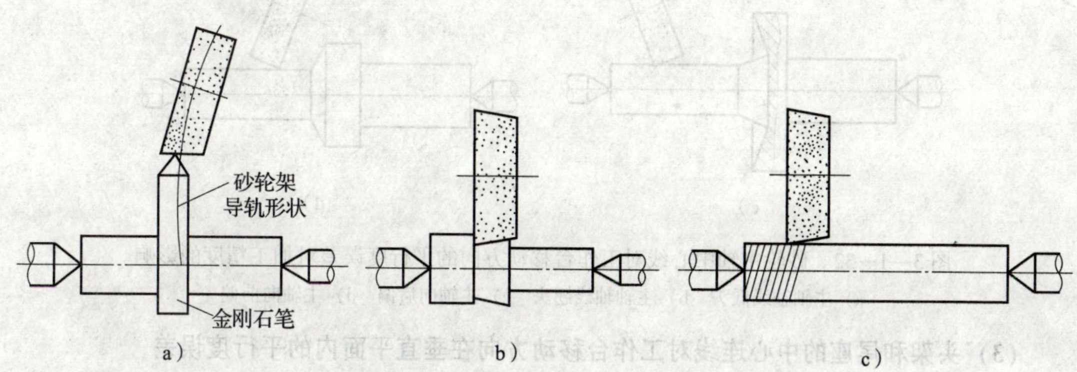

图 3—1—30　工作台移动时砂轮主轴中心线发生倾斜对外圆磨削的影响
a）砂轮修整时的位置　b）切入法磨削工件　c）纵向法磨削工件

4. 工件之间的相互位置精度

(1) 砂轮主轴中心线与工件中心线不等高

在外圆磨床上，砂轮主轴和内圆磨具的中心线与工件轴线不等高对加工精度的影响如图 3—1—31 所示。磨削圆锥面时将使工件产生形状误差。

磨削外圆锥时，锥体素线形成中凹的双曲线形，如图 3—1—31a 所示；磨削内圆锥时，锥体素线形成中凸的双曲线形，如图 3—1—31b 所示。考虑头架的热变形影响，工件的中心线可略低于砂轮主轴的中心线。

(2) 砂轮主轴中心线对工作台移动方向的平行度误差

此误差对加工精度的影响如图 3—1—32 所示，这一误差会影响工件端面磨削后的平面度，对大端面影响更大。例如，主轴中心线低头或翘头，都会使工件端面成凸面，如图 3—1—32a、b 所示；砂轮主轴向后偏，工件端面成凹面，如图 3—1—32c 所示；砂轮主轴向前偏，工件端面成凸面，如图 3—1—32d 所示。

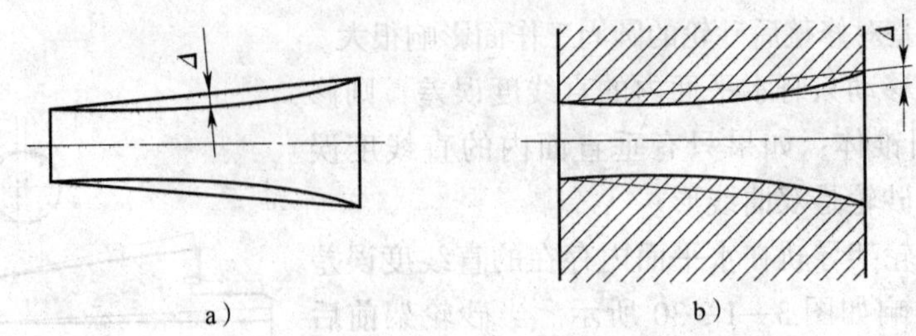

图 3—1—31　砂轮主轴和内圆磨具的中心线与工件轴线不等高对加工精度的影响

a）磨削外圆时　b）磨削内圆时

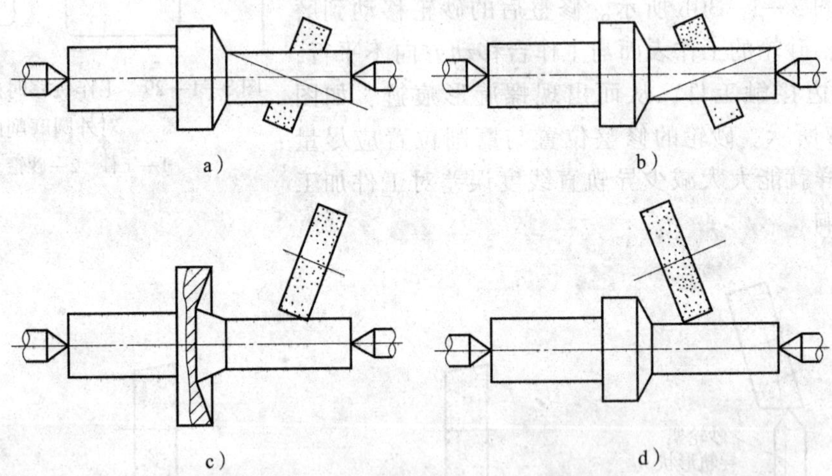

图 3—1—32　砂轮主轴中心线对工作台移动方向的平行度误差对加工精度的影响

a）主轴轴线低头　b）主轴轴线翘头　c）主轴向后偏　d）主轴向前偏

(3) 头架和尾座的中心连线对工作台移动方向在垂直平面内的平行度误差

此误差对加工精度的影响如图 3—1—33 所示，这一误差使装夹在两顶尖间的工件倾斜一个角度 α。磨外圆时工件将产生两头大、中间小的细腰形，如图 3—1—33a 所示；磨端面时工件将形成凸面，如图 3—1—33b 所示。倾斜角 α 越大，产生的误差越大。

此外，从如图 3—1—34 所示的砂轮主轴热变形示意图中可知，机床的热变形使工件加工精度受到影响，导致螺纹磨床的螺距误差和齿轮磨床的齿距误差等，这些都应引起高度注意。

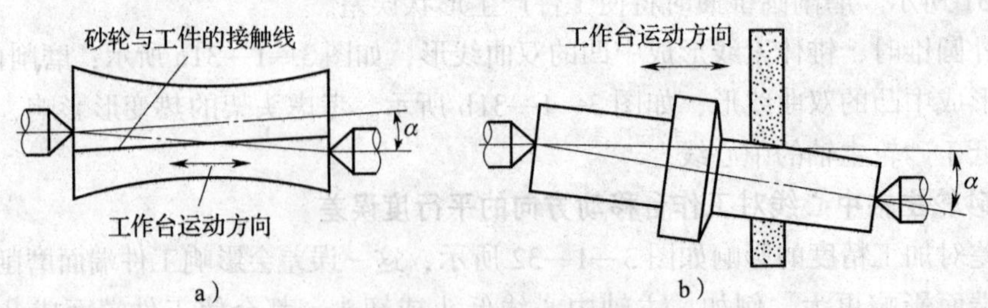

图 3—1—33　头架和尾座的中心连线对工作台移动方向在垂直平面内的平行度误差对加工精度的影响

a）磨外圆时　b）磨端面时

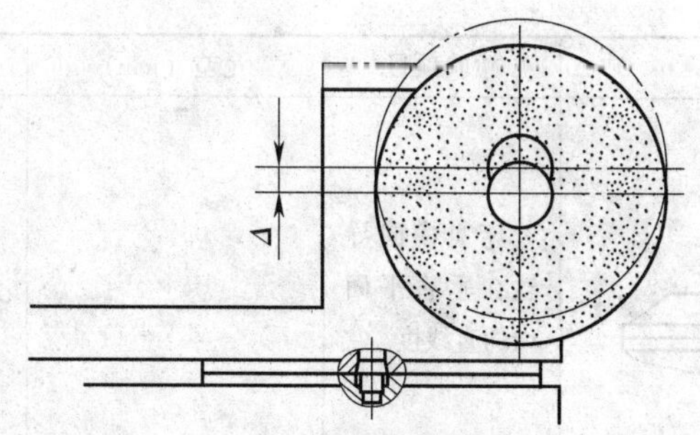

图 3—1—34　砂轮主轴热变形示意图

四、磨床精度检验的项目和方法

1. 预调精度的检验

万能外圆磨床的预调精度包括安装水平、床身纵向导轨的直线度、床身纵向导轨在垂直平面内的平行度、床身横向导轨在垂直平面内的直线度、床身横向导轨在垂直平面内的平行度、下工作台面对床身纵向和横向导轨的平行度共六个项目，检验方法见表 3—1—8。外圆磨床预调精度用于磨床大修中，导轨经修刮后，达到相关的精度要求。导轨直线度用自准直仪或水平仪检验。导轨在垂直平面内的平行度实际上是两导轨间的扭曲度，测量时注意水平仪的安放位置。

表 3—1—8　　磨床预调精度检验项目及方法

简图	检验项目	允差（mm）	检验方法
	安装水平 a. 纵向 b. 横向	0.04/1 000	在导轨或专用检具上放置水平仪进行纵向、横向安装水平调整
	床身纵向导轨的直线度 a. 在垂直平面内 b. 在水平平面内	0.02/1 000 在任意 250 测量长度上为 0.005	在导轨专用检具上放准直仪的反射镜，移动检具读数且作运动曲线，误差以读数最大代数差计算
	床身纵向导轨在垂直平面内的平行度	测量长度≤500 为 0.02/1 000；测量长度 > 500 为 0.04/1 000	在导轨专用检具上与检具移动方向垂直旋转水平仪，误差以读数最大代数差计算

续表

简图	检验项目	允差（mm）	检验方法
	床身横向导轨在垂直平面内的直线度	0.03/1 000	移动检具测量，误差以读数最大代数差计算
	床身横向导轨在垂直平面内的平行度		与检具移动方向垂直放置水平仪，移动检具测量，误差以读数的最大代数差计算
a b	下工作台面对床身纵向和横向导轨的平行度	a. 0.04 b. 在1 000内为0.015	a. 移动检具测量 b. 移动下工作台测量

2. 几何精度的检验

（1）磨床直线运动精度的检验

磨床直线运动精度的检验方法见表3—1—9。直线运动精度是检验磨床运动部件相对某些部件的位置精度，如平行度、垂直度等，共有7项。

表3—1—9　　磨床直线运动精度的检验方法

简图	检验项目	允差（mm）	检验方法
	头架、尾座移置导轨对工作台移动的平行度	0.01/1 000 每增加1 000长度，公差加大0.01	固定指示器，使其测头触及头架、尾座移置导轨的各表面。移动工作台依次测量。误差以读数的最大代数差计算

续表

简图	检验项目	允差（mm）	检验方法
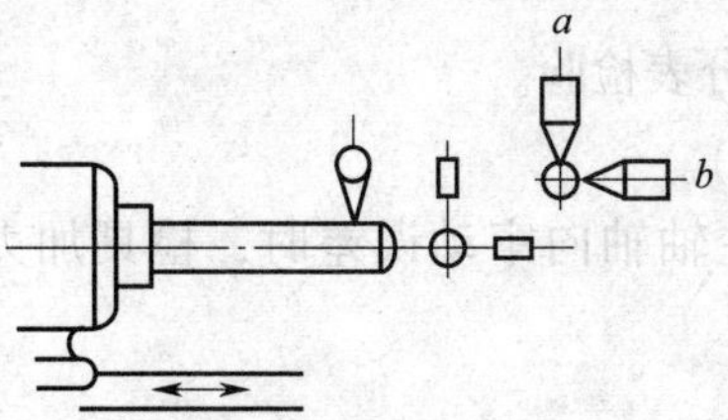	头架主轴轴线对工作台移动的平行度	0.01/300	在头架主轴锥孔中插入检验棒，固定指示器，移动工作台，相隔180°检验两次，*a*、*b*点误差分别计算。误差以指示器两次读数代数和的一半计算
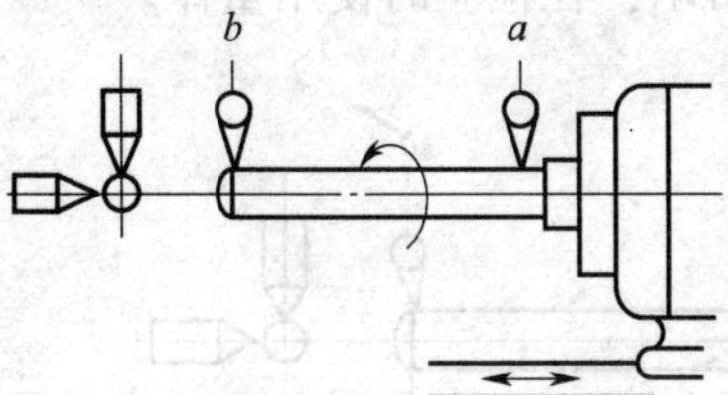	尾座套筒锥孔轴线对工作台移动的平行度	0.015/300 检验棒一端只许向砂轮和向上偏	尾座固定在最大磨削长度0.8倍的位置上，检验棒相隔180°插两次，分别检验*a*、*b*点误差值。误差以指示器两次读数代数和的一半计算
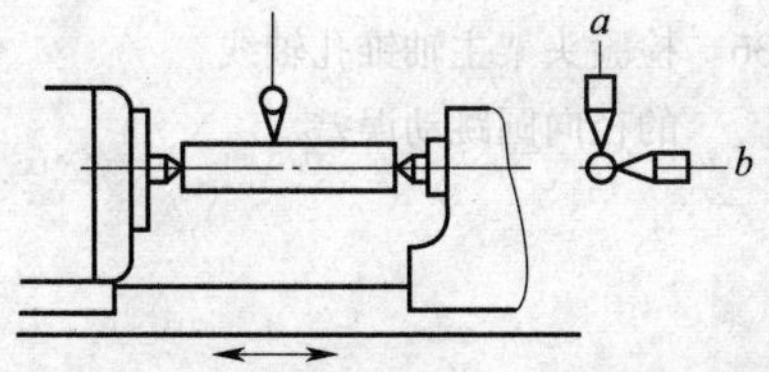	头架、尾座顶尖中心连线对工作台移动的平行度	0.02 只许尾座高	在两顶尖间顶一长度为最大磨削长度0.8倍的检验棒，固定指示器，移动工作台，*a*、*b*点误差分别计算
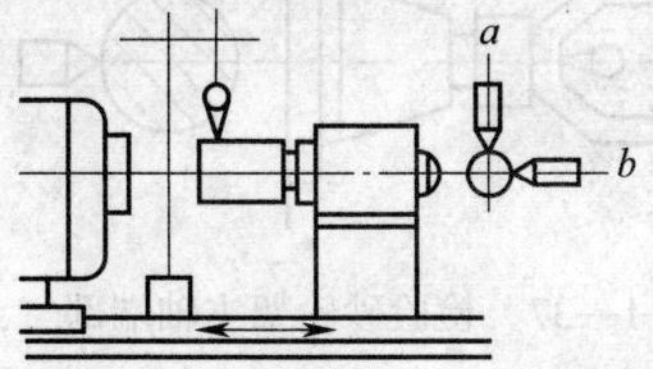	砂轮架主轴轴线对工作台移动的平行度	0.03/300 检验套筒一端只许向上偏	在主轴端装检验套筒，固定指示器于工作台上，移动工作台检验。主轴转180°检验两次，误差以两次读数代数和的一半计算。*a*、*b*点误差分别计算
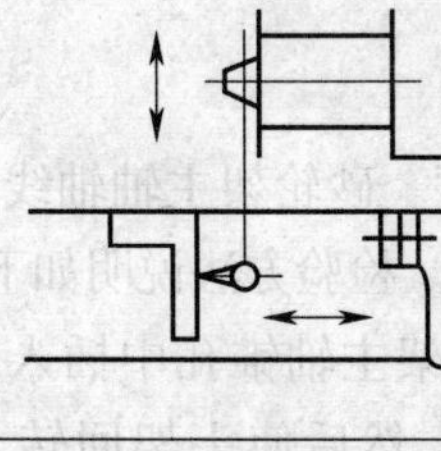	砂轮架移动对工作台移动的垂直度	0.01/100 0.015/100 行程>200，公差为0.02	在工作台上放一直角尺，调整直角尺，使一边与工作台移动方向平行。在砂轮架上固定指示器，移动砂轮架，在全程上检验。误差以读数的最大代数差值计算
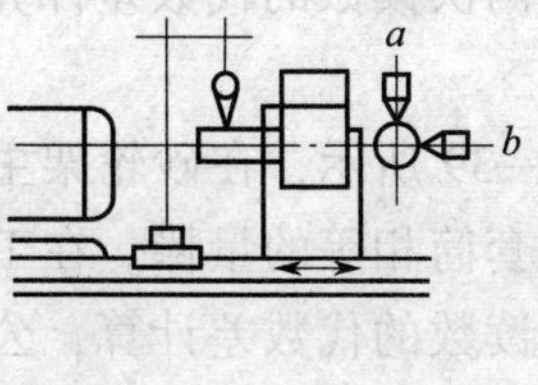	内圆磨具支架孔轴线对工作台移动的平行度	0.015/100	在支架孔中插入检验套筒，在工作台上固定指示器，移动工作台，检验套筒在180°方向插两次，*a*、*b*点误差分别计算。误差以两次读数代数和的一半计算

（2）磨床主轴回转精度的检验

磨床主轴回转精度有 3 项，即头架主轴端部的跳动、头架主轴锥孔轴线的径向圆跳动、砂轮架主轴端部的跳动。检验方法说明如下：

1）头架主轴端部的跳动。如图 3—1—35 所示，用百分表检验。

①主轴定位轴颈的径向圆跳动误差为 0.005 mm（*a* 处）。

②主轴的轴向窜动误差为 0.005 mm（*b* 处）。测量主轴轴向窜动误差时，检具加力 $F=50$ N。

③主轴定位轴肩的端面圆跳动误差为 0.01 mm（*c* 处）。

2）头架主轴锥孔轴线的径向圆跳动。如图 3—1—36 所示，在检验时使用量棒。

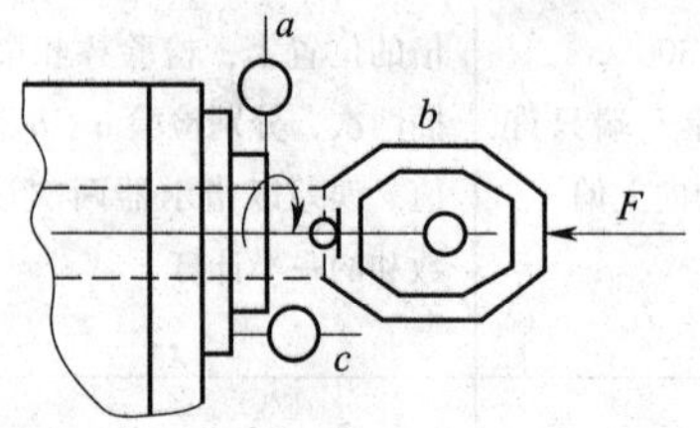

图 3—1—35　检验头架主轴端部的跳动误差

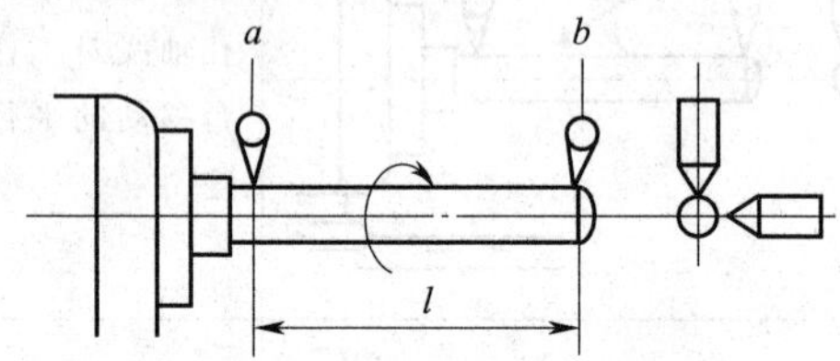

图 3—1—36　检验头架主轴锥孔轴线的径向圆跳动误差

①近主轴端部（*a* 处）为 0.005 mm。

②距主轴端部 300 mm（*b* 处）为 0.015 mm。

③重新插入量棒，依次检验四次。将 *a*、*b* 处的百分表读数分别计算。误差以四次读数的平均值计算。

3）砂轮架主轴端部的跳动。如图 3—1—37 所示，检具加轴向力 $F=50$ N 左右。

①主轴定心锥面的径向圆跳动误差为 0.005 mm（*a* 处）。

②主轴的轴向窜动误差为 0.008 mm（*b* 处）。

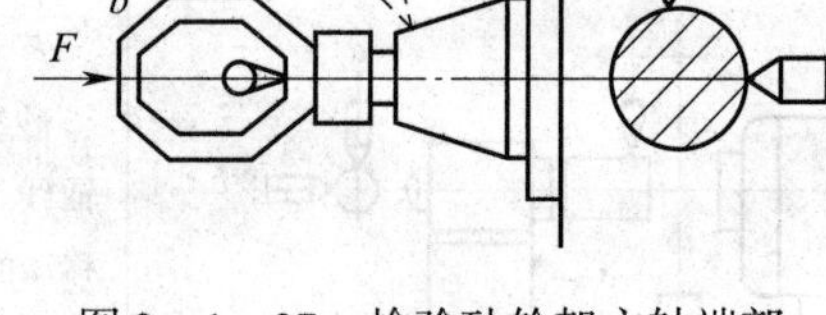

图 3—1—37　检验砂轮架主轴端部的跳动误差

（3）磨床部件之间等距精度的检验

磨床部件之间等距精度有 3 项，即头架回转时主轴轴线的等距度、砂轮架主轴轴线对头架主轴轴线的等距度、内圆磨具支架孔轴线对头架主轴轴线的等距度。检验方法说明如下：

1）头架回转时主轴轴线的等距度。如图 3—1—38 所示，在头架主轴锥孔中插入专用检具，在砂轮架上固定指示器，使测头触及检具表面，记录读数，然后使头架回转 45°，移动工作台和砂轮架，使测头再次触及检具的原测点。误差以两次读数的代数差计算，公差为 0.03 mm。

2）砂轮架主轴轴线对头架主轴轴线的等距度。如图 3—1—39 所示，在砂轮架主轴定心圆锥上装上检验套筒，在头架主轴锥孔中插入一直径与检验套筒相等的量棒。在工作台上放一桥板，指示器放在桥板上，移动指示器，误差以指示器读数的代数差计算，公差为 0.03 mm。

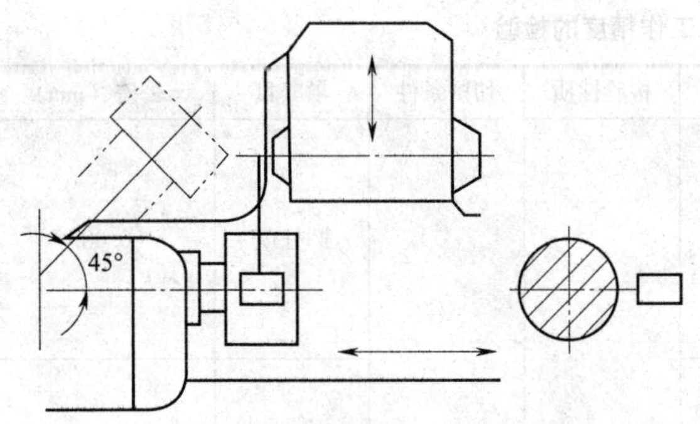

图 3—1—38　检验头架回转时主轴轴线的等距度

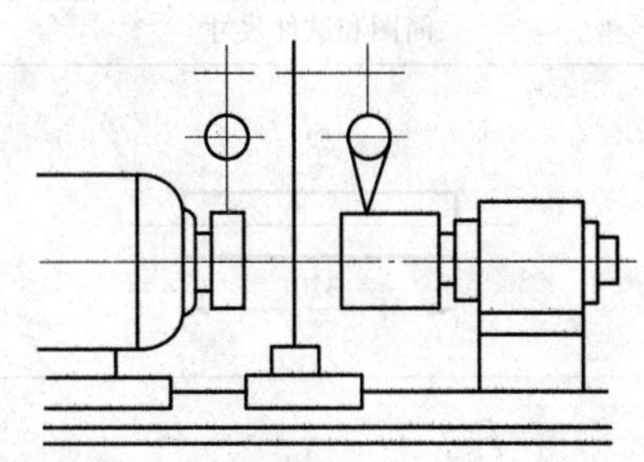

图 3—1—39　检验砂轮架主轴轴线对头架主轴轴线的等距度

3）内圆磨具支架孔轴线对头架主轴轴线的等距度。如图 3—1—40 所示，在内圆磨具支架孔中装入检验套筒，在头架主轴锥孔中插入一直径与检验套筒相等的量棒。在工作台上放一桥板，指示器放在桥板上，移动指示器，误差以指示器读数的代数差计算，公差为 0.02 mm。

（4）砂轮架快速引进重复定位精度的检验

砂轮架快速引进重复定位精度是几何精度检验的最后一个项目，如图 3—1—41 所示，在工作台上固定指示器，使其测头接触砂轮架壳体，测头应与砂轮架主轴轴线在同一水平面内。将砂轮架快速引进，连续进行六次检验。误差以指示器读数的最大误差值计算。

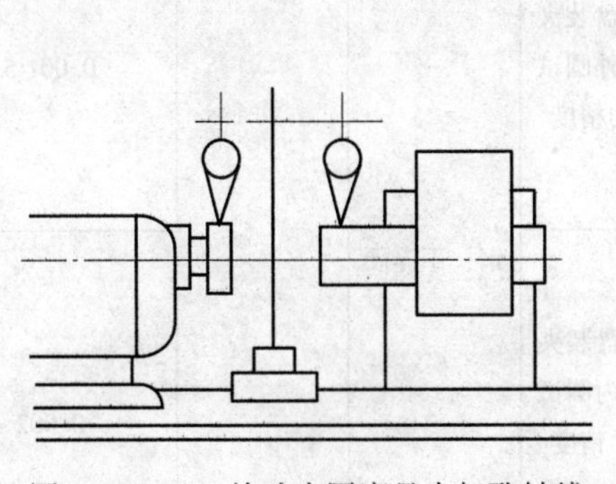

图 3—1—40　检验内圆磨具支架孔轴线对头架主轴轴线的等距度

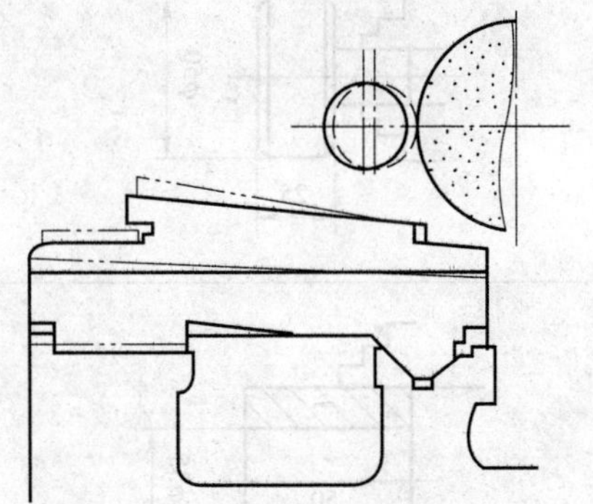

图 3—1—41　检验砂轮架快速引进重复定位精度

磨床最大磨削直径小于 320 mm 时，公差为 0.002 mm；磨削直径为 320 ~ 500 mm 时，公差为 0.003 mm；磨削直径大于 500 mm 时，公差为 0.004 mm。

3. 磨床工作精度的检验

磨床工作精度是各种因素对加工精度影响的综合反映。表 3—1—10 所列为对精密外圆磨床工作精度的检验：用两顶尖装夹磨削试件，圆柱度公差为 0.003 mm，圆度公差为 0.001 mm；用卡盘装夹磨削工件外圆，圆度误差为 0.001 5 mm；用卡盘装夹磨削工件内孔，圆度误差为 0.002 mm。

表 3—1—10　　外圆磨床工作精度的检验

简图和试件尺寸	检验性质	切削条件	项　目	公差（mm）
φ32；320	用顶尖装夹磨削外圆试件的精度	不用中心架，不淬硬钢	圆柱度	0.003
砂轮架导轨形状；金刚石笔；砂轮修整时的位置；切入法磨削工件；纵向法磨削工件			圆度	0.001
φ50；25	用卡盘装夹磨削外圆试件的精度	钢，不淬硬		0.001 5
φ35；50	用卡盘装夹磨削内圆试件的精度			0.002
φ25；35	切入式磨削试件	连续精磨钢，不淬硬	直径尺寸分散	试件余量 0.2，以 20 个试件中误差的最大值和最小值之差计算，定程磨削公差为 0.02

磨床的工作精度分为普通级、精密级和高精度级三种，按磨床设计精度标准取用。各种磨床的有关工作精度见表3 1 11，可供选择磨床时参考（具体选择时以随磨床的说明书为准）。

表3—1—11 各种磨床的有关工作精度

型号	名称	工作精度（mm）	表面粗糙度 Ra（μm）
M1083A	无心外圆磨床	圆度0.002 圆柱度0.006	≤0.32
M1080B	无心外圆磨床	圆度0.002 圆柱度0.004	0.4
M1080A	无心外圆磨床	圆度0.002 圆柱度0.003	0.4
M1040C	无心外圆磨床	圆度0.002 圆柱度0.005	≤0.32
M1450B	万能外圆磨床	圆度0.002 5 圆柱度0.008	外圆0.32/内圆0.63
M1432B	万能外圆磨床	圆度0.002 5 圆柱度0.008	外圆0.04/内圆0.8
M6025D	万能工具磨床	直线度0.005	≤0.63
M1380A	外圆磨床	圆度0.005 圆柱度0.018	0.4
M1332E	外圆磨床	圆度0.001 5 圆柱度0.006	0.32
MKS10100	数控无心磨床	圆度0.004 圆柱度0.004	0.4
MKS1332H	数控高速外圆磨床	圆度0.001 5 圆柱度0.005	0.32
MKS1312	数控高速外圆磨床	圆度0.001 5 圆柱度0.005	0.16
MGK1412	数控高精度万能外圆磨床	圆度0.001 圆柱度0.002	0.05
MK2945	数控单柱坐标磨床	坐标精度±0.003	0.008
MK2940	数控单柱坐标磨床	坐标定位0.001	0.8
MQ1350B	轻型外圆磨床	圆度0.002 5 圆柱度0.008	0.32
M2110A	内圆磨床	圆度0.005 圆柱度0.006	0.8

续表

型号	名称	工作精度（mm）	表面粗糙度 Ra（μm）
M2110	内圆磨床	圆度 0.005 圆柱度 0.006	0.8
M50100	落地式导轨磨床	平行度 0.01/1 000 垂直度 0.02/1 000	≤1.25
MM52125A	龙门导轨磨床	平行度 0.01/1 000 垂直度 0.005/1 000	0.4
MM1432A	精密万能外圆磨床	圆度 0.001 圆柱度 0.007	外圆 0.05/内圆 0.2
MM1420	精密万能外圆磨床	圆度 0.001 圆柱度 0.003	外圆 0.05/内圆 0.2
MGT1050	高精无心外圆磨床	圆度 0.000 6 圆柱度 0.001 5	0.1
MG10200	高精无心外圆磨床	圆度 0.001 2 圆柱度 0.002 5	0.2
MG2920B	高精度坐标磨床	坐标定位 0.002	0.2
MG1432B	高精度万能外圆磨床	圆度 0.001 圆柱度 0.004	外圆 0.05/内圆 0.2
MG2945C	高精度数控单柱光学坐标磨床	坐标定位 0.002	0.4
MGD2120	高精度内圆磨床	圆度 0.001 5 圆柱度 0.003	0.2
MGD2110	高精度内圆磨床	圆度 0.001 圆柱度 0.003	0.2
MB1332E	半自动外圆磨床	圆度 0.001 5 圆柱度 0.006	0.32
MBS1732	半自动双砂轮架高速外圆磨床	圆度 0.005	0.8
MB1532	半自动宽砂轮外圆磨床	圆度 0.005 圆柱度 0.006	0.8
MMB1312	半自动精密外圆磨床	圆度 0.003 圆柱度 0.006	0.04
MBS1332E	半自动高速外圆磨床	圆度 0.001 5 圆柱度 0.007	0.32
MBS1320	半自动高速外圆磨床	圆度 0.003 圆柱度 0.007	0.4
MB1832	半自动多砂轮外圆磨床	圆度 0.01	0.8
MB1632	半自动端面外圆磨床	圆度 0.003 圆柱度 0.01	0.63

五、技能操作——用激光干涉仪测量机床精度

1. 测量前准备工作

如图 3—1— 42 所示，通常是将激光头安装在放在车间地面上的三脚架上。干涉镜安装在机床固定部件上的磁性支架上，通常为主轴或轴座。测量反射镜放置在移动的机床工作台上，干涉镜放置在激光器与反射镜之间的光路上。从激光头发出的光在干涉镜处分为两束相干光束，一束光从附加在干涉镜上的反射镜反射回激光头，而另一束光透过干涉镜至反射镜处，再反射回激光头的探测孔，由激光头内检波器监控这两束光的干涉情况。核查软件主显示屏幕左侧的信号表，检测返回信号的强度。

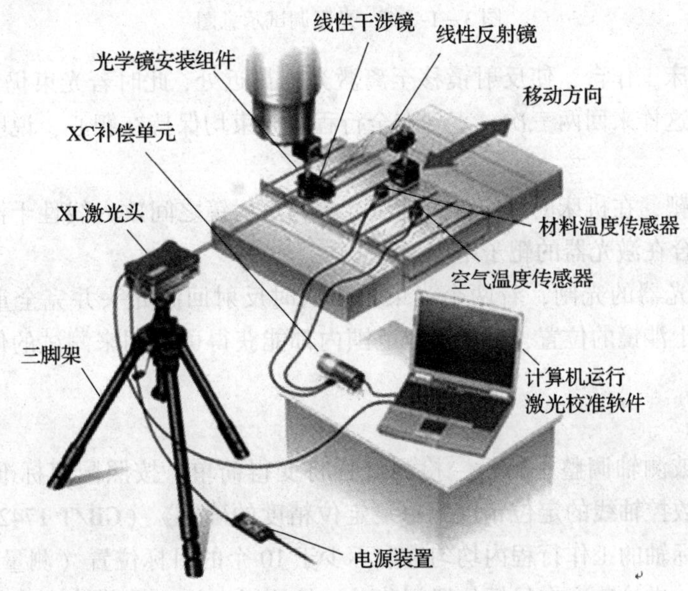

图 3—1—42 激光干涉仪测量总体布局

2. 快速调整准直的方法

（1）将激光器放置在三脚架上，把一个条式水平仪放在激光器上，通过调节三脚架使激光器保持水平。由于机床在测试前已基本调平，因此在调整准直时稍微调一下俯仰即可。

（2）调整激光器后方的水平角度偏转旋钮和指形轮，使其处于中间位置，目的是保证激光器在以后的调整中不会出现因螺栓到头而无法调整的情况。目测并调整激光器的水平方向，使激光器的光束在水平方向上与机床工作台移动的方向平行。

（3）旋转激光器的光闸，使激光器发出较小的光束，便于精确调整准直。将机床工作台移到激光器最近处，在工作台上安装好反射镜，将一个光靶置于前端，白点朝上，调整反射镜的高低和左右位置，使光束击中光靶上的白点，如图 3—1—43a 所示。

（4）移动机床工作台，使反射镜移到离激光器最远处，此时若光束仍在光靶的白点上，则说明已经调准直；如果光束偏离白点，如图 3—1—43b 所示，则说明激光束与工作台移动方向不平行。可调整激光器后方的水平角度偏转旋钮和指形轮，使光束移到以

光靶白点为中心的对称位置，如图 3—1—43c 所示，然后整体平移激光器，使光束对准白点。

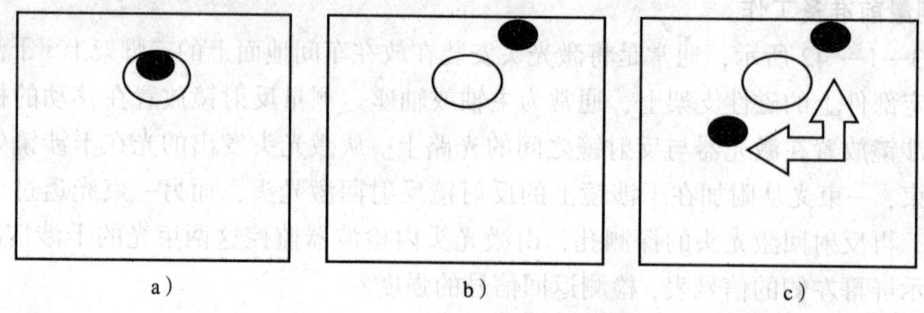

图 3—1—43　光靶调试示意图

（5）移动机床工作台，使反射镜移至离激光器最近处，此时若光束仍偏离靶心，则可重复步骤（4），这样来回两三次，直到在全行程内光束均保持在靶心，说明激光器光束的准直已调好。

（6）去掉光靶，在机床的固定位置上激光器与反射镜之间放入线性干涉镜，并通过调整使两个光束重合在激光器的靶子中心。

（7）旋转激光器的光闸，看两个光束是否同时反射回激光头并完全重合，如果不重合，可微调线性干涉镜的位置，直至全程范围内都能获得可以用来测试的信号强度，即可进行测试。

3. 检测方法

将激光束与被测轴调整平行后，检测过程将变得简单。按照国家标准《机床检验通则　第 2 部分：数控轴线的定位精度和重复定位精度的确定》（GB/T 17421. 2—2016）的要求，在每一坐标轴的工作行程内均匀选取不少于 10 个的目标位置（测量点），机床按编制好的程序以同一进给速度在目标位置间移动。检测时，机床沿着轴线运动到一系列的目标位置，并在各目标位置停留足够的时间，以便计算机系统自动采集数据。重复测量三次，即可由软件系统计算出测量误差，并给出误差图表，按照所采用的标准评定出定位精度和重复性误差。如果超差，可按误差补偿表进行补偿，再重新测量三次，直至将机床的误差补偿到要求的技术指标范围内。

4. 注意事项

（1）干涉镜一定要安装在机床上牢靠而固定的位置，且靠近反射镜；否则，环境因素的影响很大，尤其是振动，会造成测量值不停跳动，难以稳定采点。

（2）越程量的设定值要大于公差窗口的设定值，否则系统会将越程量当测量数据进行采集；采点时间间隔的设定要小于机床在某一被测量位置的停留时间。

（3）考虑到环境补偿系统的要求，要将气压温度传感器靠近测量光束，通常放置在机床立柱的上端；材料温度传感器应放在能代表机床光栅尺或滚珠丝杠平均温度的安全地方，要避免受局部热源的影响。

（4）测量前不但要准确测量被测件温度，而且被测件要在恒温条件下长时间等温，以保证被测件各部位温度的一致性。

5. 评分标准

测量机床精度的评分标准见表3—1—12。

表3—1—12　　测量机床精度的评分标准

时限	2 h	开始时间		结束时间		实考时间	
项目	序号	技术要求		配分	评分标准	检测记录	得分
理论基础	1	熟悉误差产生种类及减小方法		10	不熟悉不得分		
	2	熟悉装配中常用的精度检验方法		20	不熟悉不得分		
操作技能	3	会正确安装各部件及各测量仪器		10	不会不得分		
	4	会进行直线度精度检验和测量		20	不会检验和测量不得分		
	5	会正确用计算法测量导轨直线度误差		20	计算超差不得分		
	6	会正确判断导轨直线度误差形状		10	判断错误不得分		
综合能力	7	能团结协作		10	不能团结协作不得分		
		总分		100			

课题二　设备调试

子课题1　万能磨床的调试

学习目标

1. 熟悉磨床的调试安全规程。
2. 掌握外圆磨床安装精度的调整方法。
3. 掌握外圆磨床常见故障排除方法。
4. 会进行磨床试车验收。

一、磨床的调试安全规程

1. 操作者必须熟悉本机床的性能、结构。
2. 按机床润滑部位的要求，在各处加注规定的润滑油（脂）。

3. 床身油池内按油标指示高度加满油液。

4. 检查各润滑油路装置是否正确，油路是否畅通。

5. 手动检查机床全部机构的动作情况，保证没有不正常现象。

6. 严格检查砂轮及其运转情况，若发现不平稳应及时调整，如有裂纹及破损应立即更换。

7. 将操纵手柄置于关闭位置，特别是将磨头快速进刀的操纵手柄置于退出位置，调节速度手柄应放在最低速位置。

8. 启动液压泵电动机，注意运转方向是否正确。

9. 开动砂轮时，应将液压传动开关手柄放在“停止”位置。

10. 液压系统中的管接头不得有泄漏现象。

11. 紧固工作台的换向撞块，以防止各运动部件在动作范围内相碰。

12. 操作时应先开动砂轮，后打开总液压控制阀，将砂轮座快速液压手柄缓慢移至向前位置，待砂轮座前移稳定后约离工件 5 mm 时，再转动主轴，用手动进给逐渐使砂轮与工件接触产生火花，然后再开始工作。

13. 装卸和测量工件时，必须将砂轮退离工件并停车。

14. 发现机床运转不正常和润滑不良时，应立即停止使用，并进行检查。

15. 调试完毕，应将各手柄放在非工作位置，切断电源，清理机床，保持清洁。

二、外圆磨床安装精度的调整

1. 床身纵向导轨的直线度（见图 3—2—1）

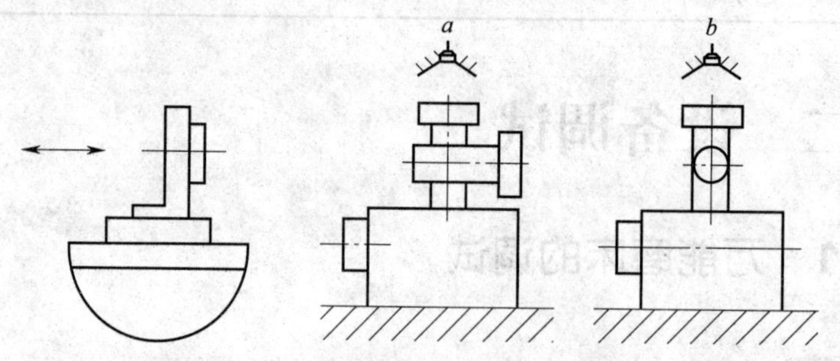

图 3—2—1　床身纵向导轨的直线度检验简图

（1）检验方法及误差值的确定

1）在垂直平面内

①将光学平直仪的反射镜放置在床身纵向导轨的专用检具上，平行光管放在床身的外面。

②移动检具，每隔一个检具长度记录一次读数，并画出导轨的误差曲线。

③误差曲线对其两端点连线间坐标值的最大代数差值即为全长误差。

④相邻两点相对误差曲线两端点连线坐标差的最大值即为局部误差。

2）在水平平面内。将光学平直仪平行光管的目镜回转 90°，按上述方法再检验一次。

（2）超差调整

对比两条曲线的阴影区，修刮垂直和水平两个方向有余量的部分导轨面，修刮到水平、垂直两个方向的导轨直线度误差均有所减小后，再用上述检验方法测量一次导轨的直线度误差，依据测量结果综合分析后，确定修刮部位。这就是逐渐趋近要求精度的修复方法。

2．床身纵向导轨在垂直平面内的平行度（见图3—2—2）

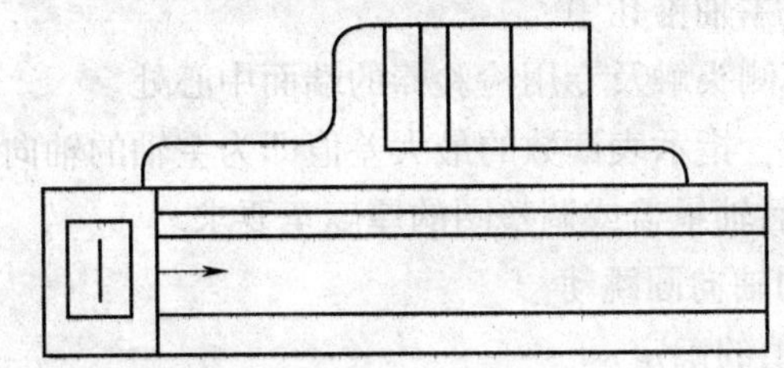

图3—2—2　床身纵向导轨在垂直平面内的平行度检验简图

（1）检验方法及误差值的确定

1）在床身纵向导轨的专用检具上与检具移动方向垂直放置水平仪，移动检具进行检验。

2）水平仪读数的最大代数差值即为检验误差。

（2）超差调整

修刮导轨至要求。先刮V形导轨，达到要求后再刮研平导轨至与V形导轨平行。

3．头架、尾架移置导轨对工作台移动的平行度（见图3—2—3）

（1）检验方法及误差值的确定

1）固定磁性表架，使指示表的测头触及头架、尾架移置导轨的各表面。

2）移动工作台依次进行检验。

3）指示表在任意300 mm上读数的最大代数差值即为局部误差；指示表在全长上读数的最大代数差值即为全长误差。

（2）超差调整

修刮下工作台的顶面，如仍然超差，则修刮上工作台的顶面至要求。

4．头架主轴端部的圆跳动（见图3—2—4）

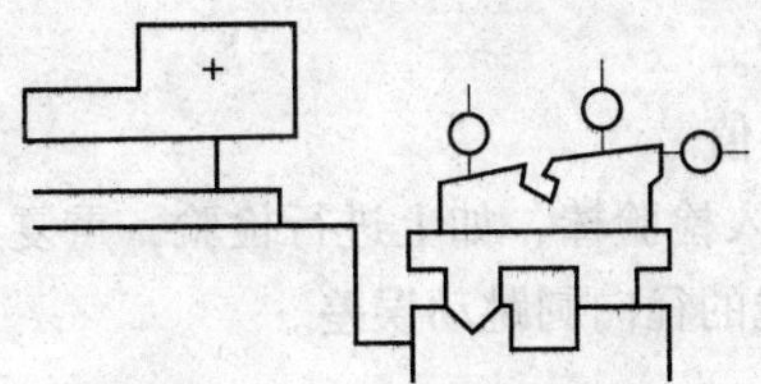

图3—2—3　头架、尾架移置导轨对工作台移动的平行度检验简图

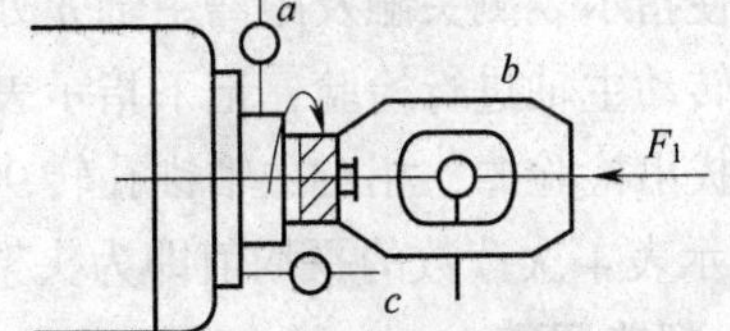

图3—2—4　主轴定位轴颈的径向圆跳动、主轴轴向窜动、主轴定位轴肩的轴向圆跳动检验简图

（1）主轴定位轴颈的径向圆跳动

1）检验方法及误差值的确定

①固定指示表，使其测头触及主轴定位轴颈表面。

②转动主轴进行检验，指示表读数的最大差值即为主轴定位轴颈的径向圆跳动误差。

2）超差调整。对主轴前后四个轴承内、外圈的振摆进行测量，并将测出的最高点做好标记，然后采用定向装配法装配轴承至要求。

（2）主轴的轴向窜动

1）检验方法及误差值的确定

①将专用检验棒插入主轴锥孔中。

②固定指示表，使其测头触及专用检验棒的端面中心处。

③转动主轴进行检验，指示表读数的最大差值即为主轴的轴向窜动误差。

2）超差调整。调整后轴承盖或调整圈的厚度至要求。

（3）主轴定位轴肩的轴向圆跳动

1）检验方法及误差值的确定

①固定指示表，使其测头触及主轴定位轴肩支承面靠近边缘处。

②转动主轴进行检验，指示表读数的最大差值即为主轴定位轴肩的轴向圆跳动误差。

2）超差调整。对主轴前后四个轴承内、外圈的振摆进行测量，并将测出的最高点做好标记，然后采用定向装配法装配轴承至要求。

5. 头架主轴锥孔轴线的径向圆跳动（见图3—2—5）

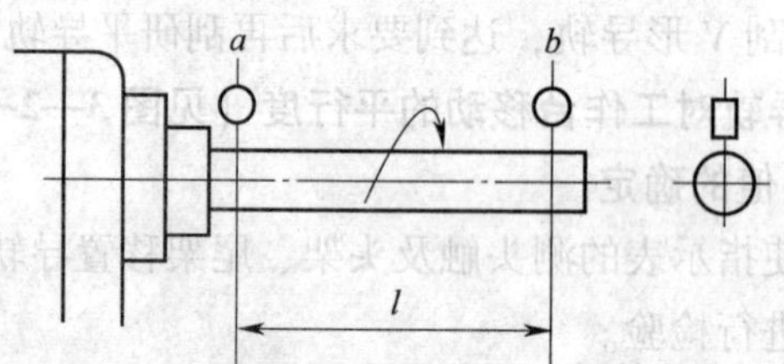

图3—2—5　头架主轴锥孔轴线的径向圆跳动检验简图

（1）检验方法及误差值的确定

1）在头架主轴锥孔中插入检验棒。

2）固定指示表，使其测头触及靠近主轴端部的检验棒表面。

3）转动主轴进行检验，记下指示表读数的最大差值。

4）使指示表测头触及距离主轴 a 处的检验棒表面。

5）转动主轴进行检验，记下指示表读数的最大差值。

6）拔出检验棒，相对主轴锥孔转90°，再重新插入检验棒，如上进行检验，重复进行4次，指示表4次读数的平均值即为头架主轴锥孔轴线的径向圆跳动误差。

（2）超差调整

重新修磨头架主轴锥孔至要求。

6. 头架主轴轴线对工作台移动的平行度（见图3—2—6）

（1）检验方法及误差值的确定

1）在头架主轴锥孔中插入检验棒。

2）固定指示表，使其测头依次分别触及在垂直平面内的检验棒表面和在水平平面内的检验棒表面。

3）移动工作台，分别进行检验，并分别记下指示表读数的最大差值。拔出检验棒，相对主轴锥孔转 180°重新插入锥孔中，再检验一次。

4）指示表两次读数代数和的一半即为头架主轴轴线对工作台移动的平行度误差（在垂直平面和水平平面内要分别计算）。

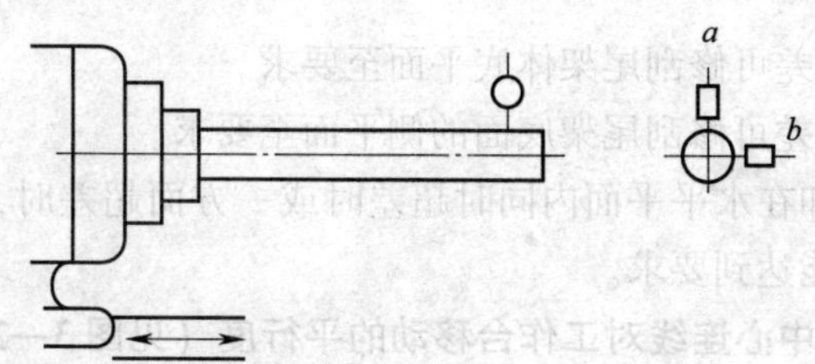

图 3—2—6　头架主轴轴线对工作台移动的平行度检验简图

（2）超差调整

修刮头架底面或底盘上平面至要求。

7. 头架回转时主轴轴线的同轴度（见图 3—2—7）

（1）检验方法及误差值的确定

1）在头架主轴锥孔中插入专用检验棒。

2）将指示表固定在砂轮架上，使其测头触及检验棒表面，并记下读数。

3）使头架回转 45°，移动工作台和砂轮架使测头再次触及检验棒表面的原测点，并再次记下读数。

4）指示表两次读数的代数差即为头架回转时主轴轴线的同轴度误差。

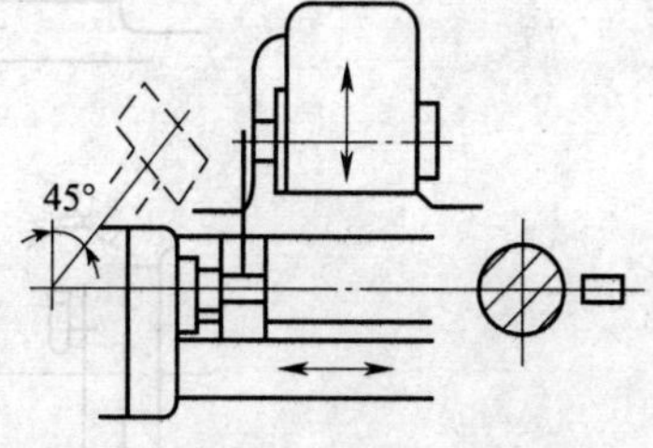

图 3—2—7　头架回转时主轴轴线的同轴度检验简图

（2）超差调整

修刮头架底座与上工作台的连接面至要求。

8. 尾架套筒锥孔轴线对工作台移动的平行度（见图 3—2—8）

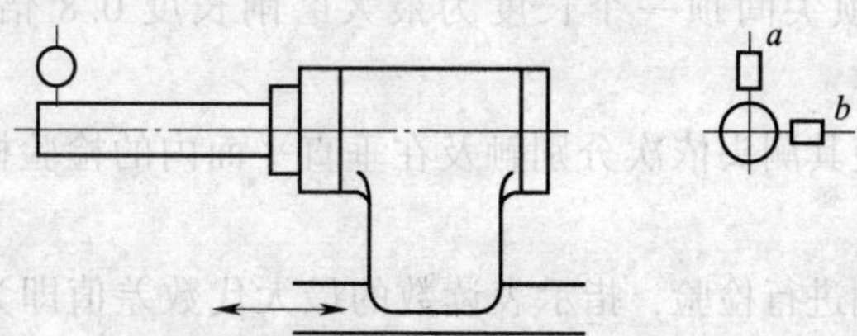

图 3—2—8　尾架套筒锥孔轴线对工作台移动的平行度检验简图

（1）检验方法及误差值的确定

1）将尾架紧固在距主轴顶尖 0. 8 倍最大磨削长度处。

2）在尾架套筒锥孔中插入检验棒。

3）固定指示表，使其测头依次分别触及在垂直平面内的检验棒表面和在水平平面内的检验棒表面。

4）移动工作台分别进行检验，并分别记下指示表读数的最大差值。

5）拔出检验棒，相对套筒锥孔转180°再重新插入锥孔中，如上再检验一次。

6）指示表两次读数代数和的一半即为尾架套筒锥孔轴线对工作台移动的平行度误差（在垂直平面内和在水平平面内要分别计算）。

（2）超差调整

1）在垂直平面内超差可修刮尾架体底平面至要求。

2）在水平平面内超差可修刮尾架底面的侧平面至要求。

注：在垂直平面内和在水平平面内同时超差时或一方面超差时，应兼顾修刮尾架体底平面和底面的侧平面才能达到要求。

9．头架、尾架顶尖中心连线对工作台移动的平行度（见图3—2—9）

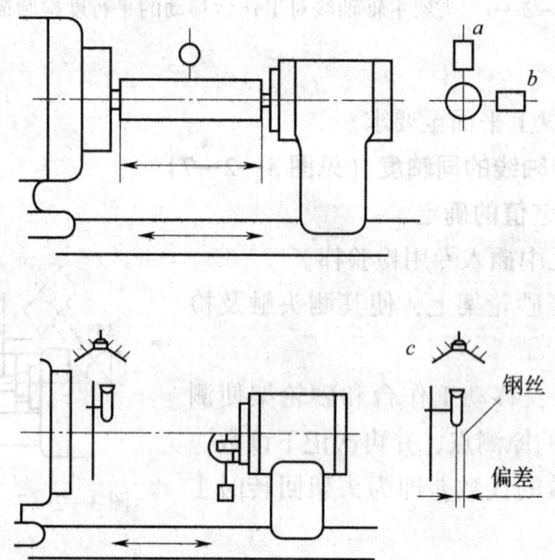

图3—2—9　头架、尾架顶尖中心连线对工作台移动的平行度检验简图

（1）检验方法及误差值的确定

1）在头架、尾架顶尖间顶一个长度为最大磨削长度0.8倍的检验棒，但不大于1 200 mm。

2）固定指示表，使其测头依次分别触及在垂直平面内的检验棒表面和在水平平面内的检验棒表面。

3）移动工作台分别进行检验，指示表读数的最大代数差值即为头架、尾架顶尖中心连线在垂直平面内和在水平平面内对工作台移动的平行度误差。

4）对磨削长度大于1 500 mm的机床，还应增加一个检验项目，即工作台移动在水平平面内的直线度，其检验方法及误差值的确定如下：

①在头架、尾架间紧绷一根直径为0.10 mm的钢丝，钢丝的轴线与头架、尾架主轴轴线的连线同轴并垂直固定显微镜。

②移动工作台进行检验，工作台每移动280 mm记录一次读数，画出误差曲线。

③误差曲线对其两端点连线间坐标值的最大代数差值即为工作台移动在水平平面内的

直线度误差。

（2）超差调整

修刮尾架底面和头架底盘的上平面至要求。

10．砂轮架主轴端部的圆跳动（见图 3—2—10）

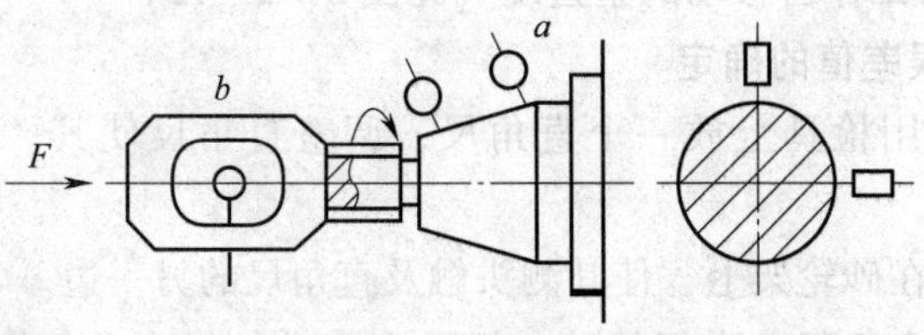

图 3—2—10　砂轮架主轴端部的圆跳动检验简图

（1）主轴定心锥面的径向圆跳动

1）检验方法及误差值的确定

①固定指示表，使其测头依次分别垂直触及主轴锥面的两极限位置。

②转动主轴进行检验，指示表读数的最大差值即为主轴定心锥面的径向圆跳动误差。

2）超差调整。拆开砂轮主轴副，检查并修复轴瓦或主轴颈，再按一定的步骤重新装配、调整至要求。

（2）主轴的轴向窜动

1）检验方法及误差值的确定

①固定指示表，使其测头垂直触及主轴中心孔内的钢球表面。

②转动主轴进行检验，指示表读数的最大差值即为主轴的轴向窜动误差。

2）超差调整。拆开砂轮主轴副，检查并修复轴瓦或主轴颈，再按一定的步骤重新装配、调整至要求。

11．砂轮架主轴轴线对工作台移动的平行度（见图 3—2—11）

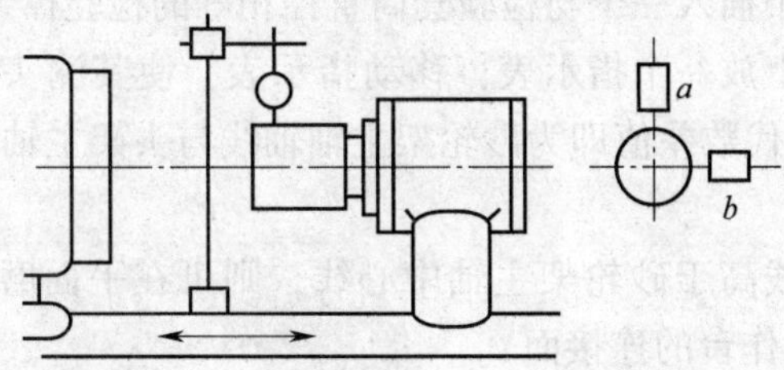

图 3—2—11　砂轮架主轴轴线对工作台移动的平行度检验简图

（1）检验方法及误差值的确定

1）在砂轮架主轴定心锥面上装一个检验套筒。

2）固定指示表，使其测头依次分别触及在垂直平面内的套筒表面和在水平平面内的套筒表面。

3）移动工作台分别进行检验，并分别记下指示表的读数。

4）将主轴转 180°，如上再检验一次。

5）指示表两次读数代数和的一半即为砂轮架主轴轴线在垂直平面内和在水平平面内对工作台移动的平行度误差。

（2）超差调整

修刮磨头底面至要求。

12. 砂轮架移动对工作台移动的垂直度（见图3—2—12）

（1）检验方法及误差值的确定

1）在工作台的专用检具上放一个直角尺，调整直角尺使其一边与工作台移动方向平行。

2）将指示表固定在砂轮架上，使其测头触及直角尺的另一边。

3）移动砂轮架在全行程上进行检验，指示表读数的最大差值即为砂轮架移动对工作台移动的垂直度误差。

（2）超差调整

调整砂轮架下方的滑鞍座与床身的相对安装位置至要求。

13. 砂轮架主轴轴线与头架主轴轴线的同轴度（见图3—2—13）

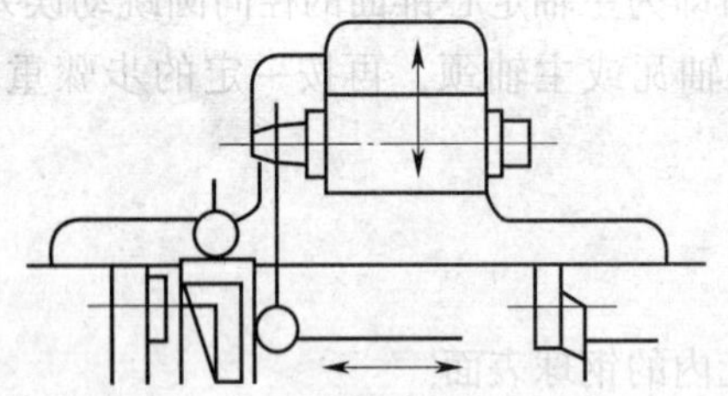

图3—2—12　砂轮架移动对工作台移动的垂直度检验简图

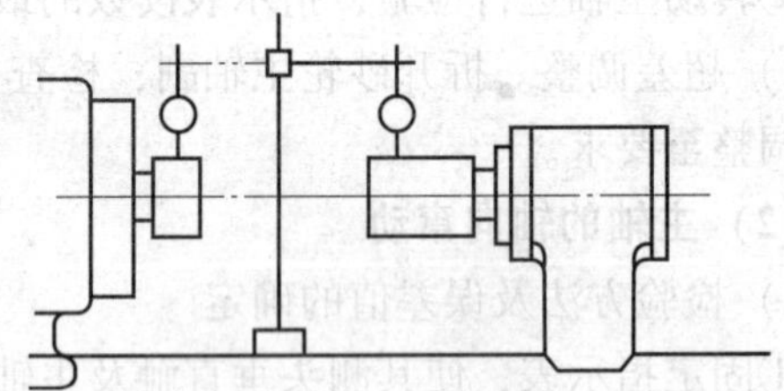

图3—2—13　砂轮架主轴轴线与头架主轴轴线的同轴度检验简图

（1）检验方法及误差值的确定

1）在砂轮架主轴定心锥面上装一个检验套筒。

2）在头架主轴锥孔中插入一个与检验套筒直径相等的检验棒。

3）在工作台的桥板上放一个指示表，移动指示表，使其测头分别触及两个圆柱表面进行检验，指示表读数的代数差值即为砂轮架主轴轴线与头架主轴轴线的同轴度误差。

（2）超差调整

1）若头架主轴中心线高于砂轮架主轴中心线，则可在平面磨床上按超差值修磨上工作台的下底面（即与下工作台的连接面）。

2）若砂轮架主轴中心线高于头架主轴中心线，则可按超差值修磨砂轮架下方的滑鞍座与床身。

14. 内圆磨头支架孔轴线对工作台移动的平行度（见图3—2—14）

（1）检验方法及误差值的确定

1）在内圆磨头支架孔中插入检验棒。

2）将指示表固定在工作台上，使其测头依次分别触及在垂直平面内的检验棒表面和在水平平面内的检验棒表面。

3）移动工作台分别进行检验，并分别记下指示表的读数。

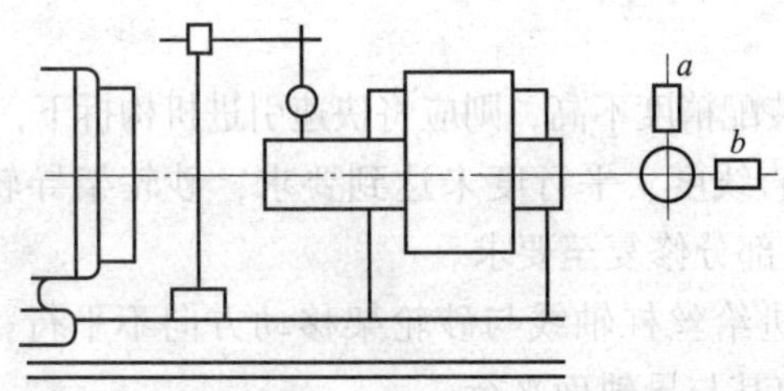

图 3—2—14　内圆磨头支架孔轴线对工作台移动的平行度检验简图

4）将检验棒转 180°，如上再检验一次。

5）指示表两次读数代数和的一半即为内圆磨头支架孔轴线对工作台移动的平行度误差（在垂直平面内和在水平平面内要分别计算）。

（2）超差调整

若垂直平面内超差，则可将内圆磨具支架座相对于砂轮头架的支座安装面偏转一个微小的角度；若水平平面内超差，则修刮内圆磨具支架座的安装基面。

15. 内圆磨头支架孔轴线对头架主轴轴线的同轴度（见图 3—2—15）

（1）检验方法及误差值的确定

1）在内圆磨头支架孔中装一个检验棒。

2）在头架主轴锥孔中插入一个直径相等的检验棒。

3）将指示表放在工作台的桥板上，移动指示表，使其测头分别触及两个检验棒的圆柱面进行检验，指示表读数的代数差值即为内圆磨头支架孔轴线对头架主轴轴线的同轴度误差。

（2）超差调整

松开用来紧固内圆磨具支架底座和支架壳体的螺钉，再将其两侧的螺钉拧下，同时取下两个垫圈，再用旋具调节里面的球头螺钉，直到同轴度合格为止。

16. 砂轮架快速引进重复定位精度（见图 3—2—16）

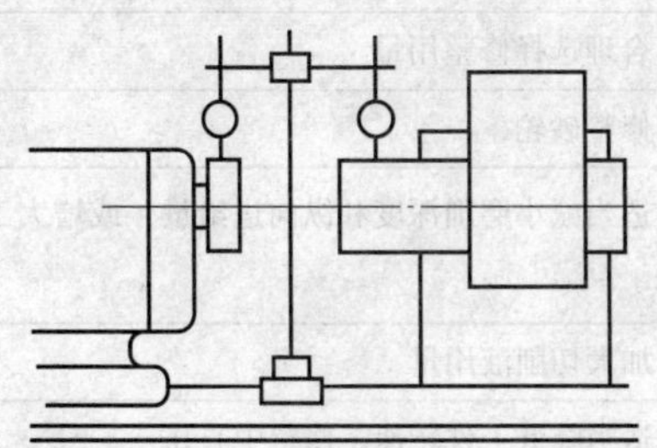
图 3—2—15　内圆磨头支架孔轴线对头架主轴轴线的同轴度检验简图

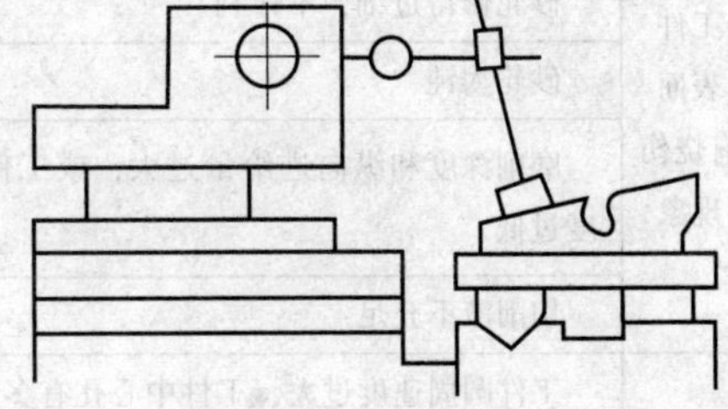
图 3—2—16　砂轮架快速引进重复定位精度检验简图

（1）检验方法及误差值的确定

1）固定指示表，使其测头触及砂轮架壳体，测头轴线应与砂轮架主轴轴线在同一水平面内。

2）将砂轮架快速引进，连续进行六次检验，指示表读数的最大差值即为砂轮架快速引进重复定位误差。

（2）超差调整

1）若快速引进机构装配精度不高，则应将快速引进机构拆下，重新检查、装配至要求。

2）若砂轮架导轨的直线度、平行度未达到要求，砂轮架导轨扭曲，则应重新检查导轨接触质量，将精度超差部分修复至要求。

3）若进给液压缸或进给丝杠轴线与砂轮架移动方向不平行，则应用检验棒重新找正支承孔（座）的位置，使其与导轨面平行。

三、外圆磨床常见故障排除对策（见表3—2—1）

表3—2—1 外圆磨床常见故障排除对策

序号	项目	故障原因	故障排除对策
1	工件有螺旋形痕迹	砂轮硬度高，修得过细，磨削深度过大	合理选择砂轮硬度和修整用量，适当减小磨削深度
		纵向进给量过大	适当降低进给量
		砂轮磨损，母线不直	修整砂轮
		金刚石在修整器中未夹紧或金刚石在刀杆上未焊牢，修出的砂轮凹凸不平	把金刚石装夹牢固，如金刚石有松动，需重新焊接
		切削液太少或太淡	加大用量或加入浓切削液
		工作台导轨润滑油压力使工作台浮起，产生摆动	调整导轨润滑油压力
		工作台运行时有爬行现象	打开放气阀，排除液压系统中的空气或检修机床
		砂轮主轴有轴向窜动	检修机床主轴
2	工件表面有烧伤现象	砂轮太硬或粒度太细	合理选择砂轮
		砂轮修得过细，不锋利	合理选择修整用量
		砂轮太钝	修整砂轮
		磨削深度和纵向进给量过大，或工件圆周速度过低	适当减小磨削深度和纵向进给量，或增大工件转速
		切削液不充足	加大切削液用量
3	工件表面出现直波形振痕	工件圆周速度过大，工件中心孔有多角形	适当降低工件转速，修整中心孔
		工件直径、质量过大，不符合机床规格	改在规格较大的机床上磨削。如设备不允许，可降低磨削深度和纵向进给量以及把砂轮修得锋利些
		砂轮主轴轴承磨损，配合间隙过大，产生径向跳动	按机床说明书规定调整轴承间隙
		头架主轴轴承松动	调整轴承间隙

续表

序号	项目	故障原因	故障排除对策
3	工件表面出现直波形振痕	砂轮不平衡，转动时发生振动	注意采取以下措施保持砂轮平衡： （1）新砂轮需经两次静平衡 （2）砂轮使用一段时间后，如果又出现不平衡，需要再进行静平衡 （3）砂轮停车前应先关掉切削液，使砂轮空转进行脱水，以免切削液聚集在下部引起不平衡
		砂轮硬度过高	根据工件材料性质选择合适的砂轮
		砂轮变钝后没有及时修整	及时修整砂轮
		砂轮修得过细，或金刚石顶角已磨钝，砂轮修整不锋利	合理选择修整用量或翻身重焊金刚石，或将金刚石修磨尖
4	工件有椭圆度	中心孔形状不正确，或内有污垢、切屑等	根据具体情况重新修整中心孔，或把中心孔擦净
		中心孔或顶尖因润滑不良而磨损	注意润滑，如有磨损，需重新修整中心孔或修磨顶尖
		工件顶得过紧或过松	重新调节尾架顶尖压力
		顶尖在主轴和尾架内贴合不紧，发生摇晃	卸下顶尖，擦净后重新装上
		砂轮过钝	修整砂轮
		切削液不充分或供应不及时	保证充足的切削液
		工件刚度低而毛坯形状误差又大，磨削时因余量不均而引起磨削深度变化，使工件产生相应的弹性变形，磨削后部分保留毛坯形状误差	磨削深度不能太大，并应随着余量的减小而逐步减小，最后多进行几次光磨行程
		工件有不平衡质量时，由于离心力作用，会在重的那边磨去较多金属，使工件有椭圆度	事先加以平衡
		砂轮主轴轴承间隙过大	调整主轴轴承间隙
		用卡盘装夹工件磨削外圆时，头架主轴径向跳动误差过大	调整头架主轴轴承间隙
5	工件有锥度	工作台未调整好，工件旋转轴线与工作台运动方向不平行	仔细找正工作台
		工件和机床产生弹性变形	应在砂轮锋利的情况下仔细找正工作台，每个工件在精磨时，砂轮的锋利程度、磨削用量和光磨次数应与找正工作台时的情况基本一致，否则需要不均匀走刀加以消除
		工作台导轨润滑油压力过大，运行中产生波动	调整压力
		头架和尾架中心不重合	修整使其重合

续表

序号	项目	故障原因	故障排除对策
6	工件有鼓形	工件刚度低，磨削时产生弹性弯曲变形	减小工件弹性变形的方法如下： （1）减小磨削深度 （2）及时修整砂轮 （3）工件很长时适当使用中心架
		中心架调整不适当	正确调整支承块对工件的压力
7	工件两端尺寸过大或过小	砂轮超出工件端面过小或过大	调整换向撞块位置，使砂轮超出工件端面 1/3 ~ 1/2 砂轮宽度
		工作台换向时停留时间太长或太短	调整时间
8	台阶旁外圆尺寸大	工作台换向时停留时间太短	延长停留时间
		砂轮磨损，靠台阶旁外角变大或母线不直	修整砂轮
9	台阶轴各外圆表面不同轴	磨削用量过大或光磨时间不够	精磨时减小磨削深度，多做光磨
		磨削步骤安排不当	同轴度要求高的表面应分粗磨、精磨，同时尽可能在一次装夹中精磨完毕
		用卡盘装夹工件磨削时，工件找正不对，或头架主轴径向跳动误差大	仔细找正工件基准面
10	台阶端面内部凸起	吃刀过大，退刀过快	吃刀时纵向摇动工作台要慢且均匀，光磨时间要充分
		切削液不充分	加大切削液用量
		砂轮主轴有轴向窜动	检修机床主轴
		头架主轴轴承间隙大	调整间隙
		用卡盘装夹工件磨削端面时，头架主轴轴向窜动大	调整间隙
		进刀太快，光磨时间不够	进刀要慢且均匀，光磨至没有火花为止
		砂轮与工件接触面积大，磨削压力大	把砂轮端面修成内凹，使工作面尽量狭小，同时先把砂轮退出一段距离后再吃刀，然后逐渐摇进砂轮，磨出整个端面
		工件顶得过紧或过松	调节尾架顶尖压力
		砂轮主轴中心与工作台运动方向不平行	调整砂轮架的位置

四、磨床试车验收

1. 设备安装完成后，进行试车验收前的准备工作。

2. 试车前，应对设备及其附属装置进行全面检查，清理安装现场的杂物，符合要求后，方可进行试车。

3. 试车步骤为：先手动盘车，再无负荷试车，最后负荷试车；先从各部件开始，由部件至组件，由组件至单台（套）设备，在上一步骤未合格前，不得进行下一步骤的运转。手动盘车应无卡住和摩擦现象。

4. 润滑系统调试应符合下列要求：

（1）每个润滑部位应先涂注润滑油脂。

（2）油压继电器等安全连锁装置的动作应灵敏可靠。

（3）润滑系统应畅通，油压、油量和油温均应保持在规定的范围内，并无不正常现象。

（4）减速机、轴承座内润滑油位应在规定范围内；润滑脂润滑的轴承，应注满轴承空间的2/3。

5. 运转中，各轴承部位不得有不正常的噪声，滑动轴承的温度一般不应超过60℃，滚动轴承的温度一般不应超过70℃。

6. 运转中，往复运动的部件在整个行程上（特别在改变方向时）不得有异常振动、阻滞、走偏等不正常现象。

7. 运转中，各传动机构的状况应符合下列要求：

（1）传动带不得打滑，平带不得跑偏。

（2）链条和链轮运转时应平稳，无卡住现象和不正常的噪声。

（3）离合器的动作应灵敏可靠，不应过分发热，对于摩擦片的离合器必须防止油、水进入。

（4）齿轮传动不得有不正常的噪声和磨损。

（5）各紧固螺栓不得有松动现象。

8. 运转中，操纵、连锁、制动、限位等装置的作用应灵敏、正确和可靠；操纵开关标志牌所示应与实际作用相符；制动和限位装置在制动或限位时不得产生过分的振动。

9. 煤气管道及阀门要做到不漏气不漏风。

10. 运转中，每个安全或防护装置的作用应确实可靠；对调速器和安全阀等应进行试验和调整，使之能在规定范围内可靠、灵敏和正确地工作。

11. 设备试车的时间规定：负荷试车时间为2 h。试车前都要经一次启动立即停止的试验，并检查转子与机壳等确无摩擦和不正常声响后，方得继续运转。

12. 电动机安装结束，现场清扫整理完毕，进行电动机试车，应符合下列要求：

（1）电动机试车前，盘动电动机转子应转动灵活，无卡碰现象。

（2）电动机引出线应相位正确，固定牢固，连接紧密。

（3）电动机的保护、控制、测量、信号、励磁等回路调试完毕，动作正常。

（4）电刷与滑环的接触应良好。

（5）电动机的接地线要良好接地。

13. 电动机在试运行中应进行下列检查：

（1）电动机的旋转方向符合要求，无杂声。

（2）检查电动机温度，不应有过热现象。

（3）滑动轴承温升不应超过45℃，滚动轴承温升不应超过60℃。

14. 自动开关安装完毕应符合下列要求：

（1）操作手柄的开、合位置应正确。

（2）触头在闭合、断开过程中，可动部分与灭弧室的零件不应有卡阻现象。

（3）触头接触面应平整，合闸后接触应紧密。

（4）试车后，触头表面如有灼痕，应进行修整。

15. 接触器安装完毕应符合下列要求：

（1）电磁铁的铁芯表面应无锈斑及油垢，触头的接触面应平整、清洁。

（2）接触器的活动部件动作应灵活，无卡阻，衔铁吸合后应无异常响声，断电后应能迅速脱开。

16. 更换负荷线、控制线时，应符合下列规定：

（1）敷设的导线应便于检查、更换。

（2）穿在管内的绝缘导线的额定电压应不低于 500 V。

（3）敷设的导线应平直，无松弛现象，导线在转弯处不应有急弯和损伤。

（4）多股铝芯线和截面积超过 2.5 mm^2 的多股铜芯线的终端，应焊接或接端子后，再与电气器具的端子连接。

17. 试运转结束后，应立即做好下列工作：

（1）断开电源和其他动力来源。

（2）消除压力和负荷（包括放水、放气等）。

（3）检查和复紧各紧固部分。

（4）装好试运转前预留未装的和试运转中拆下的部件和附属装置。

（5）整理试运转的各项记录。

18. 如试车发现问题，要待整改完毕后，再进行试车。

五、齿轮磨床的空运转试验

1. 空运转试验前的准备工作

（1）机床电气设备必须良好接地。

（2）砂轮防护罩、工作台防护罩应完整并固紧。

（3）检查砂轮磨具的带轮尺寸是否与砂轮直径相适应，以免砂轮过速而发生事故。

（4）砂轮应远离工作台，其余操纵手柄必须在停止位置，行程撞块必须调整妥当并固紧。

（5）用 0.03 mm 塞尺检查各滑动部位的端部，其插入深度应小于 20 mm。用 0.03 mm 塞尺检查各固定接合面的密合程度，要求不能插入。

（6）检查各润滑油路装置是否正确，油路是否畅通。

（7）按润滑技术要求规定的油质、品种及数量在各润滑点加注润滑油，切削液箱加注规定的切削液。

（8）各部分机动动作，应先以手转动进行试验，动作应均匀灵活，如砂轮上下运动、工作台转动、工作台滑鞍移动及磨头转动等。

2. 空运转试验

(1) 空运转试验时应按规定对工作台移动制动器、工作台回转制动器和齿轮箱安全离合器进行调整。

(2) 机床各部动作以低速开始，试车时间为2 h。磨头上下滑动速度一般调整至140次/min即可。在所有速度下，机床各部分机构应工作平稳、正常，无振动和不正常的噪声。

(3) 检查各部分温升、横向进给丝杠空程量以及各手柄摇手重量等是否符合机床通用技术标准的规定。

(4) 检查各润滑系统，不得有漏油现象。

子课题 2　精密机械设备安装

学习目标

1. 掌握大型精密机床的装配。
2. 熟悉数控机床常见故障处理方法。
3. 会进行大型龙门刨床的安装。

一、大型精密机床的装配

1. 大型精密设备安装基础的要求

大型精密设备安装时需要一个坚固稳定的基础，以承受其本身的质量和运转时所产生的冲击力及振动，常采用总质量为设备质量和最大加工件质量之和2倍的钢筋混凝土整体浇灌而成，确保基础的足够强度并能有效防振。

大型机床的直导轨通常是机床总装后各部件相对位置的基准，它的精度直接决定其被导向部件移动时的直线度、倾斜度，因此常与床身成整体结构，以提高其导向精度和稳定性。为提高制造工艺性，也常将其分成立柱、主轴箱、横梁、工作台等部件，再进行拼装。

2. 大型精密设备拼装

(1) 床身拼接

大型机床床身通常由几段拼接而成，每段之间的接合面用螺栓连接，并加定位销定位。为防止床身接合面间渗油、漏油而污染工作环境，要求对接合面进行刮研，研点数大于4点/(25 mm×25 mm)，接合后接合面周边0.04 mm塞尺不能塞入。刮削后接合面对导轨面的垂直度误差小于0.03 mm。大型设备刮削时，应保证基础平整，垫铁安放后，水平面内纵向、横向直线度允差为0.2 mm/1 000 mm；相邻垫铁同一平面度允差为0.3 mm/1 000 mm。

床身拼接时，为避免床身因局部受力过大而变形损坏，应从床身的一端用千斤顶等工具使其逐渐推动拼合（严禁用连接螺栓直接强行拉拢并紧固），并用百分表找正。对于三段以上的床身导轨拼接，应以中段床身导轨为安装基准，从中段向两端顺次拼接。床身各段全部拼接完成后，对导轨全长进行精校，各接合面间0.04mm塞尺不能插入。用千分表检查，相邻导轨面高度差应小于0.003 mm，然后再用螺栓紧固并用定位销定位。

(2) 立柱与床身的连接

龙门双立柱机床安装时，两立柱顶面等高度误差应小于0.1 mm。等高度的检查方法为用两只等高水箱，其A、B两面的平面度要小于0.01 mm，等高度小于0.03 mm，用软管将两水箱连接，其两顶面至水平面距离的差值即为立柱顶面的等高度误差，如图3—2—17所示。

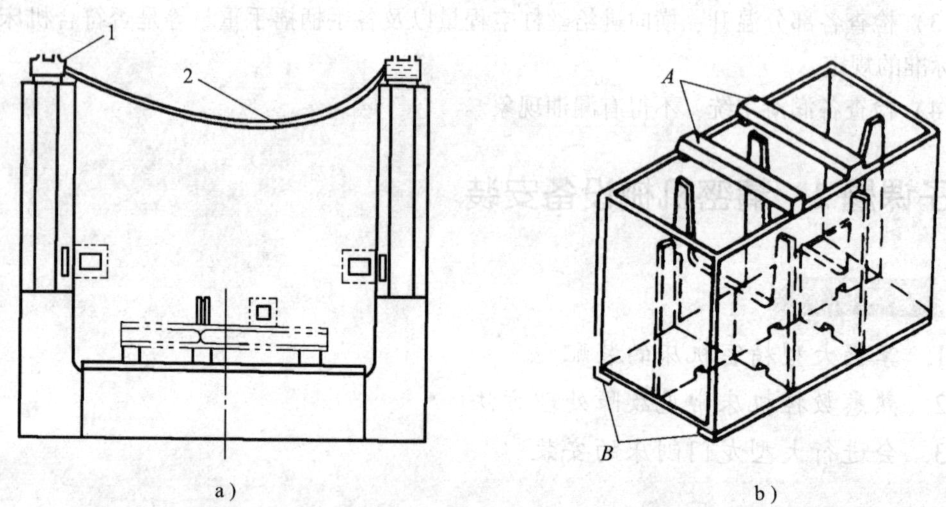

图3—2—17　双立柱顶面等高度的检查方法

a）双立柱顶面等高度的检测　b）水箱

1—水箱　2—软管

两立柱导轨面的同一平面度允差为0.04 mm，检测时可在两立柱间分别装夹钢丝架，用重物将 ϕ0.3 mm钢丝拉紧，并使钢丝刚好接触测轴 a 的端面，以保证钢丝两端1、2到导轨面距离一致，用深度千分尺分别测量 a、b、c、d 四处（如图3—2—18所示，用等高胶木杆装在深度千分尺两端，将导线分别接在尺端和导轨面上，电路中串接发光体），便可确定其导轨面的平面度误差。

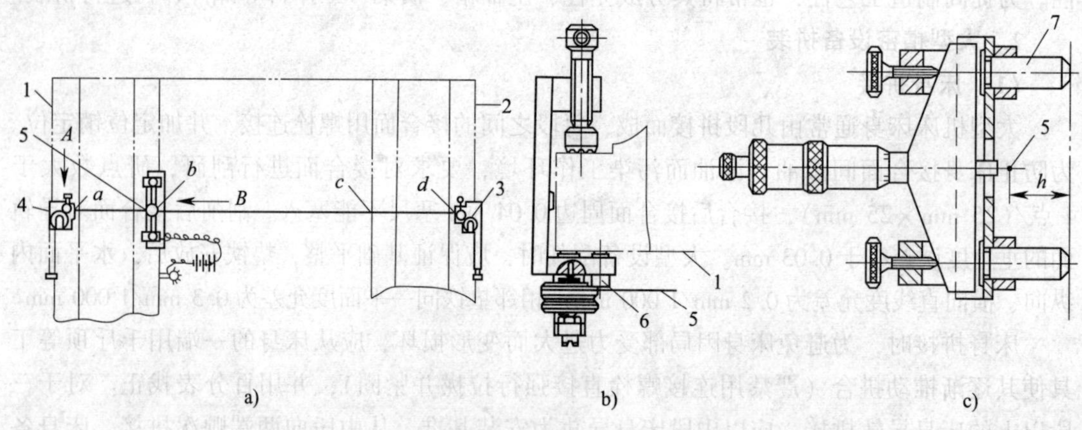

图3—2—18　双立柱导轨面同一平面度的检查

a）拉钢丝法检查　b）用小轴使钢丝与导轨等距　c）深度千分尺加附件测量

1、2—导轨面　3、4—左右钢丝架　5—钢丝　6—小轴　7—胶木杆立柱导轨与水平基准导轨面间的垂直度应小于0.04 mm/1 000 mm。将两只框式水平仪分别紧靠在立柱和工作台上，两者的读数差即为垂直度误差。双立柱导轨面间的平行度应小于0.04 mm/1 000 mm，可采用框式水平仪分别靠在测量面上，比较两者的差值即可得平行度误差。

(3) 横梁安装

横梁与立柱经调整并检验以上各项精度合格后，才能连接横梁和相应的传动装置等。安装横梁、配装刀架后，对横动时的位置倾斜度进行检验。在全行程每隔500 mm测量一次，全行程至少测三个位置，倾斜度应小于0.03 mm/1 000 mm，以水平仪读数的最大代数差计。

(4) 安装工作台

工作台放至床身之前，应使导轨油孔通畅，保证润滑良好，并将导轨仔细擦净，检验工作台的导轨和床身导轨的相互吻合情况，工作台移动在垂直平面内的直线度允差为0.01 mm/1 000 mm，倾斜度允差为0.02 mm/1 000 mm，同样还应检验工作台水平平面内的直线度、垂直刀架水平移动对工作台面的平行度等符合规定。

当全面检查各部件安装调整符合要求后，即可进行空运转试验。

应当指出，大型机床的部件如床身、立柱等，若按规定的要求修刮并测量达到规定允差值后直接进行总装配，那么在其重力的作用下，床身会变形，导致床身导轨扭曲，立柱因床身变形而倾斜。立柱装上主轴箱后，在主轴箱重力形成的偏心力矩的作用下也会产生弯曲和倾斜。因此，当机床精度要求较高时，必须对部件进行预装配，根据实际测量的结果，重新修刮部件的接合面，刮削量应能抵消相应的变形量。

3. Y3150E型立式滚齿机的装配过程

如图3—2—19所示为Y3150E型立式滚齿机的外形图。床身上固定有立柱，刀架溜板带动刀架体可沿立柱导轨作垂直进给运动和快速移动，滚刀由刀杆安装在刀架体的主轴上，刀架体连同滚刀一起可沿刀架溜板的圆形导轨在240°范围内调整安装角度。工件安装在工作台的心轴上，随工作台一起转动。工作台与后立柱安装在床鞍上，可沿床身的水平导轨移动，以调整工件的径向位置或作手动径向进给运动。支架用于支承工件心轴的上端，以提高心轴的刚度。该机床主要用于加工直齿圆柱齿轮和斜齿圆柱齿轮，也可用径向切入法加工蜗轮，还可加工花键，但径向进给只能手动。

将Y3150E型立式滚齿机主传动箱、差动机构（弧齿锥齿轮架）与刀架立柱按要求先组装好，然后按下列步骤进行装配：

(1) 将床身导轨用水平仪校平，作为装配的基准面。

(2) 将轴向进给机构各部件依次装好，并根据分度蜗杆副调整其位置。

(3) 配刮刀架立柱导轨的下接合面至16~20点/(25 mm×25 mm)，将刀架立柱部件装在床身上，检查立柱与床身导轨的垂直度，要求为不超过0.02 mm/500 mm。

(4) 将工作台部件置于床身导轨上，在分度蜗杆孔内插入标准心轴，配刮（配磨）镶条、下压板，使分度蜗杆轴线对床身导轨在上母线和侧母线方向上的平行度不超过0.01 mm/300 mm，接触点不少于8点/(25 mm×25 mm)，配刮工作台锥形导轨和环形导轨副，正向、反向转动工作台约15°使其显点均匀，接触点数达到16~20点/(25 mm×25 mm)，并检查分度轴与分度蜗杆的同轴度，要求不超过0.02 mm。

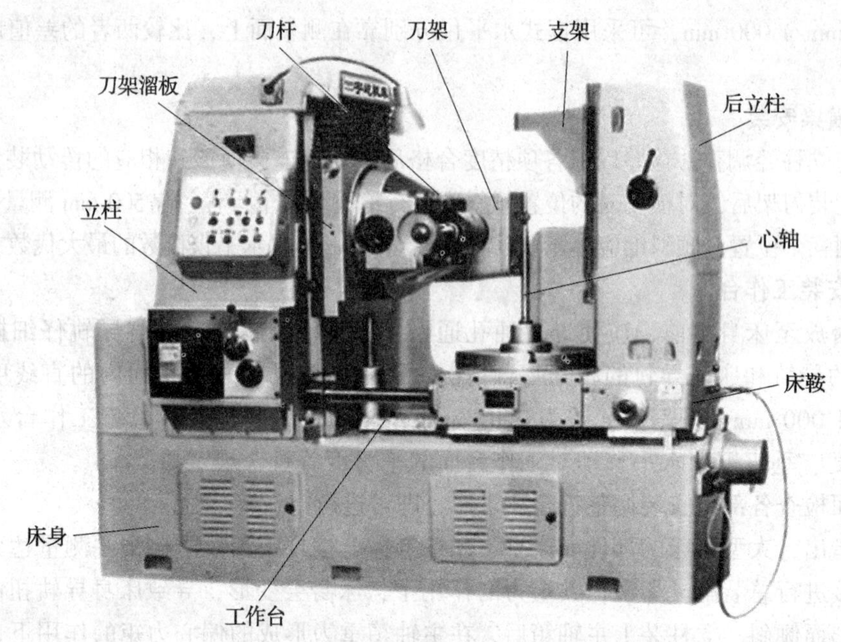

图 3—2—19　Y3150E 型立式滚齿机的外形图

（5）装床身水平进给丝杠，修磨调整片，使其对工作台螺母的同轴度不超过 0.03 mm/100 mm。

（6）装上滚刀架，检查刀架回转轴线与工作台轴线相关的位移量。

（7）装配分度轴及进给挂轮架，装上进给挂轮，启动试运转。

（8）配磨工作台中心孔，使其与工作台回转轴线的同轴度不超过 0.01 mm，然后压入配磨好的中心套。

（9）检查滚刀刀架沿刀架立柱导轨移动时对工作台回转轴线的平行度和工作台锥孔轴线的径向圆跳动，允差为 0.018 mm。

（10）装上后立柱后，检查后立柱导轨对刀架滑板的平行度，要求不超过 0.02 mm/300 mm；检查活动支架上的工件心轴支承孔对工件台回转轴线的同轴度，要求不超过 0.015 mm。

（11）在机床组装及调整好后，进行质量检查，并按有关技术标准进行空运转试验、负荷试验。

4. 精密数控机床的装配

数控机床由于采用数控系统直接控制伺服电动机，驱动滚珠丝杠实现多轴的精确移动，因此其机械传动系统（很少的变速齿轮、同步带等）较为简单。现代数控采用直线电动机、高速电主轴则会进一步简化数控机床的结构，但为得到高精度的位移，对机床的导向（多用滚动导轨）、传动部件（滚珠丝杠）有更高的要求。如图 3—2—20 所示是 TC630 卧式加工中心外形图，该机床技术先进、精度高，由一个 32 kW 的无级调速直流电动机来驱动，转速为 20 ~ 5 000 r/min，主轴装刀锥孔 ISO – 50，备有 60/72 把刀具的链式刀库，并有两只托盘交换器，实现工作台的自动更换，与其他数控机床配合可组成柔性制造系统。

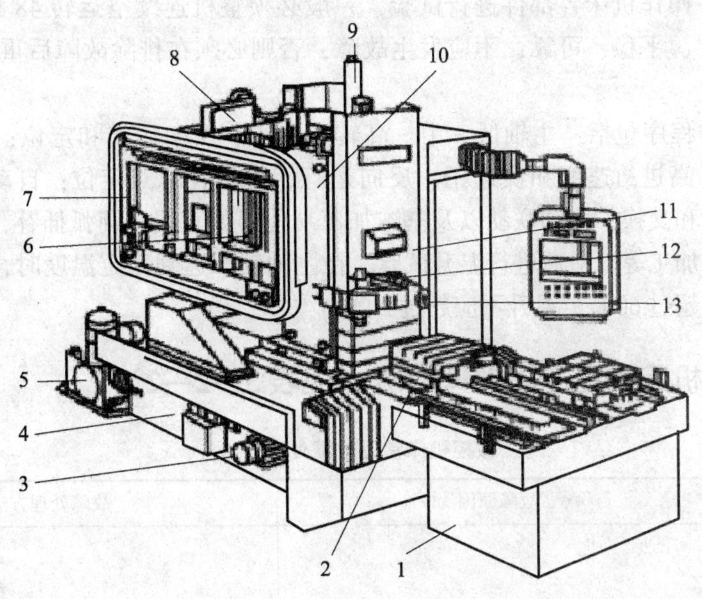

图 3—2—20　TC630 型卧式加工中心外形

1—交换工作台　2—回转工作台　3—进给机构　4—底座　5—液压系统
6—变速箱　7—链式刀库　8、9—液压缸　10—立柱　11—垂直划板　12—主轴　13—机械手

其他装配要求还有：床身导轨（X 轴、Z 轴）的等高一致性、垂直度，导轨顶面与侧面及下滑面的平行度要求均为不超过 0. 01 mm；导轨顶面、侧面和下滑面均为涂塑滑动面，顶面与侧面的垂直度及下滑面的平行度也要求不超过 0. 01 mm；装配时 Z 轴滚珠丝杠对 Z 轴导轨的平行度不能超过 0. 02 mm（两个方向），轴向窜动间隙允差 0. 005 mm，导轨与侧导板及压板的滑动间隙一般控制在 0. 01 mm 左右。待导板、压板、刹铁装好后，将丝杠螺母旋入立柱安装孔中，并用螺钉紧固（其他两轴按同样方法进行）。为保证换刀准确，机械手上刀具的两个定位槽与主轴定位块应吻合，必须使主轴能够准停，主轴转速由脉冲编码器监视，到达准停位置时，指示器测量头触及主轴端部定位块顶面，使两定位块等高一致性允差在 0. 05 mm 以内，调整无触点开关到最佳位置。

数控机床装配完成后，必须调整机床的坐标零点。机床装配完成后需试车，试车由专业人员进行。将规定量和型号的油分别注入液压箱、变速箱及润滑箱内，机床各轴调到离终端挡块尽量远些，防止启动后由于出错碰到挡块上。接通主开关前，试验人员必须对数控装置的电源线及电动机的相序仔细检查，通过短时间地接通和断开液压装置来检查液压泵电动机的转动方向，确认正常后接通液压装置，并按液压原理图上标明的压力检查系统压力及蓄能器压力。

准备完毕后先进行手动试车，各项试验动作要求灵活、可靠、准确。具体内容有：多次对主轴进行锁刀、松刀、吹气、正反转、换挡、准停试验；X、Y、Z 轴运动部件的正、反向启动、停止；分度工作台的分度、定位试验；交换工作台交换试验；刀库机械手换刀试验；检查控制面板上各种指示灯、控制按钮和机床润滑系统、冷却系统的工作可靠性以及防护装置、排屑器的工作平稳性等。各项功能符合要求后，再进行自动功能试验，用数控程序操作机床各部件进行试验，一般必须整机连续空运转 48 h。试验过程中机床运转应正常、平稳、可靠，不应发生故障，否则必须在排除故障后重新作 48 h 连续空运转。

连续空运转程序包括：主轴低、中、高转速的正、反向运转和定位；各坐标上的运动部件低、中、高进给速度和快速正、反向运行，可选任意点定位；自动换刀；工作台自动分度、定位和交换；多轴联动以及基本加工功能，如直线、圆弧插补，铣、钻、镗和攻螺纹等的循环加工等。最后进行温升试验，在主轴轴承达到稳定温度时，在靠近轴承处检验其温度不应超过 60℃，温升不应超过 20℃。

二、数控机床常见故障处理方法（见表 3—2—2）

表 3—2—2　　数控机床常见故障处理方法

序号	故障现象	故障原因	故障处理方法
1	机床不能回零点（使用增量式编码器的数控机床）	（1）原点开关触头被卡死不能动作 （2）原点挡块不能压住原点开关到开关动作位置 （3）原点开关进水导致开关触点生锈接触不好 （4）原点开关线路断开或输入信号源故障 （5）PLC 输入点烧坏	（1）清理被卡住部位，使其活动部位动作顺畅，或者更换行程开关 （2）调整行程开关的安装位置，使零点开关触点能被挡块顺利压到开关动作位置 （3）更换行程开关并做好防水措施 （4）检查开关线路有无断路或短路，有无信号源（+24 V 直流电源） （5）更换 I/O 板上的输入点，做好参数设置，并修改 PLC 程序
2	机床正负硬限位报警	（1）行程开关触头被压住或卡住（过行程） （2）行程开关损坏 （3）行程开关线路出现断路、短路和无信号源 （4）限位挡块不能压住开关触点到动作位置 （5）PLC 输入点烧坏	（1）手动或手轮摇离安全位置，或清理开关触头 （2）更换行程开关 （3）检查行程开关线路有无短路，有短路则重新处理，检查信号源（+24 V 直流电源） （4）调整行程开关安装位置，使之能被正常压上开关触头至动作位置 （5）更换 I/O 板上的输入点并做好参数设置，修改 PLC 程序

续表

序号	故障现象	故障原因	故障处理方法
3	松刀故障	（1）气压不足 （2）松刀按钮接触不良或线路断路 （3）松刀按钮 PLC 输入地址点烧坏或者无信号源（+24 V） （4）松刀继电器不动作 （5）松刀电磁阀损坏 （6）打刀量不足 （7）打刀缸油杯缺油 （8）打刀缸故障	（1）检查气压，待气压达到标准即可 （2）更换开关或检查线路 （3）更换 I/O 板上的 PLC 输入口或检查 PLC 输入信号源，修改 PLC 程序 （4）检查 PLC 输出信号，PLC 输出口有无烧坏，修改 PLC 程序 （5）若电磁阀线圈烧坏，则更换线圈；若电磁阀阀体漏气、活塞不动作，则更换阀体 （6）调整打刀量至松刀顺畅 （7）添加打刀缸油杯中的液压油 （8）打刀缸内部螺钉松动、漏气，则要将螺钉重新拧紧，更换缸体中的密封圈，若无法修复则更换打刀缸
4	三轴运转时声音异常	（1）轴承有故障 （2）丝杆母线与导轨不平行 （3）耐磨片严重磨损导致导轨严重划伤 （4）伺服电动机增益不相配	（1）更换轴承 （2）校正丝杆母线 （3）重新贴耐磨片，导轨划伤太严重时要重新处理 （4）调整伺服增益参数使之能与机械相配
5	润滑故障	（1）润滑泵油箱缺油 （2）润滑泵打油时间太短 （3）润滑泵卸压机构卸压太快 （4）油管油路有漏油 （5）油路中单向阀不动作 （6）油泵电动机损坏 （7）润滑泵控制电路板损坏	（1）添加润滑油到上限位置 （2）调整打油时间为 32 min 打油 16 s （3）若能调整，则调节卸压速度；若无法调节则要更换 （4）检查油管油路接口并处理好 （5）更换单向阀 （6）更换润滑泵 （7）更换控制电路板
6	程序不能传输，出现 P460、P461、P462 报警	（1）检查传输线有无断路、虚焊，插头有无插好 （2）计算机传输软件侧参数应与机床侧一致 （3）更换计算机试传输 （4）检查接地是否稳定	

续表

序号	故障现象	故障原因	故障处理方法
7	刀库问题	(1) 换刀过程中突然停止，不能继续换刀 (2) 斗笠式刀库不能出来 (3) 换刀过程中不能松刀 (4) 刀盘不能旋转 (5) 刀盘突然反向旋转时差半个刀位 (6) 换刀时，出现松刀、紧刀错误报警 (7) 换刀过程中，主轴侧声音很响 (8) 换完后，主轴不能装刀（松刀异常）	(1) 气压是否足够 (2) 检查刀库后退信号有无到位，刀库进出电磁阀线路及 PLC 有无输出 (3) 调整打刀量，检查打刀缸体中是否积水 (4) 刀盘出来后旋转时，刀库电动机电源线有无断路，接触器、继电器有无损坏等现象 (5) 刀库电动机刹车机构松动，无法正常刹车 (6) 检查气压，气缸有无完全动作（是否有积水），松刀到位开关是否被压到位，但不能压得太多（以刚好有信号输入为原则） (7) 调整打刀量 (8) 修改换刀程序（宏程序 O9999）
8	机床不能上电	(1) 电源总开关三相接触不良或开关损坏 (2) 操作面板不能上电	(1) 更换电源总开关 (2) 检查： 1) 开关电源有无电压输出（+24 V） 2) 系统上电开关接触不好，断电开关断路 3) 系统上电继电器接触不好，不能自锁 4) 线路断路 5) 驱动上电交流接触器，系统上电继电器有故障 6) 断路器有无跳闸 7) 系统是否工作正常，是否完成准备或 Z 轴驱动器有无损坏，有无自动上电信号输出
9	冷却水泵故障		(1) 检查水泵有无烧坏 (2) 检查电源相序有无接反 (3) 检查交流接触器、继电器有无烧坏 (4) 检查面板按钮开关有无输入信号
10	吹气故障		(1) 检查电磁阀有无动作 (2) 检查吹气继电器有无动作 (3) 检查面板按钮和 PLC 输出接口有无信号

三、大型龙门刨床安装

龙门刨床是大型金属切削机床之一，其主运动为往复运动。龙门刨床主要用于刨削各种直线性表面或组合表面，如垂直平面、水平平面、倾斜平面、各式导轨面、T 形槽及燕尾槽等。龙门刨床使用的刀具结构简单，刃磨方便，采用宽刃精刨刀，精刨时可获得较高的精度等级和较小的表面粗糙度值。采用精刨代替大平面的刮研，可大大地减轻工人劳动强度和提高生产效率。但是，由于刨床的主运动是往复运动，回程时间不进行切削加工，同时在换向时又要克服因切削速度而递增的惯性力，这就限制了切削速度和回程速度的提高，因此龙门刨床的生产效率比其他机床低。

龙门刨床的主要部件包括床身、工作台、左右立柱、刀架部分、横梁、主传动装置、液压装置、操作系统、安全装置、电气设备及润滑系统等。

大型龙门刨床体积大、质量大，制造厂不可能整体发运，因此部件和大型零件都是分箱装运到安装现场的。一些装配工序必须在安装现场进行，故属于组合安装。

大型龙门刨床的安装程序一般可分为：初步找平调整垫铁的标高；床身的安装；立柱和连接梁的安装；侧刀架和平衡锤的安装；横梁及其升降机构、垂直刀具安装；主传动装置的安装；电气设备的安装及接线；开动主传动系统及安装工作台；试运转并检验精度。

1. 初步找平调整垫铁的标高

大型龙门刨床安装时一般使用两种类型的垫铁：一种是作为安装时临时调整用的斜垫铁；另一种是机床随机带来的永久性可调垫铁。在安装床身、立柱和主传动装置时，应先放好临时调整垫铁，将临时调整垫铁放在机床基础有利二次灌浆的适当部位。对床身安装来说，一般每隔 2 m 左右放一组垫铁，在纵、横方向上粗调垫铁组，使其高低差不超过 1 mm。每组垫铁都要有一定的调整余量，使床身、立柱、主传动装置等到放在临时调整垫铁上后，才能达到粗调的精度要求。

2. 床身的安装

床身是龙门刨床的基础件，床身安装调整质量的优劣对机床的安装精度及各项精度的高低起着极其重要的作用，对机床的刚度与稳定性影响也极大。

大型龙门刨床的床身较长，一般都是由多段床身拼接组合而成的。床身一般有两条或两条以上的导轨，床身底部设有数量很多的可调垫铁和地脚螺栓组。

床身的主要特点是：承受的载荷很大，一般可从几十吨到上百吨，有的工件质量比机床总质量还大得多；床身的刚度低，通常以其长度 Z 与截面高度 h 之比值来衡量，一般认为 $Z/h>10$ 即属于刚度低的机床，而大型机床的 $Z/h>15$；床身长对温度变化敏感，机床安装地点的室温变化一般都比较大，因此床身的自由热变形为几毫米至几十毫米。这些不利因素给床身的安装和调整提出了更高的要求，即通过合理的安装调整提高床身的刚度。床身的刚度包括静刚度、动刚度和热刚度，静刚度由结构刚度和接触刚度组成。机床在设计时虽然给予了高度重视，但由于受结构限制，刚度难以提高。为了解决这个矛盾，可利用机床安装基础和垫铁刚度，即提高床身、垫铁和基础三者之间的接触刚度，从而有效地改善床身刚度。环境温度变化，阳光直射与墙壁的热辐射，基础上、下温度差，车间内空气流动，地脚螺栓拧紧力矩的差别，安装调整时间长短及床身、垫铁和基础三者之间线胀系数的不同，都会给床身热变形带来不利影响，所有这些因素，都要在机床安装调整中采取相应措施解决。通过合理安装调整，使床身达到规定的安装精度。

(1) 多段床身的拼装

大型机床的床身一般是由多段床身拼装而成的。由于机床床身精度对于整个机床的精度影响很大，因此对安装技术要求很高。多段床身拼装主要是使拼装后的精度符合规定要求，接合面处的变形与位移最小（相对机床出厂时的状态），同时还应具有足够的连接刚度。

拼装方法：通常选择床身中段导轨（与立柱相连的一段）为基准，先用垫铁调整水平，调好后拧紧地脚螺栓，然后以中段开始向两端逐段连接，逐段调整安装水平和检验导轨精度。两段连接处的床身导轨若接合面平面超过规定要求，应进行刮研找平，每25 mm×25 mm 面积内的接触点数不应少于8个点。接合面设有防油槽的，应按规定填入耐油橡胶带或液态定性密封胶。拼装时，应用两端面的定位销找正，然后拧紧连接螺栓，接合面间的预压力应控制在1 471～1 961 kPa 内。最后检验导轨精度，检验端面接合缝，用0.04 mm 塞尺检查不得插入。

(2) 床身安装的调整步骤

安装前为提高机床接触刚度，应对其主要接触表面进行清洗、打光、去毛刺或采用磨削的方法提高垫铁工作面的接触面积。

1）初平。

2）二次灌浆。

3）粗调。根据床身的结构特点，选择床身中段导轨为基准，对床身导轨安装精度进行初步（不精确）的调整，然后向两端逐步调整。

调整方法：先放松地脚螺栓，然后调整基准段床身导轨的纵、横向安装水平，若床身具有3条或3条以上的导轨，要先调整床身外侧两条导轨下的垫铁，中间导轨下的垫铁应与床身暂时脱离接触，待基准段床身导轨自然调平后，拧紧地脚螺栓以防止安装水平的明显变化，拧紧时用力要均匀，保持其紧固力矩基本一致。

基础段床身导轨的安装水平调整完毕，再调整床身导轨的精度。先调两外侧导轨在垂直平面内的直线度，再调导轨之间的平行度，与此同时要检查导轨在水平面内的直线度。调整中，这3项精度之间关系密切，既要同时兼顾，又要分清主次，通常调整中的关键是导轨在垂直平面内的直线度和导轨之间的平行度。至于导轨在水平面内的直线度，只要前两项精度符合要求，一般情况是不会超出允差范围的。两外侧导轨调整过程中，要严格控制垫铁升起时水平仪读数的变化，即要使外侧导轨精度的变化不超过规定范围。粗调时导轨各项安装精度一般控制在精度允差的1.2～1.5倍。

4）精调。待基准段床身粗调完成后，按照与粗调同样的方法、步骤进行精调，但不是粗调的重复。精调过程要更细致，调整幅度更小，对环境要求更高。从基准段开始，逐段检查各项精度误差，分析产生误差的原因，寻求更有效的调整方法，通过精调使床身导轨安装精度达到规定的允差范围。

3. 立柱和连接梁的安装

立柱是大型龙门刨床的关键部件之一，其底座通过垫铁、地脚螺栓与基础固定，中部外侧凸起的平面与床身装配连接，两立柱上部之间由连接梁连接，导轨面上安装有横梁和侧刀架。在床身粗调完毕后，即可安装立柱和连接梁。在安装之前，应将它们之间的接合面、定位销孔、垫铁、垫板等清理干净，按要求安放好可调垫铁，把基础清理干净。

立柱的安装方法与床身的安装方法基本相同。

(1) 安放临时垫铁并找平。

(2) 立柱就位。立柱就位是将左、右立柱分别吊装在安装基础上，使其接合面与床身中部凸起平面紧密贴合。根据定位销孔初步找正，再用连接螺栓将立柱固定在床身上。将定位销轻轻插入销孔内，用涂色法检查其接触均匀度，要求接触面积不小于65%。立柱与床身的接合面用0.04 mm塞尺检验不应插入。

(3) 粗调立柱。通过立柱底部的可调垫铁粗调立柱，使其导轨在前后、左右都与床身导轨垂直，用方框水平仪检查，其垂直度不超过0.05/1 000 mm。之后更换永久调整垫铁，与床身一起进行二次灌浆。

(4) 精调立柱。待二次灌浆养护期满后，用可调垫铁精调立柱并检验有关精度。

1) 调整并检查两立柱正导轨面的相对位移度。只有左、右立柱的正导轨面在同一平面内并互相平行，才能保证横梁在立柱导轨面上顺利地上下移动。调整时，先固定左立柱（或右立柱），用拉细钢丝贴靠的方法初步找正并固定右立柱（或左立柱），然后用平尺（或横梁）靠贴两立柱的正导轨面，用0.04 mm塞尺检验不得插入，并沿正导轨面自下而上地在几个不同位置上检查。

2) 调整并检查立柱正导轨面与床身导轨面的垂直度，如图3—2—21所示，在床身中部导轨上放圆柱检验棒（对V形导轨）和桥板（对平导轨），其上分别放置水平仪并测量其读数，然后依次在左、右立柱两正导轨面上紧贴水平仪，测量其读数，垂直度以立柱与床身导轨上相应水平仪读数的代数差计，垂直度允差为0.07 mm/1 000 mm，只允许向前倾斜。

3) 调整并检查立柱侧导轨面与床身导轨的垂直度，如图3—2—22所示，在床身中部导轨上放圆柱检验棒（对V形导轨）和桥板（对平导轨），其上分别放置水平仪并测量其读数，然后依次在左、右立柱两侧导轨面上紧贴水平仪，测量其读数，垂直度以立柱与床身导轨上相应水平仪读数的代数差计，垂直度允差为0.04 mm/1 000 mm，只允许向同一方向倾斜。

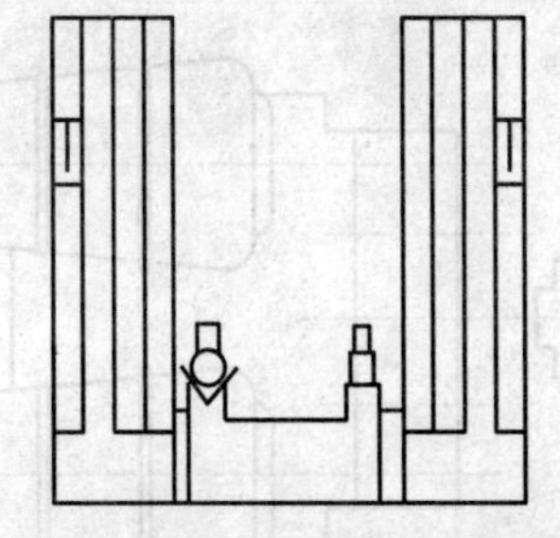

图3—2—21　检查立柱正导轨面与床身导轨面的垂直度

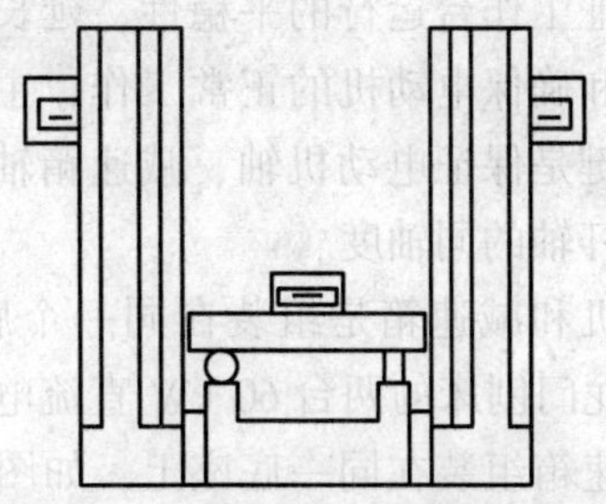

图3—2—22　检查立柱侧导轨面与床身导轨的垂直度

(5) 安装连接梁。连接梁安装工作必须在两立柱安装检查合格后方可进行。安装时，要注意测量垫板的厚度，以免拧紧螺栓后影响立柱垂直度，同时要注意立柱内侧导轨面横向垂直度应保持不变。安装后，应复查床身精度，若有变动，必须重新调整。

4. 侧刀架和平衡锤的安装

(1) 侧刀架安装。侧刀架安装之前，将立柱导轨面和侧刀架溜板接合面擦洗干净，并涂上润滑油，然后把装有侧刀架及进刀箱的溜板紧靠在立柱的导轨面上，塞入镶条并用千斤顶或方木顶住，穿入侧刀架升降丝杠，将升降丝杠两端的支座用螺钉固定在立柱上。

(2) 平衡锤安装。在平衡锤安装之前，将一根铁棒从立柱顶部的铸造空腔孔内穿入，便于临时搁放平衡锤。首先将平衡锤吊起，缓缓地放入立柱空腔内已架好的铁棒上，然后在立柱上安装好滑轮，使钢丝绳绕过滑轮，一端牢固地连接在平衡锤上，另一端与侧刀架溜板牢固连接，之后将平衡锤略微提起，抽出临时支承铁棒，使侧刀架由钢丝绳绕过滑轮与平衡锤达到平衡。

(3) 侧刀架、平衡锤安装好后，撤掉支承侧刀架的千斤顶或方木，检查侧刀架镶条与滑动面的贴合程度，应使其上下既灵活无阻滞，又不应间隙太大。

5. 横梁的安装

横梁是龙门刨床的大型关键部件之一，其上安装有垂直刀架、进刀箱、夹紧机构等。

(1) 横梁安装前，先将导轨面擦洗干净，并涂润滑油，拆下横梁后部的压板及镶条。

(2) 吊装时，应使横梁呈现水平状态并保持平衡，稳妥地使横梁后导轨面紧贴在立柱前导轨面上，轻轻地放在垫木或千斤顶上，粗调横梁的上导轨面，使其基本处于水平状态。

(3) 将立柱顶部横梁升降丝杠的蜗杆箱盖拆下，横梁升降丝杠由其上穿入，并旋入横梁上的螺母中（转动电动机轴使其旋入）。

(4) 装上横梁后部的镶条和压板，拆除吊装工具和其他物品，转动横梁升降丝杠上端的螺母来调整横梁的水平精度。

6. 主传动装置的安装

为保证工作台运行的平稳性，延长联轴器的使用寿命和确保电动机的正常工作，主传动装置安装的关键是保证电动机轴、减速箱轴、传动轴和多头蜗杆轴的同轴度。

电动机和减速箱是组装在同一个底座上的。如 B2031 龙门刨床的两台 60 kW 直流电动机与一台 5 轴减速箱组装在同一底座上，如图 3—2—23 所示。

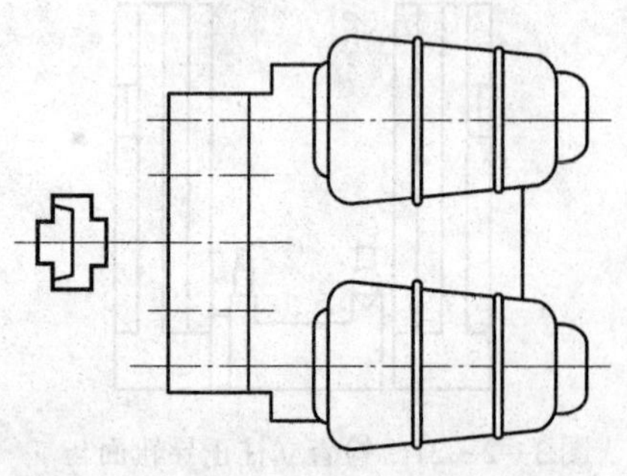

图 3—2—23 电动机和减速箱组装示意图

(1) 先将传动长轴穿入床身铸孔内，将穿入一端的内齿轮联轴器与床身中部的多头蜗杆轴的齿轮联轴器连接，并用垫木等垫平传动长轴，初步校正同轴度，再将已安装在同一底座上的减速箱和电动机吊放在已安放好的临时可调垫铁的基础上，粗调减速箱底座，使其输出轴与传动长轴基本同轴，将齿轮联轴器接上，然后安放好地脚螺栓进行二次灌浆。

（2）待养护期满后，更换永久可调垫铁并精调减速箱底座，使减速箱输出轴与传动长轴的同轴度允差符合 0.2 mm 的要求，轴的轴向间隙符合技术文件规定。用手盘动联轴器正转或反转，转动应灵活均匀，无阻滞现象。最后拧紧地脚螺栓。

7. 电气设备的安装与接线

龙门刨床的电气设备包括集中操作按钮站、操纵台、电气开关柜、整流设备等。大多数龙门刨床的主要运动都是电气化控制，电气传动控制都集中在悬挂式按钮站内（操作按钮站）。电气设备安装与接线参阅机床使用说明书。

8. 开动机床及安装工作台

（1）开动机床。机床在开动之前必须做到：

1）试验换向开关是否准确可靠。开动驱动系统，使多头蜗杆转动，然后用手拨动换向开关，观察多头蜗杆能否及时按规定准确地正转和反转，以保证工作台安装后能正确运行。

2）试验机床的快速和慢速运行。

3）试验油压系统和润滑系统并使其合格。

4）必须了解各操纵按钮和手柄的作用。

5）根据机床润滑指示图，向各运转部件加油。

待以上全部检验合格后，方可开动机床。

（2）安装工作台。在安装工作台之前，必须将床身及工作台导轨面、齿条及蜗杆表面擦洗得十分干净，免于污物影响配合精度和研坏配合表面。吊装工作台的机具必须安全可靠，吊装的吊点、捆扎方法等必须符合要求。当工作台吊起后，要基本保持水平，就位时要放稳，使齿端部啮合齿数为 3 ~4 个齿。啮合齿数不够时，不准开动机床。齿条与蜗杆啮合后，用涂色法或压铅法检查其啮合间隙，不符合要求时应进行必要的调整。

9. 试运转并检验精度

工作台安装好以后，进行试运转和检验精度，这是一项复杂、细致的工作，必须要有熟练操作机床的人员参加，共同进行。

（1）试运转

1）工作台运动。先进行“步进”“步退”“前进”“后退”“停止”等各按钮试验，然后开动工作台连续往复运动后，调整工作台运动速度，使其在“低速”“中速”和“高速”下分别进行空载运行。

2）刀架和进给箱。先用手柄和手轮操作各刀架运动，观察其方向、运动是否灵活准确，然后开动“快速移动”，最后开动“自动进刀”，观察各刀架在各种进刀量时的进刀量是否准确。

3）横梁升降及夹紧。注意横梁在升降开始前，夹紧机构应先行自动松开；横梁升降完成后，夹紧机构则又自动夹紧。横梁在升降过程中应平稳。

在上述试运转过程中，要随时检查润滑系统的工作情况，润滑油量是否充足、清洁，并检查机床运转时的噪声和工作台换向时的冲击情况。

(2) 检验精度

机床试运转合格后，可用本身的垂直刀架精刨工作台面，刨削深度不超过 1 mm，然后根据合格证书，全面检验机床的精度（包括精刨试件的工作精度检验）。

职业技能鉴定装配钳工高级考核模拟试卷

理论知识考核模拟试卷

一、单项选择题（第 1 题 ~ 第 80 题。选择一个正确的答案，将相应的字母填入题内的括号中。每题 1 分，满分 80 分。）

1. 职业道德的实质内容是（　　）。

A. 树立新的世界观　　B. 树立新的就业观念

C. 增强竞争意识　　D. 树立全新的社会主义劳动态度

2. 有高度责任心不要求做到（　　）。

A. 方便群众，注重形象　　B. 责任心强，不辞辛苦

C. 尽职尽责　　D. 工作精益求精

3. 现行的劳动法是 1994 年 7 月 5 日全国人大常委会通过的，并于（　　）起开始施行。

A. 1995 年 1 月 1 日　　B. 1994 年 10 月 1 日

C. 1994 年 12 月 1 日　　D. 1995 年 5 月 1 日

4. 合同约定的履行义务为交付某财物，后经当事人协商改用另一财物作为履行义务的标的，并在更改后的财物交付后，合同关系消灭，合同法理论称这一现象为（　　）。

A. 代物清偿　　B. 代理清偿　　C. 清偿代理　　D. 物上代位

5. 国家标准规定，单个圆柱齿轮的（　　）用粗实线绘制。

A. 齿顶圆和齿顶线　　B. 分度圆和分度线

C. 齿根圆和齿根线　　D. 齿顶圆和齿根圆

6. 下列正确的局部视图是（　　）。

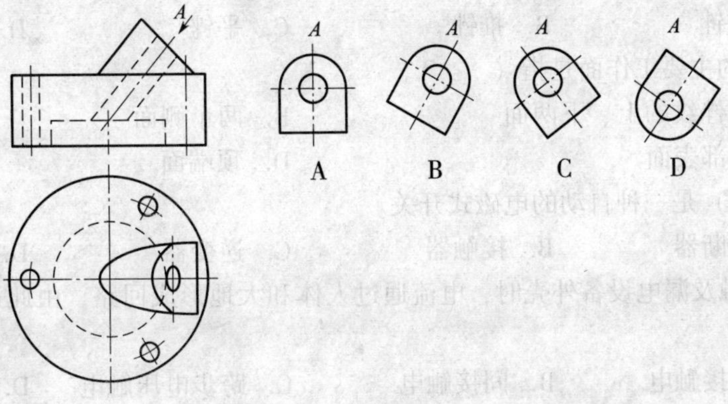

7. 主视图反映物体（　　）的相对位置关系。

A. 前后和上下　　B. 上下和左右　　C. 前后和左右　　D. 长度和宽度

8. 公差等级越高，零件的精度（　　）。

A. 越低　　B. 不变　　C. 任意　　D. 越高

9. 位置公差中垂直度符号是（　　）。

A. ⊥　　B. //　　C. ◎　　D. ∠

10. 为改善 T12 钢的切削加工性，通常采用（　　）处理。

A. 完全退火　　B. 球化退火　　C. 去应力退火　　D. 正火

11. 金属在静载荷作用下抵抗变形和破坏的能力称为（　　）。

A. 强度　　B. 硬度　　C. 塑性　　D. 韧性

12. 带传动采用张紧轮的目的是（　　）。

A. 减轻带的弹性滑动　　B. 延长带的使用寿命

C. 改变带的运动方向　　D. 调节带的初拉力

13. 退火的目的是（　　）。

A. 提高硬度和耐磨性　　B. 降低硬度，提高塑性

C. 延长零件的使用寿命　　D. 增加材料强度

14. 夏季应当采用黏度（　　）的油液。

A. 较低　　B. 较高　　C. 中等　　D. 不做规定

15. 链传动是由链条和具有特殊齿形的链轮组成的传递（　　）和动力的传动。

A. 运动　　B. 转矩　　C. 力矩　　D. 能量

16. 錾削用锤子的锤头是由碳素工具钢制成的，并经淬硬处理，其规格用（　　）表示。

A. 长度　　B. 质量　　C. 体积　　D. 高度

17. 扁錾主要用来錾削平面、去毛刺和（　　）。

A. 錾削沟槽　　B. 分割曲线形板料

C. 錾削曲面上的油槽　　D. 分割板料

18. 錾削铜、铝等软材料时，楔角取（　　）。

A. 30°～50°　　B. 50°～60°　　C. 60°～70°　　D. 70°～90°

19. 平面锉削分为顺向锉、交叉锉和（　　）三种方法。

A. 拉锉　　B. 推锉　　C. 平锉　　D. 立锉

20. 锉刀的主要工作面是指（　　）。

A. 有锉纹的上、下两面　　B. 两个侧面

C. 全部表面　　D. 顶端面

21. （　　）是一种自动的电磁式开关。

A. 熔断器　　B. 接触器　　C. 逆变器　　D. 电容器

22. 当人触及漏电设备外壳时，电流通过人体和大地形成回路，由此造成的触电称为（　　）。

A. 直接触电　　B. 间接触电　　C. 跨步电压触电　　D. 接触电压触电

23. 钳工车间设备较少，工件摆放时要（　　）。

A. 整齐　　B. 放在工件架上　　C. 随便　　D. 混放

24. 下列选项中符合着装整洁、文明生产的是（　　）。

A. 随便着衣　　B. 未执行规章制度

C. 在工作中吸烟　　D. 遵守安全技术操作规程

25. 一般液压系统由动力元件、执行元件和（　　）组成。

A. 工作介质　　B. 控制元件

C. 辅助元件　　D. 以上选项都正确

26. （　　）规程分为机械加工工艺规程和装配工艺规程。

A. 工装　　B. 工艺　　C. 工具　　D. 工步

27. 光学平直仪对导轨在垂直平面和水平平面内的（　　）都可以进行检测。

A. 平行度　　B. 圆度　　C. 角度　　D. 直线度

28. 工艺规程的质量要求必须满足产品优质、高产、（　　）三个要求。

A. 精度　　B. 低消耗　　C. 使用寿命　　D. 质量

29. 机床传动系统图能简明地表示出机床全部运动的传动路线，是分析机床内部（　　）的重要资料。

A. 传动规律和基本结构　　B. 传动规律

C. 运动　　D. 基本结构

30. 车床主轴的生产类型为（　　）。

A. 单件生产　　B. 成批生产　　C. 大批量生产　　D. 不确定

31. 滑阀套技术要求中变形量应（　　）。

A. 小　　B. 较小　　C. 最小　　D. 较大

32. 滑阀是（　　）系统伺服阀的关键性零件。

A. 机械传动　　B. 磁力传动　　C. 液压传动　　D. 电力传动

33. 凸轮压力角的大小与基圆半径的关系是（　　）。

A. 基圆半径越小，压力角越小　　B. 基圆半径越小，压力角越大

C. 同比例变化　　D. 彼此不受影响

34. 锉削球面时，锉刀要完成（　　）才能获得要求的球面。

A. 前进运动和绕工件圆弧中心的转动

B. 直向、横向相结合的运动

C. 前进运动和绕锉刀中心线的转动

D. 前进运动

35. （　　）用于精基准的导向定位。

A. 支承钉　　B. 支承板　　C. 可调支承　　D. 自位支承

36. 麻花钻的两个螺旋槽表面就是（　　）。

A. 主后面　　B. 副后面　　C. 前面　　D. 切削平面

37. 锉削时，两脚错开站立，左、右脚分别与台虎钳中心线成（　　）角。

A. 15°和15°　　B. 15°和30°　　C. 30°和45°　　D. 30°和75°

38．刮削一个 400 mm 的方箱，要求垂直度公差为（　　）mm。

A．0.01　　B．0.02　　C．0.03　　D．0.04

39．转子产生（　　）的因素，最基本的就是由于不平衡而引起的离心力。

A．干涉力　　B．外力　　C．干扰力　　D．内力

40．研磨圆柱孔时，为了防止工件在研磨过程中因（　　）而影响研磨质量，要采用间歇研磨法。

A．热变形　　B．应力集中　　C．定位误差　　D．装夹变形

41．一般剖分式轴瓦用（　　）来研点。

A．心轴　　B．铜棒　　C．与其相配的轴　　D．橡胶棒

42．冷缩场地上空及周围不准有（　　），工地要清扫干净。

A．杂物　　B．机床　　C．火种　　D．锤子

43．经纬仪主要用来测量精密机床水平转台和万能转台的（　　）精度。

A．垂直　　B．分度　　C．直线　　D．平行

44．下列不是齿形链张紧方法的是（　　）

A．绕 8 字法　　B．增大中心距　　C．缩短链长　　D．使用张紧装置

45．在定位支承中，不起定位作用的支承是（　　）。

A．可调支承　　B．辅助支承　　C．自位支承　　D．支承板

46．曲柄滑块机构由曲柄、连杆、滑块、机架组成，曲柄为主动件，做连续旋转运动，带动滑块做（　　）。

A．上下运动　　B．往复直线运动　　C．往复摆动　　D．往复移动

47．浇铸巴氏合金轴瓦时，应先清理轴瓦基体，然后对轴瓦基体浇铸表面（　　）。

A．镀锡　　B．镀铬　　C．镀锌　　D．镀铜

48．（　　）制造简单，应用广泛。

A．圆柱蜗杆　　B．环面蜗杆　　C．锥蜗杆　　D．曲面蜗杆

49．一般情况下，短三瓦滑动轴承轴瓦和轴颈之间的间隙可调整在（　　）μm 之间。

A．5 ~ 15　　B．15 ~ 20　　C．20 ~ 25　　D．25 ~ 30

50．静压轴承之所以能承受载荷，关键在于油泵与油腔间必须设有（　　）。

A．滑阀　　B．节流阀　　C．容积泵　　D．柱塞泵

51．液压系统的驱动元件是（　　）。

A．液压缸　　B．液压泵　　C．液压阀　　D．电动机

52．液压传动（　　）实现过载保护。

A．不易　　B．不能　　C．易于　　D．一般不能

53．柱塞泵是利用柱塞在有柱塞孔的缸体内往复运动，使密封容积发生变化而吸油和（　　）的。

A．放油　　B．供油　　C．流动　　D．压油

54．T68 型镗床回转工作台圆导轨表面的接触精度为每 25 mm × 25 mm 内不少于（　　）点。

A．6 ~ 8　　B．8 ~ 10　　C．10 ~ 12　　D．12 ~ 16

55. 按国际标准化组织推荐，以重心 C 点旋转时的线速度 $e\omega$ 为平衡精度的等级，记为平衡精度等级（ ）。

A. P B. G C. T D. F

56. 研究物体的平衡或运动问题时，首先分析（ ），并确定每个力的作用位置和力的作用方向。

A. 物体受到哪些力的作用 B. 力的性质

C. 力的形式 D. 力的大小

57. 在曲柄摇杆机构中，若以摇杆为主动件，曲柄为从动件，当摇杆处于极限位置时，机构不能驱动，曲柄的转动方向不确定，机构的这种位置称为（ ）。

A. 死点 B. 急停 C. 静止 D. 平衡

58. 转子在旋转时干扰力与转子固有频率产生共振，此时转子的转速称为（ ）转速。

A. 临界 B. 边界 C. 临边 D. 边缘

59. 修理分度蜗杆副时常采用的方法是（ ）。

A. 更换蜗杆，修整蜗轮 B. 更换蜗轮，修整蜗杆

C. 更换蜗杆和蜗轮 D. 修整蜗杆和蜗轮

60. 在铰链四杆机构中，如果满足杆长条件，取最短杆为机架，得（ ）机构。

A. 曲柄摇杆 B. 双曲柄 C. 双摇杆 D. 曲柄滑块

61. 激光干涉仪的导轨、丝杆、螺母与轴孔部分等传动部件应当保持良好的润滑，必要时要使用（ ）润滑。

A. 煤油 B. 润滑脂 C. 精密仪表油 D. 齿轮油

62. 机械传动中，常采用一系列相互啮合的齿轮将主动轴和从动轴连接起来，这一系列（ ）的齿轮组成的传动系统称为轮系。

A. 相互转动 B. 相互啮合 C. 相互配合 D. 相互接触

63.（ ）擦拭激光干涉仪的反光镜、分光镜等，擦拭时应当小心且利用科学的方法进行清洁。

A. 每天 B. 经常 C. 少次 D. 尽量不要

64. 测量工件时计量器具使用及调整不当所引起的误差属于（ ）误差。

A. 操作 B. 人为 C. 测量 D. 调整

65. 常用的消除（ ）误差的方法是根源消除法。

A. 计量 B. 人为 C. 系统 D. 器具

66. 光学平直仪由平直仪本体和（ ）组成。

A. 五棱镜 B. 反射镜 C. 物镜 D. 底座

67. 机床工作时的变形会破坏机床原有的（ ）。

A. 装配精度 B. 性能 C. 结构 D. 床体

68. 旋转机械振动标准有制造厂（ ）标准。

A. 加工 B. 出厂 C. 外部 D. 内部

69. 工件定位时，由于工件和定位元件总会有制造误差，因此工件将会在一定范围内

变动，这种变动量称为（　）误差。

A. 定位　　B. 安装　　C. 移动　　D. 位移

70. 转子转速 n 的频率为（　）。

A. $n/50$　　B. $n/60$　　C. $n/40$　　D. $n/45$

71. 夹具的刀具导引装置安装位置误差将影响工件的（　）精度。

A. 测量　　B. 检验　　C. 工作　　D. 加工

72. 工件用外圆在 V 形块上定位，加工圆柱上键槽时，由于键槽的工序基准不同，其（）误差也不同。

A. 安装　　B. 测量　　C. 装夹　　D. 定位

73. 减小残余应力的措施之一是（　）时效。

A. 降温　　B. 加热　　C. 自然　　D. 露天

74. 如果接触面积达不到规定要求，在（　）作用下将产生变形。

A. 内力　　B. 应力　　C. 强度　　D. 韧性

75. 用等高块、平尺、量块和（　）配合使用检验铣床工作台面的平面度误差。

A. 水平仪　　B. 塞尺　　C. 百分表　　D. 游标卡尺

76. 减小残余应力的措施是（　）。

A. 高温时效　　B. 振动去应力

C. 采取粗、精加工分开　　D. 以上选项都正确

77. 用砂轮磨削内孔时，砂轮轴刚度较低，当砂轮在孔的中间磨削时，切削力（　），磨出的工件孔径较小。

A. 微小　　B. 大　　C. 较小　　D. 巨大

78. 用砂轮磨削内孔时，砂轮轴刚度较低，当砂轮在孔口位置磨削时，砂轮只有部分宽度参加磨削，切削力（　），磨出的工件孔口处孔径较大。

A. 大　　B. 巨大　　C. 小　　D. 微小

79. 若液压牛头刨床溢流阀阻尼孔堵塞，则空运转时液压系统产生的（　）过高。

A. 应力　　B. 内力　　C. 压力　　D. 外力

80. T68 型镗床平旋盘轴在装配过程中，要尽可能避免敲击装配，应采用（　）进行装配，以保证各工作精度。

A. 常温　　B. 选配法

C. 互换法　　D. 冷冻或加热套法

二、判断题（第 81 题～第 100 题。将判断结果填入括号中。正确的填“√”，错误的填“×”。每题 1 分，满分 20 分。）

81. 所有投射线相互平行的投影方法称为中心投影法。（　）

82. 橡胶是一种具有高弹性的有机高分子材料。（　）

83. 铸铁是指含碳量大于 2.11% 的铁碳合金。（　）

84. 环境保护是指利用政府的指挥职能对环境进行保护。（　）

85. 橡胶是以合成树脂为主要成分，加入适量的添加剂，在一定温度下塑制成形的有机高分子材料。（　）

86. 前面是指切削时切屑流出的表面。 （ ）
87. 文字符号 TC 表示单相变压器。 （ ）
88. 划凸轮曲线时的注意事项与一般划线时的注意事项完全相同。 （ ）
89. 拼接平板既可以用水平仪和平尺进行检测，也可以用经纬仪进行检测。 （ ）
90. 用导轨与平尺调整法划线时，要用划线盘在平尺上面移动进行划线。 （ ）
91. 用百分表和组合量块通过比较进行移动坐标法钻孔和检验孔距。 （ ）
92. 在缺少定尺寸铰刀或其他形式精加工条件时，适合钻精孔。 （ ）
93. 读传动系统图时，应首先找出动力的输入端，再找出动力的输出端。 （ ）
94. 将旋转体的零部件在动平衡试验机上进行试验和调整，使其达到动态平衡的过程称为动平衡。 （ ）
95. 表示装配单元加工先后顺序的图称为装配单元系统图。 （ ）
96. 影响测量数据准确性的主要因素是测量方法误差。 （ ）
97. 齿轮泵的结构是内部装有一对外啮合齿轮。 （ ）
98. 机床变形严重影响机床的安装精度。 （ ）
99. 基准位移误差和基准不符误差构成工件的定位误差。 （ ）
100. 工艺系统受力后的变形与工艺系统的刚度无关。 （ ）

理论知识考核模拟试卷答案

一、单项选择题

1～5：BAAAA　6～10：CBDAB　11～15：ADBBA　16～20：BDABA
21～25：BDBDD　26～30：BDBAC　31～35：CCBBB　36～40：CDACA
41～45：ACBAB　46～50：BAAAB　51～55：BCDCB　56～60：AAAAB
61～65：CBDBC　66～70：BABAB　71～75：DDCDB　76～80：DBCCD

二、判断题

81～85：×√√××　86～90：√√×√√
91～95：√√√√×　96～100：√√×√×

技能操作考核模拟试卷

一、箭头组合

1. 本题分值：100 分。
2. 考核时间：300 min。
3. 考核要求：见下图。

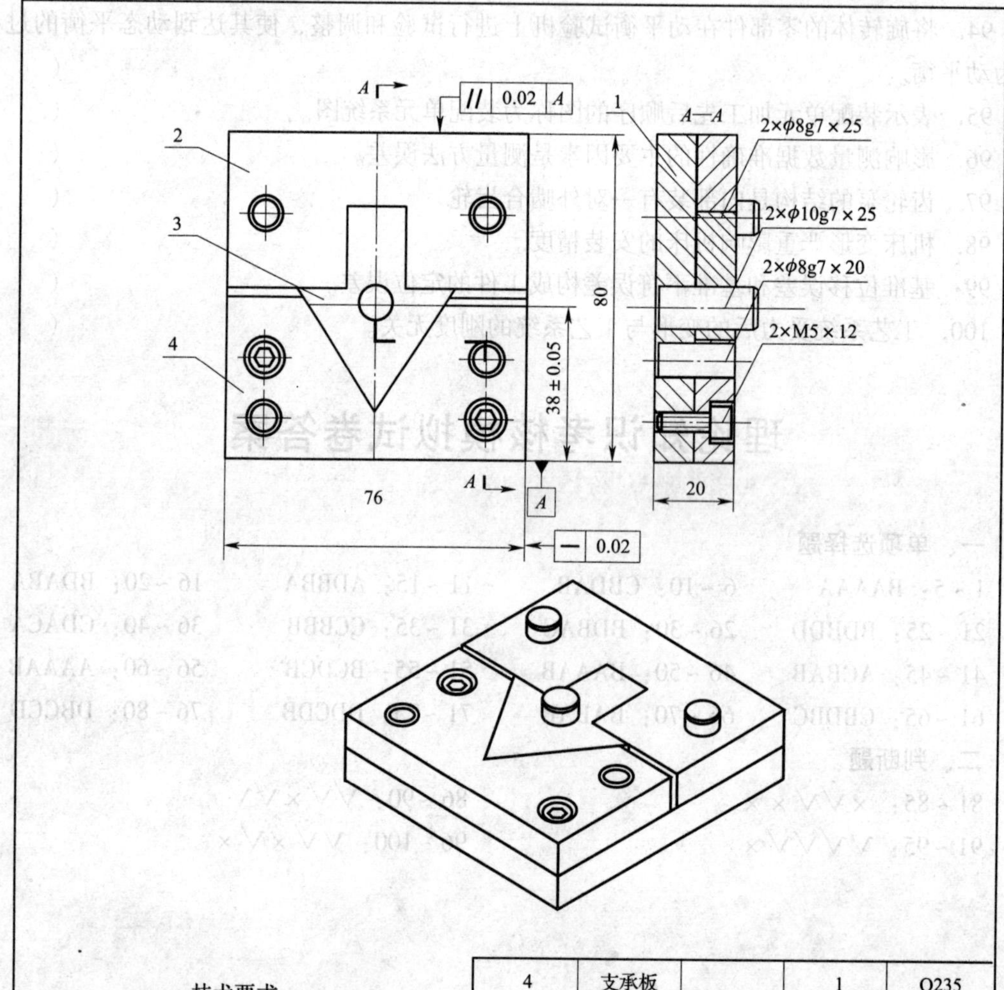

技术要求

1. 装配后所有螺钉全部固定，件2、件3插入圆柱销在底板上定位与件4配合，单边间隙≤0.04；件3翻转180°，插入圆柱销后与件2、件4配合，配合间隙≤0.04。

2. 装配后件2翻转180°，件2、件3插入圆柱销在底板上定位与件4配合，单边间隙≤0.04；件3翻转180°，插入圆柱销后与件2、件4配合，配合间隙≤0.04。

3. 装配后件1、件2与件4两侧错位量≤0.04。

4	支承板		1	Q235
3	箭形件		1	Q235
2	上定位件		1	Q235
1	底板		1	Q235
序号	名称	规格	数量	材料
职业技能（装配钳工）鉴定技能考核试卷				
名称	等级	材料	工时	图号
箭头组合	高级	Q235	300min	ZPQG-G-1

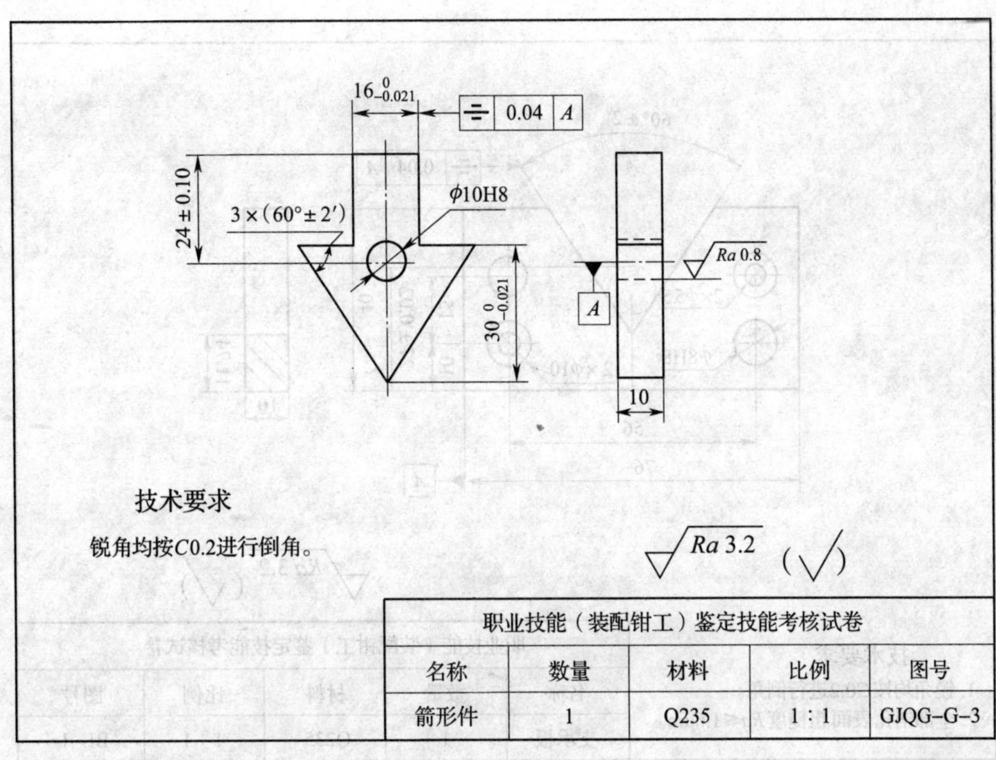

技术要求

锐角均按C0.2进行倒角。

职业技能（装配钳工）鉴定技能考核试卷				
名称	数量	材料	比例	图号
箭形件	1	Q235	1∶1	GJQG–G–3

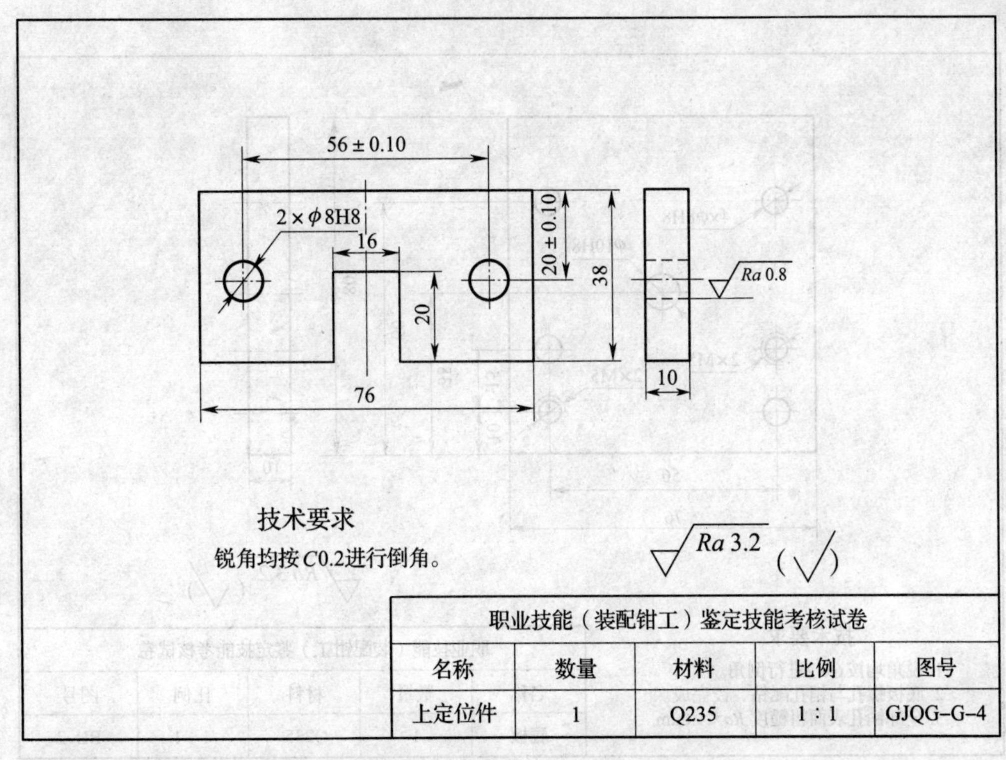

技术要求

锐角均按C0.2进行倒角。

职业技能（装配钳工）鉴定技能考核试卷				
名称	数量	材料	比例	图号
上定位件	1	Q235	1∶1	GJQG–G–4

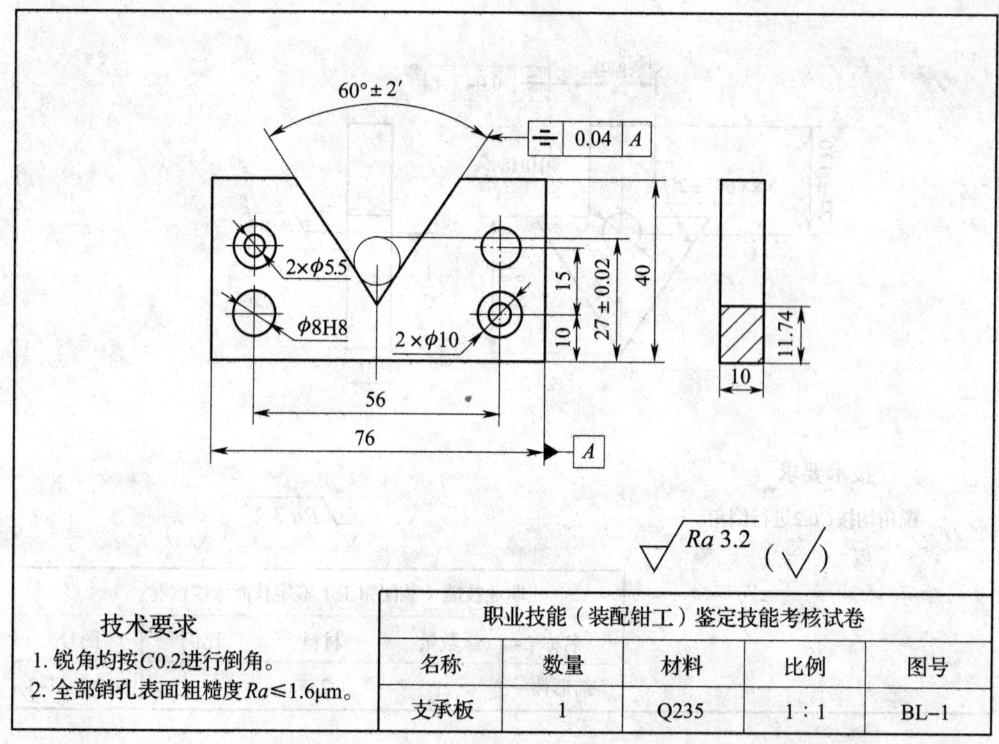

职业技能（装配钳工）鉴定技能考核试卷				
名称	数量	材料	比例	图号
支承板	1	Q235	1∶1	BL–1

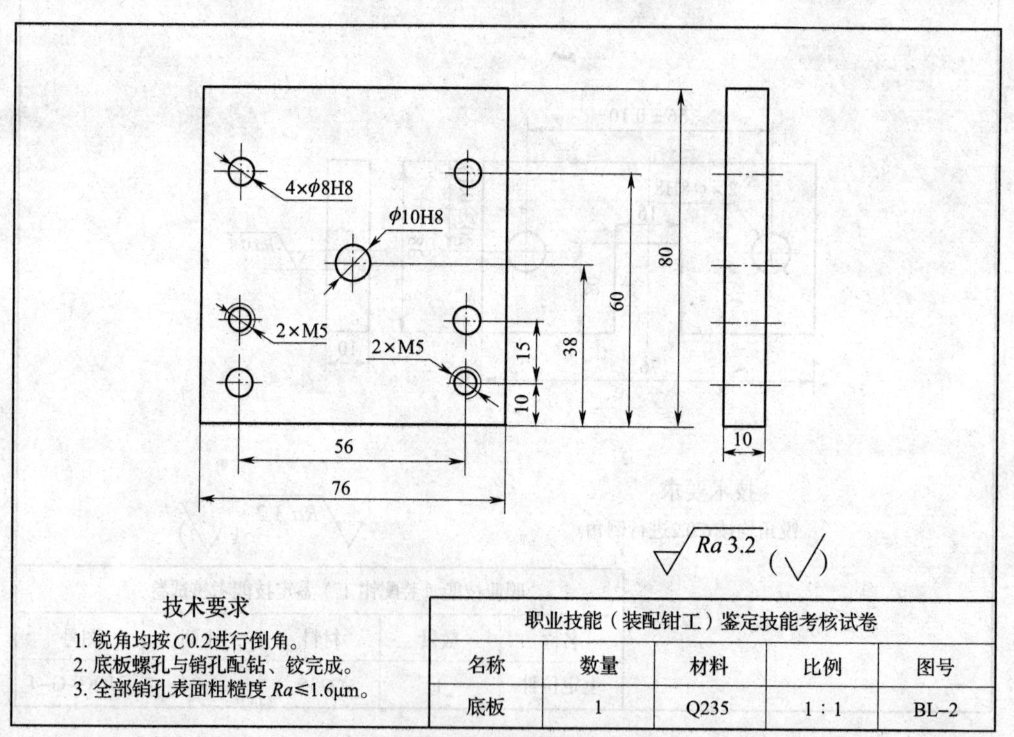

职业技能（装配钳工）鉴定技能考核试卷				
名称	数量	材料	比例	图号
底板	1	Q235	1∶1	BL–2

二、评分标准

箭头组合评分标准

时限	5 h	开始时间		结束时间		实考时间	

项目	序号	技术要求	配分	评分标准	检测记录	得分
件 1	1	M5（2 处）	1×2	超差全扣		
	2	ϕ8H8（4 处）	0.5×4	超差全扣		
	3	ϕ10H8	1	超差全扣		
件 2	4	（56±0.10）mm	1	超差全扣		
	5	（20±0.10）mm	2	超差全扣		
	6	ϕ8H8（2 处）	0.5×2	超差全扣		
件 3	7	60°±2′（3 处）	3×3	超差全扣		
	8	$16_{-0.021}^{\ 0}$ mm	4	超差全扣		
	9	$30_{-0.021}^{\ 0}$ mm	4	超差全扣		
	10	（24±0.10）mm	3	超差全扣		
	11	⌯ 0.04 A	4	超差全扣		
	12	ϕ10H8	1	超差全扣		
件 4	13	60°±2′	2	超差全扣		
	14	（27±0.02）mm	3	超差全扣		
	15	⌯ 0.04 A	3	超差全扣		
	16	ϕ8H8（2 处）	0.5×2	超差全扣		
表面粗糙度	17	全部表面粗糙度 $Ra\leqslant3.2$ μm	0.5×22	不合格不得分		
	18	全部销孔表面粗糙度 $Ra\leqslant1.6$ μm	0.5×10	不合格不得分		
配合	19	间隙≤0.04 mm（技 1）（14 处）	1×14	超差全扣		
	20	间隙≤0.04 mm（技 2）（14 处）	1×14	超差全扣		
	21	（38±0.05）mm	4	超差全扣		
	22	两侧错位量≤0.04 mm	3×2	超差全扣		
	23	// 0.02 A	3	超差全扣		
其他	24	毛刺、缺陷		每处扣 1～5 分		
	25	安全文明生产		违者酌情扣 1～10 分		
总分	100					